Carl Kietaibl

Formaldehyd

Verlag
der
Wissenschaften

Carl Kietaibl

Formaldehyd

ISBN/EAN: 9783957001627

Auflage: 1

Erscheinungsjahr: 2014

Erscheinungsort: Norderstedt, Deutschland

Hergestellt in Europa, USA, Kanada, Australien, Japan
Verlag der Wissenschaften in Hansebooks GmbH, Norderstedt

FORMALDEHYD.

DER BISHERIGE STAND
DER WISSENSCHAFTLICHEN ERKENNTNIS
UND DER TECHNISCHEN VERWENDUNG,

SOWIE

NEUE UNTERSUCHUNGEN ÜBER SEINE HERSTELLUNG
UND ÜBER PYROGENETISCHE KONTAKTREAKTIONEN

VON

J. E. ORLOFF,

INSPEKTOR DER INDUSTRIESCHULE IN KOSTROMA,
PRIV.-DOZENT DER KAISERL. UNIVERSITÄT IN MOSKAU.

INS DEUTSCHE ÜBERTRAGEN

VON

Dr. CARL KIETAIBL.

MIT 9 FIGUREN IM TEXT UND AUF 3 TAFELN.

LEIPZIG

VERLAG VON JOHANN AMBROSIUS BARTH

1909.

Vorwort.

Die vorliegende Monographie über Formaldehyd zerfällt in zwei Teile. Im ersten habe ich die Literatur über die Gewinnung, die Eigenschaften, die Anwendung und die Untersuchungsmethoden des Formaldehyds, soweit sie mir zugänglich waren, zusammengestellt, kurz, dieser Teil berichtet ausschließlich über die Forschungsergebnisse anderer. Der zweite Teil enthält meine eigenen Arbeiten über die Gewinnung von Formaldehyd und Formalinlösungen, sowie über die Darstellung einiger neuer Kondensationsprodukte des Formaldehyds mit verschiedenen Stoffen. Diese Arbeiten sind zum Teil in den letzten Jahren im Journal der russischen phys.-chemischen Gesellschaft veröffentlicht worden.

Seit der Entdeckung des Formaldehyds durch Hoffmann sind 40 Jahre vergangen. Man findet keinen zweiten Körper in der organischen Chemie, welcher eine so wichtige Rolle in der Synthese spielt und zugleich in der Technik und in der Medizin so vielfach angewendet wird. Ich will nicht unerwähnt lassen, daß der Formaldehyd wegen der Bedeutung, welche ihm im Pflanzenleben zuzukommen scheint, unser größtes Interesse verdient.

Von Jahr zu Jahr erweitert sich das Verwendungsgebiet des Formaldehyds und wächst der Bedarf an diesem Stoffe. Daher steht auch bei uns in Rußland die Frage betreffend die technische Herstellung des Formaldehyds auf der Tagesordnung. Dies veranlaßte mich zu Untersuchungen über die Umwandlung von Methylalkohol in Formaldehyd und die Gewinnung von Formalin. Der in diesem Buche vorgeschlagene Apparat und das hier beschriebene Verfahren erscheinen in der Literatur zum ersten Mal; es ist dies das Ergebnis meiner zweijährigen Arbeit.

Als das Buch bereits abgeschlossen war, und ich mit den
Korrekturen und Ergänzungen beschäftigt war, erschien Kus-
nezoffs Broschüre über Formaldehyd. Dieselbe behandelt
den Gegenstand nur kurz, nicht ausführlicher als die deutschen
Bücher von Goldschmidt und von Vanino-Seitter.
Ich bitte meine Leser zu entschuldigen, falls ich auf dem
Gebiete der Verwendung des Formaldehyds etwas übersehen
haben sollte, und gebe mich der Hoffnung hin, daß mein Buch
bei jenen, welche sich für die Herstellung und Verwendung
dieses Stoffes interessieren, sympathische Aufnahme finden wird.
K ostroma, im September 1908.

J. E. Orloff.

Vorwort des Übersetzers.

In der neueren Literatur finden sich, abgesehen von
Trillats L'oxydation des alcohols par l'action de contact und
einigen Patentschriften, keine Mitteilungen, welche für die
technische Gewinnung des Formaldehys von unmittelbarem
Werte wären. Die Arbeiten J. E. Orloffs, welche in der
Chemiker-Zeitung in den Sitzungsberichten der Russischen
physikalisch-chemischen Gesellschaft kurz erwähnt waren, erregten daher das Interesse aller jener, welche sich mit der
Fabrikation von Formaldehyd beschäftigen, und es schien
wünschenswert, sie durch die Übertragung ins Deutsche einem
größeren Kreis von Chemikern zugänglich zu machen. Unter-
dessen hatte Orloff seine Arbeiten in einem Buch vereinigt
herausgegeben und ihnen eine Zusammenstellung der bisherigen
Literatur über Formaldehyd vorangestellt. Im Deutschen sind
zwar bereits ähnliche Zusammenstellungen von Hess, Goldschmidt und Vanino veröffentlicht worden, doch behandelt
keiner den Gegenstand mit gleicher Ausführlichkeit. Jene
Kapitel, welche die pyrogenetischen Kontaktreaktionen im allgemeinen zum Gegenstand haben, sind außer für die theoretische Chemie vielleicht auch für manchen Zweig der Technik
von Bedeutung.
Wien, im Februar 1909.

Dr. Carl Kletaibl.

Inhalt.

Erster Teil.

I. Darstellung und Eigenschaften des Formaldehyds.

Darstellung des Formaldehyds.

Der Formaldehyd wurde 1867 von Hofmann entdeckt.[1] In allen Handbüchern der organischen Chemie findet sich die Beschreibung des Versuches, bei welchem eine vorher zur Glut erhitzte Platinspirale mit Methylalkoholdämpfen in Berührung gebracht wurde. Die Platinspirale erglüht, solange Methylalkoholdämpfe darüber hinstreichen. Das Glühen der Spirale ist durch die Umwandlung der Dämpfe von $CH_3(OH)$ in CH_2O bei Gegenwart des Sauerstoffs der Luft verursacht. Den Umwandlungsprozeß selbst drückt man in folgender Weise aus:

$$CH_3(OH) + O = CH_2O + H_2O.$$

Hofmann gelang es bei seinen Versuchen, nur eine kleine Menge Formaldehyd zu isolieren. Nach seinem Verfahren wird Methylalkoholdampf gemischt mit Luft durch ein auf dunkle Rotglut erhitztes Platinrohr geleitet. Armand Gautier zeigte eine andere Versuchsanordnung, bei welcher die Methylalkoholdämpfe durch ein horizontales Rohr geführt werden, das in einem Schwefelbad erhitzt wird.

Tollens, Loew und Kablukow bemühten sich, das Hofmannsche Verfahren für die Gewinnung größerer Mengen Formaldehyd in geeigneter Weise umzuändern.[2] Am zweckmäßigsten ist die folgende Anordnung: Durch Methylalkohol

---

[1] Ann. 145 (1867), 357; Ber. 11 (1878), 1086.
[2] Ber. 15 (1882), 1629; 16 (1883), 917; 19 (1886), 2133; Journ. f. pr. Ch. 33, 328; Journ. russ. phys.-chem. Ges. 1882, 194.

von 45—50° C. wird Luft durchgeleitet; die Mischung von Luft und Methylalkoholdampf wird durch ein Kupfernetz von 5 cm Länge durchgesaugt, welches sich in einem mäßig erhitzten zylindrischen Rohre befindet. Das Reaktionsprodukt sammelt sich in einem Kolben, der auf einem Wasserbad erwärmt wird und selbst mit einem zweiten, mit Eis gekühlten Kolben verbunden ist. Wenn vier Fünftel des Ausgangsmaterials verdampft sind, wird das Reaktionsprodukt bei möglichst tiefer Temperatur verdichtet.

Tollens stellte fest, daß die Ausbeute von der Temperatur des Wasserbades abhing, in welches der Kolben mit dem Methylalkohol eingesetzt war, d. h. mit anderen Worten von dem Mengenverhältnis des Methylalkohols und der Luft. Er erhielt die folgenden Resultate:

Temperatur des Wasserbades	Ausbeute an CH_2O
22—32°	17,05
38—44°	28,9
45—50°	31,15 .

Nach den Beobachtungen Tollens' muß Kupfer zur Einleitung der Reaktion weit höher erhitzt werden als Platin; aber betreffend die Temperatur selbst, bei welcher der Oxydationsprozeß verläuft, und über die Geschwindigkeit des Gasstroms im Reaktionsrohre, teilt dieser Forscher nichts mit.

Tollens konstruierte eine Lampe, um die Bildung von Formaldehyd und Methylalkohol als Vorlesungsversuch zu zeigen; seine Methode ist eine Abart der Hofmannschen Methode, nach welcher durch ein Gefäß mit Methylalkohol Luft durchgeleitet und das auf diese Weise gebildete Gemisch ohne Flamme durch Berührung mit einer vorher erhitzten Platinspirale verbrannt wurde.

Loew ersetzte das Platin durch Kupfer und erreichte weitaus bessere Ausbeuten.

Zur Gewinnung von Formaldehyd wurden zahlreiche Lampen vorgeschlagen.

Trillat führt die Methyldämpfe durch enge Bohrungen in ein weites, mit der Kontaktmasse gefülltes Kupferrohr, welches von außen erhitzt wird. Der Sauerstoff der Luft, welche mit den Methylalkoholdämpfen durch das Rohr gesaugt wird, bewirkt die Oxydation (D.R.P. 55176, 81023).

Brochet konstruierte ähnliche Apparate (Compt. rend. 118, 122).

Als ich nach Beendigung des experimentellen Teils meiner Untersuchungen über die Umwandlung von Methylalkohol in Formaldehyd (siehe den zweiten Teil dieses Buches) der Russischen physikalisch-chemischen Gesellschaft in St. Petersburg hierüber zwei Berichte vorlegte, erschien die Broschüre von M. J. Kusnezoff: „Formaldehyd, seine Darstellung, seine Eigenschaften und seine Anwendung".

Obwohl diese Broschüre zu den von mir untersuchten Fragen nichts Neues brachte, muß ich doch anführen, daß der Verfasser, bewogen durch die Unzulänglichkeit der in der Literatur vorhandenen Daten über den quantitativen Verlauf der Formaldehydbildung, selbst eine Reihe von Versuchen ausführte, von welchen einige recht günstige Ausbeute gaben, z. B. der letzte auf S. 4 der Broschüre angegebene Versuch. Nur mußte bei seiner Arbeitsweise, wenn durch ein Rohr von 1 cm Durchmesser 20—30 ccm Luft in 1 Minute durchgeführt wurden (die Länge des erhitzten Kontakts war 7 cm), ziemlich lange Luft durchgeleitet werden, bis sich eine merkliche Menge Formaldehyd bildete.

Vollkommen kohlenoxydfreier Formaldehyd soll durch Überleiten von heißer Luft über Trioxymethylen erhalten worden (D.R.P. 88394).

Formaldehyd entsteht, wenn Chlormethylessigsäureester $C_2H_3O_2CH_2Cl$ mit Wasser eine Stunde auf 100^0 erwärmt wird (Michael).[1]

Nach Schützenberger bildet sich Formaldehyd beim Erhitzen von Äthylen und Sauerstoff auf 400^0 C. Dies ist durch den Zerfall des Äthylens in zwei Moleküle Methylen erklärbar (Nef).[2]

Ferner entsteht Formaldehyd bei der unvollständigen Verbrennung von Äthylnitrat (Fratesi)[3]. Ameisensaurer Kalk gibt beim Glühen Methylalkohol und Formaldehyd.[4]

Bei der Einwirkung der elektrischen Entladung auf ein Gemenge von Sumpfgas und Sauerstoff erhält man neben

---

[1] Michael, Ann. I, 419.
[3] Gazz. chim. 14, 221—226.
[2] Lieb. Ann. 298 (1897), 274.
[4] Ann. 167 (1873), 293.

Ameisensäure geringe Mengen Formaldehyd; dieselbe Erscheinung tritt bei der Einwirkung von Ozon auf Leuchtgas auf (Maquenne).[1]

Wohl[2] erhielt Formaldehyd, als er unter Kühlung 1 Vol. Methylal mit 2 Vol. konz. Schwefelsäure vermischte und langsam 2 Vol. Wasser zufügte.

Wird feuchtes Chlorgas im zerstreuten Tageslicht durch 99,5 proz. Methylalkohol durchgeleitet, so bildet sich aus diesem Formaldehyd; als Zwischenprodukt wird dabei symmetrischer Dichlormethyläther erhalten:

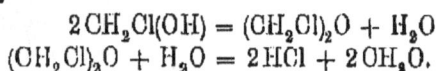

$$2\,CH_2Cl(OH) = (CH_2Cl)_2O + H_2O$$
$$(CH_2Cl)_2O + H_2O = 2\,HCl + 2\,CH_2O.$$

Enthält der Methylalkohol viel Wasser, so verläuft die Reaktion explosionsartig (Brochet).[3]

Formaldehyd entsteht auch bei der Elektrolyse von Glykolsäure und Glyzerinsäure (v. Miller).[4]

Die Bildung von Formaldehyd in geringer Menge wurde auch bei der Reduktion von Kohlensäure durch Palladiumwasserstoff beobachtet. Da die Assimilation der Kohlensäure durch die Pflanzen die Hauptbedingung für die Existenz des grünen Pflanzenorganismus ist, ist die erwähnte Reaktion von größtem Interesse für die Pflanzenbiologie (Jahn,[5] Bach).[6]

Das Verfahren von Glock (D.R.P. 21523, 109014) gründet sich auf die Oxydation von Methan durch Luftsauerstoff (genaue Beschreibung s. S. 21).

Ipatjeff[7] leitet die Methylalkoholdämpfe durch ein zur Rotglut erhitztes Eisenrohr und erhält dabei bedeutende Mengen Formaldehyd (bis 25 % des angewandten Methylalkohols), während gleichzeitig brennbare Gase entstehen und das Rohr sich im Innern mit einem Kohleanflug bedeckt.

Das Verfahren von Klar (D.R.P. 21278, 208274) wird S. 18 genauer beschrieben.

Perjodaceton und Natronlauge gaben Formaldehyd (Peratoner und Leonhardi).[8]

[1] Bull. Soc. chim. Paris, 37, 298.　　　[2] Ber. 10 (1886), 1841.
[3] Compt. rend. 121, 138.　　　[4] Ber. 27 (1894), 467.
[5] Ber. 22 (1889), 989.　　　[6] Compt. rend. 116, 1889.
[7] Journ. russ. phys.-chem. Ges. 1902, 192; Ber. 34 (1901), 598.
[8] Gazz. chim. it. 18, 2, 298.

Eine wässerige Lösung von salzsaurem Allylamin, welche einige Zeit mit Ozon behandelt wurde, wirkt auf Fehlingsche Lösung stark reduzierend: ein Beweis, daß Formaldehyd abgespalten wurde; gleichzeitig tritt auch Wasserstoffsuperoxyd auf (C. Harries und R. Reichard).[1]

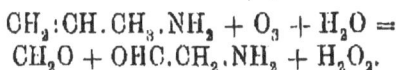

$$CH_2:CH.CH_3.NH_2 + O_3 + H_2O =$$
$$CH_2O + OHC.CH_2.NH_2 + H_2O_2.$$

Asymmetrisches Diphenyläthylen scheidet bei längerem Stehen einen weißen Niederschlag von Trioxymethylen aus und gleichzeitig tritt deutlicher Formaldehydgeruch auf:

$$(C_6H_5)_2C:CH_2 + O_2 = (C_6H_5)_2CO + CH_2O.$$

Schon früher beobachtete Grignard die gleiche Erscheinung bei α-Methyl-Styrol $(CH_3)(C_6H_5)C:CH_2$ und Tiffeneau bei einer ganzen Reihe von α-alkylierten und α-arylierten Styrolen. Diese Reaktion erinnert an die Sprengung der Doppelbindung, wie sie Harries mit Ozon durchführt.[2]

Atkinson und Durand[3] erhielten bei der Untersuchung ätherhaltiger Arzneimittel auf Methylalkohol immer starke Formaldehydreaktion; der Formaldehyd ließ sich sowohl am Geruch erkennen, als auch mit Morphinschwefelsäure nachweisen. Da nicht anzunehmen war, daß alle Arzneien mit Methylalkohol gefälscht waren, wurden mit reinem Äther Versuche angestellt: bei der Oxydation mit glühendem Kupferoxyd entstand Formaldehyd. Das Resultat war bei zahlreichen Proben, welche von den angesehensten Fabriken geliefert wurden, das gleiche. Die Reaktion läßt sich durch die folgende Gleichung ausdrücken·

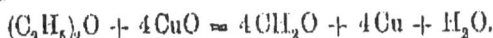

$$(C_2H_5)_2O + 4CuO = 4CH_2O + 4Cu + H_2O.$$

Daß Platinmohr im Sinne dieser Gleichung oxydierend wirkt, war schon früher bekannt (Watts, Dictionary of Chemistry). Da aber das erhitzte Kupfernetz gewöhnlich zum qualitativen Nachweis von Methylalkohol dient, wandten die beiden Forscher ihre Aufmerksamkeit der oben erwähnten Reaktion zu. Trillat berührt diese Frage gleichfalls in

---

[1] Ber. 37 (1904), 613.   [2] Ber. 37 (1904), 1440.
[3] Transact. Amer. Chem. Soc. 29. Dez. 1905; Zeitschr. f. angew. Chem. 1907, 79.

seinem Buche: Oxydation des alcools par l'action de contact (S. 198). Als Kontaktsubstanz benutzte er eine kleine Platinspirale, als Oxydationsmittel diente der Luftsauerstoff. Nicht nur bei Äthylüther, sondern auch bei Aceton, Acetaldehyd, Glyzerin und Äthylenglykol fand sich unter den Oxydationsprodukten Formaldehyd.

Die Versuche Trillats über die Oxydation von Methylalkohol zu Formaldehyd.[1]

Da Trillat seine Versuche außerordentlich genau beschreibt, will ich dieselben etwas eingehender behandeln. Mit den Schlußfolgerungen Trillats bin ich jedoch in mancher Hinsicht nicht einverstanden; außerdem hat Trillat die Reaktion nur in qualitativer und nicht in quantitativer Hinsicht untersucht.

„Werden Methyldämpfe", schreibt Trillat, „gemischt mit Luft über eine erhitzte Platinspirale oder über einen erhitzten Zylinder aus Kupfergaze geleitet, so ist, wie der Versuch lehrt, die Zusammensetzung der Kondensationsprodukte eine äußerst wechselnde."

„Die qualitative Analyse zeigt, daß die Flüssigkeit aus Wasser, Methylalkohol, Methylal, Formaldehyd und einer geringen Menge saurer Produkte besteht. Die quantitative Analyse zeigt, daß die Menge des Methylals zwischen 0 und 50 Prozent des Formaldehydgehalts schwanken, und daß die Menge des Formaldehyds bis auf Null sinken kann."

„Es ist daher sehr interessant, die Ursachen dieser Schwankungen festzustellen; denn die hier gewonnenen Resultate könnten für das Studium der Oxydation anderer Alkohole als Grundlage dienen."

„Nicht weniger interessant ist es zu erforschen, ob die Methylalkoholdämpfe in Abwesenheit von Luft durch die bloße Kontaktwirkung der Platinspirale in Fomaldehyd übergehen können."

„Drittens wäre noch wichtig, den Einfluß der Feuchtigkeit auf den Oxydationsprozeß zu studieren. Tollens und Loew

---

[1] Trillat, Oxydation des alcools par l'action de contact.

nehmen in ihren Betrachtungen über die Konstruktion eines
Apparats zur Oxydation von Methylalkoholdämpfen entschieden
den Standpunkt ein, daß der Wassergehalt des Alkohols den
Prozeß ungünstig beeinflusse."

„Viertens wäre es nützlich, die Bedingungen festzustellen,
unter welchen der Platindraht erglüht."

„Endlich müssen wir uns noch darüber Rechenschaft geben,
ob die bei unseren Versuchen beobachteten Oxydationserschei-
nungen auch durch andere Stoffe ausgelöst werden können,
welche sonst bei hoher oder niedriger Temperatur als Kontaktsubstanzen wirken."

„Wir können daher die zu lösenden Fragen folgendermaßen zusammenfassen:

1. Die Produkte der Oxydation bei verschiedener Temperatur des Gasgemisches und bei verschiedenem Erhitzungs-
grad der Kontaktsubstanz.

2. Die Wirkung der Luft.

3. Der Einfluß des Wassergehalts auf den Oxydationsprozeß und auf das Erglühen des Kontaktkörpers.

4. Die Wirkung verschiedener Kontaktsubstanzen auf
Methylalkoholdämpfe."

„Die Oxydationsprodukte. Wiederholt haben wir in
unseren früheren Arbeiten darauf hingewiesen, daß bei der
Bildung von Formaldehyd gleichzeitig Nebenprodukte entstehen
wie: Methylal, Essigsäure usw."

„Untersuchen wir käufliche Formaldehydlösung, auch
Formol oder Formalin genannt, so finden wir, daß dieselbe
größere oder geringere Mengen Methylal enthält und gegen
Lackmuspapier schwach sauer reagiert."

„Versuch. Wir wollten die Bedingungen feststellen, unter
welchen sich diese Bestandteile bilden und die Temperatur,
welche ihre Bildung begünstigt."

„Zu diesem Zwecke leiteten wir über eine Platinspirale,
welche mehr oder weniger erhitzt war, ein Gemisch von Methyldämpfen und Luft und unterzogen die Reaktionsprodukte der
Analyse."

„Wir arbeiteten bei 100—200⁰ C., bei dunkler Rotglut
(ca. 400⁰ C.), bei kirschroter Glut (ca. 600⁰ C.) und bei heller
Rotglut (ca. 900⁰ C.)."

„Bei den ersten beiden Versuchen leiteten wir das Dampf-Luft-Gemisch durch ein U-förmiges Rohr, welches in einen Asbestschrank eingesetzt war, der direkt mit einer Flamme erhitzt wurde. Die Produkte wurden in Flaschen kondensiert, welche mit Eis gekühlt waren" (s. Fig. 1).

„Vor dem Methylverdampfer (von 100 ccm Inhalt) befand sich ein Absorptionsapparat für Kohlensäure."

„Als Vorlagen dienten:

1. vier mit Eis und Kochsalz gekühlte Kolben; 2. ein Kolben mit Wasser; 3. ein Kolben, welcher mit einer titrierten Natronlauge beschickt war; 4. ein Kolben, welcher Natronlauge enthielt, um die Kohlensäure der Luft zu ab-

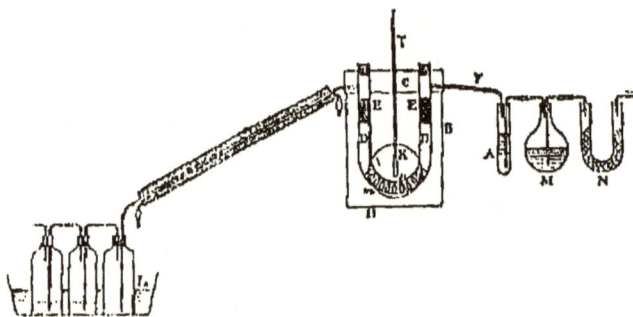

Fig. 1.

sorbieren, welche von der Wasserstrahlpumpe her zutreten konnte."

„Bei jenen Versuchen, welche mit glühendem Platin ausgeführt wurden, wurde das U-förmige Rohr durch ein gerades ersetzt, welches die Platinspirale zwischen zwei Zylindern aus Kupfergaze eingeschlossen enthielt und mit einem Kühler gekühlt wurde. Die Anordnung der Kondensatoren blieb ungeändert (s. Fig. 2).

„Der Methylalkohol wurde in den Kolben eingesetzt, die Luft wurde angesaugt und gleichzeitig die Platinspirale auf die entsprechende Glühtemperatur gebracht."

„Die qualitative und quantitative Analyse wurde nach den Methoden ausgeführt, welche weiter unten bei der quantitativen

Bestimmung des Formaldehyds und des Methylals beschrieben sind."

„Ergebnis: Die Versuche wurden mit je 50 ccm Methylalkohol ausgeführt und gaben die folgenden Resultate:

1. Die Oxydation des Methylalkohols geht schon bei Temperaturen unter 200° C. vor sich. Dabei bilden sich fast gar keine sauren Produkte. Die Anwesenheit von Methylal konnte bereits festgestellt werden.

2. Bei dunkler Rotglut wird die Formaldehydbildung lebhafter, gleichzeitig wächst die Menge des Methylals.

3. Bei kirschroter Glut geht die Bildung von Formaldehyd und Methylal zurück, während der Säuregehalt wächst.

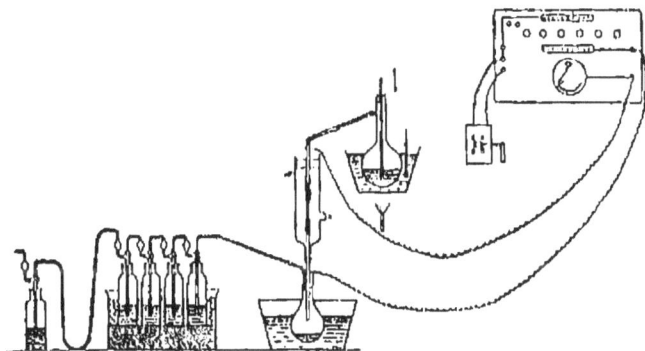

Fig. 2.

4. Bei heller Rotglut geht die Formaldehydbildung weiter zurück, und die Kohlensäuremenge nimmt zu."

„Die Wirkung der Luft. Diese Untersuchung fällt mit der vorhergehenden zusammen. In der Tat, wird die Sauerstoffmenge verdoppelt oder verdreifacht (nachdem der Apparat auf den Durchgang einer bestimmten Luftmenge eingestellt ist), so beobachtet man sofort eine Erhöhung der Temperatur, und der Platindraht erreicht helle Rotglut. Die Zusammensetzung der Oxydationsprodukte entspricht den oben angegebenen Fällen. Es bleibt aber noch die Frage offen, ob die Bildung von Formaldehyd auch bei Ausschluß von Sauerstoff eintritt."

„Diese Frage ist von großem Interesse, weil sich an sie die Erforschung der Bedingungen knüpft, unter welchen Aldehyde überhaupt entstehen."

„Zur Lösung dieser Frage wurde der folgende Weg eingeschlagen:

„Versuch: Ein Kolben von 100 ccm Inhalt wurde mit chemisch reinem Methylalkohol beschickt. Derselbe war mit dem oben beschriebenen Oxydationsapparat verbunden, nur war zur Verhütung des Luftzutritts die Basis des Rohres durch ein enges Rohr an eine Reihe gekühlter, mit Wasser gefüllter Vorlagen angeschlossen, welche durch Tauchrohre miteinander verbunden waren. Um den Apparat in Betrieb zu setzen, wird der Kolben in einem Wasserbad auf 30° C. erwärmt, und hierauf die Wasserstrahlpumpe angelassen. Die Methyldämpfe verdrängen rasch die im System enthaltene Luft. Nach ca. 10 Minuten bringt man die Platinspirale durch einen elektrischen Strom zum Glühen."

„Die Dämpfe kondensieren sich in den mit Eis gekühlten Vorlagen, und nach beendeter Operation bestimmt man den Formaldehyd- und den Methylalgehalt des Produkts.

„So wurden bei zwei Versuchen je 50 g Methylalkohol verdampft. Der Inhalt der Vorlagen enthielt 4,7 g CH_2O."

„Ergebnis: Methylalkohol kann auch bei Ausschluß von Luft bei Berührung mit einer rotglühenden Platinspirale teilweise in Formaldehyd umgewandelt werden."

„Einfluß des Wassers: Apparat zur Bestimmung der Glühtemperatur des Kontaktkörpers. Um den Einfluß von Wasser auf die Wirkung des Platinkontaktes zu beurteilen, haben wir den Apparat in folgender Weise zusammengestellt" (s. Fig. 1):

„Versuch: Der Apparat besteht aus einem Blechkasten BB_1 von 15 cm Breite, 20 cm Höhe und innerem Durchmesser von 6 cm. Im Innern des Kastens befindet sich in DD_1 ein U-förmiges Rohr, dessen Enden im Deckel des Kastens stecken, während der eine Tubus mit der Pumpe, der andere durch das Rohr F mit dem Gefäß A verbunden ist."

„Im Innern des U-förmigen Rohres befindet sich die Spirale m n, aus Platindraht von 50 cm Länge und $^1/_{10}$ mm Durchmesser."

„Um jede Explosionsgefahr zu vermeiden, bringt man in
EE' zwei Pfropfen aus Kupfergaze an, welche dicht in den
Schenkeln des Rohres sitzen."

„Die Temperatur innerhalb des Kastens, also die Temperatur, bis zu welcher die Platinspirale erhitzt wird, bevor
sie die Glühhitze erreicht, zeigt das Thermometer *T.* Der
Platinspirale gegenüber befindet sich ein rundes Schauloch *K*,
durch welches der Moment des Erglühens der Spirale beobachtet
werden kann. Dieses Schauloch ist durch ein Glimmerblättchen
mit Hilfe von Kitt dicht verschlossen, damit nicht eindringende
Luft den Gang der Operation störe."

„Das längliche Kölbchen *A* von 50 ccm Inhalt wird mit
Methylalkohol gefüllt, aus welchem die durch ein Saugrohr
angesaugte Luft Dämpfe entwickelt."

„Die Dämpfe werden in einem Kühler kondensiert und
in Vorlagen aufgefangen, welche sich in *L* befinden. In *M* und
N befinden sich zwei Vorlagen zur Absorption von Feuchtigkeit und Kohlensäure."

„Um den Apparat in Gang zu setzen, saugt man Luft
durch und erhitzt den Blechkasten mit einem Gasbrenner."

„Nach einiger Zeit (ca. $^1/_2$ Std.) bleibt die Temperatur des
Thermometers konstant und ändert sich nur bei Änderungen
in der Wärmequelle. In diesem Augenblicke beobachtet man
durch das Schauloch, ob die Spirale erglüht. Dabei tritt häufig
eine kleine Explosion auf, welche dank der Anordnung des
Apparates auf das Innere des Kontaktrohrs beschränkt bleibt
und noch erheblich reduziert werden kann, wenn man für
möglichst geringen Abstand der beiden Kupferpfropfen sorgt."

„Die Temperatur wird so lange erhöht, bis die Platinspirale erglüht. Hierauf wird der Versuch unterbrochen und
mit einem neuen Gemisch von Methylalkohol und Wasser eine
neue Operation begonnen. Auf diese Weise wird nacheinander
mit reinem Methylalkohol und mit Methylalkohol von 0—90 %
Wassergehalt gearbeitet."

„Der Methylalkohol wurde auf ca. 40° erwärmt, die Wasserstrahlpumpe förderte ungefähr 8 Liter Luft pro Minute."

„Zunächst kann man feststellen, daß die Spirale bei
wasserfreiem Methylalkohol unter 400° nicht erglüht, trotzdem
die Oxydation der Alkoholdämpfe schon lange vorher beginnt."

„Bei wasserhaltigem Methylalkohol dagegen tritt das Erglühen der Spirale schon viel früher ein und es besteht ein
bestimmtes Verhältnis zwischen dem Wassergehalt und der
Temperatur, bei welcher die Spirale zu glühen beginnt."

„Schlußfolgerung. Entgegen der Auffassung zahlreicher
Chemiker beweisen unsre Versuche aufs klarste, daß Gegenwart von Wasser die Kontaktreaktion nicht verhindert."

„Es muß jedoch festgehalten werden, daß die betreffs der
Temperatur gewonnenen Resultate nicht verallgemeinert werden
dürfen. Sie beziehen sich nur auf Versuche unter bestimmten
Bedingungen, und werden durch eine Reihe von Faktoren wie
der Durchmesser des Platindrahts, die Geschwindigkeit des
Luftstroms, die Temperatur der Alkoholmischung wesentlich
beeinflußt."

„Aber wenn auch bei einem Versuch einzelne Bedingungen
unbestimmt bleiben, läßt sich doch daraus ein Schluß ziehen.
Wir glauben den Satz aufstellen zu dürfen, daß Wasser die
Kontaktreaktion nicht verhindert, und möchten beinahe annehmen, daß es dieselbe fördert."

„Diese Feststellung ist von Interesse für die Pflanzen-
physiologie, da die auf Kontaktwirkung beruhenden chemischen
Prozesse sich in Gegenwart von Wasser vollziehen, so daß
unsere Versuche gewisse Theorien bestätigen, welche über diese
Vorgänge aufgestellt wurden."

Ich habe die Ausführungen Trillats in wörtlicher Übersetzung wiedergegeben. Wie aus seinen Schlußworten hervorgeht, war Trillat mit den Arbeiten jener Chemiker, welche
früher diese Frage studiert haben, wohl vertraut, und dennoch
ist er in bezug auf den Einfluß des Wassergehalts zu ent-
gegengesetzten Resultaten gelangt. Sein Hauptfehler liegt
darin, daß er annimmt, das Verhältnis zwischen Methylalkohol
und Wasser in der Mischung aus Dampf und Luft, wie sie
sich beim Durchsaugen von Luft durch den auf 40° C. erwärmten
Methylalkohol bildet, sei dasselbe wie im ursprünglichen Methylalkohol vor der Verdampfung. So würde nach Trillat ein
Methylalkohol von 80 % Methylalkohol und 20 % Wasser
Dämpfe von der gleichen Zusammensetzung entwickeln. Ich
habe zahlreiche Versuche mit Methylalkohol-Wasser-Mischungen
von verschiedener Zusammensetzung ausgeführt, indem ich

einen Luftstrom von ca. 2,5 Liter pro Minute durchsaugte, und mich dabei überzeugt, daß das so gewonnene Gemenge von Methylalkoholdampf, Wasserdampf und Luft Methylalkohol und Wasser niemals im gleichen Verhältnis enthält wie die flüssige Mischung, sondern immer an Methylalkohol reicher ist. Selbst aus 55 %igem Methylalkohol entwickelten sich zunächst in der ersten Stunde des Versuches Dämpfe von mehr als 90 %. Im Versuch 41 wurden z. B. 529 g 54 % iger Methylalkohol angewandt; durch einen Luftstrom von 2,58 Liter pro Minute wurden in 75 Minuten 156 g 81,5 % iger Methylalkohol verdampft. Versuch 30: angewandt 420 g 78,3 % iger Methylalkohol; durch einen Luftstrom von 2,466 Liter pro Minute wurden bei 45—45,5° C. in 1 1/2 Stunden 141 g (33,8 % der ursprünglichen Menge) 100 % iger Methylalkohol verdampft. Versuch 35: 370 g 68 % iger Methylalkohol; durch einen Luftstrom von 2,52 Liter pro Minute wurden in 75 Minuten 133 g (35,9 % der ursprünglichen Menge) 93,83 % iger Methylalkohol verdampft. Ich könnte aus meinen zahlreichen Versuchen mehr als 30 Beispiele anführen, welche überzeugend beweisen, daß der Gehalt an Methylalkohol und Wasser in dem durch den Luftstrom entwickelten Dampfgemisch sich im Zusammenhang mit der Dampftemperatur im Dephlegmator und der Geschwindigkeit des Luftstroms merklich ändert. Man kann aus 50 % igem Methylalkohol ein Dampfgemisch entwickeln, welches 100 oder 99,5 % Methylalkohol enthält. Daher entspricht das von Trillat konstruierte Diagramm durchaus nicht seinen Schlußfolgerungen. Was sind Trillats und meine Versuche? Nichts anderes als eine Destillation von Methylalkohol in einem Luftstrom bei niedriger Temperatur. Dieselben Gesetze, welche für die Destillation unter gewöhnlichen Bedingungen gelten, wollen wir auch in diesem Falle anwenden (siehe Sorel, La Distillation 139; Duclos' Resultate). Trillats Schlußfolgerungen stehen zu diesen im Widerspruch. Die Bestimmung der Glühtemperatur, wie Trillat sie ausführt, entspricht nicht der Glühtemperatur des Platins zur Zeit des Oxydationsprozesses, sondern der Explosionstemperatur des auf eine gewisse Temperatur erhitzten Gemenges aus Methylalkohol, Dampf und Luft. Tatsächlich kann das Gemenge bei einem bestimmten Verhältnis zwischen Methylalkohol und Sauerstoff explodieren, wobei im Rohre eine Flamme erscheint. Diese erhält sich einige Zeit und bringt den Platindraht zum Glühen; doch ist dies nicht die Glühtemperatur des Platindrahtes infolge des Oxydationsprozesses, sondern die Explosionstemperatur. Nur wenn dieses Glühen sich während der ganzen Dauer des $\frac{1}{2}$ bis 1-stündigen Versuches erhielte, hätten wir es hier mit der Glühtemperatur zu tun. Dies war bei Trillats Versuchen nicht der Fall.

Im allgemeinen widerlegen die Versuche Trillats nicht die Sätze, welche früher von anderen aufgestellt wurden, noch berechtigen sie zu den Schlußfolgerungen, welche er selbst aus ihnen gezogen hat. Es sind qualitative Versuche, aus welchen man keine Schlußfolgerungen auf den quantitativen Verlauf ziehen darf. Was jedoch seinen Versuch mit 100 °/₀ igem Methylalkohol betrifft und dessen Resultat, daß nämlich der Platindraht erst bei Temperaturen über 400 ° C. erglüht, so war in diesem Falle die Versuchsanordnung nicht entsprechend; wenigstens erhielt ich bei meinen Versuchen mit Platinkontakt ganz andere Resultate.

„Einfluß poröser Körper. Versuchsapparat. Platinschwarz wirkt nicht immer in gleicher Weise: entweder führt der Oxydationsprozeß nur zur Aldehydbildung, wie wir später sehen werden, oder es bildet sich die entsprechende Säure. Die Autoren, welche Platinschwarz anwandten, gelangten nicht immer zu denselben Oxydationsprodukten, weil die Bedingungen, unter welchen die Versuche vorgenommen wurden, bei der Veränderlichkeit der Faktoren, welche die Reaktion hauptsächlich beeinflussen, nicht die gleichen waren."

„Zu erwähnen ist, daß die Bildung von Acetal (Methylal) niemals beobachtet wurde."

„Wir wiederholten mit Platinschwarz eine große Anzahl der Versuche, welche wir mit der Spirale ausgeführt hatten, und konnten die völlige Analogie in den Reaktionsprodukten feststellen; Schwankungen in der Zusammensetzung wurden durch die wechselnde Menge der durchgesaugten Luft verursacht."

„Um den Verlauf der Oxydation durch Kontaktwirkung bei niedriger Temperatur zu verfolgen, mußte ein Verfahren ersonnen worden, welches erlaubte, die Versuchsbedingungen zu ändern. Nach einigen Versuchen blieben wir bei der folgenden Anordnung."

„Neun U-förmige Rohre mit $1\frac{1}{2}$ cm lichtem Durchmesser und 18 cm Höhe werden in ein Wasserbad mit Regulator eingesetzt und, in Serien von je drei angeordnet, untereinander verbunden. Jedes Rohr trägt in seinem unteren Teile ein Ansatzröhrchen, auf welches als Verschluß ein Kautschukschlauch mit Glasstäbchen aufgesetzt ist. Diese Röhrchen sitzen in Korken, welche im Boden des Wasserbades befestigt sind, so daß aus ihnen die Flüssigkeit außerhalb des Wasserbades abgezogen werden kann. Die oberen Enden jedes U-Rohres sind mit Kautschukstopfen verschlossen, durch welche die gebogenen Glasröhrchen als Verbindung zwischen den U-Rohren führen. Das letzte Rohr ist mit durch Eis gekühlten Vorlagen und der Pumpe verbunden. Wird die Pumpe in Betrieb gesetzt, so saugt sie durch die neun Rohre einen mit Dämpfen der zu prüfenden Flüssigkeit gesättigten Luftstrom."

„Wir wollen nun zur Füllung der Rohre mit der Kontaktsubstanz übergehen."

„Wir bedienen uns hierzu mit Platinschwarz imprägnierter Stückchen Bimsstein. Das erforderliche Platinschwarz wurde auf folgende Weise bereitet":

„Zu einer Lösung von 50 g Platinchlorid in 50—60 ccm Wasser wurden 70 ccm Formaldehyd und weiter unter Kühlung 50 g NaOH zugesetzt, welche vorher in 50 ccm Wasser gelöst waren. Nach 12 stündigem Stehen, wenn der größte Teil des Platins sich zu Boden gesetzt hat, wird mit Hilfe einer Saugpumpe filtriert. Das gelbe Filtrat wird zur vollständigen Fällung des Metalls zum Sieden erhitzt, die Niederschläge vereinigt und sorgfältig unter Dekantieren ausgewaschen. Der schwarze, noch feuchte Niederschlag beginnt bereits auf dem Filter Sauerstoff zu absorbieren. Er wird mit Filtrierpapier abgepreßt und über Schwefelsäure getrocknet. Das so gewonnene Platinschwarz zeichnet sich durch außerordentliche Aktivität aus."

„Bimssteinstücke von Kirschkerngröße werden mit Natronlauge und Schwefelsäure gewaschen und hierauf durch ein Sieb gezogen. Nach dem Trocknen läßt man sie 48 Stunden

im Vakuum. Hierauf werden sie mit Platinschwarz geschüttelt,
bis ihre Oberfläche damit überzogen ist. Es empfiehlt sich
nicht, eine größere Menge Platinschwarz anzuwenden, etwa
1 % vom Gewichte des Bimssteins genügt."

„Der Kolben wird mit Methylalkohol gefüllt, ein Luftstrom durchgesaugt, und nach einigen Stunden der Inhalt der
Vorlagen untersucht. Manchmal sammelt sich in den U-Rohren
eine kleine Menge Flüssigkeit; dieselbe wird durch die Ansatzröhrchen abgelassen und gesammelt."

„Diese Anordnung erlaubt außerdem, den Einfluß des mit
Platinschwarz überzogenen Kontaktkörpers auf die Methylalkoholdämpfe festzustellen."

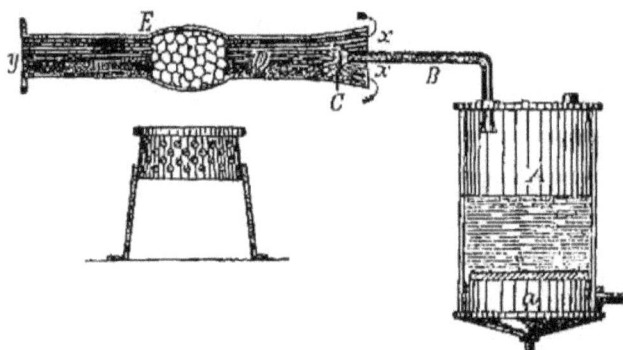

Fig. 3.

„Jeder Versuch wird mit 20 ccm des betreffenden Alkohols ausgeführt."

„Die Temperatur, bis zu welcher der Apparat erwärmt
wurde, schwankte zwischen 0° und 80° C. Nach jedem Versuch wird der Inhalt der Vorlagen nach den bekannten Verfahren untersucht."

„Auf diese Weise konnten wir die völlige Identität der
mit Platinschwarzkontakt bei niedriger Temperatur gewonnenen
Produkte mit dem früher mit der erhitzten Platinspirale erhaltenen feststellen. Das Resultat dieser Versuche ist also,
daß die Platinspirale, Platinschwarz und andere Kontakt-

substanzen, ein und dieselben Oxydationsprodukte geben; ihr Mengenverhältnis ändert sich nur bei Sauerstoffüberschuß oder bei steigender Temperatur."

Technische Verfahren zur Gewinnung von Formaldehyd.

In der Literatur finden sich Angaben über das Verfahren von Trillat zur Herstellung von Formaldehydlösungen (D.R.P. 55176). Dieses besteht seinem Wesen nach in einer Zerstäubung von Methylalkohol und Überleiten desselben in einem Luftstrom über erhitzte poröse Substanzen.

Die Herstellung zerfällt also in zwei Teile:
1. die Zerstäubung,
2. die Oxydation.

Als Ausgangsmaterial kann man rohen oder rektifizierten, absoluten oder wasserhaltigen Methylalkohol verwenden (s. Fig. 3).

Der Methylalkohol wird in einen Kupferkessel *A* von 100 Liter Inhalt eingesetzt und durch den Doppelboden (*a*) mittels Dampf erwärmt. Im oberen Teile des Kessels befindet sich ein rechtwinkelig gebogenes Verbindungsrohr *B*, welches in eine Spitze oder in eine Erweiterung mit Bohrungen endigt. Der Alkohol verflüchtigt sich in Form von Nebeln. Das Ende des Rohres, durch welches die Alkoholdämpfe austreten, reicht 1 cm tief in ein auf einer Seite offenes Kupferrohr *D*. Das andere Ende des Rohres *D* steht in Verbindung mit den Vorlagen zur Kondensation des Formaldehyds. In der Mitte dieses horizontal gelagerten Rohres von 10 cm Weite und 1 m Länge befindet sich eine Erweiterung *E*, welche teilweise mit porösen Substanzen, wie Holzkohle, Retortenkohle, Koks, Ziegelstein usw. angefüllt ist.

Das horizontale Kupferrohr kann direkt erhitzt werden, bis die poröse Masse, je nach der Art der Kontaktsubstanz, auf dunkle oder helle Rotglut gebracht ist; hierauf wird die Vorlage mit der Wasserstrahlpumpe verbunden. Die Arbeitsweise ist die folgende: Der Methylalkohol wird zum Sieden gebracht; seine Dämpfe werden beim Austritt aus den Bohrungen des Rohres zerstäubt und stoßen auf die poröse Masse; da Luft in hinreichender Menge vorhanden ist, wird er hierbei zu Formaldehyd oxydiert, welcher in die Vorlagen gesaugt wird. Die Luftpumpe besorgt auch das Ansaugen der Luft durch das offene Rohr bei *H*.

Man kann auf diese Weise Formaldehyd entweder in Lösung oder als Verbindung mit anderen Substanzen erhalten. Im ersten Falle muß man die Dämpfe in Wasser oder Alkohol leiten, im zweiten Falle durch eine Substanz, welche mit Formaldehyd eine Verbindung oder ein Kondensationsprodukt bildet.

Betreffend die Ausbeute finden sich in der Literatur keine Angaben. Aber nach einigen Versuchen zu schließen, welche ich in analoger Weise ausgeführt habe, ist die Ausbeute sehr gering, so daß das Trillat patentierte Verfahren in der Fabrikspraxis kaum Anwendung finden dürfte. Außerdem ist das Verfahren feuergefährlich.

M. Klar (Leipzig-Lindenau) und Schulze (Marburg a. d. Lahn) nahmen ein Patent für ein Verfahren zur Herstellung von Aldehyden, insbesondere von Formaldehyd (D. R. P. 106495), „dadurch gekennzeichnet, daß man zur betriebssicheren und rationellen Erzeugung des hierbei zur Verwendung kommenden Alkoholluftgemisches geregelte Mengen von fein zerteiltem Alkohol unter Darbietung großer Berührungsflächen einem ebenfalls geregelten und event. vorher mit aus dem Prozeß selbst hervorgehenden Stickstoffgas verdünnten Luftstrom entgegenführt, wobei die Luft oder der Alkohol oder das Alkoholluftgemisch erwärmt gehalten wird.“

„Die Darstellung von Formaldehyd geschah bisher in der Weise, daß durch einen großen event. auf konstantem Niveau gehaltenen Überschuß von Methylalkohol atmosphärische Luft gesaugt oder gepreßt und dann das erhaltene Luftalkoholgemisch über glühende Kontaktmassen geführt wurde. Diese Arbeitsweise hat bei der industriellen Ausführung den sehr bedenklichen Übelstand, daß zur Erreichung eines eine gefahrlose stichflammenfreie Oxydation gewährleistenden, also einen gewissen Methylalkoholüberschuß enthaltenden Alkoholluftgemisches die Luft stets durch einen übermäßig großen Überschuß von Methylalkohol hindurchgesaugt werden muß, wodurch diese Betriebsart eine ganz besonders feuergefährliche wird. Weiter bedingt der der Luft dargebotene verhältnismäßig große

Methylalkoholüberschuß, daß das Luftalkoholgemisch mehr Methylalkohol enthält, als zu einer ruhigen Oxydation beim Überleiten über die glühenden Kontaktmassen erforderlich ist; hierdurch steigert sich der Verbrauch an Methylalkohol und macht die ganze Arbeitsweise wenig rationell. Dadurch endlich, daß der zu verdampfende Methylalkohol sich in ruhendem Zustand befindet, hat man es weder in der Hand, ständig ein Luftalkoholgemisch bestimmter Zusammensetzung zu erzeugen, welches erfahrungsgemäß die besten Ausbeuten sichert, noch ist man infolge der von dem allmählichen Abdunsten des Methylalkohols hervorgerufenen Niveauänderung sicher, nicht etwa ein zu wenig Methylalkohol enthaltendes Luftalkoholgemisch zu erzeugen, welchem mehr oder weniger explosive Eigenschaften zukommen."

„Um nun unter Vermeidung dieser Gefahren ein zur Formaldehydbildung ganz besonders geeignetes Luftalkoholgemisch in stets gleicher Zusammensetzung herstellen zu können, soll zur Erlangung einer eben hinreichenden genügenden Beladung der Luft mit Methylalkohol die Luft nicht durch eine große Alkoholmenge gesaugt oder gepreßt werden, sondern eine derartige bestimmt zusammengesetzte Mischung wird ganz gefahrlos dadurch erzielt, daß in Bewegung befindliche, also regel- und meßbare Mengen von fein zerteiltem Methylalkohol in einem Mischzylinder für Gase und Flüssigkeiten unter Darbietung großer Berührungsflächen einem genügend vorgewärmten und ebenfalls gemessenen Luftstrom entgegengeführt werden, welcher event. vorher zur Vermeidung tiefer eingreifender Oxydationen und zur Erzielung höchster Formaldehydausbeuten mit dem aus dem Prozeß selbst abfallenden Stickstoff verdünnt worden ist."

„Diese bisher bei der Darstellung von Formaldehyd noch nicht benutzte Anwendung des Gegenstromprinzips und ebenso die noch nicht verwendete Verdünnung des Luftalkoholgemisches mit Stickstoffgas schließen einen neuen technischen Effekt insofern ein, als es nicht nur durch die Anwendung des Gegenstromprinzips und der dadurch bedingten Darbietung großer Berührungsflächen zwischen Alkohol und Luft ermöglicht wird, eine genügende Beladung der Luft schon mit sehr kleinen in der Zeiteinheit anwesenden Mengen Methylalkohol zu erreichen, sondern daß auch durch die Anwendung von mit Stickstoff verdünnter Luft die Oxydation eine so gemäßigte wird, daß die Luft überhaupt nur mit einem verhältnismäßig geringen Über-

schuß von Methylalkohol beladen zu werden braucht, ohne
daß eine Stichflammenbildung zu befürchten ist."

„Ferner ist durch die Anwendung des eben beschriebenen
Verfahrens von in Bewegung befindlichen Luft- und Alkohol-
mengen die Möglichkeit der Regulierbarkeit beider geschaffen
und wird damit die Erlangung eines gleichmäßig und bestimmt
zusammengesetzten Luftalkoholgemisches erreicht."

„Zur Durchführung [des oben beschriebenen Verfahrens dient
der in der Zeichnung (Fig. 4) dargestellte Mischapparat. Der
Mischturm besteht aus Metall oder Ton. Von
unten führt man auf irgend eine Weise
so stark angewärmte Luft ein, daß das gasförmige Gemisch eine Temperatur von 45—50°
zeigt, die für die Erzielung des richtigen
Mischungsverhältnisses und für den günstigen
Verlauf der Reaktion sich als die geeignetste
erwiesen hat. Statt der vorgewärmten Luft kann
diese Temperatur des Reaktionsgemisches
auch dadurch erzielt werden, daß der Turm
von einem Wassermantel umgeben oder auch
durch Dampf heizbar ist." — „Der Methylalkohol tritt unmittelbar unterhalb des Deckels
in den Turm ein und fließt durch einen Ver-
teiler dem von unten kommenden Luftstrom entgegen. In der in dem unteren Teile des Turms
befindlichen, aus Koks usw. bestehenden Füllung findet eine innige Mischung beider statt."

„Etwa durch die Füllung hindurchfließen-
der überschüssiger Alkohol wird durch eine
Pumpe in das Reservoir zurückbefördert. Die
Vermeidung größerer Mengen flüssigen Methylalkohols trägt wesentlich zur Sicherung des ganzen Betriebs
bei, indem größere gefahrdrohende Brände von Alkohol nicht
entstehen können. Der Methylalkoholzufluß vom Reservoir ist
so einzurichten, daß er von verschiedenen Stellen leicht abgestellt werden kann." — „Das so hergestellte Luftalkoholgemisch wird in bekannter Weise durch Überleiten über geeignete Kontaktmassen zur Reaktion gebracht und der gebildete
Alkohol in geeigneter Weise kondensiert.

Da der in den Apparat eingeführten Luft auf dem Wege

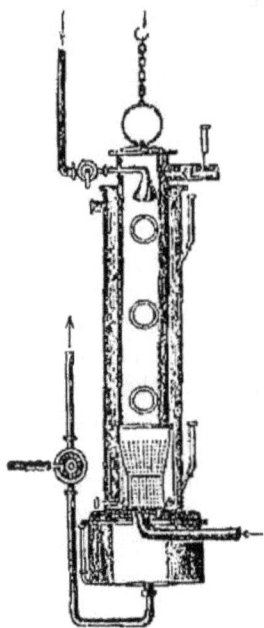

Fig. 4.

durch das Oxydationsrohr sämtlicher Sauerstoff entzogen wird, so kann, wie schon oben erwähnt wurde, der am anderen Ende des Apparats austretende, fast reine Stickstoff vorteilhaft zur Verdünnung des Reaktionsgemisches verwendet werden."

Das angeführte Patent beschreibt nur eine rationelle Methode zur Herstellung des Reaktionsgemisches aus Luft und Methylalkohol, erwähnt dagegen nichts über den Verlauf des Oxydationsprozesses und die Konstruktion des Oxydationsapparates; wir erfahren nicht, ob der von Trillat beschriebene oder ein anders geformter Apparat zur Anwendung kommt.

Der Konstruktion des Mischapparates selbst ist das Gegenstromprinzip zugrunde gelegt, dessen Anwendung in jenen Industrien, wo es sich entweder um die rationelle Absorption von Gasen durch Flüssigkeiten (z. B. Wasser), oder um die gründliche Mischung von Flüssigkeiten mit gasförmigen Substanzen handelt (Lunges Plattenturm), längst bekannt ist. Andrerseits kann man den Mischapparat als einen Rektifikationsapparat auffassen, in welchem die Rektifikation in einem Luftstrom bei niedriger Temperatur verläuft. Wie ich bei meinen eigenen Versuchen beobachtete, kann man bei einer derartigen Rektifikation aus reinem wasserhaltigen Methylalkohol so hochprozentigen Methylalkohol erhalten, wie es in den gewöhnlichen Rektifikationsapparaten ganz unmöglich ist. So kann man z. B. aus 89—90 % igem Alkohol 99,5—100 % igen Alkohol überdestillieren, ohne irgendwelche, die Feuchtigkeit absorbierende Substanzen anzuwenden (siehe meine Versuche im zweiten Teil des Buches).

Wir gehen jetzt zum Glockschen Verfahren über (D.R.P. 109014).

Formaldehyd wird aus Methan oder methanhaltigen Gasgemengen durch Oxydation mit Sauerstoff in Gegenwart von Kupfer, Bimsstein, Asbest oder einer Mischung dieser Stoffe als Kontaktsubstanz gewonnen. Methan wird z. B. mit dem gleichen Volum Luft gemengt, durch ein auf dunkle Rotglut (ca. 600° C.) erhitztes Rohr geleitet, welches mit körnigem Kupfer (hergestellt aus Kupferoxyd) gefüllt ist. Die Reaktionsprodukte werden abgekühlt, mit Wasser gewaschen, mit etwa dem gleichen Volum Luft gemischt und durch ein zweites mit Kontaktmasse gefülltes Rohr geführt, welches ebenfalls auf dunkle Rotglut erhitzt ist, und dieser Prozeß wird so oft wiederholt, bis alles Methan oxydiert ist. Da die Luft nicht auf einmal, sondern in kleinen Portionen zugegeben wird, bleibt die Reaktionstemperatur gemäßigt. Im ersten Rohre genügt die Verbrennungswärme des Methans, um die Kontaktmasse in glühendem Zustande zu erhalten. Die folgenden Rohre müssen von außen erwärmt werden, da die Gase durch das Waschen und den weiteren Zusatz von Luft zu sehr verdünnt sind. Die Waschwässer enthalten Methylalkohol und Formaldehyd. Bei Anwendung von Platin als Kontaktsubstanz bilden sich nicht die geringsten Spuren dieser Stoffe. Bei Aufarbeitung von Gasgemischen aus Koksöfen oder von Leuchtgas an Stelle von Methan, ist die Arbeitsweise eine ähnliche; Wasserstoff und Kohlenoxyd werden dabei vor dem Methan oxydiert. Zur Verbrennung des Wasserstoffs kann man in das erste Rohr einen Platinkontakt setzen, unter dessen Einwirkung der Wasserstoff bei niedriger Temperatur (ca. 177° C.) verbrennt, während Methan unverändert bleibt.

Wird Methan mit Wasserstoffsuperoxyd oxydiert, so bildet sich unter anderem auch Formaldehyd. Hierzu wird Methan durch eine gut gekühlte konzentrierte Lösung von Wasserstoffsuperoxyd geleitet. In gleicher Weise wirkt auch eine Lösung von Überschwefelsäure, welche aus Schwefelsäure vom spez. Gew. 1,35—1,50 durch elektrolytische Oxydation mittels eines Stroms von 500 Amp. pro 1 qdm Anodenfläche erhalten wird. Auch diese Reaktion wird unter Kühlung durchgeführt, um die Bildung von Methyläther zu vermeiden. (Franz. Patent Nr. 352 687, Lange und Elworthy.)

Dieses Oxydationsverfahren dürfte wegen der hohen Kosten der elektrischen Energie in der Technik kaum Anwendung finden, zumal das als Ausgangsmaterial zur Verfügung stehende Methan verschiedene Beimengungen enthält H_2, CO usw. in den Koksofengasen, im Leuchtgas und in den Gasen der Holzdestillation) und daher zur Oxydation weit mehr Überschwefelsäure verbraucht als reines Methan.

A. Morel beschreibt eine französische Fabrik (Côte d'Or), welche für eine tägliche Produktion von 900 kg Formaldehyd aus Methylalkohol eingerichtet ist (Journ. Pharm. Chim. [6] 21, 177).

Eigenschaften des Formaldehyds.

Formaldehyd ist ein Gas von charakteristischem Geruch, welches sich bei starker Abkühlung zu einer farblosen, beweglichen Flüssigkeit vom Siedep. -21^0 C. und vom spez. Gew. 0,8153 (bei -20^0 C.), 0,9172 (bei -80^0 C.) verdichtet. Wasser absorbiert bis 50 %/₀ Formaldehydgas; die Lösung enthält außer gasförmigem CH_2O noch das Hydrat $CH_2(OH)_2$ — das hypothetische Methylenglykol und nicht flüchtige Polyhydrate wie z. B. $(CH_2)_2O(OH)_2$, welche den Polyäthylenglykolen entsprechen.

Spez. Gew. und Prozentgehalt wässeriger Formaldehydlösungen bei 18,5^0 C. (nach Lüttke).

%/₀ CH_2O	Spez. Gew.	%/₀ CH_2O	Spez. Gew.	%/₀ CH_2O	Spez. Gew.	%/₀ CH_2O	Spez. Gew.	%/₀ CH_2O	Spez. Gew.
1	1,002	9	1,023	17	1,041	25	1,004	33	1,078
2	1,004	10	1,025	18	1,043	26	1,067	34	1,079
3	1,007	11	1,027	19	1,045	27	1,069	35	1,081
4	1,008	12	1,029	20	1,049	28	1,071	36	1,082
5	1,015	13	1,031	21	1,052	29	1,073	37	1,089
6	1,017	14	1,038	22	1,055	30	1,075	38	1,085
7	1,010	15	1,036	23	1,058	31	1,076	39	1,086
8	1,020	16	1,039	24	1,061	32	1,077	40	1,087

Die Angaben von Lüttke stimmen nicht ganz mit den später von Auerbach[1] erhaltenen Zahlen überein: trockenes Trioxymethylen wurde erhitzt, die Trioxymethylendämpfe in Wasser absorbiert; das spez. Gew. und der Formaldehydgehalt der Lösungen wurden bestimmt (bei 18^0 ± 0,05^0 bezogen auf Wasser bei 4^0) (s. Tabelle auf S. 24).

Wässerige Formaldehydlösungen fällen aus ammoniakalischen Silberlösungen metallisches Silber. Beim Erhitzen mit verdünnter Natronlauge geht Formaldehyd in Methylalkohol und Ameisensäure über. Bei der Einwirkung von konzentrierter Natronlauge und Cu_2O bei Zimmertemperatur bildet sich Ameisensäure unter gleichzeitiger Wasserstoffentwicklung [Loow[2]]: hier äußert sich die katalytische Wirkung des

---

[1] Arb. Ges. 1905, 584; Ref. d. Chem.-Ztg. 1905, Rep. 888.
[2] Ber. 20 (1887), 144.

g CH_2O in 100 ccm Lösung	g CH_2O in 100 ccm Lösung	Spez. Gew.
2,24	2,28	1,0054
4,06	4,60	1,0126
11,08	10,74	1,0311
14,15	13,50	1,0410
10,89	18,82	1,0508
25,44	23,73	1,0719
30,17	27,80	1,0853
37,72	34,11	1,1057
41,87	37,58	1,1158

Kupferoxyduls. Bei Anwesenheit starker Basen NaOH, KOH, Ba(OH)₂ fällt Formaldehyd aus Gold-, Quecksilber- und Wismutlösungen die Metalle.

Weiter ist Formaldehyd durch seine Fähigkeit ausgezeichnet, Kondensations- und Additionsprodukte zu bilden.

Mit saurem schwefligsaurem Natron $NaHSO_3$ entsteht als Additionsprodukt Formaldehyd-Bisulfit:

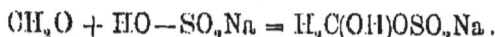

$$CH_2O + HO-SO_2Na = H_2C(OH)OSO_2Na.$$

Mit Anilin gibt Formaldehyd unter Wasserabspaltung als Kondensationsprodukt Anhydroformaldehydanilin:

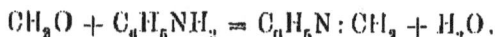

$$CH_2O + C_6H_5NH_2 = C_6H_5N:CH_2 + H_2O.$$

Mit Ammoniak reagiert er unter Bildung von Hexamethylentetramin (Urotropin, Formin):

$$4NH_3 + 6CH_2O = C_6H_{12}N_4 + 6H_2O.$$

Gegenwärtig findet man sehr reine, methylfreie wässerige Formaldehydlösungen. Jedoch Großmann und Eschweiler[1]) fanden im rohen Formaldehyd Holzgeist, Wasser und Ameisensäure.

Das käufliche, Formalin (Formol) genannte Produkt stellt eine 40%ige Lösung dar (d. h. 40 g CH_2O in 100 ccm).

Bei länger andauerndem Stehen der wässerigen Lösung geht Formaldehyd in Ameisensäure über.[2])

¹) Ann. 258 (1890), 95.
²) Wagner, Jahrbuch d. Chem. Technol. 1897, 487.

Bei der fraktionierten Destillation der rohen Formaldehyd-
lösungen geht zuerst Methylalkohol über, später Aldehyd. So
erhält man Lösungen von geringem Methylgehalt. Diese
Lösungen kann man durch Destillation über wasserfreiem
Kupfersulfat oder entwässertem Natriumazetat konzentrieren.
Die stärkste so erhaltene Lösung hatte 52,39 % CH_2O. Eine
Lösung mit 62,5 % Aldehyd entspräche dem Methylenglykol;
jedoch beginnt die Ausscheidung von Trioxymethylen schon
viel früher. Die käuflichen Lösungen enthalten 36—40 %
CH_2O [Davis[1])].

Konzentrierte Formaldehydlösungen nehmen bei gewöhnlicher Temperatur Chinolin, Chinaldin, Isochinolin auf; Lösungen
von weniger als 25 % zeigen diese Eigenschaft nicht mehr.

Es gelang, Formaldehyd zu verflüssigen. Kekulé[2] zeigte
als erster, daß sich Formaldehyd beim Kühlen mit fester
Kohlensäure zu einer Flüssigkeit verdichtet. In derselben
Richtung arbeitete Harries[3]. Raikow erhielt flüssigen Formaldehyd auf etwas andere Weise.[4])

Festes monomolekulares CH_2O schmilzt bei — 92 ° C.[5])
Harries benutzte zu seiner Herstellung flüssige Luft.

Raikow[6]) mischte 40 % igen Formaldehyd mit wasserfreier
Pottasche; dabei erhält man eine violette Lösung, welche bei
weiterem Zusatz von Pottasche graugelbe Farbe annimmt.
Wenn Pottasche nicht weiter in Lösung geht, bilden sich zwei
Schichten, von denen die obere CH_2O darstellt. Es ist anzunehmen, daß der von Raikow so gewonnene flüssige Formaldehyd polymerisiert ist. (siehe weiter unten).

Bei der Verbrennung mit Sauerstoff über Platinschwamm
gibt Formaldehyd Kohlensäure [Délépine[7])].

Mit thermochemischen Untersuchungen über Formaldehyd hat sich Délépine beschäftigt.[8])

Die Bildungswärme des gelösten Gases beträgt 40,3 Kal.,
die des freien Gases 25 Kal.

[1]) Davis, Soc. Chim. 16, 508.
[2]) Ber. 25 (1892), 2435.   [6]) Ber. 34 (1901), 685.
[3]) Chem.-Ztg. 26 (1902), 185.   [5]) Ann. 258 (1890), 95.
[4]) Chem.-Ztg. 26 (1902), 185.
[7]) Bull. soc. chim. 17 (1897), 930.
[8]) Compt. rend. 124 (1897), 1454; Bull. soc. chim. 17 (1897), 849.

Bei der Verdünnung konzentrierter Lösungen wird Wärme frei; die Verdünnung ist also von Energieverlust begleitet. Die folgenden Eigenschaften ergeben sich aus den thermochemischen Daten: aus dem Gas und Wasser bilden sich Hydrate, weshalb es unmöglich ist, durch Erhitzen das Gas aus wässerigen Lösungen gänzlich auszutreiben.

Die Bildungswärme des Formaldehyds beträgt 15 Kal. Nur unter vermindertem Druck gelingt es, durch einen Gasstrom Formaldehyd aus Lösungen auszutreiben (Trillat).

Bei der Destillation der Lösungen erhält man eine Mischung von Wasser und Aldehyd.

II. Die Reaktionen des Formaldehyds.

Die Polymeren des Formaldehyds.

Paraformaldehyd.

Frisch bereitete 40%ige Formaldehydlösung kann man unverändert nur 6 Monate aufbewahren. Beim Verdampfen konzentrierter Formaldehydlösungen bleibt Paraformaldehyd zurück: zur Reinigung wird er mit Alkohol verrieben und abgepreßt [Lösekann[1])]. Seine Zusammensetzung entspricht der Formel: $(OH)CH_2OCH_2OCH_2OCH_2OCH_2(OH)$.

Bei vorsichtigem Erhitzen geht er unter Wasserabspaltung in Trioxymethylen über.

Paraformaldehyd ist eine weiße butterartige Masse. Er dient als Desinfiziens. Seine Molekulargröße hat Tollens bestimmt.[2])

Ich erhielt Paraformaldehyd bei der Destillation von Trioxymethylen in einem Strom von getrocknetem Stickstoff und Kohlensäure. Das ganze Rohr des Liebigschen Kühlers füllte sich mit einer dichten Masse von Paraformaldehyd.

Délépine[3]) berechnete die Bildungswärme zu 42,5 Kal., die Lösungswärme zu −2,1 Kal.

---

[1]) Chem.-Ztg. 14 (1890), 1408. [2]) Ber. 21 (1888), 3503.
[3]) Compt. rend. 124 (1897), 1575.

Aus dem Vergleich der thermochemischen Zahlen ergibt sich, warum bei der Konzentration von Lösungen Paraformaldehyd entsteht und nicht Trioxymethylen; dieses bildet sich nur in Gegenwart von wasserentziehenden Substanzen wie z. B. Schwefelsäure.

Wahrscheinlich ist Paraformaldehyd nur ein Glied aus einer Reihe von Produkten der Dehydratation von $CH_2(OH)_2$:

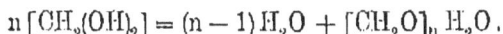

$$n\,[CH_2(OH)_2] = (n-1)\,H_2O + [CH_2O]_n\,H_2O.$$

Nach dem deutschen Patent Nr. 91 712 wird die Polymerisation von CH_2O verhütet durch Zusatz von Chloriden der Alkalien oder Erdalkalien (Soc. des Usines du Rhône).

Chlor wirkt auf Paraformaldehyd im zerstreuten Licht und bei gelindem Erwärmen unter Bildung von HCl und CO. Im direkten Sonnenlicht wirkt es schon in der Kälte ein unter Bildung von HCl, CO, $COCl_2$; Brom wirkt in gleicher Weise (Compt. rend. 121, 1150).

Trioxymethylen.

Dasselbe bildet eine undeutlich kristallinische Masse, welche bei 152° C. schmilzt, aber schon unter 100° C. sich zu verflüchtigen beginnt. Das sublimierte Trioxymethylen schmilzt bei 172° C. [Tollens[1])].

Wird Trioxymethylen mit Wasser auf 100° erhitzt, so löst es sich, und die Lösung enthält Formaldehyd. Nach meinen Versuchen enthält eine durch Kochen von Trioxymethylen mit Wasser hergestellte Lösung nach dem Filtrieren vom Ungelösten gegen 10% CH_2O.

Trioxymethylen ist in Alkalien löslich, unlöslich in Alkohol und Äther. Beim Vergasen geht es in das Monomere über. Durch Silberoxyd wird es zu Ameisensäure oxydiert, während das Silberoxyd gleichzeitig zum Metall reduziert wird (Silberspiegel). Mit Chlor bildet sich im Sonnenlicht $COCl_2$ und HCl (Henry)[2]); trockenes Salzsäuregas wird von Trioxymethylen unter Bildung von $[CH_2Cl]_2O$ absorbiert, ebenso HJ

[1]) Ber. 16 (1883), 919.
[2]) Bull. Acad. Roy. Belge 26 (1894), 615.

und HBr. Mit Brom gibt Trioxymethylen Dibrommethyloxyd [Brochet[1])], eine farblose Flüssigkeit vom Siedep. 155° C. PJ_3 bildet mit Trioxymethylen CH_2J_2. Beim Kochen mit etwas Methylalkohol und Schwefelsäure entsteht $CH_2(OC_2H_5)_2$.

Mit NH_3 bildet sich $C_6H_{12}N_4$ Hexamethylentetramin, mit Äthylamin, Diäthylamin und Anilin entstehen gleichfalls Kondensationsprodukte:

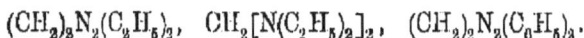

$$(CH_2)_3N_2(C_2H_5)_2, \quad CH_2[N(C_2H_5)_2]_2, \quad (CH_2)_2N_2(C_6H_5)_2.$$

Trioxymethylen entsteht:

1. Beim Stehen einer konzentrierten Formaldehydlösung; sobald es sich gebildet hat, ist es in der darüberstehenden Flüssigkeit unlöslich.

2. Beim Erhitzen von Methylenazetat $CH_2(OCOCH_3)_2$ mit Wasser auf 100° [Buttlerow[2])].

3. Bei der Einwirkung von Silberoxyd auf CH_2J_2.

4. Bei der Elektrolyse mit Schwefelsäure angesäuerter Lösungen von Glykol, Mannit, Glyzerin und Glykose.

5. Beim 6—8stündigen Erhitzen von wasserfreiem Calciumglykolat mit Schwefelsäure auf 170—180° [Heintz[3])].

6. Bei der Behandlung von CH_3OCH_2Cl oder $(CHCl_2)_2O$ mit Wasser.

7. Aus Monochloressigsäure, beim Durchgang ihrer Dämpfe durch ein glühendes Rohr:

$$CH_2Cl.COOH = HCl + CO + CH_2O$$

(Chem. Centralbl. 1898, I, 872; G. Cristaldi, Gazz. chim. 1897, 27, II, 502).

Wird trockenes Trioxymethylen mit Spuren von Schwefelsäure in einem Rohre auf 115° C. erwärmt, so bildet sich isomeres α-Trioxymethylen (Pratesi), Nadeln vom Schmelzp. 60—61° C. Dasselbe sublimiert schon bei gewöhnlicher Temperatur und ist löslich in Wasser, Alkohol, Äther.

Aus Trioxymethylen und Äthylenglykol entsteht bei Zu-

[1]) Bull. soc. chim. 13 (1898), 681.   [2]) Ann. 111 (1859), 242.
[3]) Ann. 138 (1900), 40.

satz von FeCl₃ Methylenäthylenäther $CH_2\langle\begin{smallmatrix}OCH_2\\|\\OCH_2\end{smallmatrix}$, mit Wasser
mischbar vom Siedep. 78° [Henry[1])].

Aus Trioxymethylen, Äthylen, Chlorhydrin und Salzsäure
entsteht $(CH_2Cl)OCH_2 . CH_2Cl$ Dichlormethyläthyläther vom
Siedep. 153° C.

Trillat[2]) erhielt aus Trioxymethylen und Alkohol bei
2—10stündigem Erhitzen mit 1—4% FeCl₃ Methylal und
dessen Homologe.

Die Bildungswärme des Trioxymethylens ist 40,4 Kal.
[Délépine[3])].

Wird Trioxymethylen mit dem gleichen Gewicht Wasser
durch 6 Stunden im zugeschmolzenen Rohr auf 100° erhitzt,
so bildet sich CO₂, beim Erhitzen auf 200° CO₂, Ameisensäure
und Methylalkohol.

Seyewetz und Gibello[4]) haben einige neue feste Polymere des Formaldehyds dargestellt, doch sind diese so wenig
erforscht, daß sie hier nicht beschrieben werden sollen.

In allerletzter Zeit erschien eine interessante Arbeit von
Auerbach und Barchall über die Polymeren des Formaldehyds.[5]) Dieselben unterscheiden sechs verschiedene feste
Polymere: das Paraformaldehyd $(CH_2O)_n + x H_2O$, ferner vier
Polyoxymethylene $(CH_2O)_n$ und endlich das α-Trioxymethylen
$C_3H_6O_3$ von ringförmiger Struktur. Alle diese Polymeren sind
durch ihre Form (amorph, kolloidal, undeutlich kristallinisch,
deutlich kristallinisch, schön entwickelte weiße Kristalle), durch
den Schmelzpunkt, die Wasserlöslichkeit usw. charakterisiert.
Infolge der geringen Unterschiede in den Schmelzpunkten und
der großen Schwierigkeit, diese Substanzen von den letzten
Spuren Wasser zu befreien, welche gerade die Bestimmung
des Schmelzpunktes und des Molekulargewichts beeinflussen,
müssen die Schlußfolgerungen der Autoren mit Vorsicht aufgenommen werden.

[1]) Compt. rend. 120 (1895), 108.
[2]) Compt. rend. 118 (1894), 1277.
[3]) Compt. rend. 124 (1897), 1525.
[4]) Acad. des Sciences, 16. Mai 1904; Chem.-Ztg. 28 (1904), 551.
[5]) Arbeiten aus dem Kaiserl. Gesundheitsamt, 27, Heft 1.

Äther des Formaldehyds.

Methylal $CH_2(OCH_3)_2$, spez. Gew. 0,8551 bei 17° C.,
Siedep. 42° C., in 3 Teilen Wasser löslich.

Herstellung: 2 Tle. Mangansuperoxyd und 2 Tle. Holzgeist
werden mit einer Mischung von 3 Tln. H_2SO_4 mit 3 Tln. Wasser
behandelt und destilliert [Cane[1]]. Das Destillat wird rekti-
fiziert und der unter 60° siedende Anteil mit Ätzkali behandelt.

Durch eine Mischung von 100 Tln. Holzgeist und 5 Tln.
verdünnter Schwefelsäure wird ein Strom aus vier Bunsen-
elementen geleitet [Renard[2]].

Aus Trioxymethylen und Methylalkohol bei Zugabe von
1—4% $FeCl_3$ und sirupöser Phosphorsäure (Ber. 27, R. 506;
Centralbl. 1899, I, 919).

Durch Einwirkung von Natriumalkoholat auf die entsprechenden Dichloride oder Dijodide:

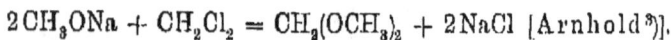

$$2\,CH_3ONa + CH_2Cl_2 = CH_2(OCH_3)_2 + 2\,NaCl \;\;[\text{Arnhold}[3]].$$

Methylendiäthyläther $CH_2(OC_2H_5)_2$, Siedep. 88° (Pratesi).

Er entsteht bei der Destillation von Trioxymethylen mit
überschüssigem Äthylalkohol und konzentrierter Schwefelsäure
(oder 1—4% $FeCl_3$).

Zweckmäßiger bei der Einwirkung einer 1%igen Lösung
von Salzsäure in Alkohol auf Formaldehyd (indem man Formaldehyddämpfe durch eine solche Lösung leitet).

Trillat und Cambier erhielten Methylal durch Erhitzen
äquimolekularer Mengen von Trioxymethylen und Alkohol.

Methylendiessigester $CH_2(OCOCH_3)_2$, Siedep. 170° C.

Darstellung: 1. aus Aldehyd und Essigsäureanhydrid;
2. aus Aldehyd und Azetylchlorid; 3. aus Methylenchlorid,
-bromid oder -jodid mit Silberacetat. Bei der Einwirkung von
Wasser bei 100° C. zerfällt es in Essigsäure und Trioxymethylen.

Formaldehyd-methyl-essigäther $CH_2(OCH_3)OCOCH_3$, Siedep.
117—118° [Friedel[4]].

---

[1] Ann. 19 (1886), 175.   [2] Ann. 17 (1886), 291.
[3] Ann. 240 (1887), 198.   [4] Ber. 10 (1877), 492.

Darstellung: aus Chlormethyläther und essigsaurem Kali. Mit Alkalien zerfällt es in Methylalkohol, Essigsäure und Trioxymethylen.

Chlorderivate des Methylals.

(De Sonay, Bull. med. R. de Belg. 26, 629—654; 28, 102.)

Monochlormethylal $CH_2{<}{OCH_2Cl \atop OCH_3}$, farblose, an der Luft rauchende Flüssigkeit: Siedep. 95°; in Wasser unlöslich. Beim Erhitzen mit Wasser entsteht CH_2O.

Dichlormethylal $CH_2(OCH_2Cl)_2$, durchsichtige Flüssigkeit vom Siedep. 127°.

Trichlormethylal $CH_2(OCHCl)(OCHCl_2)$, durchsichtige, dicke Flüssigkeit von stechendem Geruch; Siedep. 144°.

Tetrachlormethylal $CH_2(OCHCl_2)_2$, Nadeln vom Schmelzp. 68°.

Nach Litterscheid (Ber. 34, 619) entstehen aus HCl und CH_2O Chlormethyläther, Dichlormethyläther und Dichlortetraoxymethylen:

1. $CH_2Cl.OCH_3$, 2. CH_2ClOCH_2Cl, 3. $ClCH_2OCH_2OCH_2OCH_2Cl$.

Reaktionen des Formaldehyds.

Wurtz, welcher bei der Einwirkung von Salzsäure auf Acetaldehyd Aldol erhielt, zeigte, daß Salzsäure auf Formaldehyd selbst bei 200° C. nicht einwirkt (Bull. 31, 434); nach Tollens verändert sich roher Formaldehyd beim Erwärmen mit einigen Tropfen Salzsäure auf 230° C. nicht. O. Loow fand, daß stark verdünnter Formaldehyd sich bei der Einwirkung von Säuren nicht kondensiert (Landw. Vers.-Stat. 374, 1888). Buttlerow[1]) beobachtete, daß trockenes Trioxymethylen trockenen Chlorwasserstoff absorbiert und dabei eine schwere Flüssigkeit bildet. Die Untersuchungen Tischtschenkos haben gezeigt, daß Formaldehyd bei der Einwirkung wasserfreier Halogenwasserstoffsäuren Wasser und symmetrisch disubstituierte Äther liefert[2]):

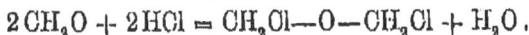

$$2CH_2O + 2HCl = CH_2Cl{-}O{-}CH_2Cl + H_2O.$$

---

[1]) Ann. 115 (1860), 326.
[2]) Journ. russ. phys.-chem. Ges. 19 (1887), 464.

Diese Beobachtung haben Grassa und Masella[1]) und ebenso L. Henry[2]) bestätigt. Infolge ihrer großen Zersetzlichkeit durch Wasser konnten diese Äther nicht rein dargestellt werden. Auch Aldolkondensation findet nicht statt. Statt dessen bildet sich Chlor-, Brom- oder Jodmethyl und Ameisensäure [W. Tischtschenko[3])]. Beim andauernden Erhitzen mit 10%iger Salzsäure auf 100^{0} im zugeschmolzenen Rohre erhält man statt CH_3Cl Methylalkohol:

$$2\,CH_2O + H_2O = CH_3(OH) + HCOOH.$$

Auch nach wochenlangem Erhitzen im Rohre ist die Reaktion nicht beendigt; ein Teil des Aldehyds bleibt unverändert.[4])

Doch finden sich in der Literatur auch Angaben, welche zu diesen Beobachtungen im Widerspruch stehen. So erhielten Merklin und Lösekann bei der Einwirkung von Chlorwasserstoff auf Formaldehyd Oxychlormethyläther $CH_2(OH)OCH_2Cl$, aus welchem weiter Monochlormethylalkohol entsteht $CH_2{<}^{Cl}_{OH}$ [Lösekann D.R.P. 57621; Ber. 25 (4), 92].[5]) Diese beiden Substanzen bilden sich leicht bei der Einwirkung von Halogenwasserstoffsäuren, also HCl, auf Formaldehyd entweder bei gewöhnlichem Druck und gewöhnlicher Temperatur oder bei erhöhter Temperatur und erhöhtem Druck und können durch fraktionierte Destillation voneinander getrennt werden. Sie reagieren mit Körpern mit Hydroxyl- oder Amingruppen, besonders mit metallorganischen Verbindungen leicht und glatt, und haben daher große Verbreitung in der Technik gefunden.

Läßt man aber Chlorwasserstoff in Gegenwart von Methylalkohol auf Formaldehyd einwirken, so entstehen chlorierte Äther [Henry[6])]:

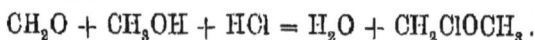

$$CH_2O + CH_3OH + HCl = H_2O + CH_2ClOCH_3.$$

[1]) Chem. Centralbl. 1899, I, 412.
[2]) Bull. Acad. Roy. Belge 25 (1893), 439.
[3]) Journ. russ. phys.-chem. Ges. 15 (1888), 881.
[4]) Journ. russ. phys.-chem. Ges. 19 (1887), 465.
[5]) Vergl. auch Ber. 40 (1907), 4806: Houben und Arnold, Über Chlormethylsulfat.
[6]) Bull. Acad. Roy. Belge. 25 (1893), 440.

Wird eine stark gekühlte Formaldehydlösung mit Bromwasserstoff behandelt, so bildet sich Hydromethylenbromid CH_2BrOH (Henry).

Wedekind (D.R.P. 135 310) empfiehlt mit Salzsäure gesättigten Methyl-, Äthyl- oder Propylalkohol in Gegenwart kondensierender Agenzien (z. B. $ZnCl_2$) auf Trioxymethylen einwirken zu lassen. Z. B. 320 g Methylalkohol werden unter sorgfältiger Kühlung mit trockenem Chlorwasserstoff gesättigt. Diese Lösung wird in einer großen Schale mit 300 g Trioxymethylen, welches in kleinen Portionen eingetragen wird, verrieben. Die so erhaltene Mischung wird in einen Kolben gespült und einige Zeit bei Zimmertemperatur stehen gelassen; hierauf wird mit Rückflußkühler langsam erhitzt, bis das noch vorhandene Trioxymethylen allmählich verschwindet. Die stark rauchende Flüssigkeit wird unter Schwefelsäureverschluß (um die Feuchtigkeit der Luft abzuhalten) destilliert, und dann noch einer Rektifikation unterzogen. Siedep. 50—60°.

In analoger Weise werden die Homologen des Chlormethyläthers dargestellt, nur setzt man zur Beschleunigung der Reaktion etwas $ZnCl_2$ zu: $CH_2Cl(OC_2H_5)$ (Siedep. 70—80° C.), $CH_2Cl(OC_3H_7)$ (Siedep. 105—110°).

Chlormethyläther löst sich nicht im Wasser, zerfällt aber bei Anwesenheit desselben sehr rasch unter Entwicklung von gasförmigem CH_2O.

Zu erwähnen ist noch der Monobrommethyläther CH_2BrOCH_3 (Siedep. 87°), der Monojodmethyläther (Siedep. 124° C.) und der Dijodmethyläther $(CH_2J)_2O$ (Siedep. 218° C.) (Henry). Auf diese Äther beziehen sich auch die Arbeiten von Favre (Compt. rend. 119, 284—286).

Sättigt man eine Lösung von Formaldehyd und Glykolmonochlorhydrin mit Salzsäure, so bildet sich Dichlormethyläthyläther (Siedep. 153°) $CH_2{<}^{OCH_2.CH_2Cl}_{Cl}$, der mit Glykolmonochlorhydrin weiter $CH_2{<}^{OCH_2.CH_2Cl}_{OCH_2.CH_2Cl}$ bildet. Beide Verbindungen sind in der Lösung enthalten (Henry, Sonay).

Trimethylenmonochlorhydrin $(OH)CH_2.CH_2CH_2Cl$ gibt mit Formaldehyd und Salzsäure behandelt Dichlormethylpropyläther $CH_2Cl.OCH_2CH_2CH_2Cl$, und dieser geht mit weiteren

Mengen Trimethylenmonochlorhydrin in symmetrisches Dichlor-dipropylmethylal über $CH_2(OCH_2.CH_2.CH_2Cl)_2$, eine farblose Flüssigkeit vom Siedep. 255—257°.

Über die Verbindung von Formaldehyd mit Bromal vgl. Ber. 33, 1432; über die Verbindung von Formaldehyd mit Chloral vgl. Ber. 31, 1926 (Pinner).

Aus Formaldehyd und Chloral entsteht bei Einwirkung von konzentrierter H_2SO_4 das Acetal: $CH_2[OCH(OH).CCl_3]_2$.

Ebenso entsteht aus Formaldehyd und Bromal bei der Einwirkung von konzentrierter H_2SO_4 eine Mischung aus

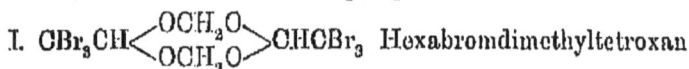

I. $CBr_3CH\!<\!{OCH_2O \atop OCH_2O}\!>\!CHCBr_3$ Hexabromdimethyltetroxan

und

II. $CBr_3CH\!<\!{OCH_2O \atop O}\!>\!CHCBr_3$ Hexabromdimethyltrioxim.

Formaldehyd und Wasserstoffsuperoxyd.

Nach Harden reagiert Formaldehyd mit Wasserstoff-superoxyd bei Gegenwart von Ätzalkalien nach folgendem Schema:

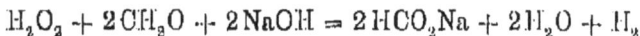

$$H_2O_2 + 2\,CH_2O + 2\,NaOH = 2\,HCO_2Na + 2\,H_2O + H_2$$

(Proceed. Chem. Soc. 16, 158).

Kastl und Löwenhardt haben diese Reaktion in wässe-riger Lösung studiert, zugleich auch den Einfluß von Tempe-ratur, Sonnenlicht, Säuren und Basen. Die Oxydation des Formaldehyds in wässeriger Lösung durch Superoxyde war auch Gegenstand einer Untersuchung von Hoisow (Ber. 1904, 519); nach seiner Beobachtung verläuft beim Erwärmen von Form-aldehyd mit Wasserstoffsuperoxyd die Reaktion nach der Gleichung: $CH_2O + H_2O_2 = CO_2 + H_2O + H_2$, beim Erwärmen mit Bariumsuperoxyd $(BaO_2.8\,H_2O)$: $CH_2O + BaO_2 = BaCO_3 + H_2$.

Bei Gegenwart von 10 %igem Schwefelsäurehydrat bildet sich aus Wasserstoffsuperoxyd und Formaldehyd nach Legler das Hydrat des Formalsuperoxyds (vgl. auch Baeyer und Villiger, Ber. 33, 2479).

Leitet man eine Mischung von Äthylätherdämpfen und Luft über eine erhitzte Platinspirale, so erhält man neben anderen Oxydationsprodukten Hexaoxymethylenperoxyd $(CH_2O)_6O_2$. Dasselbe kristallisiert aus wässerigen Lösungen mit 3 Mol. H_2O in rhombischen Prismen vom Schmelzp. 51°, und ist löslich in Wasser, Alkohol, Äther und Chloroform. Aus angesäuerter KJ-Lösung scheidet es Jod aus, mit MnO_2 und PbO_2 entwickelt sie Sauerstoff unter Bildung von Ameisensäure. Aus einer ammoniakalischen Bleilösung fällt sie Bleisuperoxyd.

Mit verdünnter H_2SO_4 erwärmt, zerfällt die Verbindung in CH_2O und HCO_2H.

Das Additionsprodukt von Natriumbisulfit und Formaldehyd.

Mischt man eine Formaldehydlösung mit Alkohol und saurem schwefligsaurem Natron, bildet sich Formaldehyd-bisulfit $(CH_2O + H_2O + NaHSO_3)$ in der Form von Täfelchen (Eschweiler, Glimm).

Das Salz ist in Wasser leicht, in Alkohol schwer löslich. Die Sulfogruppe läßt sich zu Na_2S reduzieren, so z. B., wenn die wässerige Lösung des Salzes auf dem Wasserbad mit Soda und Platinschwarz erwärmt wird, Loew.[1]

Anders verläuft die Reduktion des Formaldehydbisulfits durch Zinkstaub in saurer Lösung:

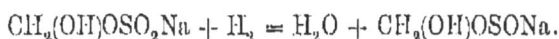

$$CH_2(OH)OSO_2Na + H_2 = H_2O + CH_2(OH)OSONa.$$

Da diese Verbindung in der Technik verwendet wird, verweile ich etwas bei ihren Darstellungsmethoden.

Verfahren von Reinking, Dehnel und Labhardt[2]: 500 g einer Natriumbisulfitlösung (40° Bé) wurden mit 180 g Formaldehyd (35%ig) gemischt und nach Zusatz von 100 g Zinkstaub und der erforderlichen Menge Essigsäure 10 Minuten zum Sieden erhitzt. Zur Isolierung des Reaktionsprodukts wird Zink mit Soda gefällt und durch Filtration entfernt; das Filtrat wird im Vakuum eingedampft. Hierauf läßt man langsam abkühlen und saugt die sich ausscheidenden Kristalle von Zeit zu Zeit ab. Zuerst kristallisiert essigsaures Natron aus; die Mutterlauge sättigt sich mehr und mehr mit dem Reaktionsprodukt, bis es fast rein in langen Nadeln ausfällt.

---

[1] Ber. 23 (1890), 3120.   [2] Ber. 38 (1905), 1060.

Nach einmaligem Umkristallisieren aus Wasser wurde ein vollkommen reines Präparat erhalten, welches nach der Analyse die folgende Zusammensetzung hatte: $CH_2(OH)OSONa + 2H_2O$ (Mol.-Gew. $= 154$).

Zur Analyse wurden 0,1028 g verwendet; diese verbrauchten zur Oxydation 25,2 ccm $^1/_{10}$ N-Jodlösung. Das Molekulargewicht wurde daher auf Grund der folgenden Gleichung berechnet:

$$CH_2(OH)OSONa + 4J + 2H_2O = NaHSO_4 + CH_2O + 4HJ.$$

Als Molekulargewicht wurde 156,8 gefunden statt theoretisch 154.

Die mit Jod oxydierte Lösung wurde mit Bariumchlorid gefällt und gab 0,1538 g $BaSO_4$. Daher S $= 20,8\%$ (theoret. $20,8\%$).

Die Eigenschaften des so erhaltenen formaldehydsulfoxylsauren Natrons stimmen überein mit jenen der Verbindung, welche aus formaldehydhydroschwefligsauren Lösungen durch Extraktion mit Methylalkohol gewonnen wird und welche schon früher in der Literatur beschrieben wurde.[1]) Diese Verbindung wurde nämlich gemengt mit $CH_2O.NaHSO_3$ zuerst von den Chemikern der Moskauer Firma Zindel: Baumann, Tesmar und Frossard gefunden und formaldehydhydroschwefligsaures Natron genannt. Wegen seines starken Reduktionsvermögens wurde es als Beizmittel in der Kattundruckerei eingeführt. Doch wird in der Technik nicht das reine Präparat verwendet, sondern die Mischung, wie sie bei der Einwirkung von Formaldehyd auf hydroschwefligsaures Natron entsteht:

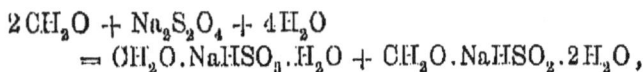

$$2CH_2O + Na_2S_2O_4 + 4H_2O$$
$$= CH_2O.NaHSO_3.H_2O + CH_2O.NaHSO_2.2H_2O,$$

Anfangs wurde diese Mischung unter dem Namen „festes hydroschwefligsaures Natron NF", „Hydrosulfit NF" verkauft. Die Badische Anilin- und Sodafabrik brachte unter der Bezeichnung Rongalit C das Natronsalz der Formaldehydsulfoxylsäure in ziemlicher Reinheit auf den Markt. Die Kristallform des Salzes wurde von Osann bestimmt (Ber. 1905, 2290). Das technische Produkt trägt im Handel manchmal die Bezeichnung „Hydralit".

---

[1]) Zeitschr. für Farben- u. Textilindustrie 1904, 1905, 1906.

Außer dem formaldehydsulfoxylsauren Natron wurden von Dehnel, Reinking und Labhardt noch die folgenden Verbindungen dargestellt. Amidomethyl-schweflige Säure $CH_2(NH_2)OSO_2H$. Zu einer Mischung von 2,5 kg Bisulft (40° Bé) und 0,775 kg 40°/₀ igem Formaldehyd setzt man unter Umrühren 0,75 kg 23°/₀ igen Ammoniak. Die Temperatur der Mischung hält man auf 70—75° und läßt noch $^1/_2$ Stunde bei dieser Temperatur stehen. Hierauf wird abgekühlt und unter fortgesetzter Kühlung mit Schwefelsäure von 25° Bé die Amidomethyl-Schwefligsäure als schöne weiße Kristallmasse gefällt. Dieselbe wird mit etwas kaltem Wasser ausgewaschen und aus heißem Wasser umkristallisiert.

Die Reduktion der Amidomethyl-Schwefligsäure: 111 g der Säure werden in 250 g Wasser gelöst und mit 65 g Zinkstaub versetzt, der mit Wasser zu einem Teig angemacht ist. Man erwärmt hierauf die Lösung zum Sieden und gibt in kleinen Portionen 200 g 30°/₀ ige Essigsäure zu. In 20 Minuten ist die Reduktion beendet. Nach dem Filtrieren kann man einen großen Teil des Zinkacetats mit Methylalkohol fällen, weiter mit Aceton. Die Alkoholacetonlösung dampft man im Vakuum ein und erhält das Zinksalz der Amidomethylsulfoxylsäure in konzentrierter Form, und bei Wiederholung der Operation erhält man das Salz ziemlich rein. Das so gewonnene Zinksalz bildet eine weiße, amorphe, hygroskopische, in Wasser und verdünnten Säuren leicht lösliche Masse, welche in Methyl- und Äthylalkohol fast unlöslich ist.

Die Einwirkung von Aminen auf Bisulfitformaldehyd und auf formaldehydsulfoxylsaures Natron: Erwärmt man eine konzentrierte Lösung von Formaldehyd-bisulfit mit aromatischen Aminen, z. B. Anilin, so geht das Amin rasch in Lösung. Beim Arbeiten mit hinreichend konzentrierten Lösungen fällt der ω-Schwefligsäureester von der Zusammensetzung $C_6H_5NH.CH_2OSO_2Na$ aus. Auf Zusatz von Alkohol fällt nur ein Teil der Verbindung aus, die Hauptmenge bleibt im Alkohol gelöst und kann durch Eindampfen in fester Form gewonnen werden. Nur das Produkt der schwefligen Säure (ω-Schwefligsäureester) gibt mit Zyankalium ω-Zyanmethylanilin $C_6H_5NHCH_2CN$; das Produkt der Sulfoxylsäure hingegen tritt mit Zyankalium nicht in Wechselwirkung. Wenn man daher auf das Reaktionsprodukt aus Formaldehyd und hydroschwefligsaurem Natron Anilin und weiter Zyankalium einwirken läßt, so liefern nur 50% des Ausgangsmaterials Nitril: $C_6H_5NH.CH_2CN$.

Bei der Einwirkung von Anilin auf formaldehydsulfoxyl-saures Natron entsteht entsprechend die Verbindung:

$$C_6H_5NH.CH_2OSONa.$$

Nicht nur Anilin sondern auch andere aromatische Amine sind zu dieser Reaktion befähigt. Das Kondensationsprodukt aus o-Toluidin und formaldehydsulfoxylsaurem Natron hat die Zusammensetzung: $C_7H_7NH.CH_2OSONa + 3H_2O$.

Die Kondensationsprodukte aus Aminen und formaldehyd-sulfoxylsaurem Natron wirken in der Siedehitze reduzierend auf Indigosulfosäure; bei einigen dieser Verbindungen ruft Säurezusatz schon in der Kälte Reaktion hervor. In Lösung und in teigiger Form sind diese Produkte ziemlich beständig, aber trocken oxydieren sie sich sehr leicht an der Luft und zersetzen sich unter Gelbfärbung, wobei sie ihr Reduktions-vermögen verlieren.

Zu ihrer Herstellung löst man formaldehydsulfoxylsaures Natron im gleichen Gewicht Wasser, fügt eine äquimolekulare Menge Amin hinzu, erwärmt einige Zeit auf dem Wasserbad, bis sich das Amin gelöst hat. Nach dem Erkalten, eventuell nach einigem Eindampfen kristallisiert das Kondensations-produkt aus.

Läßt man auf 2 kg festes hydroschwefligsaures Natron (2,00% $Na_2S_2O_4$) 1,26 kg 20%igen Ammoniak und 1,2 kg 40%igen Formaldehyd einwirken, so steigt die Temperatur des Gemisches sofort von 13° auf 55°. Sobald eine Probe Indigosulfosäure in der Kälte nicht mehr reduziert, wird die Flüssigkeit filtriert und im Vakuum zur Trockene gedampft. So erhält man eine weiße amorphe Masse, welche eine Mischung von amidomethylschwefligsaurem und sulfoxylsaurem Natron darstellt. Das amidomethylschwefligsaure Natron kann man durch Alkohol fällen und durch Säurezusatz die freie Säure abscheiden. Durch fraktionierte Kristallisation aus Methyl-alkohol erhält man in vollkommener Reinheit die Sulfoxylsäureverbindung. Dieselbe ist leicht löslich in Wasser, fast unlöslich in Methylalkohol. Jod- und Permanganatlösung werden durch die Säure entfärbt; Ätznatron spaltet nicht Ammoniak ab, beim Erhitzen mit $CHCl_3$ und Alkohol-Kalilauge tritt nicht die Isonitrilreaktion auf. Zusammensetzung:

$$C_3H_{10}.HS_3O_8Na_3 \quad \text{oder} \quad 2\,CH_2(OH)(OSONa) + CH_2(NH_2)(OSONa)$$

oder als tertiäres Amin

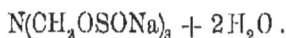

$$N(CH_2OSONa)_3 + 2\,H_2O\,.$$

Dieselbe Verbindung erhält man bei der Einwirkung von Ammoniak auf $CH_2(OH)OSONa$: 50 g reines formaldehydsulfoxylsaures Natron werden in 50 ccm 23 $^0/_0$igem Ammoniak gelöst. Die Lösung wird einige Zeit auf dem Wasserbad erwärmt und hierauf im Vakuum eingedampft. Die Zusammensetzung entspricht der Formel $C_3H_{10}NS_3O_8N_3$.

Max Batzlen[1] erhielt dasselbe formaldehydsulfoxylsaure Natron bei der Einwirkung von 1 Mol. Formaldehyd auf 1 Mol. hydroschwefligsaures Natron bei Gegenwart von Ätznatron: Eine Lösung von 1 Mol. hydroschwefligsaurem Natron und 1 Mol. Ätznatron wird mit einer Lösung von 1 Mol. Formaldehyd geschüttelt, wobei sich die Mischung von selbst erwärmt und die Fähigkeit, Indigokarminlösung in der Kälte zu reduzieren, nach einiger Zeit verschwindet. Wird hierauf diese Lösung mit dem gleichen Volum Alkohol in der Kälte versetzt, so fällt neutrales schwefligsaures Natron aus. Die alkoholische Lösung gibt beim Eindampfen im Vakuum einen Sirup), welcher nach langem Stehen zu einer dichten hellgelben Kristallmasse erstarrt [unreine Kristalle von der Zusammensetzung $CH_2(OH)OSONa$]. Das Produkt wird aus Wasser oder Alkohol umkristallisiert. Im ersten Falle erhält man prismatische Kristalle, im zweiten große silberweiße Blättchen von der Zusammensetzung

$$CH_2(OH)OSONa + 2\,H_2O\,.$$

Batzlen stellte auch das amorphe Calciumsalz und das Bariumsalz in Form von Nadeln von der Zusammensetzung $BaSOO_4H_4$ [von der hypothetischen Säure $HS(OH)_3$; bei der

---

[1] Ber. 38 (1905), 1057.

Einwirkung von CH_2O erhält man den sauren Äther $HS(OH)_2OCH_2(OH)$; in diesem Äther können zwei Wasserstoff-

atome durch Ba substituiert werden: $HS\diagdown\begin{smallmatrix}O\\-O\\OCH_2(OH)\end{smallmatrix}\diagup Ba$; so erklärt

Batzlen die Struktur des Bariumsalzes].

Die von Batzlen erhaltenen Salze sind beständig gegen Alkalien; ihre Lösungen reduzieren beim Erwärmen neutrale Indigokarminlösungen.

Interessant ist das Verhalten des Natronsalzes zu Bisulfit ($NaHSO_3$). Dabei entsteht hydroschwefligsaures Natron nach der Gleichung:

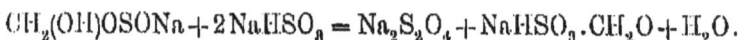

$$CH_2(OH)OSONa + 2 NaHSO_3 = Na_2S_2O_4 + NaHSO_3 . CH_2O + H_2O.$$

Nach Batzlens Ausdruck „glatt" zu schließen, müßte diese Reaktion quantitativ verlaufen. Diese Annahme muß ich auf Grund meiner eigenen Versuche bestreiten.

Wegen des Interesses, welches diese Verbindung für die Technik hat, sowohl in reiner Form $CH_2(OH)(OSONa)$ als auch in Mischung mit $CH_2O.NaHSO_3$, will ich aus der Patentliteratur Rezepte zur Herstellung technischer Präparate anführen.

Nach dem franz. Patent Nr. 360506 wird Formaldehyd-sulfoxylsaures Natron in folgender Weise dargestellt: In eine Mischung von 65 kg Zinkstaub und 80 kg 40%igem Formaldehyd wird unter gleichzeitigem Rühren schweflige Säure bis zum Verschwinden des Zinks eingeleitet. Hierzu sind 59 kg SO_2 erforderlich. Die Reaktion verläuft nach der Gleichung

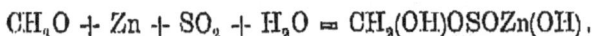

$$CH_2O + Zn + SO_2 + H_2O = CH_2(OH)OSOZn(OH).$$

Statt Zink kann auch Eisen verwendet werden. Das schwerlösliche Zinksalz kann direkt verwendet werden. Man kann es aber auch in das entsprechende Natronsalz überführen: $CH_2(OH)OSONa$, welches in Wasser leicht löslich ist. Wenn man die Lösung dieses Salzes, wie man sie durch Zusatz von Soda erhält, vom kohlensauren Zink filtriert und im Vakuum bis zu beginnender Kristallisation eindampft, erhält man ein kristallinisches, kristallwasserhaltiges Produkt; 100 g desselben reduzieren 160—180 g Indigo.

Läßt man die Menge des Zinkstaubs unverändert, vergrößert aber diejenige des Formaldehyds, so erhält man das Salz $CH_2(OH)OSOZnSO_2OCH_2(OH)$. Das Reduktionsvermögen dieses Salzes ist nur halb so groß wie das des oben besprochenen Produkts. Man läßt z. B. auf eine Mischung von 65 kg Zinkstaub, 120 kg 40 %igem Formaldehyd und 100 Liter Wasser 80 kg SO_2 einwirken. Das Reaktionsprodukt wird entweder direkt verwendet oder mit Soda in das Natronsalz übergeführt. 1 g dieses Natronsalzes reduziert 1,1—1,2 g Indigo (Revue de chim. industr. 17 [1906], 164).

Nach dem franz. Patent Nr. 372131 (Revue de chim. industr. 18 [1907], 128) stellt man zunächst aus einer wässerigen Lösung von Aceton und schwefliger Säure durch Erwärmen mit Zn auf 50—60° acetonsulfoxylsaures Zink her. Durch Behandlung mit Soda führt man dieses in acetonsulfoxylsaures Natron über, welches mit Formaldehyd in formaldehydsulfoxylsaures Natron übergeht; das Aceton wird im Vakuum abgedampft.

Das russ. Privil. Nr. 10946 enthält ein Verfahren zur Herstellung von Verbindungen der hydroschwefligsauren Salze mit Formaldehyd; I. 450 g hydroschwefligsaures Natron (festes, konzentriertes der Bad. Anilin- u. Sodafabrik) werden mit 250 g 40 %igem Formaldehyd gemischt. Beide Verbindungen wirken stark reduzierend aufeinander ein, was sich durch Wärmeentwicklung bemerkbar macht. Beim Abkühlen oder beim Ausfrieren scheiden sich aus der Lösung kleine weiße, in Wasser leicht lösliche Kristalle in großer Menge aus. Beim Eindampfen (bzw. im Vakuum) erhält man eine feste Masse, welche direkt praktisch verwendet werden kann. II. Zu 400 g $NaHSO_3$ (ca. 20 % SO_2) setzt man unter guter Kühlung 40 g Zinkstaub, welcher vorher in 20 g Eiswasser angerührt wird. Die Temperatur darf dabei nicht über 10° C. steigen. Nach einigem Umrühren läßt man absitzen und füllt mit 10 %iger Kochsalzlösung das noch ungelöste hydroschwefligsaure Salz. Hierauf filtriert man und preßt die Masse bis auf 140 g aus. 100 g des so erhaltenen Teiges entsprechen 45 g Indigo (in Form von Indigodisulfonsäure). Zur Gewinnung der Formaldehydverbindung behandelt man 850 g dieses Salzes

mit 80 g 40% igem Formaldehyd. Unter schwacher Erwärmung bildet sich ein Kristallbrei, welcher direkt verwendet
werden kann.

Bis zur Einführung des formaldehydsulfoxylsauren Natrons
als Beize für Azofarbstoffe wendet man in der Kattundruckerei
zu demselben Zwecke festes hydroschwefligsaures Natron an,
$Na_2S_2O_4 + 2H_2O$. In der Literatur finden sich Untersuchungen
über die reduzierende Wirkung dieses Präparats auf Azofarbstoffe. (Eugen Grandmougin, Ber. 39 [1906] 2494.)

Die Anwendung von formaldehydsulfoxylsaurem Natron
als Beize für das Färben mit Azofarben, substantiven Farbstoffen usw. und für den Indigodruck ist in Rußland durch
das Privil. Nr. 10945 geschützt: I. Der Baumwollstoff, welcher
nach den bekannten Methoden mit rotem Paranitranilin, α-
Naphtylamingranat, oder rotem Paranitranilin unter Nachbehand-
lung mit dampfförmigem Anilinschwarz (Heinrich Schmid)
gefärbt ist, wird in folgender Weise bedruckt: Weiße Beize I:
450 g hydroschwefligsaures Natron, 250 g 40% iger Formaldehyd, 200—250 g dicke Gummilösung, 100—50 g Glyzerin;
weiße Beize II: 700 g hydroschwefligsaures Zink, verdickt
durch eine Gummilösung (100 g entsprechen 45 g Indigo),
160 g 40% iger Formaldehyd, 50 g Glyzerin, 75 g Chlor-
natrium, 25 g Gummilösung. Bei der Beize II läßt man den
Formaldehyd 2—3 Stunden auf das hydroschwefligsaure Salz
einwirken, da die Reaktion langsamer verläuft als mit dem
Natronsalz. [Beim Beizen von Garn auf α-Naphtylamingranat
fügt man zur weißen Beize I am besten etwas Anthrachinon
zu (auf 1 Liter Beize 20 g Anthrachinon). Die Wirkung des
Anthrachinons läßt sich folgendermaßen erklären. Die Reduktionsprodukte des α-Naphtylamingranats können sich im Sinne
der Gleichung $C_{10}H_7N : NC_{10}H_6(OH) + 2H_2 = C_{10}H_7NH_2 +$
$NH_2C_{10}H_6(OH)$ an der Luft wieder oxydieren und ein schmutzi-
ges Weiß geben (besonders $C_{10}H_7NH_2$); das bereits der Beize
zugesetzte Anthrachinon gibt zuerst mit Formaldehyd und
dann mit $C_{10}H_7NH_2$ im Augenblick des Entstehens farblose,
schwer oxydierbare Verbindungen, welche man durch Auswaschen entfernen kann.[1])] II. Mit den weißen Beizen I und

---

[1]) Revue gén. Nr. 120 (1906), Sünder; Mitt. russ. Ges. z. Förder.
d. Manuf. 11 (1907), 70.

II bedruckt man die mit 1,5 %igem beständigen Benzin-
schwarz oder ähnlichen substantiven Farbstoffen gefärbten
Gewebe.

Nach dem Aufdrucken der in den Beispielen I und II
angeführten Farben wird gut getrocknet und durch 3,5—7 Min.
gedämpft, hierauf gewaschen und wenn nötig gesäuert oder
gechlort. Das Chloren empfiehlt sich zur völligen Zerstörung
der Spaltungsprodukte der auf der Faser erhaltenen Azofarben.
Zur Erreichung farbiger Beizen setzt man den oben erwähnten
Beizfarben Pigmente zu, welche gegen die hydroschwefligsaure
Beize unempfindlich sind, z. B. Indigo, Alizarinblau, Primulin,
Oxydiamingelb, Thioflavin usw. Man stellt z. B. Berlinerblau
mit Ferriferrocyanid her, welches man hierauf mit Albumin fixiert.
Man kann die Beize auch auf Schafwolle oder Seide aufdrucken,
welche mit Ponceau 3 R, Alkaliblau O, Azosäureschwarz
gefärbt sind. Rezept für das Aufdrucken von Indigo auf
Baumwollstoff: 550 g hydroschwefligsaures Zink, verrieben
mit Gummilösung (100 g entsprechen 45 g Indigo), 120 g
40 %igem Formaldehyd, 250 g Indigopaste, 100 g Soda (Indigopaste: 120 g Indigopulver, 500 g Glyzerin und 380 g Gummilösung). Das weiße Baumwollgewebe wird bedruckt, stark
getrocknet, ca. 3 Min. gedämpft; hierauf wird gut ausgewaschen
oder vorher noch mit verdünnter Sodalösung getränkt und der
entstandene Indigo durch Oxydation und Luftsauerstoff in
Indigblau verwandelt. Diese Druckfarbe kann auch als blaue
Beizfarbe auf Parafarbstoffen, substantiven Pigmenten usw. angewendet werden.

Die Bildung von formaldehydsulfoxylsaurem Natron aus
$Na_2S_4O_2$ und CH_2O weckte in den mit diesen Fragen be-
schäftigten Chemikern das Interesse für die Aufklärung der
Struktur des hydroschwefligsauren Natrons. Bernthsen und
Bazlen schreiben ihm die Formel $NaSO_2 . O . SONa$ zu,
Bucherer und Schwalbe dagegen:

$$NaOS - SO_2Na \quad oder \quad NaHO_2S \overset{O}{\frown} SO_2NaH.$$

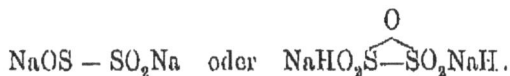

Eine kritische Besprechung dieser Theorien findet sich im
zweiten Teil dieses Buches.

Einwirkung der Alkalien auf Formaldehyd.

Wie bei den übrigen Aldehyden der Fettreihe, äußert sich die Wirkung der Alkalien auf Formaldehyd einerseits in der Aldolkondensation, andererseits im Übergang in Alkohol und Säure. Beide Reaktionen verlaufen in der Regel nebeneinander, aber je nach den Bedingungen herrscht die eine oder die andere vor.

A. M. Buttlerow stellte zuerst aus Formaldehyd eine zuckerartige Substanz her, welche er Methylenitan nannte.[1] Dieselbe ist eine Mischung verschiedener Verbindungen.

Tollens erhielt Methylenitan bei der vorsichtigen Einwirkung von Barytwasser und schied ihn in Form einer gelben oder braunen amorphen Masse ab, von bitterem Geschmack und der Zusammensetzung $C_6H_{10}O_5$. Da er aber beim Erhitzen mit Salzsäure nicht Lävulinsäure, sondern Milchsäure erhielt, erkannte er ihn nicht als wirklichen Kohlenwasserstoff an (Landw. Vers. 1883, 381; Ber. 16 [1883] 919).

Loews Formose war weit reiner als Tollens' Produkt; trotzdem stellt sie keine einheitliche Substanz dar, sondern eine Mischung von Aldehydo- und Ketonalkoholen, da aus ihr Osazone von den Schmelzp. 144°, 200° und 204° erhalten wurden [Loew[2], Fischer[3]]. Diese Formose entsteht bei einhalbstündigem Schütteln einer ca. 4 %igen Formaldehydlösung mit überschüssiger Kalkmilch. Man filtriert, läßt das Filtrat eine Woche stehen, neutralisiert mit Oxalsäure und dampft zum Sirup ein. Durch Alkoholzusatz wird das ameisensaure Kalk gefällt, und nach dem Filtrieren der Alkohol bei gelinder Wärme abgedampft. Der Rückstand wird im mehrfachen Volum konz. Alkohols aufgenommen und hierauf mit Äther gefällt. Den Niederschlag löst man in Wasser; entfernt Kalk mit Oxalsäure, dampft die Lösung im Vakuum ein und fällt endlich mit einer Alkoholäthermischung. Die Flüssigkeit ist ein Sirup von süßem Geschmack, gummiartig, optisch inaktiv, welche Fehlingsche Lösung reduziert [Loew[4], Wehmer[5]].

---

[1] Ann. 120 (1861), 200.   [2] Journ. f. prakt. Ch. 34 (1886), 51.
[3] Ber. 21 (1888), 989.   [4] Ber. 20 (1887), 141; 21 (1888), 270.
[5] Ber. 20 (1887), 2615, 3099.

Beim Erhitzen mit konz. Salzsäure erhält man nicht Lävulinsäure, sondern humusartige Produkte. Mit Bierhefe vergärt Formose nicht, dagegen unterliegt sie der Milchsäuregärung. Beim Erhitzen mit Salzsäure entsteht Furfurol.

Beim 15-stündigem Kochen einer $\frac{1}{2}$ %igen Formaldehydlösung mit granuliertem Zinn erhielt Löw einen der Formose ähnlichen Zucker $C_6H_{12}O_6$, welcher von ihm mit Rücksicht auf einige Unterschiede im chemischen Verhalten Pseudoformose genannt wurde; er schmeckt süß und ist gummiartig [Loew[1]].

Bei der weiteren Untersuchung des Einflusses der Alkalien auf die Kondensation des Formaldehyds, beobachtete Loew[2] deren zweifache Wirkung: Kondensation zu Formose und Bildung von Ameisensäure. Im allgemeinen zeigten seine Versuche, daß Ameisensäure um so leichter entsteht und Zucker um so schwieriger, je konzentrierter die Formaldehydlösung und je stärker das Alkali ist. Infolgedessen gibt für die Zuckerbildung Ätzkalk bessere Resultate als Ätzbaryt, und dieser bessere als Ätznatron und Ätzkali. Sinkt die Menge des Alkalis unter eine bestimmte Grenze, so nimmt die Kondensationswirkung ab. Magnesiumoxyd ruft auch in sehr verdünnten Lösungen keine Reaktion hervor, Bleihydroxyd dagegen gibt gute Resultate. Die Kondensationswirkung von granuliertem Zinn und Blei [Loew[3]] beruht auf der Bildung von minimalen Mengen der entsprechenden Hydroxyde.

Bei der Behandlung einer 1%igen Formaldehydlösung mit einer Mischung von Magnesia, Magnesiumsulfat und viel granuliertem Zinn bildet sich α-Akrose; dieselbe vergärt mit Hefe und zerfällt dabei in l- und d-Lävulose; die l-Lävulose bleibt unverändert, während die d-Lävulose vergärt. α-Akrose entsteht aus Formaldehyd in unbedeutender Menge; sie gibt ein Osazon vom Schmelzp. 217 und steht in naher Beziehung zum Rohrzucker. Wahrscheinlich entsteht sie in den Pflanzen durch Reduktion der Kohlensäure zu Formaldehyd und Kondensation dieses letzteren [Loew[4], Fischer[5]].

Das beste Verfahren zur Darstellung von roher Formose haben van Ekenstein und Lobry de Bruyn beschrieben:

[1] Journ. f. prakt. Ch. 34 (1886), 51.   [2] Ber. 22 (1889), 850.
[3] Ber. 21 (1888), 272; 22 (1889), 470.   [4] Ber. 22 (1889), 475.
[5] Ber. 22 (1889), 100, 850.

eine Formaldehydlösung wird mit Bleihydrat erwärmt, welches durch Ca(OH)$_2$ frisch gefällt ist; bis zu 70 % des Formaldehyds gehen in Formose über (Rec. Trav. chim. Pays-Bas **18**, 309). Loew[1]) reduzierte die Formose mit Natriumamalgam und führte den so gewonnenen sirupartigen Hexit in die Benzalverbindung über. Auch einige von Loew dargestellte Hexosazone sind hier zu erwähnen.[2]) So entsteht bei der Kondensation 3 %iger Formaldehydlösung durch Ca(OH)$_2$ bei Zimmertemperatur ein Zucker, dessen Osazon Nadeln vom Schmelzp. 145^0 bildet; bei 80^0 entsteht ein Kondensationsprodukt, dessen Osazon aus kurzen Nadeln besteht, Schmelzp. 167^0; die Kondensation bei 40—50^0 gibt ein Produkt, dessen Osazon bei 157^0 schmilzt. Das gleiche Produkt erhält man auch aus Glyzerin.

Kalisalze z. B. K$_2$CO$_3$, KHCO$_3$, K$_2$HPO$_4$ bewirken ebenfalls die Kondensation des Formaldehyds, aber weitaus schwächer und nur bei andauerndem Erwärmen [Loew[3]), Michael und Kopp[4])].

In der allerletzten Zeit beschäftigte die Frage der Ameisensäurebildung aus CH$_2$O bei der Einwirkung verdünnter Alkalien und die Kondensation zu Zucker das Ehepaar H. und A. Euler.[5]) Dieselben wandten ihre Aufmerksamkeit zunächst dem Verhalten des Formaldehyds zum Alkali selbst zu und gelangten dabei zur Annahme, daß Formaldehyd sich wie eine schwache Säure verhält, und daß aus Formaldehyd und Alkali sich zunächst das Alkalisalz des Formaldehyds bildet, welches in Wasser z. T. hydrolysiert sein muß. Die Ergebnisse der kryoskopischen Messungen, welche sie mit dem Bockmannschen Apparat ausführten, lassen sich in folgender Weise zusammenfassen: Formaldehyd ist eine schwache Säure, welche mit starken Basen Salze bildet; eine $^1/_1$ normale Lösung von Formaldehydmononatriumsalz enthält fast die Hälfte des Salzes als solches, die andere Hälfte in freie Basis und freien Formaldehyd dissoziiert. In verdünnten Lösungen tritt Formaldehyd als binärer Elektrolyt auf: seine Dissoziationskonstante ist

[1]) Chem.-Ztg. **21** (1897), 242.
[2]) Chem.-Ztg. **23** (1899), 542; Chem. Centralbl. 1899, II, 289.
[3]) Ber. **16** (1883), 2502.   [4]) Ber. **16** (1883), 2502.
[5]) Ber. **31** (1898), 36; **38** (1905), 2551.

ca. 1.10^{-14} bei 0°. Bei der Untersuchung der Bildung ameisensaurer Salze aus Formaldehyd kamen die beiden Forscher zum Schlusse, daß Formaldehyd in alkalischer Lösung an zwei voneinander unabhängigen Reaktionen teilnimmt: einerseits an der Kondensation, andrerseits an der Bildung ameisensaurer Salze. Die letztere Reaktion ist weitaus verbreiteter: überall wo Formaldehyd bei höherer Temperatur mit starken Basen in Berührung kommt, spaltet es sich in Ameisensäure und Methylalkohol, doch kann man diesen Prozeß auch bei gewöhnlicher Temperatur beobachten [Délépine[1])]. Beträgt die Konzentration des Formaldehyds $2-4^{0}/_{0}$ und die des Alkalis $^{1}/_{50}-^{1}/_{25}$ NaOH, so ist die Zuckerbildung ausgeschlossen, und bei 50° C. verläuft die Bildung des ameisensauren Salzes quantitativ. Die Resultate der Untersuchung sind die folgenden: 1. Die Bildung von ameisensaurem Natron und Barium aus CH_2O und NaOH (Ba[OH]$_2$) ist eine Reaktion zweiter Ordnung; bei Gegenwart eines Formaldehydüberschusses dagegen eine Reaktion erster Ordnung. Die Konstante nimmt mit der Zeit etwas ab, einerseits infolge der Bildung des Formaldehydsalzes, andrerseits durch die beständige Konzentrationsverminderung des Formaldehyds, welche während des Versuchs $3-6^{0}/_{0}$ beträgt, da bei der Bildung des ameisensauren Salzes jedes Äquivalent der Basis zwei Äquivalenten Formaldehyd entspricht.

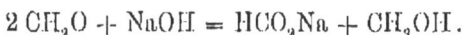

$$2 CH_2O + NaOH = HCO_2Na + CH_3OH.$$

2. NaOH und Ba(OH)$_2$ wirken fast in gleicher Weise; die Reaktionskonstanten sind fast gleich.

3. Bei höherer Anfangskonzentration von CH_2O erniedrigen sich die Reaktionskonstanten etwas, infolge Bildung von Aldehydsalz.

4. Die Bildung von ameisensaurem Salz ist ein Zerfall ohne Oxydation.

5. Bei Erhöhung der Temperatur um 10° verdreifachen sich die Reaktionskonstanten.

6. Ätzkalk wirkt kräftiger im Sinne der Bildung des ameisensauren Salzes als NaOH und Ba(OH)$_2$. (Hiermit steht im Widerspruch die obenerwähnte Beobachtung Loews.)

---

[1]) Bull. soc. chim. 17 (1807), 939.

Daraus läßt sich folgendes ableiten: Auch wenn keine
Zuckerbildung eintritt, können die Lösungen der Alkalien die
Bildung ameisensaurer Salze hervorrufen; diese Reaktionsfähig-
keit wird für NaOH und Ba(OH)$_2$ durch Konstanten erster
Ordnung ausgedrückt, während Ätzkalk in bezug auf die Reaktionsgeschwindigkeit eine gewisse Abweichung zeigt, welche
auf die Bildung eines „aktiven" Kalk-Formaldehyd-Komplexes
hindeutet. Die Fähigkeit der verschiedenen Basen, Formaldehyd zu Zucker zu kondensieren, steht nicht in direkter
Beziehung zur Geschwindigkeit der Bildung ameisensaurer
Salze.

Bei speziell gewählten Formaldehydkonzentrationen gelang
es Euler, Formaldehyd mit jeder Alkalilösung zu Zucker zu
kondensieren: bei einer Basis von geringem Kondensations-
vermögen muß die Konzentration des Formaldehyds im Verhältnis zum Alkali hinreichend gering sein; bei sehr schwacher
Konzentration würde die Basis zur Bildung des ameisensauren
Salzes verbraucht, bevor die Zuckerbildung beginnt; größere
Mengen der Base führen allzuviel Formaldehyd in Ameisensäure über. Ätzalkalien und selbst Soda wirken so energisch,
daß beim Erwärmen der gebildete Zucker zersetzt wird. Infolgedessen verwendet Euler statt Soda kohlensauren Kalk.
Die Reaktion geht sehr langsam vor sich, aber die Lösung
bleibt neutral, und der sich bildende Zucker bleibt länger
bestehen. Bei der Untersuchung der Reaktionsdauer zeigte
sich, daß Formaldehyd in den ersten 10 Stunden sehr
langsam reagiert, hierauf wächst die Reaktionsgeschwindigkeit,
und innerhalb weiterer 4 Stunden ist die Reaktion beendet.
Daraus kann man schließen, daß die Kondensation von Formaldehyd zu Zucker in mehrere Teilreaktionen zerfällt; tatsächlich haben die beiden Euler gezeigt, daß zunächst Glykolaldehyd entsteht. Diese Verbindung wurde in Form des
Hydrazons (Schmelzp. 162°) und des Osazons (Schmelzp. 180°)
isoliert. Wenn man 0,67 norm. Formaldehydlösung mit Cal-
ciumkarbonat erwärmt, bis sich eben die Hälfte des Formaldehyds umgesetzt hat, so enthält die Lösung in geringer
Menge Substanzen, welche die Fehlingsche Lösung schon in
der Kälte reduzieren. Entfernt man nach dem Eindampfen der
Lösung Formaldehyd mit Paradihydrazindiphenyl in Form der

Verbindung $\dfrac{C_6H_4NH\,.\,N:CH_2}{C_6H_4NH\,.\,N:CH_2}$, so erhält man aus dem Filtrat mit Phenylhydrazin ein leicht verharzendes Öl. Dasselbe enthält das obenerwähnte Hydrazon und Osazon des Glykolaldehyds, welche mittels einer Mischung von Pyridin und Ligroin getrennt werden.

Außerdem gelang es Euler, in den Kondensationsprodukten des Formaldehyds Dioxyaceton in Form des Methylphenylosazons (Schmelzp. 127°) festzustellen.

Bei völliger Kondensation des Formaldehyds mit kohlensaurem Kalk erhielten sie einen Syrup, in welchem sie i-Arabinose in Form des i-Arabinosazons (Schmelzp. 166°) und eine Hexose in Form des Hexosazons (Schmelzp. 140—142°) feststellten. Die Anwesenheit von Pentosen in der mit Ätzkalk erhaltenen Formose konnte schon früher auf Grund der Analyse eines Osazons durch E. Fischer, sowie aus der Gewinnung von Furfurol aus Formose (Löb), besonders aber nach den Versuchen Neubergs[1]) angenommen werden, welcher aus roher Formose das einer Ketopentose ensprechende Methylphenylosazon (Schmelzp. 187°) erhielt.

Es entspricht also die Kondensation des Formaldehyds einer fortgesetzten Aldolbildung, von welcher bereits vier Phasen festgestellt sind:

1. $CH_2O + CH_2O = CH_2(OH)\,.\,CHO$ Glykolaldehyd
2. $3\,CH_2O = CH_2(OH)COCH_2(OH)$ Dioxyaceton
3. $5\,CH_2O = C_5H_{10}O_5$ Arabinose
4. $6\,CH_2O = C_6H_{12}O_6$ Hexose.

Die starken Alkalien, wie z. B. KOH, NaOH, verwandeln Formaldehyd hauptsächlich in Ameisensäure und Methylalkohol, wenn auch der letztere sich nicht in allen Fällen nachweisen läßt. Tollens (Landw. Vers.) konstatierte zuerst Methylalkohol im Destillat von Formaldehyd, welcher durch 14 Tage mit Ätzkali oder Ätznatron in der Kälte behandelt und hierauf mit Kohlensäure gesättigt worden war, während der Destillationsrückstand Ameisensäure enthielt.

Später beobachtete Loew (Ber. 20, 144) bei der Einwirkung von starker Natronlauge auf 15 %igen Formaldehyd

[1]) Ber. 32 (1899), 1961.

die Anwesenheit von Ameisensäure und Methylalkohol. Fügt
man einer solchen Mischung von Formaldehyd und Natronlauge
etwas Kupferoxydul zu, so beginnt innerhalb 1—2 Min. Erwärmung, stürmische Wasserstoffentwicklung und die Lösung
enthält ameisensaures Natron.   Kein anderes Metalloxyd verursacht eine ähnliche Reaktion. Die Reaktion kann man sich
folgendermaßen vorstellen: $CH_2O + NaOH = HCOONa + H_2$.

Nach den Beobachtungen Tischtschenkos entwickelt
trockenes Trioxymethylen mit starker Natronlauge schon in der
Kälte Wasserstoff; beim Erwärmen nimmt die Gasentwicklung
zu, die Flüssigkeit bräunt sich und nimmt Caramelgeruch an.
Mit trockenem Ätznatron verläuft die Reaktion noch energischer.
Das Hauptprodukt ist ameisensaures Natron.

Razischowski (Ber. 1877, 821) bemerkte, daß beim Erwärmen von trockenem Trioxymethylen mit alkoholischer Kalilauge unter gleichzeitigem Schütteln dieselbe Reaktion auftritt,
begleitet von starken Phosphoreszenzerscheinungen.

Tollens erhitzte wässerige Lösungen von CH_2O mit reiner
Magnesia im zugeschmolzenen Rohre auf $160-170^0$, $200-220^0$,
$230-235^0$ und beobachtete, daß sich die Lösung bräunt und
als Hauptprodukte der Reaktion $CH_3(OH)$ und HCO_2H auftraten.
Dasselbe ist mit $CaCO_3$ der Fall, nur gelang es da nicht,
Methylalkohol nachzuweisen. Es ist daher leicht zu ersehen,
daß sich bei diesen Versuchen das Verhalten des Formaldehyds dem des Benzaldehyds bei der Canizarroschen Reaktion
nähert.

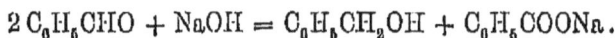

$$2 C_6H_5CHO + NaOH = C_6H_5CH_2OH + C_6H_5COONa.$$

Einwirkung der Alkoholate des Aluminiums und Magnesiums auf Trioxymethylen.[1]

Wird trockenes gepulvertes Trioxymethylen mit einer geringen Menge fein gemahlenen Aluminiumäthylats vermischt,
so treten nach längerem Stehen der Masse in verschlossenem
Gefäße, bei gelindem Erwärmen rascher, die festen Stoffe in
Reaktion. Bei der Destillation erhält man Ameisensäuremethyl-

---

[1] W. Tischtschenko, Journ. russ. phys.-chem. Ges. 31, 704;
38, 389.

und -äthylester (bei Anwendung von Aluminiummethylat nur
Ameisensäuremethylester), während der Rückstand neben unverändertem Alkoholat etwas ameisensaures Aluminium enthält. Mit Magnesiummethylat verläuft die Umsetzung in
gleicher Weise, die Ausbeuten entsprechen beinahe der Theorie.
Die Reaktion läßt sich in folgender Weise erklären:

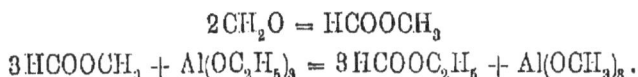

$$2\,CH_2O = HCOOCH_3$$
$$3\,HCOOCH_3 + Al(OC_2H_5)_3 = 3\,HCOOC_2H_5 + Al(OCH_3)_3 \,.$$

Ebenso wirken die Magnesiumalkoholate; auch hier sind die
Ausbeuten fast quantitativ.

Die Kohlensäureassimilation der chlorophyllhaltigen Pflanzen.

Die Umwandlung des Formaldehyds in Kohlenhydrate ist
von Interesse für die Erklärung der Assimilation der Kohlensäure durch die chlorophyllhaltigen Pflanzen.

Baeyer[1] stellte 1870 die Hypothese auf, daß bei der
Assimilation der Kohlensäure sich als erstes Produkt Formaldehyd bilde. Man nimmt an, daß diese Reaktion nur unter
der Einwirkung des Sonnenlichts eintrete,[2] und sie mußte als
Beispiel für den Übergang von strahlender Energie in chemische
für die theoretische Chemie von nicht geringerem Interesse
sein als für die Biologie.

Für die Biologie kommt folgendes in Betracht:

1. Es steht fest, daß die Kohlensäure nur bei direkter
Einwirkung der Lichtstrahlen assimiliert wird. Daß diese
Assimilation in den höheren Pflanzen nur durch Vermittlung
des Chlorophylls stattfindet ist, zwar nicht ganz sicher bewiesen
aber höchstwahrscheinlich (Engelmann stellte bei Purpur-
bakterien Kohlensäureassimilation bei Abwesenheit von Chlorophyll fest). Die Frage, ob Chlorophyll auch außerhalb der
lebenden Zelle Kohlensäureassimilation hervorrufen könne,
blieb lange unentschieden, bis sie vor kurzem durch die eng-
lischen Forscher Usher und Priestley bejahend beantwortet
wurde.[3] Dieselben stellten ihre Untersuchungen mit grünen

[1] Ber. 3 (1868), 68.   [2] Würtz, Ber. 3 (1870), 694.
[3] Proc. Roy. Soc. series B, 77, 869.

Blättern von Elodea, Ulva und Enteromorpha an, in welchen
durch Eintauchen in kochendes Wasser das Protoplasma und
die Enzyme getötet worden waren.

2. Formaldehyd wirkt auf die Pflanzen selbst in geringen
Mengen als Gift und wird von ihnen auch unter der Einwirkung des Lichtes nicht verarbeitet. Daher kann Formaldehyd in den Pflanzen nur als rasch entstehendes und
rasch verschwindendes Zwischenprodukt vorkommen, welches
in jedem Augenblick nur in verschwindender Konzentration
vorhanden ist.

3. Im Widerspruch zu diesen Tatsachen steht die Beobachtung Polaccis, daß sich freies Formaldehyd in den Pflanzen
in nachweisbaren Mengen vorfindet. Nach dem Referat dieser
Arbeit zerrieb der Autor Blätter, welche vorher dem Lichte ausgesetzt waren, in Wasser. Wurde der Extrakt destilliert, so ließ
sich im ersten Teil des Destillats Formaldehyd mit Codein und
Schwefelsäure (wobei schon geringe Mengen Formaldehyd eine
violette Färbung hervorrufen) oder mit Anilin (weiße Färbung
von Methylenanilin) nachweisen. In unserem Falle, wo das
Destillat alle möglichen Zersetzungsprodukte enthalten kann,
ist die Reaktion mit Anilin als die sicherste den empfindlichen
Farbreaktionen vorzuziehen. Euler bestätigte die Beobachtung
Polaccis an Kartoffelblättern; im ersten Teil des Destillats
erhielt er mit einer gesättigten wässerigen Anilinlösung eine
starke, im mittleren Teil eine schwache und im letzten Teil
eine noch merkliche Trübung, aber auch der nicht destillierte
Extrakt gab die Trübung, und auch im Destillationsrückstand
war sie vorhanden. Jedoch glaubt Euler, daß aus dieser
Reaktion das Vorhandensein von Formaldehyd nicht bewiesen
werden kann, da die Trübung zu schwach ist, als daß sie
ohne weiteres für Methylen-Anilin erklärt werden könnte, und
auch durch andere unbekannte flüchtige Substanzen verursacht
sein kann.

Aber selbst wenn man die Anwesenheit von Formaldehyd
im Destillat als bewiesen annimmt, bleibt noch unentschieden,
ob dieses Formaldehyd in der Pflanze als solches enthalten
war. Formaldehyd mußte mit dem Eiweiß und den Amino-
körpern der Pflanzensubstanz Kondensationsprodukte bilden,
welche durch Wasser in bekannter Weise zerlegt werden.

Euler überzeugte sich hiervon am Methylenasparagin. Die Reaktion mit Anilinlösung ist übrigens unzuverlässig, da die schwache Trübung durch Spaltungsprodukte des Eiweißes verursacht sein kann.

Bezüglich der Assimilation von Formaldehyd durch Pflanzen finden sich in der Literatur einige Mitteilungen, welche den Angaben unter 2. widersprechen. Bokorny[1] beobachtete an Tangen Assimilation von Formaldehyd in Form von Formaldehydbisulfit, wobei dieses als einzige Kohlenstoffquelle diente; das Wachstum der Pflanze war befriedigend. Dieser Versuch ist insofern sehr interessant, als Formaldehyd in gebundener Form der Pflanze als Nahrung dienen kann, während es in freiem Zustande nicht assimiliert wird.

Auf chemischem Gebiete sind die folgenden Tatsachen am wichtigsten:

1. Bach[2] zeigte, daß Kohlensäure in einer Lösung von Uranacetat (in Abwesenheit von Chlorophyll) zu Formaldehyd reduziert wird. Er leitete einen Strom gereinigter Kohlensäure durch eine 1,5 %ige Lösung von Uranacetat, welche in zwei Gläsern untergebracht war, von denen das eine mit schwarzem Papier umkleidet war, um das Licht abzuhalten. Gleichzeitig wurde eine gleiche Menge der Lösung in verschlossenem Gefäß der Einwirkung der Sonnenstrahlen ausgesetzt. Bei zahlreichen Versuchen wurde nach 20—30 Minuten in jener Lösung, welche von der Kohlensäure durchstrichen wurde und gleichzeitig der Lichtwirkung ausgesetzt war, eine Trübung beobachtet, welche sich später zu einem bald hellbraunen, bald braunvioletten Niederschlag verdichtete, während in den beiden anderen Gefäßen die Lösung unverändert blieb. Der Niederschlag, filtriert und ausgewaschen, geht auf dem Filter beim Stehen in gelbes Uranhydroxyd über. Dasselbe löst sich leicht in Essigsäure, während auf dem Filter braune Flocken zurückbleiben, welche erst nach Zusatz eines Tropfens Salzsäure verschwinden. Es hatte also eine Mischung von Uranyl- und Uranhydroxyd vorgelegen, ähnlich wie sie aus der Lösung des Oxalats im Sonnenlicht erhalten wird. Diese Resultate erklärt Bach im Sinne

---

[1] Pflügers Arch. 80, 454.
[2] Ber. 37 (1904), 3985; 39 (1906), 1672.

seiner Hypothese für die Umsetzung 'der Kohlensäure in den
Pflanzen, da der Niederschlag offenbar nur durch gleichzeitige
Einwirkung von Sonnenlicht und Kohlensäure entsteht.

Euler[1] wiederholte die Versuche genau nach den Angaben Bachs und konnte zunächst dessen Resultate bestätigen.
Als er jedoch die Versuchsdauer länger (über eine halbe Stunde)
ausdehnte, begann auch die Lösung im verschlossenen Gefäße
sich zu trüben, und nach 2 Stunden war in beiden Gefäßen
der gleiche voluminöse Niederschlag vorhanden. Beide Niederschläge oxydierten sich auf dem Filter zu gelbem Uranyloxyd,
das sich n Essigsäure ohne Rückstand löste. Die Trübung
der Lösung konnte daher nicht durch eine Zersetzung der
Kohlensäure verursacht sein; der Kohlensäurestrom beschleunigt
nur das Auftreten der Trübung, was auf die Verdrängung des
Luftsauerstoffs durch die Kohlensäure zurückzuführen ist, da
schon geringe Mengen Sauerstoff, wie durch Versuche festgestellt
wurde, die Reduktion der Uranacetatlösung im Sonnenlicht verhindern. Die Wirkung der Kohlensäure läßt sich daher auch
durch irgend ein anderes indifferentes Gas wie Wasserstoff
oder Stickstoff hervorbringen, und die Zusammensetzung des
Niederschlags ist in allen Fällen die gleiche.

In einer zweiten Mitteilung brachte Bach einen neuen
Beweis für die Reduktion der Kohlensäure zu Formaldehyd
unter Anwendung der Trillatschen Methode zur Bestimmung
von Formaldehyd. Er setzte drei Gläser mit einer Lösung
von 15 ccm Dimethylanilin in 300 ccm Wasser, welches 15 ccm
Schwefelsäure enthielt, dem Sonnenlichte aus. Während das
Glas a verstopft war, wurde durch die Gläser b und c ein
Kohlensäurestrom geleitet, wobei das Glas c mit grauem Filtrierpapier umhüllt war. Nach 2 Stunden wurden jedem Gefäß
2 ccm entnommen, mit Natronlauge neutralisiert, der Überschuß
an Dimethylanilin durch Erwärmen entfernt und filtriert. Die
Filter wurden gewaschen, mit Essigsäure befeuchtet und mit
Bleisuperoxyd bestreut. Während das dem Gefäße c entsprechende Filter farblos blieb, färbten sich die Filter a stark
und b schwächer blau infolge der Oxydation des aus Dimethylanilin und Formaldehyd entstandenen Tetramethyldiamidodi-

[1] Ber. 37 (1904), 8411.

phenylmethans. Diese Reaktion ist sehr empfindlich. Schon
sehr zerstreutes Sonnenlicht, sogar das Licht einer Gasflamme
genügt zur Zersetzung von Kohlensäure bei Gegenwart von
Dimethylanilin. Euler wiederholte die Versuche Bachs, gelangte jedoch zu anderen Ergebnissen. Er machte nun blinde
Versuche mit Dimethylanilin allein und erhielt je nach der
Reinheit desselben die blaue Farbreaktion in geringerer oder
größerer Stärke. Bei besonders gereinigtem Dimethylanilin
blieb jedoch auch nach der Belichtung und der Einwirkung
von Kohlensäure die Reaktion aus. Euler erklärte daher mit
Recht, daß Bachs Hypothese noch durch keinerlei Tatsache
gestützt werde, und daß bisher kein Katalysator bekannt sei,
welcher analog dem Chlorophyll die Reduktion der Kohlensäure bewirken könnte.

Bei der elektrolytischen Reduktion der Kohlensäure wurde
Formaldehyd niemals vorgefunden.

2. Délépine[1]) führte umgekehrt Versuche aus betreffend
die Oxydation des Formaldehyds zu Kohlensäure und Wasser
und gelangte dabei zu den folgenden Ergebnissen:

a) Sauerstoff wirkt bei gewöhnlicher Temperatur und bei
Abwesenheit eines Katalysators auf neutrale Formaldehydlösungen nicht ein; b) 30 % ige Formaldehydlösung kann acht-
mal je acht Stunden auf 100° erwärmt werden, ohne daß
Oxydation eintritt; c) bei 200° hingegen wird aller Sauerstoff
der Luft auf die Oxydation des Formaldehyds verwendet;
d) auch in alkalischer Lösung findet in der Kälte keine Oxydation statt, sondern nur Umsetzung des Formaldehyds in
Methylalkohol und ameisensaures Salz; e) wendet man in
neutraler Lösung Platinschwamm als Katalysator an, so geht
alles Formaldehyd in Kohlensäure und Wasser über, ohne daß
sich auch nur Spuren von Ameisensäure bildeten; die Reaktionsgeschwindigkeit ist von der Belichtung unabhängig, in 40 bis
50 Tagen werden im Mittel 50—100 ccm Sauerstoff verbraucht.
Euler konnte die Beobachtungen Délépines bestätigen,
nur in Punkt e sind die Angaben Délépines so kurz, daß ihre
Überprüfung schwierig ist.

Aber gerade dieser Punkt ist von außerordentlicher

[1]) Bull. soc. chim. de Paris 17 (1897), 988.

Wichtigkeit, da er Angaben über das Gleichgewichtsverhältnis der umkehrbaren Reaktion $CO_2 + H_2O \rightleftharpoons HCOOH + O_2$ enthält. Unter der Einwirkung des Lichtes verschiebt sich das Gleichgewicht zugunsten des Formaldehyds: Die chemische Arbeit vollzieht sich auf Kosten der absorbierten strahlenden Energie. In den Pflanzen wird die Assimilation noch dadurch unterstützt, daß das gebildete Formaldehyd sich sofort an Eiweiß bindet. Andererseits bleibt festzustellen, ob das Chlorophyll bei Gegenwart geringer Mengen Eisen oder Mangan durch Aufnahme von strahlender Energie seine chemische Energie als Katalysator erhöht und dadurch die Dissoziation, besonders die Tension des Sauerstoffs beeinflußt. Diesbezüglich dürfte man durch Bestimmung der Oxydationsstufen zu Aufschlüssen gelangen, doch ist dabei stets auch mit den Enzymen zu rechnen.

Im Anschluß an Eulers Aufsatz erklärte Walter Löb[1] unter anderem, man müsse die Annahme einer Reduktion der Kohlensäure durch naszierenden Wasserstoff, möge derselbe chemisch oder elektrolytisch entbunden sein, fallen lassen. Fenton[2] dagegen beobachtete, daß metallisches Magnesium in wässeriger Lösung auf Kohlensäure reduzierend einwirkt, wobei neben Ameisensäure in geringer Menge auch Formaldehyd entsteht. Die Versuche von Royer, Liebon, Zehn und Jahn und die weiteren Arbeiten von Löb selbst bewiesen, daß als Reduktionsprodukt der Kohlensäure nur Ameisensäure, niemals jedoch Formaldehyd entsteht, und daß sich auch bei der elektrolytischen Reduktion von Ameisensäure wenig Formaldehyd bildet. Die Bachsche Reaktionsgleichung, nach welcher sowohl die Elektrolyse als auch die Photolyse der Kohlensäure verlaufen sollte,

$$3\,CH_2O_3 = 2\,CO_2 + 2\,H_2O + CH_2O = 2\,CH_2O_3 + O_2 + CH_2O,$$

entbehrt daher jeder experimentellen Grundlage.

Den Ausgangspunkt für die Untersuchungen Löbs bildete die Überlegung, daß der Assimilationsprozeß in der Pflanze zweifellos ein endothermischer Prozeß sei, und daß unter den Energieformen, welche bei gewöhnlicher Temperatur endothermische Reaktionen hervorrufen, in erster Linie die dunkle

---

[1] Ber. 37 (1904), 3593.
[2] J. Chem. Soc. 91 (1907), 687; Ztschr. f. ang. Chem. 1908, 1442.

elektrische Entladung stehe, deren Wirkung auf Kohlensäure
und Kohlenoxyd besonders Andrews und Tait, Losanitsch
und Jovitschitsch, Berthelot, Maquenne und andere
studiert haben. Berthelot verweist auf die Ähnlichkeit dieser
Reaktion mit dem in der Pflanze verlaufenden Prozesse und
behauptet, daß sich die Potentialdifferenzen zwischen den verschiedenen hellen Schichten durch dunkle Entladung aus-
gleichen, welcher daher auch eine große Rolle bei den in der
Natur sich abspielenden Synthesen zukommt. Auch nach
Goldstein und Warburg ist die dunkle elektrische Entladung eine Wirkung der strahlenden Energie; die Ozonisierung,
auf die sich die Versuche der beiden Forscher bezogen, wird
nicht durch einen elektrolytischen Prozeß bewirkt, sondern
durch Kathodenstrahlen und ultraviolette Strahlen, welche bei
der dunklen Entladung entstehen.

Analog den Verhältnissen in der Pflanze muß die Wirkung
der elektrischen Schwingungen auf Kohlensäure auch bei gleichzeitiger Einwirkung von Katalysatoren untersucht werden. Eine
diesbezügliche Arbeit hat Löb vor kurzem veröffentlicht.

Nach Berthelot zerfällt trockene Kohlensäure in Kohlenoxyd und Sauerstoff, der Sauerstoff geht nach Andrews und
Tait teilweise in Ozon über, welches wieder die Rückbildung
von Kohlensäure hervorruft. Aus feuchter Kohlensäure bildet
sich nach Losanitsch und Jovitschitsch Ameisensäure und
Sauerstoff, welcher die Bildung von Wasserstoffsuperoxyd veranlaßt, außerdem stets Kohlenoxyd, welches das Zwischenprodukt
für die Bildung der Ameisensäure darstellt.

1. $2CO_2 = 2CO + O_2$
2. $CO + H_2O = HCOOH$
3. $3O_2 = 2O_3$
4. $H_2O + O_3 = H_2O_2 + O_2$.

Das Wasserstoffsuperoxyd wirkt nach Untersuchungen der
letzten Zeit zweifellos bei den in der Natur verlaufenden Synthesen mit, und besonders seine reduzierenden Eigenschaften
könnten bei der Reduktion der Kohlensäure eine Rolle spielen.

Firson behauptet, daß Wasserstoffsuperoxyd in der Pflanze
die Bildung von Formaldehyd und Ozon aus Kohlensäure be-
wirke, $CO_2 + H_2O_2 = CH_2O + O_3$, und Losanitsch und

Jovitschitsch beobachteten bei dunkler elektrischer Entladung die Bildung von Formaldehyd und seiner Polymeren
aus Kohlenoxyd und Wasserstoff. Früher schon hatte Berthelot bei dieser Reaktion neben ungesättigten Kohlenwasserstoffen einen festen Stoff erhalten, dem er die Zusammensetzung $(C_4H_3O_3)_n$ zuschrieb.

Während alle Versuche erfolglos blieben, außerhalb der
lebenden Zelle durch Lichtwirkung die Reaktion zwischen CO_2
und H_2O einzuleiten, gelang Walter Löb[1]) die Bildung von
Zucker aus CO_2 und H_2O durch die dunkle Entladung. Er benutzte
hierzu ein Element, welches innerhalb und außerhalb des Dia-
phragmas verdünnte Schwefelsäure enthielt. Der angewandte
Strom hatte 10 Volt und 2—3 Amp., die Länge der Funken-
strecke war 15 cm. Von den bei der dunklen Entladung entwickelten Energieformen kam die Wärme nicht in Betracht,
da die Temperatur niemals über 90^0 hinausging. Das wichtigste
von allen Versuchsergebnissen war die Bildung von Formaldehyd
aus feuchter Kohlensäure. Dieselbe vollzieht sich in drei Phasen:

$$1. \quad 2CO_2 = 2CO + O_2$$
$$2. \quad CO + H_2O = CO_2 + H_2$$
$$3. \quad CO + H_2 = H_2CO.$$

Daneben beobachtet man noch in unbedeutenden Mengen die
Bildung von Wasserstoffsuperoxyd, Ozon, Ameisensäure und
Methan. Die Ausbringung an Formaldehyd und Ameisensäure
erhöht sich bei Anwendung eines den Sauerstoff depolarisieren-
den Stoffes (z. B. Wasserstoff). Als Polymerisationsprodukt
des Formaldehyds entsteht Glykolaldehyd, das weiter in Zucker
übergeht. Aus Methan und Kohlenoxyd erhält man Acetaldehyd,
Äthylalkohol und Zucker (β-Akrose).

Die Assimilation der Kohlensäure in der lebenden Zelle
vollzieht sich freilich unter ganz anderen Bedingungen. Bei
allen bisherigen Arbeiten wurde von der Wirkung des Chlorophylls abgesehen, dessen chemische Natur und biologische
Funktion bis heute noch nicht völlig aufgeklärt sind.[2])

---

[1]) Ztschr. f. Elektrochem. 12 (1906), 282.
[2]) Rich. Willstätter: Zur Kenntnis des Chlorophylls, vgl.
Ztschr. f. ang. Chem. 1906, 1646; Ann. 354 (1907), 205; 355 (1907), 1;
358 (1908), 205.

Meiner Meinung nach hat das Chlorophyll in biologischer Hinsicht die folgenden Funktionen: 1. absorbiert es die Kohlensäure und bildet mit ihr in Gegenwart von Erdalkalien den Amidosäuren ähnliche Verbindungen; 2. wirkt es als Katalysator in reduzierendem Sinne; 3. transformiert es strahlende Energie in chemische; endlich 4. bildet es mit dem als Reduktionsprodukt aus Kohlensäure entstandenen Formaldehyd eine unbeständige Verbindung. Die Fähigkeit des Chlorophylls, Kohlensäure zu absorbieren, gründe ich auf die Arbeit Siegfrieds [1]) mit Rücksicht auf die alkalische Reaktion des Pflanzenprotoplasmas, den überwiegenden Magnesiagehalt der Chlorophyllasche und die eiweißartige Zusammensetzung des Chlorophylls, welches auch den Charakter einer Amidosäure besitzt nach Art der Fischerschen Polypeptide. Amidosäuren liefern aber mit Kohlensäure in Gegenwart von Kalk oder Magnesia Verbindungen vom Typus der Siegfriedschen Salze $M'OOC$. $R . NH . COOM'$ und $(OOC . R . NH . COO)M''$, wo $R = (-CH_2-)$; $(-CH_2-CH_2-)$; $(-CH_2 . CHOH-)$ usw.; $M' = Na$, K; $M'' = Ca$, Mg, Ba. Meine Versuche mit Glykokoll und frisch bereitetem Magnesiahydrat bestätigten meine Annahme, daß die Absorption der Kohlensäure durch die lebende Zelle nicht als einfache Lösung des Gases im Plasma aufzufassen ist, sondern als Verbindung zwischen Kohlensäure und der Amidosäure, wobei Salze einer Dikarbonsäure erhalten werden, welche bei gewöhnlicher Temperatur beständig sind, beim Erhitzen aber leicht zerfallen.

Zur Erklärung der katalytischen reduzierenden Wirkung des Chlorophylls ist einerseits zu erwägen, daß Chlorophyll bei der Destillation mit Zinkstaub Pyrrol liefert, und andererseits, daß Chlorophyll seiner Zusammensetzung nach mit der Blutsubstanz verwandt ist. Da die Gelatine, ein Zerfallsprodukt des Eiweißes, unter anderem aus Prolin, dem Anhydrid eines Glyzins von der Zusammensetzung $C_7H_{10}N_2O_2$, welches bei der Behandlung mit Salzsäure im zugeschmolzenen Rohre Glykokoll liefert, α-Prolin und Oxyprolin besteht, möchte ich bei den engen Beziehungen zwischen der Substanz der Blutkörperchen, dem Chlorophyll und dem Eiweiß annehmen, daß sich auch

---

[1]) Ztschr. f. physiol. Chem. 44 (1900), 85; Ber. 39 (1906), 808.

im Chlorophyll und in der Substanz der Blutkörperchen die
α-Prolin- und die Oxyprolingruppe findet, und daß diesen Gruppen
die reduzierende Wirkung zuzuschreiben ist. Das Chlorophyll
muß Wasser in H_2 und O zerlegen, der naszierende Wasserstoff CO_2 zu CH_2O reduzieren. Das im Chlorophyll enthaltene
Eisen muß dabei eine wesentliche Rolle spielen. Auf Grund
dieser Erwägungen nehme ich an, daß der Chlorophyllkern,
an welchen Aminosäuregruppen in Form von Polypeptiden
gelagert sind, ein Diketopiperidin vorstellt, und seine Reaktions-
fähigkeit dem Übergang der Ketogruppen in die Enolform
verdankt.

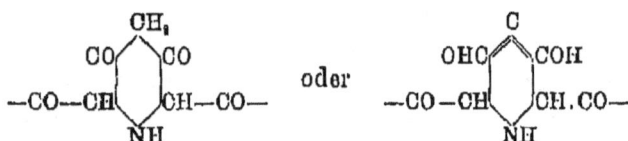

Das Eisensalz dieser Verbindung spaltet in alkalischer Lösung
Wasser in H und OH, analog wie Eisenoxydul in Gegenwart
von Indigo Wasser zerlegt, wobei der Indigo zu Indigoweiß
reduziert, das Eisenoxydul zum Oxyd oxydiert wird. In unserem
Falle reduziert der Wasserstoff die den Aminosäuregruppen
des Chlorophylls angelagerte Kohlensäure. Die Beobachtungen
Fentons bestätigen meine Annahme, nur mit dem Unterschied, daß nach meiner Auffassung nicht freie, sondern
angelagerte Kohlensäure reduziert wird. Die Reaktion läßt
sich in folgender Weise darstellen:

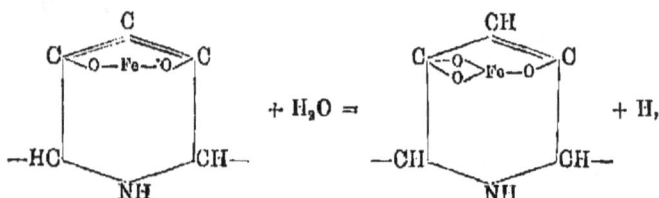

wo dann der Wasserstoff die CO_2-Gruppe reduziert und das
Reduktionsprodukt sich mit der Imidogruppe zu einer nicht
sehr festen Verbindung vereinigt. Bei der Destillation kann
daher Formaldehyd abgespalten werden, im lebenden Protoplasma von schwach alkalischer Reaktion kondensiert er sich
rasch zu Kohlehydraten. Der oxydierte Kern kehrt unter dem

Einfluß des Lichtes in seine ursprüngliche Form zurück, so daß das Oxydationsprodukt einen Transformator für strahlende Energie in chemische Energie vorstellt. Dabei wird eine OH-Gruppe frei, welche die Bildung von Wasserstoffsuperoxyd, Ozon und sogen. Oxydasen verursacht.

Über die chemische Wirkung des Lichtes sind in den letzten Jahren einige Arbeiten erschienen, z. B. von Ciamician und Silber,[1]) ebenso über die photochemischen Beziehungen von Aldehyden und Ketonen zu HCN,[2]) über die oxydierende Wirkung von $FeCl_3$ unter dem Einflusse des Sonnenlichts und über den Einfluß von Katalysatoren und fluoreszierenden Substanzen.[3])

Meine Hypothese über die Zusammensetzung des Chlorophylls erklärt mit Erfolg seine katalytische Wirkung. Meine Versuche, diesen Diketopiperidinkern synthetisch darzustellen, sind bisher nicht geglückt, so daß ich meine Annahmen noch nicht experimentell prüfen konnte.

Einwirkung von Formaldehyd auf Kohlehydrate.

Bei der Einwirkung von Formaldehyd auf Kohlehydrate in Gegenwart von Salzsäuregas erhielten Tollens[4]) Schulz und Henneberg[5]) als Kondensationsprodukte ätherartige Derivate des zweiatomigen Methylens.

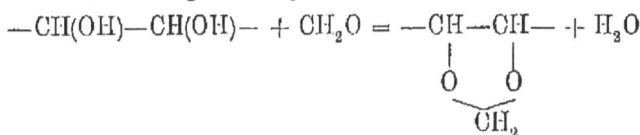

$$-CH(OH)-CH(OH)- + CH_2O = -\overset{|}{C}H-\overset{|}{C}H- + H_2O$$
$$\underset{\underset{CH_2}{\smallsmile}}{O \qquad O}$$

Dimethylendulzit $C_6H_{10}(CH_2)_2O_6$ Schmelzp. 245°. Dimethylenrhamnit $C_6H_{10}(CH_2)_2O_5$ Schmelzp. 139°.[6]) Mannittriformazetal $C_6H_8O_6(CH_2)_3$, Schmelzp. 227°. Sorbittriformazetal $C_6H_8O_6(CH_2)_3$, Schmelzp. 206°. Glyzerinformazetal $C_3H_5O_2 \cdot CH_2(OH)$, Siedep. 191 (Tollens).[7]) Pentaerythritdiformazetal

[1]) Ber. 38 (1905), 1176, 1671, 8819.
[2]) Ztschr. f. ang. Chem. 9 (1900), 1250.
[3]) Journ. f. prakt. Chem. 72 (1905), II, 220.
[4]) Ber. 27 (1894); Ann. 276 (1893), 82.
[5]) Ann. 289 (1896), 20; 292 (1896), 81.
[6]) Ann. 299 (1898), 316. [7]) Ann. 289 (1896), 85.

$C_5H_8O_4(CH_2)_2$, Schmelzp. 50° (Tollens). Salizylglyzerinform-
azetal (Protosol) $C_6H_4(OH)COOC_3H_5O_2(CH_2)$.[1] Ölige Flüssigkeit
vom Siedep. 200° (bei 12 mm), leicht löslich in Alkohol und
Äther, unlöslich in Wasser, Petroläther und Vaselin; mit Säuren
und Basen zerfällt es in Salizylsäure, Glyzerin und Formaldehyd.

Einwirkung von Formaldehyd auf Aldehyde und Ketone.

In verdünnten Lösungen reagiert Formaldehyd bei Gegenwart von Ätzkalk oder Ätzbaryt als Methylenglykol $CH_2(OH)_2$,
und die eine der Hydroxylgruppen spaltet sich mit Wasserstoff
der in Reaktion tretenden Substanz als Wasser ab.

Pentaerythrit $C[CH_2(OH)]_4$, Schmelzp. 250—255°, aus Formaldehyd und Acetaldehyd.[2] Bei der Oxydation mit Salpetersäure erhält man gallertartige Flocken.[3] Pentaglyzin CH_3.
$C(CH_2OH)_3$, Schmelzp. 199°, aus Formaldehyd und Propionaldehyd. Pentaglykol $(CH_3)_2C(CH_2OH)_2$, Schmelzp. 129°, aus
Formaldehyd und Isobuttersäurealdehyd.

Koch und Zerner[4] kondensierten mittels K_2CO_3 1 Mol.
Propionaldehyd mit 2 Mol. Formaldehyd zum Aldol CH_3.
$(CH_2OH)_2.CHO$. Bei der Kondensation von 1 Mol. Propionaldehyd und 1 Mol. Formaldehyd mit KOH wurde das Aldol
$CH_3.C(CHOH.CH_2.CH_3)(CH_2OH).CHO$ erhalten, welches mit
Formaldehyd und Kalilauge in Pentenol(3)-Dimethylol(2) CH_3.
$C(CHOH.CH_2.CH_3)(CH_2OH)_2$ übergeht.

Aus Aceton und Formaldehyd entsteht Anhydroenneaheptit
$C(CH_2OH)_3.CH(OH).C(CH_2OH)_3$, Schmelzp. 156°.[5] Dasselbe
bildet mit CH_2O und HCl Anhydroenneaheptitdiformal $C_{11}H_{18}O_6$,
Schmelzp. 153°.

Bei diesen Kondensationen treten einige CH_2CH-Gruppen
an die Stelle des Wasserstoffs an jenem Kohlenstoffatom,
welches der Aldehyd- oder Ketogruppe benachbart ist, wobei
also eine Art Hydrierung des Formaldehyds eintritt.[6]
Auch einige Ketosäuren kondensieren sich mit Form-

[1]) D.R.P. 163518; Ztschr. f. ang. Chem. 19 (1906), 194.
[2] Ann. 265 (1891), 316.   [3]) Ann. 276 (1893), 58.
[4]) Monatsh. 22 (1902), 449.
[5]) Ber. 27 (1894), 1089; Ann. 289 (1896), 50.
[6]) Ann. 276 (1893), 82.

aldehyd; so gibt Lävulinsäure Laktonformaldehydlävulinsäure $C_{10}H_{16}O_6$, Schmelzp. 174—176°, und die Pyroweinsäure Lakton-formaldehydpyroweinsäure $C_6H_{10}O_6$, Schmelzp. 184°.

Formaldehyd und Karbonsäuren, Oxy- und Ketosäuren und deren Äther.

Viele Karbonsäuren bilden mit Formaldehyd Methylen-verbindungen. So gibt Milchsäure Methylenlaktat vom Siedep. 153—154°,[1]) und aus Glykolsäure erhält man Glykolmethylen-äther $C_3H_4O_2$.[2]) Knövenagel erhielt aus Acetessigester und Formaldehyd Methylendiacetondikarbonsäureester $CH_2[CH (COOC_2H_5)(COCH_3)]_2$, Schmelzp. 105°.[3]) 3 kg Acetessigester werden mit 1 kg Formaldehyd (40 %ig) versetzt, die Mischung auf 5° abgekühlt und 10 g Diäthylamin zugegeben. Nach dreitägigem Stehen bei einer Temperatur unter 15 °C. wird das Diäthylamin und der Überschuß des Essigäthers mit Wasserdampf abgetrieben, wobei fast reiner Methylendiacet-essigester als dickes Öl zurückbleibt.

Aus Glukonsäure entsteht Dimethylenglukonsäure, Schmelz-punkt 222°,[4]) aus Zuckersäure Methylenzuckersäure, Schmelzp. 145°. Die Herstellung von Methylenverbindungen der Weinsäure gelang Tollens nur mit großer Mühe.[5]) Bei der Behandlung der Pyroweinsäure mit Paraformaldehyd und konz. H_2SO_4 entsteht Tetramethylen-1,3-Dioxalsäure $C_6H_8O_6$.[6]) de Bruyn und Ekkenstein untersuchten die Methylenverbindungen der Oxy-säuren;[7]) dabei tritt mit dem Formaldehyd sowohl der Wasser-stoff der Karboxylgruppe als auch jener der Hydroxylgruppe in Reaktion: z. B. die Diformalweinsäure, Diformalzitronen-säure, Formaläpfelsäure. Formalisoäpfelsäure, Triformaldigly-zerinsäure, Triformal-d-Zuckersäure, Triformal-l-Gulonsäure.

Die Herstellung der Methylenzitronensäure beschreibt das D.R.P. 129255 in folgender Weise: 21 kg Zitronensäure werden mit 4 kg Trioxymethylen auf 140—160° erwärmt, bis die

---

[1]) Compt. rend. 120 (1895), 833.   [2]) Ber. 27 (1894), Ref. 180.
[3]) Ann. 228 (1885), 330; D.R.P. 74885.
[4]) Ann. 292 (1896), 31, 40.   [5]) Ber. 30 (1897), 2513.
[6]) Ber. 30 (1896), 2278.
[7]) Chem. Centralbl. 1901, II, 1261; Rec. Chim. Pays Bas 20 (1901), 331.

Kristallausscheidung beginnt. Man kühlt langsam auf 100°
ab, gibt 25—80 kg Wasser zu und filtriert. Man kann auch
Zitronensäure bei Gegenwart von HCl oder H_2SO_4 mit Formaldehydlösung behandeln, erhält aber dabei geringere Ausbeute. Die Methylenzitronensäure schmilzt bei 208° und ist
in kaltem Wasser schwer, in warmem leicht löslich. Aus
Methylenzitronensäure werden wertvolle therapeutische Präparate hergestellt, z. B. das Silber-, Quecksilber-, Magnesium-
und das Hexamethylentetraminsalz (in kaltem Wasser leicht
löslich). Das Natriumsalz wird gegen Gicht angewendet; auch
das Ag, Hg, Mg und das Hexamethylentetraminsalz haben
therapeutischen Wert.

Die Dimethylenweinsäure wird nach dem D.R.P. 130346
in folgender Weise dargestellt: 7 kg Weinsäure werden mit
3 kg Trioxymethylen bis zur klaren Lösung auf 140—150°
erhitzt. Nach dem Abkühlen auf 60° setzt man 15 kg Schwefelsäure langsam zu, so daß die Temperatur nicht über 80° steigt.
Beim Abkühlen mit Eis scheidet sich die Verbindung aus.
Man kann auch die Weinsäure in Formaldehyd (40 % ig) auflösen und so viel Schwefelsäure zugeben, als das Wasser des
Formaldehyds zur Bindung erfordert. Statt Schwefelsäure kann
auch P_2O_5 verwendet werden.

Bei der Kondensation von 1 Mol. Formaldehyd auf 1 Mol.
Acetessigester entsteht Methylenacetessigester (D.R.P. 80216;
74885).

Nach Howard und Perkin[1]) entsteht aus Malonsäureester und Formaldehyd hauptsächlich Propantetrakarbonsäure-
ester $CH_2[CH(COOC_2H_5)_2]_2$. Bottomley und Perkin[2]) ge-
wannen aus 2 Mol. Formaldehyd und 3 Mol. Malonsäureester
den Pentanhexakarbonsäureester. Aus Benzoylessigester entsteht Methylendibenzoylessigester $CH_2[CH(CO_2C_2H_5)(COC_6H_5)]_2$.[3])

Wirkt aber 1 Mol. Formaldehyd auf 2 Mol. Karbonsäure
in Gegenwart von HCl oder H_2SO_4, so verläuft die Reaktion
analog wie bei aromatischen Kohlenwasserstoffen, Phenolen usw.
(s. S. 69ff.). So gibt Benzoesäure und Formaldehyd nach drei-

[1] Proc. Chem. Soc. 189 (1897), 46.
[2] Journ. Chem. Soc. London 73 (1898), 330; 77 (1900), 294;
Centralbl. 1900, I, 802; Proc. Chem. Soc. 189 (1897), 76.
[3] Ann. 281 (1894), 25, 126.

tägigem Stehen mit H_2SO_4 Diphenylmethan-m-Dikarbonsäure $CH_2[C_6H_4COOH(3)]_2$,[1]) Aus Salizylsäure und Formaldehyd erhält man Dioxydiphenylmethandikarbonsäure $CH_2[(C_6H_3(OH)(CO_2H)]_2$, Schmelzp. 238⁰. Aus o-Kresolsäure und Formaldehyd bildet sich Dioxyditolylmethandikarbonsäure, Schmelzpunkt 290⁰. Aus 3 Mol. Salizylsäure (oder aus 2 Mol. derselben und 1 Mol. Kresolsäure) und 1 Mol. Methylalkohol (oder Formaldehyd oder Methylal) entsteht durch Kondensation mit H_2SO_4 und gleichzeitiger Oxydation mit Natriumnitrit Aurintrikarbonsäure.[2]) Zu demselben Präparat gelangt man auch, indem man zuerst Methylendisalizylsäure herstellt, diese mit Salizylsäure mischt und mit H_2SO_4 und $NaNO_2$ behandelt; die Reinigung geschieht nach dem von Zulkowski ausgearbeiteten Verfahren.[3])

Ausgehend von Dioxydiphenylmethandikarbonsäure oder Methylendigallussäure [Baeyer)], gelangte Caro durch Kondensation mit Oxalsäure und Phenolen noch zu anderen Aurinfarbstoffen.

Im D.R.P. 113 723 ist die Darstellung der Halogenmethylverbindungen der aromatischen Oxykarbonsäuren und ihrer Ester beschrieben, z. B. wird Salizylsäure mit Formaldehyd und starker Bromwasserstoffsäure behandelt. Die Reaktion läßt sich so erklären, daß durch die Einwirkung von Halogenwasserstoff aus Formaldehyd sich eine Reihe methylalartiger Produkte bildet, z. B. Oxychlormethyläther $ClCH_2OCH_3$ usw., welche zur Substitution außerordentlich befähigt sind. Die Reaktion läßt sich allgemein in folgender Weise ausdrücken:

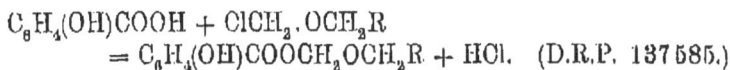

$$C_6H_4(OH)COOH + ClCH_2 . OCH_2R$$
$$= C_6H_4(OH)COOCH_2OCH_2R + HCl. \quad (D.R.P. 137 585.)$$

Zur Herstellung der Methylmethylensalizylsäure[4]) wird Salizylessigsäure mit 1 Mol. Formaldehyd (in 40 %iger Lösung) behandelt; die Reaktion verläuft in folgender Weise:

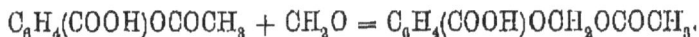

$$C_6H_4(COOH)OCOCH_3 + CH_2O = C_6H_4(COOH)OCH_2OCOCH_3.$$

---

[1]) Ber. 23 (1890), 3894.
[2]) Ber. 25 (1892), 939; D.R.P. 49070.
[3]) Ann. 202 (1881), 200.
[4]) Rev. de chimie industr. 1905, 281.

Die Verbindung wird in der Pharmazie unter dem Namen Indoform (Genoform) gegen Rheumatismus und Gicht verwendet. Daß die Anhydride der aromatischen Säuren in dieser Weise mit Aldehyden reagieren, war schon lange bekannt, doch wußte man nicht, daß die Salizylessigsäure sich analog verhält. Das Produkt hat reduzierende Eigenschaften und schlägt aus ammoniakalischer Silberlösung beim Kochen einen Silberspiegel nieder.[1]

Aus β-Oxynaphtensäure, in Eisessig gelöst, erhält man mit Formaldehyd und etwas Salzsäure Methylendi-β-Oxynaphtensäure. Ähnlich der Zitronen- und der Weinsäure reagiert mit Formaldehyd die Oxyuvitinsäure und gibt Methylenoxyuvitinsäure.[2]

Formaldehyd und die aromatischen Kohlenwasserstoffe.

Aus Benzol und Formaldehyd bilden sich drei Körper, darunter Diphenylmethan. Statt Formaldehyd wandte Baeyer auch Methylenacetat und Methylal an.[3] Auch aus Formaldehyd und Diphenyl entstehen dem Diphenylmethan ähnliche Kohlenwasserstoffe, aus Mesitylen und Methylenacetat bildet sich Dimesitylenmethan, Schmelzp. 130°.[4] Bei allen diesen Reaktionen wird als Kondensationsmittel konz. H_2SO_4 angewandt.

Bei der Einwirkung von Methylal auf Toluol (in Eisessig bei Gegenwart von konz. H_2SO_4) erhält man Dimethyldiphenylmethan $CH_2(C_6H_4CH_3)_2$, eine farblose Flüssigkeit vom Siedep. 291°, von welchem auch das Dibrom- und das Dinitroprodukt bekannt sind.[5]

Wirkt Methylal und H_2SO_4 auf Naphtalin in Chloroformlösung ein, so bildet sich Dinaphtylmethan, Schmelzp. 109°;[6] aus Diphenyl entsteht Diphenylphenylmethan $C_{25}H_{20}$, Schmelzpunkt 162°, aus Benzylchlorid Dichlordimethylphenylmethan, Schmelzp. 108°.

---

[1] Franz. P. 350023; Russ. Priv. 11395.
[2] Ztschr. f. ang. Chem. 20 (1907), 648.
[3] Ber. 6 (1873), 221.   [4] Ber. 5 (1872), 1098.
[5] Ber. 7 (1874), 1181.   [6] Ber. 7 (1874), 1605.

In der letzten Zeit hat A. Nastjukoff eine Arbeit über die Kondensation des Benzols mit Formaldehyd veröffentlicht.[1]) Man mischt unter guter Abkühlung 100 ccm Formaldehyd (40 % ig) mit 200 ccm starker Schwefelsäure und setzt 200 ccm Eisessig und 200 ccm Benzol zu. Nach 15—20 Minuten Erhitzen auf dem Wasserbade gießt man das Produkt in Wasser, wobei sich ein schweres Öl ausscheidet. Dasselbe wird mit Wasser, Sodalösung und Äther gewaschen, mit $CaCl_2$ getrocknet und fraktioniert. Aus der Fraktion 255—280° erhält man 20 g Diphenylmethan. Bei längerem und stärkerem Erhitzen erhielt Nastjukoff ein anderes Produkt, welches er Phenylformol nannte. Am besten gewann er es auf folgende Weise: unter Kühlung wird 1 Vol. Formaldehyd (40 % ig) mit 2 Vol. Schwefelsäure gemischt und 2 Vol. Benzol zugegeben; beim Schütteln erwärmt sich die Flüssigkeit stark, so daß wiederholt gekühlt werden muß. Beim Verdünnen mit Wasser scheidet sich ein fester Körper aus. Derselbe ist hellgelb gefärbt, amorph, unschmelzbar, absolut unlöslich, sehr beständig gegen oxydierende Agenzien (selbst gegen Chromsäure). Bei der trockenen Destillation erhielt Nastjukoff einige aromatische Kohlenwasserstoffe.

Die Kohlenwasserstoffe der Acetylenreihe und Formaldehyd.

Fügt man zu Calciumkarbid, welches mit Wasser übergossen ist, etwas Formaldehyd, so verlangsamt sich die Acetylenentwicklung.[2]) Dies führt zur Annahme, daß Formaldehyd mit Acetylen in Reaktion tritt. Mouran und Demaux haben zuerst die Kondensationsprodukte aus Formaldehyd und den Kohlenwasserstoffen der Acetylenreihe studiert und aus der Natriumverbindung eines Kohlenwasserstoffs $CH_3(CH_2)_5CCNa$ und Formaldehyd Hexylpropiolalkohol (Siedep. 115°) dargestellt.[3]) Jozitsch[4]) gelangte vom Dibromdimagnesiumacetylen mittels Trioxymethylen zum Propargylalkohol und

[1]) Nastjukoff, Über die Kondensation zyklischer Kohlenwasserstoffe. 1908.
[2]) Chem. Centralbl. 1900, II, 1150.
[3]) Bull. Soc. Chim. 27 (1907), 360.
[4]) Journ. russ. phys.-chem. Ges. 1906.

zum Glykol OHCH$_2$.C!C.CH$_2$OH. Da die Reaktion langsam
verläuft, wurde während der ganzen Zeit ein Strom von Acetylen durch den Kolben geleitet, um die Magnesiumverbindung
vor dem Einfluß der Luft zu schützen. Nach fünf Tagen
wurde die Reaktionsmasse in Wasser aufgenommen und die
wässerige Lösung mit Äther extrahiert. Nach dem Verdampfen
des Äthers hinterblieben die oben erwähnten Produkte, welche
durch fraktionierte Destillation im Vakuum getrennt wurden.

Die Einwirkung von Formaldehyd auf Petroleum und auf Terpene.[1]

Fügt man zu gereinigtem Petroleum oder zu irgend einem
Petroleumdestillat das gleiche Volum konz. H$_2$SO$_4$ und das
halbe Volum Formaldehyd, so wird die Masse schwarz und so
steif, daß sie sich nicht ausgießen läßt. Das Produkt wird mit
viel Wasser angerührt und ein Überschuß von Ammoniak zugegeben. Nach dem Abgießen und Auswaschen mit Wasser
und Benzin stellt der Niederschlag eine amorphe, unschmelz-
bare, unlösliche Masse von gelber oder gelbbrauner Farbe dar;
derselbe wurde Formolith genannt. Petroleum von verschiedener Provenienz gibt Formolith in wechselnden Mengen:
Petroleum aus Texas gibt weniger als 1 %, Petroleum aus
Surachan und Tiflis weniger als 5 %, aus Tschelekensk 17 bis
18 %, aus Grosny 23—24 %, aus Bibi-Eybat 37—38 %. Bei
Fraktionen desselben Petroleums wurde eine um so höhere
Ausbeute an Formolith gewonnen, je höher der Siedepunkt
der Fraktion lag. So wurde festgestellt, daß die aliphatischen
und die gesättigten zyklischen Kohlenwasserstoffe, sowie jene
der Äthylenreihe mit Formaldehyd nicht reagieren.

Mit Formaldehyd reagieren auch einige Terpene und Hydro-
terpene mit azyklischer oder polyzyklischer Doppelbindung, z. B.
das Menthen $\varDelta_4$: dies erklärt sich durch den durch konz. H$_2$SO$_4$
bewirkten Übergang dieser Körper in zyklische Kohlenwasserstoffe; wenigstens hat diese Erklärung große Wahrscheinlichkeit für sich. Für Kohlenwasserstoffe mit azyklischer Doppel-

---

[1] Nastjukoff, Journ. russ. phys.-chem. Ges. 36 (1904), 881, und
Dissertation: Über die Kondensation zyklischer Kohlenwasserstoffe.

bindung der Reihe C_nH_{2n-2} blieb die Frage, ob sie mit Formaldehyd in Reaktion treten, ungelöst. Die technische Bedeutung dieser Reaktion soll noch im zweiten Teil dieses Buches besprochen werden.

Formaldehyd und Phenole, Oxyaldehyde und deren Äther.

I. Phenolalkohole.[1] In alkalischer Lösung reagiert Formaldehyd als Methylenglykol $CH_2(OH)_2$. Man erhält ortho- oder parasubstituierte Produkte, wobei ein Wasserstoff des Phenols und eine Hydroxylgruppe des Methylenglykols als Wasser abgespalten werden.

Pichte und Breslauer[2] lösen das Phenol in einem kleinen Überschuß von Natronlauge, setzen eine äquimolekulare Menge Formaldehyd (40 %ig) zu und lassen stehen, bis der Formaldehydgeruch verschwunden ist. Nach dem Ansäuern mit Essigsäure wird mit Äther ausgeschüttelt, das überschüssige Phenol mit Wasserdampf abgetrieben und die Phenolalkohole mit Benzol getrennt, welches in der Kälte zunächst die Orthoverbindung aufnimmt. In solchen Fällen, wo sich das Reaktionsprodukt in fester Form ausscheidet, wie z. B. beim Thymol und beim o-Oxychinolin, genügt bloßes Konzentrieren. Aus Guajakol erhält man Vanillinalkohol; wird jedoch eine größere Menge Formaldehyd angewandt, so entstehen Produkte mit mehreren CH_2OH-Gruppen im Molekül.

Aus Kresol erhält man Homosaligenin, Schmelzp. 105°. In gleicher Weise entstehen o- und p-Oxybenzylalkohol, Schmelzpunkt 82° und 110°; 1,2-Metoxybenzylalkohol, Schmelzp. 110°; 1,3-Metoxybenzylalkohol, Schmelzp. 107°; 1,5,2-Oxymethylpropylbenzylalkohol, Schmelzp. 86°; 1,2,4-Oxymetoxalylbenzylalkohol, Schmelzp. 37°.

Diese Oxalkohole polymerisieren sich sehr leicht mit Säuren zu amorphen, hochmolekularen Anhydroverbindungen, welche in Wasser unlöslich sind und als Wundantiseptica Verwendung finden.[3]

---

[1] Lederer, Journ. f. prakt. Chem. 50 (1894), 223; Manasse, Ber. 27 (1894), 2409; Baeyer, D.R.P. 85588; Heyden, D.R.P. 56997.
[2] Journ. russ. phys.-chem. Ges. 1907, 60; Ber. 40 (1907), 3785.
[3] Klosberg, Ann. 283, 1894.

Henschke[1]) erhielt ein Kondensationsprodukt von Phenol und Formaldehyd in Form eines in Alkohol und Alkalien löslichen Pulvers, als er 200 g Phenol mit 100 g 40 %iger Kalilauge und 400 g Formaldehyd im Autoklaven auf 100° erhitzte.

Ein Beispiel für die Kondensation unter der Einwirkung von Säuren ist die Synthese des künstlichen Jasminöls.[2]) 5 g Phenylglykol werden mit 500 g Wasser, 125 g Schwefelsäure (66°) und 100 g Formaldehyd (40 %ig) erwärmt. Nach einiger Zeit schwimmt auf dem Reaktionsgemisch ein Öl, welches aus Methylenphenylglykoläther, Siedep. 218°, besteht:

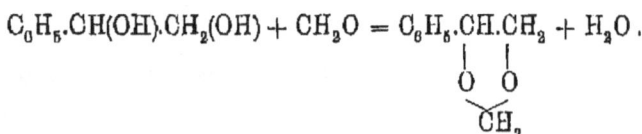

$$C_6H_5.CH(OH).CH_2(OH) + CH_2O = C_6H_5.CH.CH_2 + H_2O .$$

(Hier das Ringschema mit O O und CH_2)

II. Oxyaldehyde. Störmer und Ben[3]) bereiteten aus Salizylaldehyd und Formaldehyd mittels Salzsäure Oxyaldehydobenzylalkohol $C_6H_3(OH).CHO.CH_2(OH)$, Schmelzp. 108°. Aus Homosalizylaldehyd und Formaldehyd entsteht ein Aldehyd vom Schmelzp. 83°.

Anwers und Guber erhielten aus Salizylaldehyd, CH_2O und HJ $C_6H_3(OH).CHO.CH_2J$, Schmelzp. 125°, mit HBr $C_6H_3(OH).CHO.CH_2Br$, Schmelzp. 103°.[4])

In gleicher Weise sind die Nitro-, Amino-, Chlorphenole, die Oxysäuren usw. zur Bildung von Kondensationsprodukten mit Formaldehyd befähigt.

Speier[5]) stellt aus Phenolen und Naphtolen mit Formaldehyd und Ammoniak Verbindungen her, welche Formaldehyd und Ammoniak enthalten und antiseptische Eigenschaften zeigen.

Henning patentierte das Jodthymolformaldehyd als Antisoptikum;[6]) Henschke stellt aus Phenol und Formaldehyd in alkalischer Lösung mittels einer Jod-Jodkalilösung jodierte Kondensationsprodukte dar.[7])

1) D.R.P. 157553; Ber. 32 (1899), 568.
2) D.R.P. 100176.   3) Ber. 34 (1901), 2456.
4) Ber. 35 (1902), 124; Chem. Centralbl. 1902, I, 465.
5) D.R.P. 99570.   6) D.R.P. 99610.
7) D.R.P. 157554.

Behandelt man β-Naphtol (und auch andere Phenole) mit einer Lösung von Formaldehyd in Kaliumbisulfit, so scheidet sich 2-Oxy-1-Naphtylmethansulfosäure aus.[1])

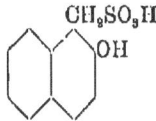

$$CH_2SO_3H$$

Diese Säure ist in der Farbenindustrie nicht verwendbar, da sie sich mit Diazoverbindungen nicht paart; wird dieselbe jedoch mit schwefligsauren Alkalien und mit Ammoniak behandelt,[2]) so geht sie in die Amidonaphtylmethansulfosäure über, welche als Diazo- oder als Hydrazinverbindung zur Anwendung kommt.

Caro stellte aus Pyrogallol, CH_2O und konz. HCl Methylendipyrogallol dar.[3]) Wird dieses in kalter konz. H_2SO_4 gelöst, so färbt sich die Lösung unter SO_2-Entwicklung zimtrot, und beim Verdünnen fällt ein schwarzer Farbstoff aus, das Formopyrogallaurin:

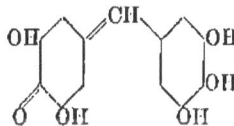

Hydrochinon gibt mit Formaldehyd und HCl 3,6,3',6'-Tetraoxydiphenylmethan;[4]) aus Resorcin bildet sich Methylendiresorcin,[5]) welches bei Einwirkung von $ZnCl_2$ in Oxyfluoron übergeht.[6]) Aus Hydroresorcin und Formaldehyd entsteht Methylendihydroresorcin, das mit Essigsäureanhydrid in Oktohydroxanthendion, mit Ammoniak in Dekahydroakridindion übergeht.[7]) Aus Naphtoresorcin bildet sich Methylendinaphtoresorcin und daraus Oxynaphtofluoron.[8])

β-Naphtol bildet mit CH_2O in alkalischer Lösung Di-2-naphtolmethan von der Zusammensetzung $CH_2(C_{10}H_6OH)_2$; dieses spaltet mit $POCl_3$ Wasser ab und geht in Dinaphtoxanthen

---

[1]) D.R.P. 87895.   [2]) D.R.P. 111771, 192421.
[3]) Ber. 25 (1892), 947.
[4]) Scharigin, Journ. russ. phys.-chem. Ges. 39 (1907), 1107.
[5]) Ber. 25 (1892), 947.   [6]) Ber. 27 (1894), 2888.
[7]) Ann. 309 (1899), 356.   [8]) Ber. 31 (1898), 144.

über.[1]) Dieselbe Verbindung entsteht aus β-Naphtol beim Kochen mit CH_2O und Eisessig.[2]) Di-2-naphtolmethan kann auch aus β-Naphtol und CH_2O durch Einwirkung von Natriumacetat erhalten werden[3]) und kann in 1-Methyl-2-Naphtol und das entsprechende Methylenchinon übergeführt werden.

α-Naphtol kondensiert sich mit Formaldehyd bei Einwirkung von Eisessig zu α-Dinaphtolmethan,[4]) welches gleichfalls mit $POCl_3$ ein Dinaphtoxanthon gibt. Bei Einwirkung von kohlensaurem Kalium gibt α-Naphtol mit Formaldehyd eine Verbindung von der Zusammensetzung $C_{28}H_{10}O_2$.[5])

Erhitzt man 1 kg phenolsulfoxylsaures Natron (Mischung aus o- und p-) mit 3 kg Formaldehyd (40 °/0 ig) und 0,5 kg Salzsäure durch eine Stunde zum Sieden, so trübt sich die Flüssigkeit und es bildet sich ein amorpher Niederschlag, welcher nach dem Auswaschen und Trocknen ein weißes Pulver vorstellt, welches sich beim Liegen an der Luft rötet und Wasser anzieht. Die Verbindung enthält keinen Schwefel, die Sulfogruppe wurde durch die Salzsäure abgespalten, und stellt einen hochmolekularen Anhydroalkohol vor. Sie ist in Alkalien unlöslich im Gegensatz zu den übrigen Kondensationsprodukten aus Phenolen und CH_2O in Gegenwart von Alkalien, und wird als Wundantiseptikum verwendet.[6])

Durch Einwirkung von Formaldehyd und Weinsäure läßt sich aus Phenol künstliches Harz herstellen, welches in den gewöhnlichen Lösungsmitteln für Lacke löslich ist und durchsichtige Polituren gibt, welche die natürliche Farbe des Holzes nicht ändern und mit Soda waschbar sind.[7]) Man erwärmt in einem ausgebleiten Gefäße gelinde 155 kg Weinsäure mit 150 kg Formaldehyd (40 °/0 ig) bis zur völligen Lösung. Hierauf setzt man 195 kg Phenol zu und erwärmt, bis die Masse zu schäumen beginnt. An der Oberfläche scheidet sich das Harz als butterartige Masse aus, welche durch Dekantieren getrennt und mit Ammoniak und Wasser ausgewaschen wird,

---

[1]) Ber. 26 1893), 83.
[2]) Ber. 25 (1892), 3218; 25 (1892), 3478; 26 (1893), 83.
[3]) Ber. 39 (1906), 439.   [4]) Ber. 35, 1002.
[5]) Ber. 40 (1907), 3789.   [6]) D.R.P. 101191.
[7]) Revue de chim. ind. 1904, 269; D.R.P. 172877; Ztschr. f. ang. Chem. 1907, 112.

bis sie farblos ist. Nimmt man 200 kg Phenol, so entsteht ein rotes Harz, welches in heißem Wasser nicht schmilzt und zur Reinigung gepulvert werden muß. Das farblose Harz von der Zusammensetzung C 76,3; H 6,4; O 17,1 scheint der Formel $C_{21}H_{20}O_4$ zu entsprechen. Auch andere Säuren, wie Oxalsäure, Schwefelsäure, Salzsäure, führen zu ähnlichen Resultaten.

Phenole und Naphtole reagieren mit Formaldehyd und Dimethylamin (oder analogen Basen) unter Abspaltung von 1 Mol. H_2O und Eintritt der Gruppe $-CH_2NR_2$ an Stelle des Hydroxylwasserstoffs

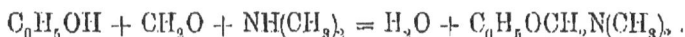

$$C_6H_5OH + CH_2O + NH(CH_3)_2 = H_2O + C_6H_5OCH_2N(CH_3)_2 .$$

Bei eingehenderem Studium dieser Reaktion zeigte sich, daß bei den Acetamidophenolen, beim o-Oxychinolin und in gewissen Fällen auch beim Phenol die Substitution nicht in der Hydroxylgruppe, sondern im Benzolkern stattfindet:

$$C_6H_5OH + CH_2O + NH(CH_3)_2 = H_2O + C_6H_4(OH)CH_2 . N(CH_3)_2 .$$

Aus dem Phenol entstehen daher nebeneinander der oben erwähnte Phenoläther und Oxydimethylbenzylamin, welche infolge der Unlöslichkeit des Phenoläthers in Alkalien leicht voneinander zu trennen sind.[1]

Oxydimethylbenzylamin $C_6H_4(OH)CH_2N(CH_3)_2$, Schmelzp. 200^0; p-Acetamidooxydimethylbenzylamin $C_6H_3(OH)(NHCOCH_3)$ $CH_2N(CH_3)_2$, Schmelzp. 110^0. p-Acetamidooxypentemethylerobenzylamin $C_6H_3(OH)(NHCOCH_3)CH_2N(CH_3)_5$, Schmelzp. 159^0 aus Acetamidophenol, Formaldehyd uno Piperidin; Pentamethylenamidomethylenoxychinolin, Schmelzp. 117^0 aus Oxychinolin, CH_2O und Piperidin.

Der Eintritt der Gruppe CH_2NR_2 in den Kern erfolgt auch bei Azofarbstoffen, welche eine Hydroxylgruppe enthalten, z. B. bei Benzolazophenol und bei p-Amidophenol-azo-β-naphtol. Das letztere gibt dabei einen säurebeständigen Farbstoff, welcher gebeizte Baumwolle hell scharlachrot färbt. Benzolazophenol gibt mit CH_2O und Piperidin einen Farbstoff, welcher gebeizte Baumwolle gelb färbt.[2]

---

[1] D.R.P. 89070, 92809.   [2] D.R.P. 95546.

Formaldehyd aus Gallussäure, Tannin.

Baeyer zeigte zuerst, daß Formaldehyd und Gallussäure bei Gegenwart von konz. H_2SO_4 in folgender Weise aufeinander wirken:

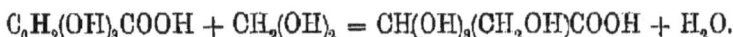

$$C_6H_2(OH)_3COOH + CH_2(OH)_2 = CH(OH)_3(CH_2OH)COOH + H_2O.$$

Das Reaktionsprodukt spaltet Wasser ab und geht in Anhydride über $C_{16}H_{12}O_{10}$ und $C_{16}H_{14}O_{11}$.[1])

Nach Melau[2]) entstehen vier verschiedene Kondensationsprodukte: 1. die schwerlösliche kristallinische Methylengallussäure aus 1 Mol. CH_2O, 2 Mol. Gallussäure und HCl; beim Kochen der alkalischen Lösung entsteht das Anhydrid $C_{15}H_{10}O_9$; 2. die leicht lösliche kristallinische Methylendigallussäure und deren Anhydrid $C_{30}H_{22}O_{19}$; 4. die leichtlösliche amorphe Methylengallussäure, Anhydrid $C_{15}H_{10}O_9$; die schwerlösliche amorphe Methylengallussäure $C_{30}H_{22}O_{19}$.

Löst man die wasserlösliche kristallinische Methylengallussäure in konz. H_2SO_4 und erwärmt, so färbt sich die Lösung zuerst grün, dann blau, und man erhält Trioxyfluorondikarbonsäure.

Die deutschen Patente 88841, 88082 und 93593 beschreiben die Herstellung von antiseptischen Streupulvern aus Formaldehyd und Tannin, Gallussäure oder anderen Grobstoffen, welche unter dem Namen Tannoform auf den Markt gebracht wurden. Nach D.R.P. 95188 wird durch Kondensation von Tannin mit Hexamethylentetramin oder mit Formaldehyd und Ammoniak ein Darmantiseptikum, das Tannonin gewonnen. D.R.P. 99617 und 104237 behandeln Eiweißverbindungen des Tanninformaldehyds. Das Wismutsalz der Methylendigallussäure ist ein wertvolles Hautantiseptikum (D.R.P. 87099). Vosswinkel (D.R.P.160273) erhielt ein Kondensationsprodukt aus Tannin mit Formaldehyd und Harnsäure oder mit Formaldehyd und Urethanen.

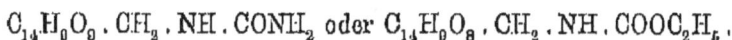

$$C_{14}H_9O_9 . CH_2 . NH . CONH_2 \quad oder \quad C_{14}H_9O_8 . CH_2 . NH . COOC_2H_5 .$$

---

[1]) Ber. 5 (1872), 1095.   [2]) Ber. 31 (1898), 1005.

Ammoniak, Ammoniumsalze und Formaldehyd.

Formaldehyd vereinigt sich mit Ammoniak zu Hexamethylentetramin (Urotropin).
Formaldehyddämpfe werden von einer konz. wässerigen Ammoniaklösung absorbiert. Dampft man die Lösung zu einem Sirup ein und gießt hierauf in warmen abs. Alkohol aus, so kristallisiert Hexamethylentetramin in glänzenden Rhomboedern.[1]

Hexamethylentetramin ist in Äther unlöslich, leicht löslich in Wasser und Chloroform, etwas weniger in Schwefelkohlenstoff. Im Vakuum sublimiert es ohne Zersetzung. Beim Kochen mit Kalilauge verändert es sich nicht.[2] Es stellt eine einatomige Base dar, welche gegen Lackmus nicht reagiert.[3] Beim Kochen mit verdünnter Salzsäure zerfällt es in NH_3, CH_2O und Methylamin, ebenso bildet sich bei der Behandlung mit salpetriger Säure in Gegenwart von Eisessig NH_3, CH_2O und CH_3NH_2.

Bei der Behandlung mit wenig HNO_2 erhält man eine Verbindung $C_6H_{10}N_6O_2$, schwerlösliche Nadeln, Schmelzp. 203°, mit einem Überschuß von HNO_2 $C_3H_6N_6O_3$ Trinitrosotrimethylentriamin, Schmelzp. 105°. Beide Nitrosoverbindungen werden durch Zinkstaub und Natronlauge zu Amidokörpern reduziert.[4]

Leitet man SO_2 durch eine heiße Lösung von Hexamethylentetramin in Benzol, so bildet sich $C_6H_{12}N_4SO_2$, in Alkohol dagegen $C_6H_{11}N_3SO_3$. Mit H_2S bildet sich Thioformaldehyd.

Hexamethylentetramin wurde von Buttlerow entdeckt, als er Ammoniakdämpfe über Trioxymethylen leitete; Hoffmann stellte es aus Formaldehyd durch Behandlung mit überschüssigem Ammoniak dar. Seine Dampfdichte wurde von Tollens bestimmt. Man erhält es auch aus Methylenchlorid und Ammoniak bei 125°.

Die Base addiert 2 und 4 Br bzw. J: $C_6H_{12}N_4Br_2$, $C_6H_{12}N_4Br_4$, $C_6H_{12}N_4J_2$, $C_6H_{12}N_4J_4$, ebenso 1 Mol. CH_3J;[5] mit trockner Chloressigsäure entsteht die Verbindung $C_{14}H_{25}N_3OCl$.

[1] Ber. 19 (1886), 1892.
[2] Ber. 22 (1889), 1929.
[5] Ber. 19 (1886), 1843.
[3] Ber. 17 (1884), 058.
[4] Ann. 288 (1895), 220.

Beim Erhitzen von Acetessigester mit CH_2O und Ammoniak oder mit Hexamethylentetramin und Zinkchlorid bildet sich Dihydrolutidindikarbonsäureester, welcher sich leicht zu Lutidindikarbonsäureester oxydiert[1]):

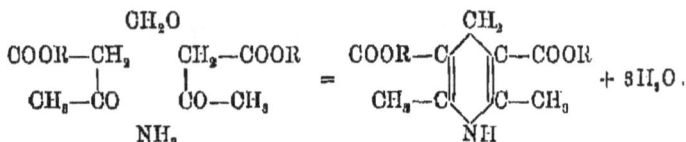

$$
\begin{array}{ccc}
& CH_2O & \\
COOR-CH_2 & CH_2-COOR \\
| & | \\
CH_3-CO & CO-CH_3 \\
& NH_3 &
\end{array}
=
\begin{array}{c}
CH_2 \\
COOR-C \diagup \diagdown C-COOR \\
CH_3-C \diagdown \diagup C-CH_3 \\
NH
\end{array}
+ 3H_2O .
$$

Mit Jodäthyl erhält man $C_6H_{12}N_4 . C_2H_5J$, Schmelzp. 133°, mit Methylenjodid $(C_6H_{12}N_4)_2CH_2J_2$, Schmelzp. 165°. In Benzollösung kondensiert sich Hexamethylentetramin mit Bromäthylphtalimid und Jodäthylphtalimid zu festen Körpern (weißen Pulvern), D.R.P. 164510.

Bei der Behandlung der Alkylammoniumverbindungen des Hexamethylentetramins mit starken Ätzalkalien erhält man die freie Alkylhexamethylentetraminbase

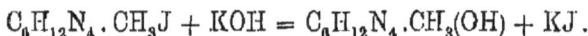

$$ C_6H_{12}N_4 . CH_3J + KOH = C_6H_{12}N_4 . CH_3(OH) + KJ . $$

1 Teil Hexamethylentetraminmethyljodid wird in dem gleichen Gewicht Wasser gelöst und mit 1—2 Teilen konz. NaOH oder KOH längere Zeit erhitzt. Hierauf fügt man noch einmal die gleiche Menge Alkali hinzu, um die Base als Öl zur Abscheidung zu bringen. Dieselbe wird je nach der Dauer der Einwirkung als Hydrat oder im wasserfreien Zustande erhalten. Das Hydrat kann durch Erhitzen mit festem KOH oder NaOH in die wasserfreie Form übergeführt werden. Die freie Base ist ein farbloses, in Wasser und Äther lösliches Öl von eigentümlichem Geruch. Mit Jodmethyl, Jodäthyl, Benzylchlorid, schwefelsaurem Methyl gibt sie schön krystallisierende Ammoniumverbindungen. Bei vorsichtigem Erhitzen zerfällt sie in Hexamethylentetramin, Ammoniak und Trimethyltrimethylentetramin $(CH_2)_3N_3(CH_3)_3$, ein Öl vom Siedep. 160—164°.[2])

$C_6H_{12}N_4 . HCl$, Schmelzp. 188°, in Wasser leicht, in Alkohol schwer löslich. Das gelbe Chloroplatinat hat die Zusammensetzung $(C_6H_{12}N_4 HCl)_2 PtCl_4 + 4H_2O$; außerdem $C_6H_{12}N_4$

¹) Schiff, Gaz. chim. ital. 25, 265.
²) D.R.P. 100894.

$2 HNO_3$; $2 C_6H_{12}N_4 . 2 AgNO_3$; $C_6H_{12}N_4 . H_3PO_4$; das Tartrat $C_6H_{12}N_4 . C_4H_6O_6$; $C_6H_{12}N_4 . 2 HgCl_2 . H_2O$; $C_6H_{12}N_4 . 2 AgJ_2 . H_2O$.

Die Verbindung des Hexamethylentetramins mit Methylen-zitronensäure heißt Helmitol. Außerdem besteht ein Kondensationsprodukt mit Chloral (D.R.P. 87 953); mit Jodoform das Jodphormin (D.R.P. 87 812, 89 248); ebenso eine Verbindung mit Jodol; mit Chinagerbsäure das Chinoform, mit Salizylsäure das Saliform, mit Äthylenbromid das Bromalin, mit Dioxybenzol das Hetralin, mit Gonosan das Urogosan. Alle diese Präparate werden in der Medizin verwendet.

Jodwismutdoppelsalze $2(C_6H_{12}N_4.HJ)BiJ_3$; $3(C_6H_{12}N_4.HJ).$
BiJ_3; $C_6H_{12}N_4.HJ.BiJ_3$. Mit Phenolen $C_6H_{12}N_4 . 3 (C_6H_6O.^1)$
Mit HCN und wenig Salzsäure entsteht Imidoacetonitril $C_6H_{10}N_4 + 6 HCN = 3 NH(CH_2CN)^2 + NH_3$, das durch Ätzbaryt zu Triglykolamidsäure verseift wird; mit einer größeren Menge Salzsäure erhält man Nitriloacetonitril $N(CH_2CN)_3$, welches durch Ätzbaryt gleichfalls zu Triglykolamidsäure verseift wird.[2]

Délépine[3] erhielt Hexamethylentetramin aus CH_2Cl_2, NH_3 und CH_4O; die Verbrennungswärme des Hexamethylentetramins bestimmte er zu 1005 K. Die Lösungswärme ist 4,8 K.

Honning[4] behandelte Hexamethylentetramin in wässeriger Lösung bei 0° mit starker Salpetersäure und erhielt zunächst das salpetersaure Salz $C_6H_{12}N_4 . 2 HNO_3$. Werden 10 Teile des vollkommen getrockneten Salzes mit 50 Teilen stark gekühlter Salpetersäure (spez. Gew. 1,52) behandelt, so scheidet sich die Nitroverbindung in farblosen, geruchlosen Kristallen aus, welche bei der Einwirkung reduzierender oder oxydierender Agenzien leicht Formaldehyd abspaltet.

Bei der Einwirkung von Formaldehyd auf Ammoniak entsteht zuerst Trimethylentriamin (ein Derivat desselben ist das Tribenzoyltrimethylentriamin, Schmelzp. 22°), weiter Pentamethylentetramin und endlich Hexamethylentetramin.[5] Diesen Verhältnissen entsprechen die folgenden Formeln:

---

[1] Ann. 272 (1892), 280. [2] Ann. 278 (1893), 280.
[3] Compt. rend. 123 (1896), 650. [4] D.R.P. 104 280.
[5] Ann. 288 (1895), 220; Ber. 28 (1895), 939.

$$NH \quad CH_2 \underset{NH}{\overset{CH_2}{\diamond}} CH_2 \quad \quad N \underset{N}{\overset{CH_2}{\diamond}} CH_2$$

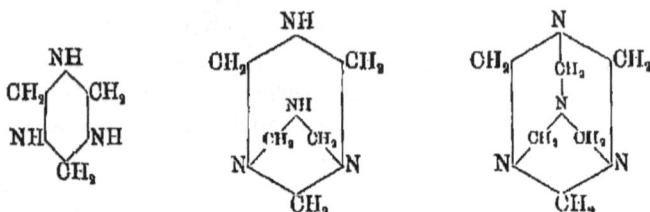

Diese Formel erklärt übrigens nicht die Bildung von Doppelverbindungen mit 2 Br, 2 J, 4 Br usw. und so manche andere Eigenschaften der Verbindung.

Cambier und Brochet[1] haben für Dinitrosopentamethylentetramin die folgende Formel vorgeschlagen:

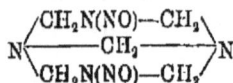

$$N \overset{CH_2N(NO)-CH_2}{\underset{CH_2N(NO)-CH_2}{\overset{CH_2}{\diamond}}} N$$

Für Hexamethylentetramin schlägt Délépine die folgende Formel vor, die übrigens auch nicht allen Eigenschaften Rechnung trägt:

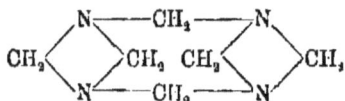

$$CH_2 \overset{N-CH_2-N}{\underset{N-CH_2-N}{\diamond}} CH_2 \, CH_2 \overset{}{\diamond} CH_2$$

Bei der Reduktion von Hexamethylentetramin mit Zink erhält man Methylamin[2]; in die wässerige Lösung von Hexamethylentetramin wird nach dem Zusatz von Salzsäure Zinkstaub in kleinen Portionen langsam eingetragen. Nach eintägigem Stehen wird das Amin mit Wasserdampf abgetrieben. Statt von Hexamethylentetramin kann man auch von einer entsprechenden Mischung von NH_3 und CH_2O ausgehen; aus NH_2CH_3 und CH_2O erhält man auf gleiche Weise Dimethylamin usf.

Durch Reduktion der Nitrosoprodukte des Hexamethylentetramins erhält man Hydrazin[3]; als Reduktionsmittel wird Natriumamalgam oder Zinkstaub verwendet.

Mit CrO_4 bildet Hexamethylentetramin eine interessante Verbindung[4]: 0,5 g Chromsäure und 1,5 g Hexamethylentetr-

[1]) Compt. rend. 120 (1894), 105.
[2]) D.R.P. 73812; Trillat, Compt. rend. 117 (1808), 128.
[3]) Dudon, D.R.P. 80400.   [4]) Hofmann, Ber. 39 (1906), 3188.

amin werden in 17 ccm Wasser gelöst, gekühlt, filtriert und mit 1 ccm reinem 30 %igem Wasserstoffsuperoxyd versetzt. Sogleich scheiden sich zimtrote Kristalle aus $CrO_4C_6H_{12}N_4$. Beim Erhitzen explodieren dieselben heftig. In Wasser sind sie bei gewöhnlicher Temperatur sehr schwer löslich, beim Erhitzen bildet sich unter Wasserstoffentwicklung eine gelblichrote Lösung. Ammoniak bewirkt den Übergang von CrO_4 in das chromsaure Salz unter Sauerstoffentwicklung; in gleicher Weise wirkt Schwefelsäure.

In der Medizin wird Hexamethylentetramin unter dem Namen Urotropin als Lösemittel für Harnsäure verwendet. Auch soll es auf das Wachstum der Pflanzen günstig einwirken.[1]

Läßt man Formaldehyd in der Kälte auf NH_4Cl einwirken, so entwickelt sich HCl, und nach dem Neutralisieren erhält man eine Lösung von Hexamethylentetramin. Beim Erwärmen aber bildet sich Trimethylentriamin, welches mit einem Überschuß von Formaldehyd in salzsaures Methylamin zerfällt[2]:

$$3(CH_2NH . HCl)_3 + 3CH_2O + 3H_2O = 3CO_2 + 6CH_3NH_2 . HCl.$$

In der gleichen Weise reagiert $(NH_4)_2SO_4$.

Eschweiler, der schon 1893 die Herstellung von am Stickstoff methylierten Diaminen durch Erwärmen der Diamine oder ihrer Salze mit Formaldehyd bei Gegenwart von Wasser oder ohne dieses patentiert hatte,[3] teilt neuerdings[4] mit, daß nicht nur Diamine, sondern auch Ammoniak, Ammoniumsalze, Äthylamin, Piperidin, Benzylamin usw. zu dieser Reaktion befähigt sind.

Zahlreiche Untersuchungen von Kolotoff, Henry, Trillat haben gezeigt, daß sich Formaldehyd mit primären und sekundären Aminen schon in der Kälte unter Wasserabspaltung vereinigt. Erwärmt man jedoch diese Basen oder ihre Salze mit einem Überschuß von Formaldehyd, so wird glatt und leicht der an Stickstoff gebundene Wasserstoff durch Methyl substituiert. Entsprechend der Reduktion eines Teils des Formaldehyds zu Methylalkohol, wird ein anderer Teil zu CO_2 oxydiert. Die Reaktion vollzieht sich jedoch bei einfachem Erwärmen

[1] D.R.P. 88058.
[2] Cambier und Brochet, Compt. rend. 120 (1894), 557.
[3] D.R.P. 80520.   [4] Ber. 38 (1905), 880.

langsam; beim Erhitzen auf 120—160° im Autoklaven ist sie
in einigen Stunden beendigt. Auch Hexamethylen gibt mit
einem Überschuß von CH_2O schließlich Trimethylamin. Dadurch
erklärt sich das Auftreten des Geruches von Aminbasen bei
der Herstellung von Hexamethylentetramin.

Diese Methode der Darstellung von Trimethylamin ist
sehr bequem, wenn man von Chlorammonium und CH_2O aus-
geht, z. B.

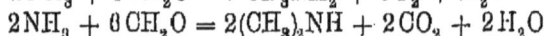

$$2NH_3 + 3CH_2O = 2CH_3NH_2 + CO_2 + H_2O$$
$$2NH_3 + 6CH_2O = 2(CH_3)_2NH + 2CO_2 + 2H_2O$$
$$2NH_3 + 9CH_2O = 2(CH_3)_3N + 3CO_2 + 3H_2O.$$

Analog lassen sich methylieren: Äthylamin zu Dimethyl-
äthylamin, Benzylamin zu Dimethylbenzylamin, Äthylendiamin
zu Tetramethyläthylendiamin, Piperazin zu Dimethylpiperazin,
Piperidin zu Methylpiperidin.

Eschweiler empfiehlt Formaldehyd als 40 %ige Lösung
zu verwenden, doch sind auch die polymeren Formen des
Formaldehyds brauchbar.

Köppen beschreibt die Darstellung von Trimethylamin
aus NH_4Cl und Formaldehyd in folgender Weise: In einem
Autoklaven (von 1 Liter Inhalt), der in ein Ölbad eingesetzt
war, wurden 50 g NH_4Cl und 440 g Formaldehyd (40%ig)
auf 110—120° erwärmt. Der Druck steigt rasch auf 35—40
Atmosphären und ändert sich weiter nicht, ein Beweis, daß
die Reaktion zu Ende ist. Nach dem Erkalten läßt man das
Gas (CO_2) vorsichtig heraus und dampft das Produkt mit HCl
auf dem Wasserbad ein. Man erhält i. M. 70—80 g salzsaures Trimethylamin, das mit NaOH oder KOH in die freie
Base übergeht.

Diese Methode dürfte technische Bedeutung haben; vielleicht ist diese Reaktion auch von Interesse für die Pflanzenbiologie.

Aus Acetophenon, Formaldehyd und Chlorammonium bildet
sich nach Tollens und Schäfer[1]) eine Base. Eine Mischung
von 15 g Acetophenon, 37,5 g Formaldehyd (33%) und 7,5 g
gepulvertes sublimiertes Chlorammonium wird im Wasserbad erhitzt. Die Reaktion, welche mit großer Heftigkeit eintritt, so daß sie

---

[1]) Ber. 39 (1906), 2181.

durch wiederholtes Herausheben des Kolbens aus dem Bade gemäßigt werden muß, ist nach ca. 1 Stunde beendigt. Die Reaktionsmasse wird in Wasser aufgenommen und einen Tag unter wiederholtem Umschütteln stehen gelassen. Hierauf saugt man ab, wäscht mit Äther und kristallisiert aus Alkohol um. Man erhält so ein Gemenge von Mono-, Di- und hauptsächlich Triamin, dem symm. Triphenazylomethylaminchlorhydrat, welches aus Chloroform in zarten weißen Nadeln vom Schmelzp. 200—201⁰ kristallisiert.

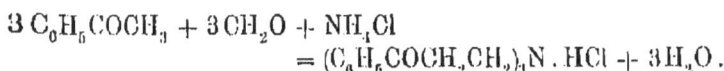

$$3\,C_6H_5COCH_3 + 3\,CH_2O + NH_4Cl$$
$$= (C_6H_5COCH_2CH_2)_3N \cdot HCl + 3\,H_2O.$$

Die Lösung des salzsauren Triamins in verdünntem Alkohol gibt ähnlich den Alkaloiden mit KJ, $2KJ \cdot HgJ_2$, $PtCl_4$ und Phosphorwolframsäure Niederschläge. Aus der Suspension der Substanz in Wasser scheidet $NaOH$ die freie Base in Form eines Öls ab. Erhitzt man dasselbe kurze Zeit mit Na_2CO_3 im Wasserdampfstrom, so verflüchtigen sich geringe Mengen einer Substanz, und man erhält aus dem ätherischen Extrakt die freie Base in Form von Kristallen.

Auch das Sulfat, Nitrat und Chloroplatinat wurden dargestellt. Mit Phenylhydrazin bildet sich unter Ammoniakabspaltung das Hydrazon

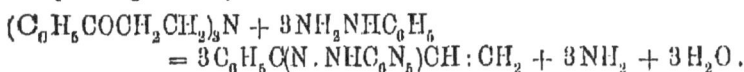

$$(C_6H_5COCH_2CH_2)_3N + 3\,NH_2NHC_6H_5$$
$$= 3\,C_6H_5C(N \cdot NHC_6H_5)CH : CH_2 + 3\,NH_3 + 3\,H_2O.$$

Behandelt man salzsaures Triphenazylomethylamin mit Wasserdampf, so erhält man ein milchiges Destillat von stechendem Geruch, welches an Äther ein nicht kristallisierendes Öl abgibt, das Phenylvinylketon $C_6H_5COCH : CH_2$. Der Rückstand der Wasserdampfdestillation enthält die Chlorhydrate des Mono- und des Diamins.

Einwirkung von Formaldehyd auf Amine.

Formaldehyd gibt mit Methylamin nach Henri[1]) Methylenmethylamin $CH_3 \cdot N : CH_2$ vom Siedep. 166⁰. Dasselbe bildet nach Cambier und Brochet mit Pikrinsäure ein Pikrat

---

[1]) Bull. acad. Belge 8 (1876), 200.

(Schmelzp. 128°), welches beim Kochen in CH_2O und Methyl-aminpikrat (Schmelzp. 206°) zerfällt.

Mit Äthylamin entsteht Methylenäthylamin (Siedep. 208°), mit Propylamin Methylenpropylamin (Siedep. 248°). Auch Di-methyl- und Diäthylamin treten in Reaktion, Tetraäthylmethylen-diamin ist ein Öl, Siedep. 168°. Durch Wasseraufnahme zer-fallen die Verbindungen in CH_2O und die ursprüngliche Base.

Piperazin gibt Methylenpiperazin,[1] Piperidin Methylen-piperidin;[2] Karbazol gibt Methylenkarbazol $CH_2(NC_{12}H_8)_2$, eine schwache Base, welche sich mit konz. H_2SO_4 blau färbt; auch eine Tetranitroverbindung $CH_2(C_{12}H_{12}N_2(NO_2)_4$ ist bekannt.[3]

Asparagin gibt nach Schiff eine Mono- und eine Di-methylenverbindung.

Knövenagel und Merklin schlagen einen neuen Weg zur Einführung einer Methylengruppe in Amine vor. So wird z. B. aus Diäthylamin mit Formaldehydbisulfit das Diäthyl-aminomethanschwefligsaure Natron $(C_2H_5)_2NCH_2SO_3Na$ herge-stellt. Beim Erhitzen mit verdünnter HCl zerfällt dieses Salz nach der Gleichung:

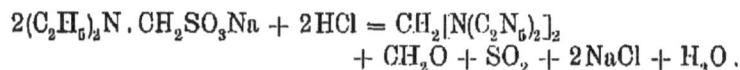

$$2(C_2H_5)_2N . CH_2SO_3Na + 2HCl = CH_2[N(C_2N_5)_2]_2$$
$$+ CH_2O + SO_2 + 2NaCl + H_2O .$$

Es entsteht das salzsaure Salz des Tetraäthylmethylendiamins (Schmelzp. 222—223°), während die freie Base, ein Öl vom Siedep. 168°, sich bei Behandlung des trockenen Sulfits mit PCl_5 bildet. Behandelt man das sorgfältig getrocknete Sulfit mit Essigsäureanhydrid, so erhält man den Diäthylaminomethyl-essigsäureester $(C_2H_5)_2N . CH_2OCOCH_3$, ein Öl vom Siedep. 81—82° (bei 14,5 mm). Mischt man 1 Mol. des Sulfits mit 1 Mol. KCN in konz. wässeriger Lösung, so bildet sich Di-äthylaminoacetonitril $(C_2H_5)_2NCH_2CN$, ein Öl vom Siedep. 62,5° (14 mm).

Das Äthylaminoacetonitril $C_2H_5NHCH_2CN$ erhält man aus 60 g 40 %iger $NaHSO_3$-Lösung, 17 g Formaldehyd (40 % ig) und 10 g Äthylamin bei weiterer Behandlung des zunächst gebildeten äthylaminomethanschwefligsauren Salzes mit KCN.

[1] Ber. 29 (1896), Ref., 884.
[2] Journ. f. prakt. Chem. 53 (1896), 20.
[3] Ber. 15 (1892), 2766.

Das Äthylaminodiacetonitril $C_2H_5N(CH_2CN)_2$ entsteht in gleicher Weise, wenn 1 Mol. Äthylamin mit 2 Mol. Bisulfit behandelt wird.

Cyanwasserstoff und Formaldehyd.

Cyanwasserstoff gibt mit CH_2O beim Erwärmen im Wasserbad Nitrilglykolsäure [Henri [1]]:

$$CH_2(OH)_2 + HCN = OH . CH_2 . CN + H_2O.$$

Cyanammonium dagegen bildet mit CH_2O unter Wärmeentwicklung Methylenamidoacetonitril[2]):

$$HH_4CN + 2 CH_2O = CH_2 : NCH_2CN + 2 H_2O,$$

welches beim Erhitzen mit HCl und Alkohol in NH_4Cl, CH_2O und das salzsaure Salz des Glyzinäthers zerfällt.

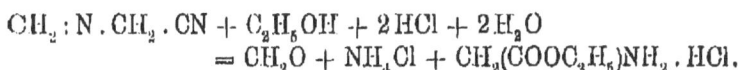

$$CH_2 : N . CH_2 . CN + C_2H_5OH + 2 HCl + 2 H_2O$$
$$= CH_2O + NH_4Cl + CH_2(COOC_2H_5)NH_2 . HCl.$$

Formaldehyd und die Hydrazine.

Formaldehyd verbindet sich mit Hydrazin zu Formalazin [Pulvermacher[3])] $CH_2 : N—N : CH_2$, einem weißen, amorphen, etwas hygroskopischen Pulver, unlöslich in Wasser, Alkohol und Äther. Stolle[4] hoffte durch Kondensation molekularer Mengen Hydrazin und Formaldehyd das Triamidotrimethylentriamin zu erhalten, dessen Kondensationsprodukt mit Salizylaldehyd Duden und Schaff dargestellt hatten. Doch gelangte er zum asymmetrischen Formaldehydhydrazin, welchem nach der Zusammensetzung des Silbersalzes $(CH_2 : N . NH_2)_3 . 2 AgNO_3$ die dreifache Molekularformel $(CH_2 : N . NH_2)_3$ zukommt. Dasselbe ist in Wasser leicht-, in heißem Alkohol schwer-, in Äther unlöslich. Beim Eindampfen der wässerigen Lösung geht es teilweise in Formalazin über, analog der Umwandlung von Benzalhydrazin in Benzalazin.

---

[1]) Compt. rend. 110 (1888), 760.   [3]) Ber. 27 (1894), 50.
[2]) Ber. 26 (1893), 2860.   [4]) Ber. 40 (1897), 1505.

Aus Phenylhydrazin und einem Überschuß von CH_2O erhielten Wellington und Tollens [1] Anhydroformaldehydphenylhydrazin $C_{15}H_{16}N_4$, Schmelzp. 184⁰:

$$2 C_6H_5NHNH_2 + 3 CH_2O = CH_2[N(N:CH_2)C_6H_6]_2.$$

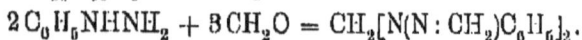

Bei Einwirkung von 1 Mol. CH_2O auf 2 Mol. Phenylhydrazin entsteht ein Hydrazon, welches sich zu $(C_7H_8N_2)_2$ polymerisiert, Schmelzp. 211⁰ [Walker [2]].

Aus salzsaurem Phenylhydrazin und Methylal erhält man die Verbindung $C_{15}H_{16}N_4$, mit einem Überschuß von CH_2O dagegen einen sauerstoffhaltigen Körper $C_{16}H_{18}N_5O$ vom Schmelzpunkt 128⁰.

Asymm. Methylphenylhydrazin gibt mit Methylal in salzsaurer Lösung grüne Färbung und eine bei 217⁰ schmelzende Verbindung $C_{17}H_{20}N_4$. Zur Gewinnung eines dunkelgrünen Farbstoffes löst K. Goldschmidt [3] 24,4 kg asymm. Methylphenylhydrazin in 10 kg konz. Salzsäure und 50 kg Wasser und fügt unter guter Kühlung langsam 22,8 kg Methylal hinzu. Die ursprünglich braungrüne Lösung scheidet nach 24 Std. (bei Zimmertemperatur) einen dunkelgrünen Brei aus. Der Farbstoff ist löslich in Wasser und Alkohol, unlöslich in Äther. Er färbt Seide und Wolle in saurem Bade, Kattun nach dem Beizen mit grüner Farbe. Besonders geeignet ist er für Schafwolle, er ist beständig gegen Licht und Luft.

Benzylidenhydrazin gibt mit einem Überschuß von CH_2O die Verbindung $C_{21}H_{21}N_4$.

Formaldehydphenylbenzylhydrazin $(C_6H_5CH_2)(C_6H_5)N.N$ CH_2, Schmelzp. 41⁰.[4] Aus CH_2O und Acetophenonhydrazin entsteht $C_{23}H_{24}N_3O$, Schmelzp. 185⁰ (Walker), aus CH_2O und Phenylessigsäurehydrazid bildet sich Formaldehydphenylessigsäurehydrazid, Schmelzp. 64⁰ [Curtius [5]].

Formaldehyd und Hydroxylamin.

Eine wässerige Lösung von Formaldehyd erwärmt sich auf Zusatz von salzsaurem Hydroxylamin, welches eine zur

[1] Ber. 18 (1885), 6300.   [2] Journ. Chem. Soc. 69 (1896), 1280.
[3] Jahresber. Chem. Techn. 1897, 640.
[4] Chem. Centralbl. 1900, I, 19.   [5] Chem. Centralbl. 1901, II, 1057.

Bindung der Salzsäure genügende Menge NaOH enthält; das Reaktionsprodukt wird mit Äther ausgeschüttelt. Das Formoxim CH_2 : N(OH) polymerisiert sich leicht zu Triformoxim, das bei 140° wieder in das monomere Produkt übergeht [Cambier und Brochet[1])].

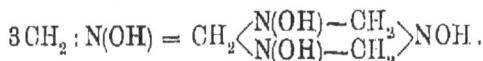

$$3 CH_2 : N(OH) = CH_2\!\!\left\langle\begin{array}{l}N(OH)-CH_2\\N(OH)-CH_2\end{array}\right\rangle\!\!NOH .$$

Beim Erwärmen mit konz. HCl zerfällt die Verbindung in CH_2O, NH_3 und Ameisensäure.[2])

Formoxim findet bei 84°, sein salzsaures Salz schmilzt bei 136°, das Acetat bei 138°, das Benzoat bei 168°. Formoxim wirkt reduzierend. Mit Methyljodid bildet es CH_2 NOH . CH_3J [Scholl[3])].

Nach Bach zeigt Formoxim Spuren von Kupfer durch violette Färbung an.[4])

Bei der Einwirkung auf aromatische Hydroxylamine tritt Formaldehyd substituierend in den Kern. Anilin oder o-Toluidin geben mit diesen Kondensationsprodukten Paraleukanilino.[5])

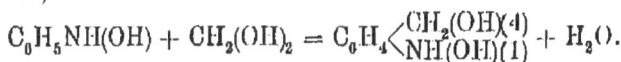

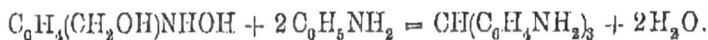

$$C_6H_5NH(OH) + CH_2(OH)_2 = C_6H_4\!\!\left\langle\begin{array}{l}CH_2(OH)(4)\\NH(OH)(1)\end{array}\right. + H_2O.$$

$$C_6H_4(CH_2OH)NHOH + 2 C_6H_5NH_2 = CH(C_6H_4NH_2)_3 + 2H_2O.$$

Über die Einführung der CH_2O-Gruppe in Benzolbasen oder Phenole siehe S. 88 ff.

Formhydroxamsäure HC(NOH)OH. Als Ausgangsmaterialien dienen Formaldehyd, Ätzkali (oder Ätznatron) und Benzolsulfohydroxamsäure $C_6H_5SO_2NH(OH)$.

Die Benzolsulfohydroxamsäure wird in folgender Weise hergestellt: salzs. Hydroxylamin (130 g in 45 ccm heißen Wassers gelöst) versetzt man mit Natriumalkoholat (42,5 g Na in 600 ccm absol. Alkohol). Nach dem Abkühlen filtriert man vom ausgeschiedenen NaCl und setzt 600 ccm Alkohol und 100 g Benzolsulfochlorid zu. Die gesamte Reaktionsmasse wird eingedampft und der Rückstand dreimal mit absol. Äther aus-

[1]) Compt. rend. 120 (1805), 450.
[2]) Chem. News 69, 190; Proc. Chem. Soc. 177, 55.
[3]) Ber. 24 (1891), 575.   [4]) Compt. rend. 128 (1899), 303.
[5]) D.R.P. 87972.

gezogen, aus welchem die Benzolsulfohydroxamsäure, auch
Pilotis Säure genannt, auskristallisiert: $C_6H_5SO_2N(OH)$. Dieselbe wird zur Reinigung auf dem Filter mit Chloroform ausgewaschen.[1]

Zu 1 Mol. Formaldehyd in wenig abs. Alkohol gelöst,
setzt man 2 Mol. KOH und 1 Mol. Benzolsulfohydroxamsäure;
hierauf wird noch 1 Mol. KOH zugefügt. Nach halbstündigem
Stehen wird der Alkohol abdestilliert, mit verdünnter Essigsäure
neutralisiert und die Formhydroxamsäure mit Kupferacetat
gefällt.

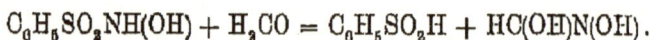

$$C_6H_5SO_2NH(OH) + H_2CO = C_6H_5SO_2H + HC(OH)N(OH).$$

Das Kupfersalz wird nach dem Auswaschen mit Wasser
und Aceton oder Äther mit Salzsäure zersetzt. Die Hydroxamsäure wird in Äther aufgenommen, und aus Aceton nach Behandlung mit Tierkohle umkristallisiert.

Die Formhydroxamsäure bildet Blättchen, welche sich
fettig anfühlen; sie ist in Wasser, Alkohol, Aceton leicht, in
Äther schwer löslich, Schmelzp. 80°. Bei höherer Temperatur
zersetzt sie sich. Mit $FeCl_3$ gibt sie eine intensiv rote Farbreaktion; sie reduziert Fehlingsche Lösung. Das Quecksilbersalz explodiert beim Reiben.

Formaldehyd und Harnstoff, Harnsäure, Guanidin.

Wirkt ein Überschuß von Formaldehyd in saurer Lösung
auf Harnstoff ein, so entsteht ein unlöslicher weißer Körper
von der Zusammensetzung $C_5H_{10}N_4O_3$, indem je 2 Mol. Harnstoff mit 3 Mol. CH_2O unter Abspaltung von 2 Mol. Wasser
reagieren. K. Goldschmidt[3] empfahl diese Reaktion zur
quantitativen Bestimmung des Harnstoffs, doch zeigte Toms,[4]
daß der Harnstoff durch CH_2O nicht quantitativ gefällt wird,
und daß die Zusammensetzung des Niederschlags nicht der

[1] Ber. 16 (1883), 730; 26 (1893), 730; 29 (1896), 1556, 1559.
[2] Chem. Centralbl. 1901, II, 100.
[3] Ber. 29 (1899), 2488; Chem.-Ztg. 21 (1897), 586.
[4] Ber. d. pharm. Ges. 7, 101.

von Goldschmidt aufgestellten Formel, sondern eher der Formel von Tollens-Hölzer $NH_2CON:CH_2$ entspricht. Goldschmidt hielt jedoch seine Annahme aufrecht.

Ähnlich reagiert das Semikarbazid $NH_2CONH.NH_2$, wobei wahrscheinlich $NH_2.CON:N:CH_2$ entsteht [Thiele, Toms[1])].

In alkalischer Lösung reagiert Harnstoff mit CH_2O unter Bildung von $CO(NHCH_2OH)_2$ [Goldschmidt[2])], das unter Wasserabspaltung in das Anhydrid $C_6H_{14}N_6O_4$ übergeht, ein weißes Pulver, welches sich an der Luft langsam unter Formaldehydentwicklung zersetzt. Nach Goldschmidt sollte es als Desinfektionsmittel Verwendung finden.

Mit Acetessigester und Harnstoff bildet Formaldehyd Formuramidokrotonsäureester.[3])

Aus Formaldehyd und Harnsäure entsteht gleichzeitig einerseits die Diformaldehydharnsäure $C_7H_8N_4O_6$,[4]) andrerseits die Monoformaldehydharnsäure oder Oxymethylharnsäure $C_6H_6N_4O_4$ + H_2O, welche beim Erhitzen in ihre Komponenten zerfällt. In gleicher Weise erhält man aus Dimethylharnsäure die Dimethyloxymethylharnsäure. Alle diese Verbindungen sollen in der Pharmazie Anwendung finden.[5])

Triphenylaminoguanidin[6]) gibt mit Formaldehyd 1,4-Diphenyl-3-anilidodihydrotriazol, das bei Oxydation mit $FeCl_3$ oder Nitrit in essigsaurer Lösung in Diphenylendanilidohydrotriazol, Nitron genannt, übergeht:

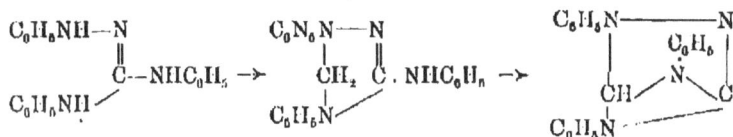

Nitron ist eines der empfindlichsten Reagenzien zum Nachweis von HNO_3: bei 0,000015 g HNO_3 in 1 ccm entsteht ein Niederschlag nach 2 Stunden, bei 0,0000075 g HNO_3 in 1 ccm nach 5 Stunden.

---

[1]) Ann. 303 (1897), 92; Ber. d. pharm. Ges. 7, 5.
[2]) D.R.P. 97164; Chem.-Ztg. 21 (1897), 90.
[3]) Gazz. chim. ital. 23, 1, 860.
[4]) Weber und Tollens, Ann. 299 (1898), 340.
[5]) D.R.P. 102158.   [6]) Ber. 38 (1905), 4064.

Formaldehyd und aromatische Amine.

Aus 1 Mol. CH_2O und 1 Mol. Anilin erhielt Tollens[1] Anhydroformaldehydanilin $C_6H_5N : CH_2$, das sich beim Kochen mit Wasser zersetzt. Ein Polymeres von der Zusammensetzung $(C_6H_5N : CH_2)_3$ schmilzt bei 140°.

Wirken in alkalischer Lösung 2 Mol. Anilin auf 1 Mol. CH_2O, so bildet sich Methylendiphenyldiimid $CH_2(NH . C_6H_5)_2$, welches sich beim Erhitzen mit salzsaurem Anilin in p-Diamidophenylmethan umlagert.[2] Beim Erhitzen mit Alkohol verwandelt sich das Diimid in das Anhydroformaldehydanilin.[3]

In saurer Lösung des salzsauren Anilins entsteht mit einem Überschuß von CH_2O (aus 2 Mol. $C_6H_5NH_2$ und 3 Mol. CH_2O) die Verbindung $C_{15}H_{10}N_2O$, unlöslich in Wasser, Alkohol, Äther, löslich in Chloroform.[4]

Bei der Einwirkung von Formaldehyd auf Anilin in molekularen Mengen bei Gegenwart von Mineral- oder organischen Säuren entsteht Anhydro-p-amidobenzylalkohol, der sich auch aus Anhydroformaldehydanilin durch Einwirkung starker Säuren bildet;[5] o-Toluidin bildet analog Anhydro-p-amidotoluylalkohol. Diese Alkohole sind durch ihre Unlöslichkeit in organischen Lösungsmitteln ausgezeichnet; bei der Einwirkung von Nitrit geben sie nicht Diazoverbindungen, sondern Nitrosamine.

Anhydro-p-amidobenzylalkohol (ebenso -tolylalkohol) läßt sich in Basen der Diphenylmethanreihe überführen.[6] Hierzu wird derselbe mit Wasser zu einem Teig angerührt und mit Anilin oder salzsaurem Anilin bis zur Auflösung erwärmt. Das Reaktionsprodukt enthält außer $C_6H_4(NH_2)CH_2OH$ dessen Polymere.

Anhydro-p-amidobenzylalkohole erhält man auch aus Säureaniliden oder Monoalkylphenylhydroxylaminverbindungen mit CH_2O und HCl.

[1] Ber. 17 (1884), 652; 18 (1885), 3300.
[2] D.R.P. 58037, 58505, 61140; Ber. 17 (1884), 657; 18 (1885), 3300; Chem.-Ztg. 23 (1899), 1089.
[3] Ber. 27 (1894), 1805.
[4] Raikoff, Chem.-Ztg. 20 (1896), 807.
[5] D.R.P. 95184, 95800, 96851, 96852; Ber. 31 (1891), 1087; 33 (1901), 250; Chem. Centralbl. 1898, II, 159; Chem.-Ztg. 24 (1900), 284.
[6] D.R.P. 96762.

Kalle & Co. haben ihr Verfahren auch auf monoalkylierte sekundäre Amine ausgedehnt[1]): Methyl-, Äthyl-, Benzylanilin, Diphenylamin, Phenyl-, Tolylnaphtylamin.

In etwas anderer Richtung bewegen sich die Patente der Farbwerke vorm. Meister, Lucius und Brüning.[2]) Auf eine Mischung der Basen läßt man in Gegenwart ihrer Salze bei gewöhnlicher Temperatur Anhydroformaldehydanilin oder Anhydroformaldehyd-p-toluidin einwirken und erhält die Verbindungen in Form eines in Äther, Benzol und heißem Alkohol leicht löslichen dicken Öls, z. B.: $CH_3C_6H_4N : CH_2$ $+ C_6H_4(CH_3)NH_2 = CH_3 . C_6H_4NH . CH_2 . C_6H_3(CH_3)NH_2$.

Statt der primären Basen sind auch die durch Alkylierung aus denselben entstandenen sekundären und tertiären anwendbar. So erhält man Diäthyl-p-amidobenzyl-p-toluidin und Dimethyl-p-amidobenzyl-p-toluidin, Diäthylamidobenzylanilin.

Amidobenzylanilin und seine Homologen gehen beim Erhitzen mit o-Toluidin, Äthyl-o-toluidin, Dimethylanilin und Salzsäure in Diphenylmethanderivate über.[3])

Dimethylanilin gibt mit CH_2O in essigsaurer Lösung Tetramethyldiamidodiphenylmethan; mit einem Überschuß von CH_2O bildet sich jedoch $(C_{18}H_{22}N_2)$.[4])

Fröhlich[5]) beschreibt die Herstellung von N_1N'-dialkylmethylendiaryldiaminen, z. B. NN_1-dimethylmethylendiamin aus Methylanilin und Formaldehyd.

Paraamidoaldehyde und ihre Derivate entstehen durch Einwirkung von Formaldehyd und aromatischen Hydroxylaminverbindungen oder deren Sulfosäuren auf nicht substituierte oder im Kern oder in der Aminogruppe durch Elemente oder Atomgruppen substituierte primäre, sekundäre oder tertiäre Amine in saurem oder neutralem Medium, indem die zunächst gebildeten Anhydroverbindungen der Aldehyde durch Kochen mit freien Basen oder verdünnten Säuren zerlegt werden. An Stelle der Hydroxylaminverbindungen oder deren Sulfosäuren

[1]) D.R.P. 97710.

[2]) D.R.P. 87984, 104280, 105707, 108064.

[3]) D.R.P. 107718; Ber. 29 (1896), Ref., 746; Chem. Centralbl. 1900, I, 1112.

[4]) Pinnoff, Ber. 27 (1894), 8166.

[5]) Ber. 40 (1007), 762.

90   Die Reaktionen des Formaldehyds.

kann auch eine Mischung von Nitrobenzol- und Nitrotoluolsulfosäure genommen werden; bei der Reduktion mit Zinkstaub, Aluminiumpulver oder Eisenfeilspänen, oder auf elektrischem Wege bilden sich die Hydroxylaminverbindungen. In gleicher Weise reagieren auch ein- und mehratomige Phenole der Benzol- und der Naphtalinreihe, wobei aromatische Oxyaldehyde entweder in freier Form oder als Verbindung mit Aminen oder Amidosulfosäuren entstehen.[1]

ω-Cyanmethylanilin und seine Homologen werden aus der Anhydroformaldehydverbindung des entsprechenden Amins durch Behandlung mit Bisulfit und weiter mit Cyankalium dargestellt.

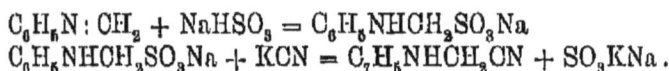

$$C_6H_5N : CH_2 + NaHSO_3 = C_6H_5NHCH_2SO_3Na$$
$$C_6H_5NHCH_2SO_3Na + KCN = C_7H_5NHCH_2CN + SO_3KNa.$$

Das Nitril scheidet sich auf der heißen Lösung als ölige Schicht aus, welche kristallinisch erstarrt.[2]

Phenylglyzin und seine Homologen erhält man durch Erhitzen molekularer Mengen von Anilin oder dessen Homologen, Formaldehyd und eines Cyanids der Alkali- oder Erdalkalimetalle in wässeriger oder verdünnter alkoholischer Lösung[3]:

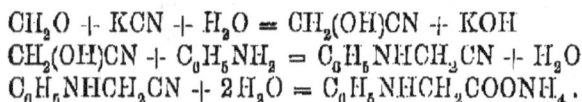

$$CH_2O + KCN + H_2O = CH_2(OH)CN + KOH$$
$$CH_2(OH)CN + C_6H_5NH_2 = C_6H_5NHCH_2CN + H_2O$$
$$C_6H_5NHCH_2CN + 2H_2O = C_6H_5NHCH_2COONH_4.$$

Bucherer und Grolle[4] arbeiten in einem Medium, welches weder für die Amidoverbindung noch für das Cyanid als Lösungsmittel dient. Die Amidoverbindung (in Form eines Salzes) und das Cyanid werden in der Flüssigkeit suspendiert und mit Aldehyd oder Keton behandelt.

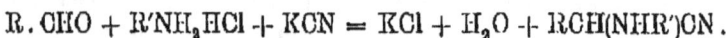

$$R.CHO + R'NH_2HCl + KCN = KCl + H_2O + RCH(NHR')CN.$$

Geller patentierte ein Verfahren zur Herstellung eines Kondensationsprodukts aus 1 Mol. CH_2O und 2 Mol. Anthranilsäure, welches im Wesen dem eben beschriebenen gleichkommt.[5]

[1] D.R.P. 103578, 105103, 105708.
[2] D.R.P. 132621.   [3] D.R.P. 185882, 145870.
[4] Ber. 39 (1906), 987.   [5] D.R.P. 188808.

Nach Bucherer und Schwalbe[1]) gebührt auf diesem Gebiete die Priorität Robert Lepetit, welcher diesbezüglich am 6. März 1900 bei der chem. Gesellschaft in Mühlhausen einen Pli cacheté Nr. 1170 hinterlegte. Dieselben Autoren bringen auch reiches experimentelles Material und sehr günstige Ausbeutezahlen für die ganze Reihe der ω-Sulfosäuren und der ω-Cyanverbindungen der aromatischen Amine.

Aus Säureaniliden, HCl und CH_2O entstehen Anhydro-benzylalkohole von der Zusammensetzung $C_6H_4\big\langle\begin{smallmatrix}CH_2\\ N-CHO\end{smallmatrix}$.[2])

Aus Formaldehyd und p-Formylphenetidin erhält man Anhydro-p-oxäthylamidobenzylalkohol,[3]) der sich auch aus p-Phenetidin, Formaldehyd und Salzsäure bildet.

Zu den Triphenylmethanfarbstoffen rechnet man auch die Glaukonitsäuren Döbners. Diese blauvioletten Farbstoffe bilden sich bei der sukzessiven Einwirkung von Pyroweinsäure und Formaldehyd auf primäre aromatische Amine und Oxydation der so erhaltenen Leukoverbindungen:

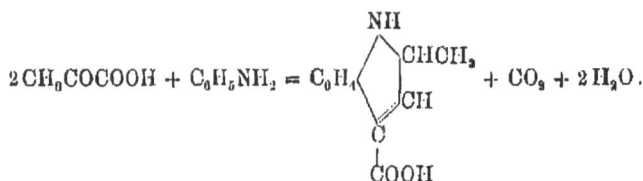

$$2\,CH_3COCOOH + C_6H_5NH_2 = C_6H_4\big\langle\begin{smallmatrix}NH\\ \\CH\\C\\COOH\end{smallmatrix}\quad\begin{smallmatrix}CHCH_3\\ \\ \end{smallmatrix}\big\rangle + CO_2 + 2\,H_2O\,.$$

Dihydromethylcinchoninsäure.

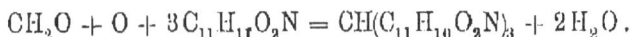

$$CH_2O + O + 3\,C_{11}H_{11}O_2N = CH(C_{11}H_{10}O_2N)_3 + 2\,H_2O\,.$$

Dihydromethylcinchoninsäure   Hydroglaukonitsäure

Die Salze dieser Säuren, blauviolette Beizfarbstoffe, sind nicht lichtbeständig und ähnlich den Cyaninen und dem Chinolinrot säureempfindlich; sie sind daher als Farbstoffe ohne Bedeutung. Intensivere Töne geben die analogen Farbstoffe aus p-Tolydin, p-Phenetidin, β-Naphtylamin. Aber auch diese sind unbeständig gegen Seife. Bei Anwendung einer Cerbeize erreicht man größere Beständigkeit.[4])

---

[1]) Ber. 39 (1906), 2790.
[2]) Chem.-Ztg. 24 (1900), 11.   [3]) Chem.-Ztg. 25 (1901), 178.
[4]) Jahresber. u. d. Chem. Techn. 1898, 616.

Aus Anilin und CH_2O erhält man durch Einwirkung von Zinkstaub in alkalischer Lösung Monomethylanilin.[1]) Interessant ist auch eine Arbeit Brunns[2]) über die Einwirkung von Formaldehyd auf sekundäre aromatische Amine.

Sulfenilsäure gibt mit CH_2O Methylensulfanilsäure.[3]) Orthoamidobenzylanilin gibt mit CH_2O nach Busch unter anderem auch Tetrahydrochinazolin.[4])

Die Toluidine verhalten sich gegen Formaldehyd ähnlich dem Anilin. Man erhält Anhydroformaldehyd-o-toluidin (Schmelzp. 100°) und Methylendi-o-tolyldiimid (Schmelzp. 52°), welches beim Kochen mit HCl in Diamidodi-tolylmethan übergeht. Methylendi-p-tolyldiimid schmilzt bei 86°; es ist eine starke Base und geht beim Erhitzen mit Alkohol in die Anhydroverbindung über. Anhydro-p-Formaldehydtoluidin existiert in zwei Modifikationen vom Schmelzp. 125° und 209°. Alexander beobachtete, daß Formaldehyd nur bei Gegenwart von $ZnCl_2$ auf o-Dimethyltoluidin einwirkt unter Bildung von Dimethyldiamidodi-o-tolylmethan.[5])

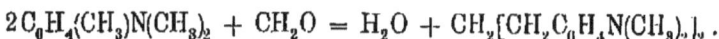

$$2 C_6H_4(CH_3)N(CH_3)_2 + CH_2O = H_2O + CH_2[CH_2C_6H_4N(CH_3)_2]_2 .$$

Nach dem deutschen Patent Nr. 105345 und auf Grund der Arbeiten Prudhommes[6]) kann Formaldehyd in Gegenwart von Zinkstaub und Säure zur Methylierung von Toluidinen verwendet werden. Über die Bildung von Auraminen vgl. S. 115 ff.

Während sich Anilin und o-Toluidin mit CH_2O glatt und quantitativ zu Diamidodiphenylmethan bzw. Diamidotolylmethan kondensieren, gelang die Herstellung von Diamidodinaphtylmethanen bisher auf diesem Wege nicht. Beide Naphtylamine reagieren mit CH_2O in der Weise, daß sich 2 Mol. der Base mit 1 Mol. CH_2O unter Austritt von 1 Mol. NH_3 und 1 Mol. H_2O vereinigen, wobei der Methanrest zur Amidogruppe in die Orthostellung tritt.

---

[1]) D.R.P. 75854.   [2]) Ber. 41 (1908), 2145.
[3]) Schiff, Ber. 25 (1892), 1736.
[4]) Journ. f. prakt. Chem. 53 (1890), 420.
[5]) Ber. 25 (1892), 2408.
[6]) Bull. soc. chim. 23 (1905), 69.

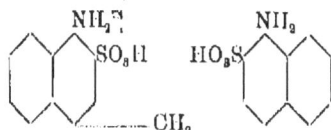

und

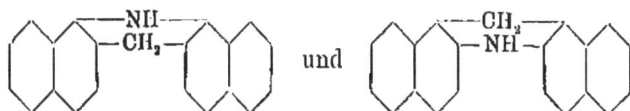

Aber α-Naphtylamin-β-Monosulfosäure (D.R.P.56503), in welcher der Sulfosäurerest sich zur Amidogruppe in Orthostellung befindet, gibt mit CH_2O $\alpha_1\alpha_1$-Diamido-$\alpha_2\alpha_2$-dinaphtylmethan-$\beta_1\beta_1$ -disulfosäure [1]):

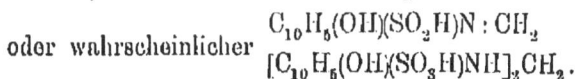

Salpetrige Säure wirkt gleichzeitig diazotierend und oxydierend unter Bildung des Hydrols.

1,7-Oxyamidonaphtalin-3-sulfosäure, sog. γ-Amidonaphtolsulfosäure gibt mit CH_2O Methylen-γ-amidonaphtolsulfosäure (D.R.P. 84379) von der Zusammensetzung:

oder wahrscheinlicher
$$C_{10}H_5(OH)(SO_3H)N : CH_2$$
$$[C_{10}H_5(OH)(SO_3H)NH]_2CH_2 .$$

Diese Methylen-γ-säure läßt sich nitrosieren und bildet mit Diazokörpern, welche nicht von Paradiaminen derivieren, Farbstoffe.[2])

Arylierte Naphtylamine kondensieren sich mit CH_2O bei Gegenwart von wenig konzentriertem HCl.[3]) Dabei entstehen aus arylierten β-Naphtylaminen, welche im Arylkerne in Parastellung zur Imidogruppe substituiert sind, Dihydronaphtakridine, z. B. aus p-Tolyl-β-naphtylamin 2'-Methyl-9, 10-Dihydrophenonaphtakridin, identisch mit dem früher von Ullmann gewonnenen Produkt.[4]) Nur eine geringe Menge oxydiert sich während der Reaktion zum entsprechenden Akridin. Aus arylierten β-Naphtylaminen mit freier Parastellung im Arylkern und aus Aryl-α-Naphtylaminen entstehen dagegen unter den gleichen Bedingungen Dinaphtylmethanverbindungen.

Über Akridinfarbstoffe s. S. 115 ff.

Aus 1, 8-Naphtylamin- oder 1, 8-Naphtolsulfosäureverbindungen erhält man durch Einwirkung von CH_2O (in saurer

---

[1]) D.R.P. 84879.   [2]) D.R.P. 84879.

[3]) Ber. 40 (1907), 859.   [4]) Ber. 33 (1900), 905.

Lösung bei den Aminen, in alkalischer bei den Naphtolen) farbige Kondensationsprodukte, welche entweder selbst Farbstoffe sind oder zur Herstellung von Farbstoffen verwendet werden. Wahrscheinlich vereinigt sich zuerst 1 Mol. CH_2O mit 2 Mol. der betr. Naphtalinverbindung zu einem Zwischenprodukt, welches durch weitere Einwirkung von CH_2O in den Farbstoff übergeführt wird. Die Farbe dieser Substanzen variiert von gelb, braun und rot bis violett.[1]

Wirkt Formaldehyd und Natriumbisulfit bzw. SO_2 auf p-Diamine, z. B. Benzidin, Toluidin usw., so entstehen in Wasser außerordentlich leicht lösliche Verbindungen, welche die Sulfogruppe enthalten, z. B.:

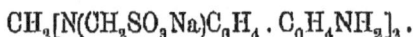

$$CH_2[N(CH_2SO_3Na)C_6H_4 . C_6H_4NH_2]_2 .$$

Dieselben lassen sich leicht diazotieren und werden zur Herstellung von Azofarbstoffen verwendet, welche, obwohl sie zu den Monoazokörpern gehören, Baumwolle direkt färben und auch für Schafwolle besser geeignet sind als die gewöhnlichen Benzidinfarben.[2] Die Formel dieser Verbindungen wurde von Prudhomme aufgestellt, sie erscheint jedoch nach neueren Untersuchungen zweifelhaft.[3] Zur Herstellung von Methinalbenzidin rührt man 18,4 kg Benzidin und 22 kg salzsaures Benzidin mit Alkohol zu einer dicken Paste an und fügt 7,5 kg Formaldehyd ($40\,^0/_0$ig) hinzu. Nach zwölfstündigem Stehen, wobei die Masse hart wird und sich gelb färbt, erhitzt man durch 12 Stunden auf $100\,^0$ und höher. Die grünlichgelbe Schmelze wird nach dem Erkalten mit heißer verdünnter H_2SO_4 behandelt, worin sich die neue Base leicht löst. Durch Alkalien wird die freie Base als hellgrüner flockiger Niederschlag gefällt. Durch Einwirkung von Nitriten auf die salzsaure Lösung des Methinalbenzidins erhält man die in Wasser schwer lösliche Diazoverbindung, welche mit Naphtylaminsulfosäuren substantive Baumwollfarbstoffe gibt. In analoger Weise wird Methinaltolidin und Methinalanisidin hergestellt. Wendet man auf 1 Mol. Tolidin und 1 Mol. CH_2O statt 1 Mol. salz-

[1] D.R.P. 179020.

[2] D.R.P. 66737, 72431, 73123, 74042, 90104.

[3] Ph cacheté Nr. 1004 vom 24. Nov. 1897, dep. b. d. Ind.-Ges. in Mühlhausen, Ztschr. f. ang. Chem. 19 (1906), 485.

sauren Tolidins 1 Mol. salzsaures Anilin und 1 Mol. salzsaures o-Amidophenol an, so erhält man die asymmetrische Base $NH_2C_6H_4 . CH_2 . NH . C_7H_6 . C_7H_6NH_2$ und in gleicher Weise aus Anisidin $NH_2C_6H_4 . CH_2 . NHC_6H_3(OCH_3) . C_6H_3(OCH_3)NH_2$. Die Paarung der Diazoverbindungen dieser Basen mit Naphtylaminsulfosäuren, Naphtolsulfo- und Oxykarbonsäuren führt zu Farbstoffen.[1])

Über die Kondensation von Benzidin mit CH_2O vgl. noch Ber. 11 (1878) 881.

Formaldehyd und Amidophenole. Die Herstellung von Diäthoxydiamidodiphenylmethan aus Orthophenetidin und CH_2O beschreibt das deutsche Patent Nr. 68583. Aus o-Anisidin erhält man in saurer Lösung Anhydromethoxyp-amidobenzylalkohol (vgl. S. 88 ff.).

p-Amidophenol kondensiert sich mit CH_2O in salzsaurer Lösung zu amorphem Anhydroamidoalkohol (vgl. S. 88 ff.). In alkalischem Medium verläuft die Kondensation anders[2]): 21 Teile p-Amidophenol werden in 1000 Teilen Wasser gelöst und nach dem Abkühlen auf 5—10° 40 Teile 30 %iger Natronlauge zugegeben. Nach Zusatz von 16 Teilen Formaldehyd (40 %ig) läßt man 1—2 Stunden stehen, wobei sich das in Wasser leicht lösliche Natronsalz des Methylen-p-Amidophenols bildet. Durch Einleiten von Kohlensäure oder durch Zusatz von Soda wird die freie Methylenverbindung gefällt. Dieselbe färbt sich an der Luft dunkel, polymerisiert sich und ist dann in Bisulfitlösung nicht mehr löslich. Sie wird daher, frisch bereitet, durch Verreiben mit 50 Teilen 40 %iger Bisulfitlösung und weiteres Erwärmen im Wasserbad in die beständige Bisulfitverbindung übergeführt, zarte weiße, in Wasser leicht, in Alkohol schwerer lösliche Blättchen. Die alkalische Lösung derselben wird unter dem Namen Eurekin als Entwickler verwendet. Die Zusammensetzung ist wahrscheinlich $C_6H_4(OH)NH(SO_3Na)$: CH_2 oder $C_6H_4(OH)NH . CH_2SO_3Na$. In gleicher Weise gibt p-Amido-o-Kresol Methylen-p-amido-o-kresol, dessen Bisulfitverbindung in der Photographie verwendet wird.

Durch Kondensation von Tolidin und o-Amidophenol mit

---

[1]) D.R.P. 73123 und Lefèvre, Traité des matières colorantes (1896).
[2]) D.R.P. 68707.

CH_2O entsteht die Base $NH_2(OH)C_6H_3 . CH_3 . NHC_6H_3(CH_3)$. $C_6H_3(CH_3)NH_2$; wird statt Tolidin Dianisidin angewandt, so bildet sich $NH_2(OH)C_6H_3.CH_2.NHC_6H_3(OCH_3)$. $C_6H_3(OCH_3)NH_2$[1]), ein dunkelbraunes Harz, schwer löslich in Alkohol, unlöslich in Äther und Benzol. Das Chlorhydrat und das Sulfat sind in Wasser leicht löslich, die Lösungen zeigen starke grüne Fluoreszenz. Die Base beginnt bei 15° zu schmelzen, bei 100° bildet sie ein zähflüssiges Harz, bei höherer Temperatur zersetzt sie sich unter Schäumen. Bei Behandlung des salzsauren Salzes mit $NaNO_2$ erhält man die Tetrazoverbindung in Form gelber Flocken. Dieselbe bildet z. B. mit Naphtionsäure einen roten substantiven Baumwollfarbstoff.

p-Phenetidin gibt mit CH_2O in saurer Lösung eine Base (Schmelzp. 140°), welche in perlmutterglänzenden Blättchen kristallisiert. Das Salizylat wird als Anästhetikum angewandt.

Mit m-Amidophenolen bildet Formaldehyd Diphenylmethanprodukte.[2]) Diamidodioxyditolylmethan (Schmelzp. 225°) wird auf folgende Weise hergestellt: 12 kg m-Amidokresol löst man in 12 Liter Salzsäure (30 %ig) und 200 Liter Wasser, die Lösung mischt man mit 3,8 kg Formaldehyd (40 %ig) und erwärmt auf 60°.[3])

Das Kondensationsprodukt aus Dimethyl-m-amidokresol gewinnt man auf folgende Weise: 30 kg Dimethyl-m-amidokresol löst man in 300 Liter Wasser und setzt 24 kg Natronlauge (40° Bé) und weiter 7,6 kg Formaldehyd (40 %ig) zu. Man erwärmt bis zum Verschwinden des Formaldehydgeruchs, filtriert und neutralisiert mit Essigsäure, wobei das Kondensationsprodukt als weißer Niederschlag ausfällt. 10 kg desselben werden mit 19 kg salzsaurem Nitrosodimethylanilin und 50 Liter Alkohol bis zum Verschwinden der Nitrosoverbindung gekocht. Nach dem Verdünnen mit 500 Liter Wasser fällt man mit essigsaurem Natron und filtriert. Aus dem Filtrat scheidet sich auf Zusatz von $ZnCl_2$ und Kochsalz der Farbstoff als weiche, später erhärtende Masse aus. Derselbe gehört nach seinem Verhalten gegen Wasser, konz. HCl, H_2SO_4, NaOH und

[1]) D.P.P. 74042.
[2]) Ber. 27 (1894), 1894; D.R.P. 5526; Journ. f. prakt. Chem. 54 (1896), 217.
[3]) D.R.P. 75878.

nach seinen färbenden Eigenschaften zu den Farbstoffen des Patents Nr. 62367; es wurde daher bei der Reaktion mit Nitrosodimethylanilin CH_2O wieder abgespalten.

Aus Äthylamidokresol und CH_2O entsteht Diäthyldiamido-dioxyditolylmethan, Schmelzp. 169°.[1])

Erwärmt man diese Kondensationsprodukte, z. B. Tetramethyldiamidodioxydiphenylmethan mit wasserentziehenden Agenzien auf 100°, so findet Wasserabspaltung statt, und die Masse färbt sich gelb:

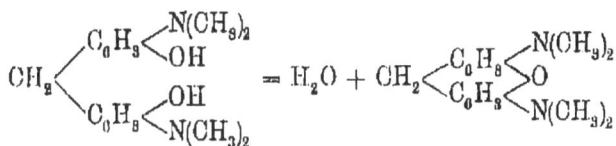

$$CH_2<\begin{matrix}C_6H_3<^{N(CH_3)_2}_{OH}\\C_6H_3<^{OH}_{N(CH_3)_2}\end{matrix} = H_2O + CH_2<\begin{matrix}C_6H_3\\C_6H_3\end{matrix}<^{N(CH_3)_2}_{O}>_{N(CH_3)_2}$$

Bei Behandlung mit Oxydationsmitteln bilden sich Pyronine [s. S. 121.][2])

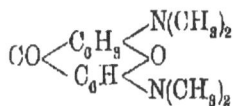

$$CO<\begin{matrix}C_6H_3\\C_6H\end{matrix}<^{N(CH_3)_2}_{O}>_{N(CH_3)_2}$$

β-Amidoalizarin kondensiert sich mit CH_2O zu Pigmentblau.[3]) Zu einer Mischung von 1 Teil β-Amidoalizarin, 5 Teilen Alkohol (95 %ig) und 1 Teil Formaldehyd fügt man langsam 7 Teile konz. H_2SO_4 hinzu. Man verdünnt mit etwas Wasser und kocht, bis sich der Farbstoff als Sulfat löst. Man filtriert und verdünnt mit viel Wasser. Nach einiger Zeit scheidet sich der Farbstoff in Flocken aus. Kocht man dieselben mit Natronlauge, so geht das unveränderte β-Amidoalizarin in Lösung. Das Natronsalz des Farbstoffs bleibt auf dem Filter zurück und wird einige Male mit heißem Wasser ausgewaschen. Durch wiederholtes Fällen aus der verdünnten schwefelsauren Lösung erhält man die wasserlösliche freie Base.

Diamine. Bei der Einwirkung von Formaldehyd auf o-Diamine bilden sich tertiäre Imidazole, z. B. aus 1, 3, 4-Toluylendiamin Methylmethenyltoluylamidin, Siedep. 279°,[4]) aus

---

[1]) D.R.P. 58955, 60009, 75138, 75378.
[2]) D.R.P. 58955, 63081, 84988, 99018.
[3]) D.R.P. 78049 (Zus. zu 6270.0).
[4]) Ber. 25 (1892), 2711.

o-Phenylendiamin entsteht Methylmethenylphenylenamidin, das auch aus o-Naphtylendiamin erhalten wurde.[1])

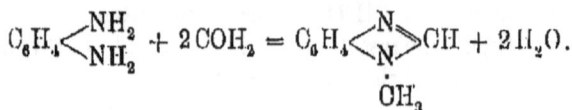

$$C_6H_4\underset{NH_2}{\overset{NH_2}{<}} + 2\,COH_2 = C_6H_4\underset{N}{\overset{N}{<}}>CH + 2\,H_2O.$$
$$\underset{CH_3}{}$$

In neutraler Lösung reagieren 2 Mol. Diamin mit 4 Mol. CH_2O unter Austritt von 4 Mol. H_2O. So entsteht aus o-Phenylendiamin die Verbindung $C_{16}H_{16}N_4$, Schmelzp. 144°, die bei vorsichtigem Erhitzen sublimiert

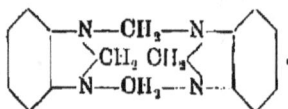

Diese Verbindung gehört zu den sogen. Schiffschen Basen; ihr Chloroplatinat schmilzt bei 240°.[2])

1, 3, 4-Toluylendiamin bildet $C_{19}H_{20}N_4$, Schmelzp. 222°; o-Naphtylendiamin gibt das Kondensationsprodukt $C_{24}H_{20}N_4$, Schmelzp. 165°,[3]) Eine Verbindung von analoger Zusammensetzung erhielt Bischoff aus Äthylendiamin.[4])

m-Diamine geben mit CH_2O Tetraamidoverbindungen der Diphenylmethanreihe $CH_2[C_6H_3(NH_2)_2]_2$. Durch Abspaltung von NH_3 und Oxydation bilden sich Akridine. So gibt m-Phenylendiamin mit CH_2O schon in der Kälte ein Diphenyl-methanderivat, welches beim Erwärmen auf 150° mit $FeCl_3$ in einen Akridinfarbstoff übergeht. Akridinorange aus Tetra-methyl-m-phenylendiamin hat die Zusammensetzung:

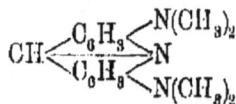

$$CH\underset{C_6H_3}{\overset{C_6H_3}{<}}\underset{N(CH_3)_2}{\overset{N(CH_3)_2}{\underset{}{\overset{N}{>}}}}$$

Über die Akridinfarbstoffe s. S. 115 ff.

α-Äthylphenylnaphtylendiamin bildet mit CH_2O die Ver-bindung $C_{19}H_{18}N_2O$, Schmelzp. 161°:

[1]) Kühling, Stickstoffhaltige Orthokondensationsprodukte,. S. 177 bis 210.
[2]) O. Fischer, Ber. 32 (1899), 245.
[3]) O. Fischer. Ber. 27 (1894), 2777.
[4]) Ber. 31 (1898), 3254.

$$C_{10}H_6 {<}^{N(C_2H_5)}_{N(C_2H_5)} {>} CH(OH).$$

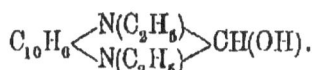

Dieselbe Verbindung bildet die Base mit Chloral und mit Ameisensäure.

p-Tolylnaphtimidazol erhält man aus p-Tolylnaphtylendiamin und CH_2O, Schmelzp. 200°; Äthyl-p-Tolyldihydronaphtylimidazol aus symm. Äthyl-p-tolyl-o-naphtylendiamin mit CH_2O, Schmelzp. 178°; Benzyltolyldihydronaphtimidazol aus Benzyltolylnaphtylendiamin und CH_2O, Schmelzp. 125°.

Aus 1 Mol. m-Diamin und 1 Mol. CH_2O entsteht in wässeriger Lösung 1,3,4-Dinmidobenzylalkohol; in gleicher Weise bilden sich auch die Homologen desselben.

Tolidin, Dianisidin kondensieren sich mit m-Phenylendiamin zu Basen, welche sich leicht diazotieren lassen.[1] Das dem Dianisidin entsprechende Diazoprodukt bildet mit a-Naphtol-α-sulfosäure einen grünblauen Baumwollfarbstoff, welcher sich in konz. H_2SO_4 mit grünlichblauer Farbe löst. Vom Tolidin gelangt man in gleicher Weise zu einem roten Farbstoff. Wendet man statt m-Phenylendiamin die Paraverbindung an, so erhält man endlich durch Paarung mit Naphtolsulfosäure einen blauvioletten Farbstoff, dessen Lösung in konz. H_2SO_4 blaugrau gefärbt ist.

Salzsaures p-Phenylendiamin kondensiert sich mit Formaldehyd. Das Chlorhydrat des Kondensationsprodukts ist sauerstoffhaltig. Es bildet eine Gelatine; durch Ätzalkalien wird die freie Base abgeschieden.

p-Phenylendiamin und ebenso p-Toluylendiamin bilden mit Glykolsäurenitril $CH_2(OH)CN$ oder dessen Komponenten d. h. mit Formaldehyd und HCN oder einem Cyanid Dinitrile vom Typus $C_6H_4(NH.CH_2CN)_2$, welche durch Verseifung Diamidodiacetamide oder Diglyzine geben.[2] Die Diglyzine werden als Ausgangsmaterialien für die Gewinnung von Farbstoffen und in der Photographie als Entwickler verwendet.

Vom p-Dimethylphenylendiamin ausgehend kann man zum Di-p-dimethylamidoindigo gelangen.[3] 9 g p-Dimethylphenylendiamin, gelöst in 50 ccm Alkohol erhitzt man mit Cyanwasser-

[1] D.R.P. 74886.   [2] D.R.P. 145062.
[3] Freund und Wirsing, Ber. 40 (1907), 204.

stoff (16,5 ccm einer 11 %igen Lösung) und 5,5 ccm Formaldehyd (37 %ig) 2 Stunden unter Druck auf 100°. Beim Abkühlen scheidet sich das Nitril des p-Dimethylamidophenylglyzins aus, das durch Umkristallisieren gereinigt wird. Das Nitril gibt bei der Verseifung mit KOH das in glänzenden Blättchen kristallisierende p-Dimethylamidophenylglyzin, Schmelzp. 308°.

Aus dem Glyzin erhält man Di-p-methylamidoindigo in folgender Weise: In einem Nickeltiegel schmilzt man 5 Teile Natriumamid und trägt darin, nachdem der Brenner vorher entfernt wurde, 8 Teile sorgfältig getrocknetes Kalisalz des Glyzins ein. Man mischt und nimmt nach dem Erkalten in Wasser auf. Nach dem Filtrieren bläst man durch die Lösung einen Luftstrom, wobei sich Di-p-dimethyldiamidoindigo in grünen Flocken ausscheidet. Dasselbe sublimiert ohne zu schmelzen; es ist in Alkohol schwer löslich, besser in Amylalkohol, leicht in Chloroform, Aceton, Benzol und Essigsäure. In verdünnter Säure sowie auch in konz. H_2SO_4 löst es sich mit blauer Farbe. Die essigsaure Lösung färbt Wolle hellgrün, während aus salzsaurem und schwefelsaurem Bade die Faser keinen Farbstoff aufnimmt. Durch hydroschwefligsaures Natron wird der Farbstoff reduziert und färbt dann nach vorausgegangener Oxydation Wolle grün.

Formaldehyd und Säureamide, -imide, Aminosäuren.

Bei der Einwirkung von Formaldehyd auf Säureamide wirkt 1 Mol. CH_2O auf 2 Mol. des Amids[1])

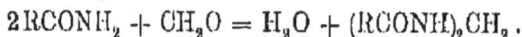

$$2 RCONH_2 + CH_2O = H_2O + (RCONH)_2CH_2 .$$

Aus Malonamid und Succinamid erhält man Sirupe, aus Oxalamid ein Harz. Doch haben Breslauer und Pichte unter etwas geänderten Bedingungen Methylendisuccinimid als kristallinische Körper, Schmelzp. 200—202°, erhalten.[2])

Mit Benzolsulfonamid bildet CH_2O Tribenzolsulfontrimethylentriimid $(C_7H_7NSO_2)_3$, Schmelzp. 217°, gleichzeitig auch die Verbindung $(C_7H_7NSO_2)_2$, Schmelzp. 192°.[3])

---

[1]) Pulvermacher, Ber. **25** (1892), 810; **26** (1893), 955.
[2]) Ber. **40** (1907), 3784.
[3]) Magnus, Ber. **26** (1893), 2148.

Aus Acetamid CH_2O und HCl entsteht Methylendiacetamid, Schmelzp. 196°, aus Benzamid in gleicher Weise Methylendibenzamid, Schmelzp. 220°.[1] Die beiden Verbindungen kann man auch aus Trithioformaldehyd und Acetamid- (bzw. Benzamid-) Quecksilber erhalten:

$$3(C_6H_5CONH)_2Hg + (CH_2S)_3 = 3HgS + 3(C_6H_5CONH)_2CH_2 .$$

Statt Benzamid kann auch Benzonitril verwendet werden:

$$2C_6H_5CN + CH_2O + H_2O = CH_2(NHCOC_6H_5)_2 .$$

Erwärmt man Phtalsäureamid mit CH_2O, so bildet sich Methylenphtalaminsäure $C_6H_4(COOH)CON:CH_2$, die beim Erhitzen mit Wasser wieder in ihre Komponenten zerfällt.

Phtalimid gibt beim Erhitzen mit Formaldehyd im zugeschmolzenen Rohr (2 Stunden auf 100°) Oxymethylphtalimid $C_6H_4\diagdown^{CO}_{CO}\diagup NCH_2OH$, Schmelzp. 141°, in kaltem Wasser unlöslich, in Alkohol und Toluol in der Kälte schwer löslich. Beim Kochen mit Wasser spaltet die Verbindung wieder Formaldehyd ab, ebenso beim Erhitzen im trockenen Zustande und bei der Einwirkung von Alkalien (ausgenommen NH_3). Die Verbindung soll als Antiseptikum Anwendung finden.[2]

Läßt man auf Formamid und Acetamid CH_2O besonders Trioxymethylen oder Paraformaldehyd in der Wärme einwirken, ohne Anwendung eines Kondensationsmittels, so erhält man $HCO.NHCH_2OH$ und $CH_3CONHCH_2OH$ (Formazin). Beide Verbindungen spalten beim Erwärmen CH_2O ab.[3] Bei längerer Einwirkung bei höherer Temperatur vereinigen sich 2 Mol. des Säureamids mit 1 Mol. CH_2O, und man erhält $CH_2(NHCOH)_2$ und $CH_2(NHCOCH_3)_2$. Diese Produkte sollen in der Medizin und in der Photographie Verwendung finden.[4]

Benzoglykokoll bildet Methylenbenzoylglykokoll (Hippol), das als Antiseptikum bei Erkrankung der Harnwege angewandt wird:

[1] Pulvermacher, Ber. 25 (1892), 304.
[2] D.R.P. 104624; Sachs, Ber. 31 (1898), 3230; Jahresb. Chem. Techn. 1899, 550; Breslauer und Pichte, Ber. 40 (1007), 3784.
[3] D.R.P. 104610.   [4] D.R.P. 104611.

$$C_6H_5CONHCH_2COOH + CH_2O = C_6H_5CON\left\langle\begin{array}{l}CH_2-CO\\ \quad\quad |\\ CH_2-O\end{array}\right.$$

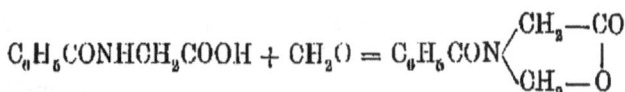

Knövenagel und Löbach[1]) studierten die Kondensation von aromatischen Säureamiden mit Formaldehydbisulfit. Dieselbe tritt beim Erhitzen im zugeschmolzenen Rohre ein, wobei eine bestimmte Temperatur genau eingehalten werden muß, da sich bei 210.° (bei längerem Erhitzen schon früher) Formaldehydbisulfit unter Abscheidung von S, H_2S, SO_2 zersetzt und SO_3 das Kondensationsprodukt zersetzt bzw. dessen Bildung verhindert. Ebenso müssen CH_2O und HSO_3Na in genau molekularen Mengen genommen werden. So entsteht aus Benzamid benzamidomethansulfosaures Natron $C_6H_5CONH.CH_2SO_3H$, dagegen bei einem Überschuß von freiem Formaldehyd Hipparaffin $(C_6H_5CONH)_2CH_2$. Hipparaffin bildet sich auch bei der Einwirkung von PCl_5 auf das trockene benzamidomethansulfosaure Natron, oder aus N-Methylolbenzamid (s. weiter unten) bei der Behandlung mit verdünnter HCl, endlich nach Pulvermacher beim Schütteln einer alkoholischen Lösung von Benzamid mit CH_2O und etwas HCl.

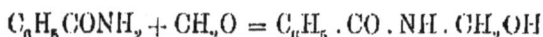

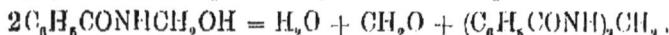

$$C_6H_5CONH_2 + CH_2O = C_6H_5.CO.NH.CH_2OH$$
$$2C_6H_5CONHCH_2OH = H_2O + CH_2O + (C_6H_5CONH)_2CH_2.$$

Aus Anisamid wurde in gleicher Weise anisamidomethansulfosaures Natron erhalten, das mit PCl_5 in Methylendianisamid übergeht $(CH_3OC_6H_4CONH)_2CH_2$.

Aus Benzolsulfamid erhält man benzolsulfamidomethansulfosaures Natron, welches sowohl mit PCl_5 als auch nach der Methode von Pulvermacher unter Bildung von $(C_6H_5SO_2N:CH_2)_2$ und $(C_6H_5SO_2N:CH_2)_3$ reagiert. Auch das entsprechende Nitril $C_6H_5SO_2NHCH_2CN$, die entsprechende Säure $C_6H_5SO_2NHCH_2COOH$ und das Benzolsulfamidoacetonitrilkalium $C_6H_5SO_2NK$ CH_2CN wurden erhalten.

Aus m-Benzoldisulfamid wurde das m-benzoldisulfamidomethanschwefligsaure Natron $C_6H_4(SO_2NHCH_2SO_3Na)_2$ das entsprechende Nitril und die zugehörige Säure $C_6H_4(SO_2NHCH_2$ $COOH)_2$ erhalten. Behandelt man mit m-Benzoldisulfamid mit

¹) Ber. 37 (1904), 4095.

CH_2O und einigen Tropfen Diäthylamin, so bildet sich eine amorphe Masse $C_6H_4(SO_2NH_2)SO_2N:CH_2$ oder $C_6H_4{<}^{SO_2NH}_{SO_2NH}{>}CH_2$, das sich bei 180° ohne Formaldehydentwicklung zersetzt.

Nach dem Verfahren von Einhorn entstehen aus den Säureamiden mit CH_2O und einem alkalischen Kondensationsmittel (Soda, Ätzalkali, Triäthylamin usw.) Verbindungen von der Zusammensetzung $R.CO.NHCH_2OH$. So bildet sich aus Benzamid N-Methylolbenzamid.[1]

Schiff[2] fand, daß Asparagin und Glykokoll mit CH_2O sehr leicht unter Bildung starker Säuren reagieren. Alanin gibt Methylenalanin $CH_2:NCH(CH_3)COOH$.

Aus Formaldehyd und Aminobenzolkarbonsäuren entstehen Verbindungen vom Typus $CH_2(NHC_6H_4COOH)_2$. Da die Aminobenzolkarbonsäuren selbst schon starke Säuren sind, verursacht der Eintritt der CH_2-Gruppe keine Änderung der Acidität.[3]

Formaldehyd und Eiweiß.

Loew[4] beobachtete, daß sich Eiweiß und Pepton gegen Formaldehyd verschieden verhalten. Wenn er je 2 g der Substanz löste und nach dem Filtrieren je 1 g CH_2O (in Form von 10 %iger Lösung) zusetzte, gab Pepton sofort einen starken flockigen Niederschlag, Eiweiß dagegen nur eine opalisierende Trübung, welche auch nach einigen Tagen unverändert blieb. Doch zeigte sich später, daß vollkommen reines Pepton keinen Niederschlag gibt, die Ursache der Fällung ist ein Gehalt an Propepton. Der Niederschlag ist gegen Salzsäure und Ätzalkalien beständig.

Blum und Benedicenti zeigten, daß sich Eiweißlösungen durch Formaldehydzugabe in der Weise verändern, daß sie beim Erhitzen nicht mehr gerinnen. Diese Erscheinung ist durch den Eintritt des Formaldehyds in die Amidogruppe ver-

[1] D.R.P. 157355.
[2] Chem. Centralbl. 1901, II, 1398.
[3] Journ. f. prakt. Chem. 63 (1901), 244; 65 (1902), 533.
[4] Münch. Chem. Ges., Sitzung 1. Mai 1888; Malys Jahresber. f. Thierchemie 1888, 272.

ursacht [Blum, Bach, Benedicenti, Schwarz[1])]. Filtriorte
klare Lösungen von Hühnereiweiß verlieren auf Zusatz einiger
Tropfen Formaldehyd die Fähigkeit zu gerinnen, beim Eindampfen dieser Lösungen erhält man Protogon [Blum[2]].
L. Spiegel[3] hat in der letzten Zeit die Einwirkung von CH_2O
auf käufliche Peptone, welche hauptsächlich aus Albumosen
bestanden, nämlich auf ein Pepton unbekannter Herkunft, und
auf Pepton Witte untersucht.   Besondere Aufmerksamkeit
widmete er dabei jenen Substanzen, welche nach der Fällung
der Peptone durch CH_2O in Lösung blieben.   Er gelangte zu
dem Ergebnis, daß die Albumosen zum Teil in wasserunlösliche, den Albuminaten ähnliche, zum Teil in globuminartige
Eiweißkörper übergehen. Versuche Spiegels mit reinem (mit
Schwefelammonium gereinigtem) Pepton bestätigten die Resultate Loews.   Außerdem ist das Verhalten reiner Pepton-
lösungen gegen CH_2O im Winter und im Sommer ein ver-
schiedenes.   Bei Wintertemperatur entstehen langsam Substanzen von den Eigenschaften primärer und sekundärer Albumosen, im Sommer dagegen bilden sich diese Substanzen
rascher und außerdem noch albuminatartige Körper.

Die Einwirkung von CH_2O auf Albumine studierte Bach.[4]

Die Beziehung des Formaldehyds zu Kasein und die
Bildung von Formaldehydkasein behandelt das D.R.P. 136565.
1 kg gepulvertes Kasein wird auf 24 Stunden in einer Lösung
von 250 ccm Formaldehyd (40 % ig) in 2,25 kg Wasser eingesetzt. Das zurückgebliebene feste Produkt wird getrocknet,
gemahlen und in 4 Liter Wasser gebracht, welchem 50 g Ätznatron zugesetzt sind. Nach 24 Stunden wird die Flüssigkeit
abdekantiert und der Rückstand mit 500 ccm Formaldehyd
(40 % ig) versetzt. Nach weiteren 8—10 Tagen wird die Flüssigkeit wieder durch Dekantieren entfernt und der Rückstand in
einem großen Gefäß mit 20 Liter 100 g Ätznatron enthaltendem
Wasser ausgewaschen. Nach dem Dekantieren wird endgültig
getrocknet.

In der Rev. de chimie industr. (1905), 7 erschien eine

---

[1]) Arch. f. Physiol. (1897), 219; Chem. Centralbl. 1901, I, 751.
[2]) Ztg. f. physiol. Chem. 22, 127.
[3]) Ber. 38 (1905), 2698.   [4]) Mon. Sc. 11, 1157.

kurze Mitteilung über die Einwirkung von CH_2O auf Galalith (ein Produkt, welches aus Kasein durch Auflösen mit Ätzalkalien oder Borax und darauffolgende Fällung mit $BaCl_2$, $Pb(C_2H_3O_2)_2$ usw. erhalten wird). Durch Pressen wird Galalith derartig gehärtet, daß er als Ersatz für Zelluloid, Horn und selbst Knochen verwendet werden kann.[1]

Behandelt man eine Eiweißlösung mit CH_2O, so hält sie sich unverändert durch eine Reihe von Tagen; nach dem Eintrocknen hinterläßt sie eine vollkommen unlösliche Schicht. 4 kg Hühnereiweiß werden mit 25 g Formaldehyd (40 $\%$ ig) durchmischt; nach einigen Tagen setzt man Wasser zu und kocht bis zum Verschwinden des Formaldehyds; die Lösung wird nach dem Filtrieren bei mäßiger Temperatur auf die gewünschte Konzentration oder zur Trockene eingedampft. Aus der eingedampften Lösung wird durch Säuren eine neue wasserlösliche Eiweißverbindung gefällt; Soda und Ammoniak verursachen dagegen keinen Niederschlag; Alkohol und Aceton fällen ein wasserlösliches Produkt. Wird jedoch die Lösung zur Trockene eingedampft, so hinterbleibt ein wasserunlöslicher Rückstand. Die Lösung der neuen Eiweißsubstanz ist klar, von gelber Farbe, dreht das polarisierte Licht nach links und gibt die Biuret- und die Xanthogenreaktion. Essigsäure erzeugt einen Niederschlag, welcher sich im Überschuß der Säure löst, gelbes Blutlaugensalz fällt die Lösung. Beim Eindampfen der wässerigen Lösung der neuen Eiweißsubstanz erhält man ein gelbes Pulver, welches sich bereits in kaltem Wasser löst.[2]

Leim, Fischleim und andere Klebstoffe gehen wie Gelatine unter der Einwirkung von Formaldehyd in wasserunlösliche Stoffe über. Dieses Verhalten findet Anwendung zur Herstellung wasserundurchlässiger Gewebe oder Papiere, z. B. als Ersatz für Guttapercha. Das Gewebe oder das Papier werden mit einer Leim- oder Gelatinelösung getränkt und hierauf mit Formaldehyddämpfen behandelt. Doch kann man auch einfach das Gewebe mit einer formaldehydhaltigen Gelatinelösung tränken und bei 100 $^\circ$ C. trocknen.[3]

[1] D.R.P. 115681, 127042, 141800, 147904.
[2] D.R.P. 102455.
[3] D.R.P. 88114, 99509, 104865, 107637.

Das deutsche Patent Nr. 104287 beschreibt die Gewinnung von Tannin-Formaldehyd-Eiweißstoffen, welche gegen die Einwirkung der Magen- und Darmsäfte beständig sind.

Aus Nukleinsäuren, deren Salzen und Spaltungsprodukten erhält man Formaldehydverbindungen. 50 g nukleinsaures Natron löst man in 250 ccm Wasser und erwärmt mit 25 ccm Formaldehyd (40 % ig) einige Stunden gelinde auf dem Wasserbade. Das Reaktionsprodukt wird mit Alkohol gefällt, gewaschen und im Vakuum über H_2SO_4 getrocknet. In derselben Weise behandelt man die freie Nukleinsäure, die Timinsäure, Nukleotiminsäure und ihre Salze.[1]

Formaldehyd und Nitrokörper.

Nitromethan und Formaldehyd bilden in Gegenwart von K_2CO_3 oder $KHCO_3$ Nitroisobutylglyzerin $NO_2C(CH_2OH)_3$, Schmelzp. 158 °. Analog gibt Nitroäthan Nitroisobutylglykol $NO_2C(CH_3)(CH_2OH)_2$, Schmelzp. 140 °. Aus sekundärem Nitropropan erhält man tertiären Nitroisobutylalkohol $NO_2C(CH_3)_2$ CH_2OH, Schmelzp. 82 ° [Henry[2]].

Die aromatischen Nitrokörper bilden mit CH_2O in Gegenwart von H_2SO_4 Nitroprodukte des Diphenylmethans. Aus Nitrobenzol entsteht m-Dinitrodiphenylmethan $CH_2(C_6H_4NO_2)_2$, Schmelzp. 174 °.[3] Auch zwei Dinitroditolylmethane (Schmelzp. 170 und 158 °) sind bekannt. p-Nitrophenetol gibt Dinitrodiäthoxydiphenylmethan.[4] Dinitrodioxydiphenylmethan, Schmelzp. 110 °, aus m-Nitrophenol und Dinitrodiäthoxydiphenylmethan, Schmelzp. 90 °, aus m-Nitrophenetol. Ebenso reagieren o-Nitrophenol und o-Nitrophenetol.[5]

Aus o-Nitrophenol erhält man mit CH_2O und starker HCl Nitrooxybenzylchlorid, Schmelzp. 75 °, analog erhält man auch die Jodverbindung Schmelzp. 112 ° und die Bromverbindung Schmelzp. 76 °. p-Nitrophenol gibt mit Methylal in gleicher Weise die Chlorverbindung.[6]

[1] D.R.P. 189007.
[2] Compt. rend. 121, 210; Ber. 28 (1895), R. 774.
[3] Schöpf, Ber. 27 (1894), 2921; D.R.P. 67001.
[4] D.R.P. 78046.
[5] D.R.P. 72490, 78951; Jahresb. über I. chem. Techn. 1893, 580.
[6] D.R.P. 102475.

Formaldehyd und Nitrokörper. 107

Läßt man Paraformaldehyd auf p-Nitrosodimethylanilin einwirken, so entsteht Tetramethyldiamidoazoxybenzol, Schmelzpunkt 243°:

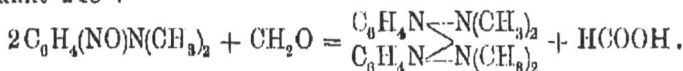

$$2C_6H_4(NO)N(CH_3)_2 + CH_2O = \frac{C_6H_4N-N(CH_3)_2}{C_6H_4N-N(CH_3)_2} + HCOOH.$$

Formaldehyd wirkt also hier als Reduktionsmittel. Daneben entsteht noch Formyl-p-amidodimethylanilin, Schmelzp. 108°.

Auf m-Nitrodimethylanilin wirkt CH_2O unter Bildung von Tetramethyldiamidodinitrodiphenylmethan.[1] Trinitroanilin bildet Methylendi-p-nitroanilin, Schmelzp. 282°, Methylendi-m-nitroanilin, Schmelzp. 213°, Methylendi-o-nitroanilin, Schmelzp. 195°.[2] Die Zusammensetzung dieser Verbindungen ist $CH_2(NHC_6H_4NO_2)_2$.

Unterwirft man die Mischung aus CH_2O und aromatischen Nitrokörpern der Elektrolyse bei geringer Stromstärke und niedriger Temperatur, so erhält man die Kondensationsprodukte aus Formaldehyd und den Reduktionsprodukten der Nitrokörper,[3] z. B.:

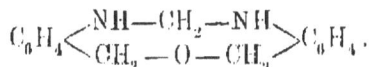

$$C_6H_4\begin{matrix}-NH-CH_2-NH-\\CH_2-O-CH_2\end{matrix}C_6H_4.$$

Göcke hat die elektrolytische Reduktion von p-Nitrotoluol in Gegenwart von CH_2O studiert,[4] Löw die Reduktion von Nitrobenzol mit CH_2O,[5] Weil Nitrotoluol und CH_2O.[6]

Henry[7] erhielt die Verbindung $NO_2C(CH_2OH)(CH_2NC_6H_{10})_2$ auf drei verschiedenen Wegen: a) aus $NO_2CH(CH_2NC_6H_{10})_2$ und CH_2O, b) aus Piperidin, CH_2O und Nitroäthan oder endlich c) aus Piperidinmethanol $(OH)CH_2NC_6H_{10}$ und Nitroäthylalkohol.

Duden und Ponndorf[8] kondensierten Azidinitromethankalium mit CH_2O, auch erhielten sie den Piperidomethyläther des 1-Piperidal-2-isonitro-3-azibutanols $(C_6H_{10})N.CH_2.C = C(:CH_2)O(NOH)CH_2N(C_6H_{10})$.

[1] Schöpf, Ber. 27 (1894), 2321.
[2] Pulvermacher, Ber. 25 (1892), 2762; 26 (1893), 955.
[3] D.R.P. 99312; 100610.
[4] Zeitschr. f. Elektroch. 1903, 470.
[5] Centralbl. 1899, I, 159, 705.
[6] Ber. 27 (1894), 8814.
[7] Ber. 38 (1905), 2027.
[8] Ber. 38 (1905), 2081.

108   Die Reaktionen: des Formaldehyds.

Formaldehyd und Chinoline, Pyridine usw.

Königs erhielt aus CH_2O und Lepidin γ-Chinoliläthanol $C_9H_6NCH_2.CH_2OH$ und γ-Chinolilpropandiol $C_9H_6NCH(CH_2OH)_2$. Aus α-Methylchinolin und CH_2O erhielt Metner α-Chinolil-äthanol, Königs α-Chinolilpropandiol und α-Chinolylbutantriol $(C_9H_6N)C(CH_2OH)_3$.

Weiter stellte Metner fest, daß im Chinaldin alle drei Wasserstoffatome der Methylgruppe und im ω-Benzylchinaldin $C_9H_6NCH_2.CH_2.C_6H_5$ die beiden Wasserstoffe der dem Chinolin-ring benachbarten Methylengruppe sich durch Methylol sub-stituieren lassen.[1]

M. Hofmann kondensierte im zugeschmolzenen Rohre bei 140—150° die berechneten Mengen α-Methylchinaldin und CH_2O zum entsprechenden Methylol, einem dicken Öl.[2]

Westhorn und Ibele beschreiben die Herstellung von Methylolchinaldin.[3]

α-Äthylchinolin gibt mit CH_2O Dimethylol-α-äthylchinolin $C_9H_6NC(CH_2OH)_2.CH_3$, Schmelzp. 95°; aus α-Äthyl-β-Methylchinolin erhält man Methylol-α-Äthyl-β-Methylchinolin $CH_3C_9H_5NCH(CH_2OH)CH_3$[4]: β-Methylchinaldin gibt mit CH_2O Dimethylol-β-methylchinaldin, Schmelzp. 85°; Chinaldin-β-kar-bonsäure und CH_2O geben das Lakton der Trimethylolchinaldin-β-karbonsäure; Homonikotinsäure bildet das Lakton der Trimethylolhomonikotinsäure, Schmelzp. 148°[5]; α-γ-Dimethyl-chinolin gibt Monomethyloldimethylchinolin $CH_2(OH).CH_2$. $C_9H_5NCH_3$, Schmelzp. 91—92° [Königs und Mengel][6]; dieses gab bei weiterer Behandlung mit CH_2O das Dimethylolprodukt $(CH_2OH)_2CHC_9H_5HCH_3$, Schmelzp. 135—140°. Über die Kon-densation von CH_2O mit α-Pikolin, α-Äthylpyridin, α-Methyl-β-Äthylpyridin siehe Ber. 35, (1902), 1349; 36, (1903) 2904. Ladenburg erhielt Dimethylolpikolin (Alkin) und α-Pikolyl-alkin $C_5H_4NCH_2OH$.[7] α-γ-Lutidin gibt α-β-Lutidinalkin.[8]

Formanek erhielt aus Pyridin das sehr unbeständige

[1] Ber. 32 (1899), 3599.
[3] Ber. 39 (1906), 2320.
[5] Ber. 34 (1901), 4330.
[7] Ann. 301 (1898), 144.
[2] Ber. 38 (1905), 3713.
[4] Ber. 34 (1901), 4822.
[6] Ber. 37 (1904), 1820.
[8] Engels, Ber. 33 (1900), 1037.

Kondensationsprodukt $C_5H_4NCH_2OH$.[1]) Aus α-Pikolin erhält man Mono- und Dimethylolpikolin. Lipp und Richard[2]) stellten den Dibenzoyläther des Dimethylolpikolins dar, Schmelzp. 90—91°; dasselbe spaltet bei der Destillation im Vakuum 1 Mol. H_2O ab und geht in $C_5H_4NC(:CH_2)CH_2OH$ über, Methan-methylol-α-pikolin, welches leicht 2 Br addiert: $C_5H_4NCBr(CH_2Br)CH_2OH$, Schmelzp. 89—90°.

Aus Monomethylol- und Dimethylolpikolin $C_5H_4NC(CH_2OH)_2$ erhielten Lipp und Zirnhübel das Trimethylol-α-pikolin $C_5H_4NC(CH_2OH)_3$.[3]) Lipp und Wiedemann studierten die Einwirkung von CH_2O auf N-Methyl-Δ^2-tetrahydropikolin. A m é Pictet und Rille untersuchten die Einwirkung von CH_2O auf Pyrrol; dabei entsteht schon in der Kälte sog. Formaldehyd-Pyrrol $C_{11}H_{12}$, ein amorpher Körper, von der Zusammensetzung $C_{11}H_{12}N_2O$, welcher in Säuren, Basen und allen gewöhnlichen Lösungsmitteln unlöslich ist.[4])

Pictet[5]) stellte in seinem Aufsatze über die Alkaloide des Tabaks eine Hypothese über die Rolle des Formaldehyds bei der Bildung der Alkaloide in der Pflanze auf.

Weitere Kondensationen des Formaldehyds.

Vongerichten beobachtete, daß Formaldehyd mit Morphium und Codein in der Weise reagiert, daß es in den Benzolkern dieser Verbindungen in die Parastellung eintritt, woraus er auf die Analogie dieser Alkaloide mit dem Dimethylanilin schließt. Er erhielt Dimorphinmethan und Dicodeinmethan.[6]) o-Amidoverbindungen kondensieren sich mit CH_2O zu Phendihydrotriazinen.

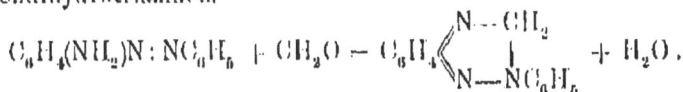

$$C_6H_4(NH_2)N:NC_6H_5 + CH_2O = C_6H_4\Big\langle\begin{array}{c}N-CH_2\\|\\N-NC_6H_5\end{array}\Big. + H_2O .$$

Die Phendihydro-a-triazine sind farblose, schwach basische beständige Körper, welche sich beim Erhitzen mit HCl nicht zersetzen. Aus Benzolazo-β-naphtylamin entsteht Phendihydro-

[1]) Ber. 38 (1905), 944.   [3]) Ber. 37 (1904), 741.
[2]) Ber. 39 (1906), 1045.   [4]) Ber. 40 (1907), 1166.
[5]) Bull. [3] 35, I—XXIII; Journ. russ. phys.-chem. Ges. 1907.
[6]) Ber. 32 (1899), 95; D.R.P. 110207, 80963.

β-naphto-triazin, Schmelzp. 164⁰, o-Amidoazotoluol gibt mit Formaldehyd p-Tolyldihydrotolutriazin, Schmelzp. 178⁰.

Aloin kondensiert sich mit CH_2O in Gegenwart von H_2SO_4 zu $C_{17}H_{16}O_7 . CH_2$,[1]) einem gelben Körper, der weniger bitter ist als Aloin.

Amarin bildet mit Formaldehyd $C_{31}H_{18}N_2$ weiße Nadeln, welche sich unter Formaldehydabspaltung zersetzen.[2])

Aus 2 Mol. Antipyrin und 1 Mol. CH_2O entsteht Formopyrin [3]) von der Zusammensetzung $C_{23}H_{24}N_4O_2$ und dem Schmelzp. 177⁰.

Wirkt Formaldehyd in neutraler Lösung auf Indigweiß, so bildet sich eine luftbeständige Verbindung, die leicht in Indigblau übergeht. Vielleicht ist diese Verbindung geeignet zur Erzeugung von Indigo auf der Faser beim Ausfärben von Dessins auf dem Gewebe.[4])

Da Cotoin intensiven Geruch und scharfen Geschmack hat, versucht man durch Einführung einer Methylengruppe zu einem Produkt zu gelangen, welches bei gleicher medizinischer Wirksamkeit geschmack- und geruchlos ist. Die Kondensation wird in Gegenwart von rauchender Salzsäure unter Erwärmen durchgeführt. Man erhält $CH_2(C_{14}H_{11}O_4)_2$. Ein Cotoinrest kann durch ein Phenol ersetzt werden, wodurch man Methylencotoinphenole erhält.[5])

Schwefelhaltige Derivate des Formaldehyds.

Dithiotrioxymethylen $(C_3H_6S_2O)_2 . H_2O$ erhält man beim Einleiten von H_2S in Trioxymethylenlösung als amorphen Körper vom Schmelzp. 80—82⁰, Siedep. 80⁰. Es ist in heißem Wasser löslich, unlöslich in Alkohol und Äther (Renard).

Trithiomethylen $(CH_2S)_3$ [Baumann[6])]. Leitet man durch eine Formaldehydlösung Schwefelwasserstoff, so bildet sich $C_3H_6S_3 + CH_2O$. Beim Kochen mit konz. HCl entsteht aus

---

[1]) D.R.P. 80449.
[2]) Délépine, Bull. Soc. chim. 17, 804.
[3]) Stolz, Pellizzari, Centralbl. 1900, II, 389.
[4]) Centralbl. 1901, I, 1186; D.R.P. 120318.
[5]) D.R.P. 104862, 104903; Jahresb. über f. chem. Techn. 1899, 571.
[6]) Ber. 23 (1890), 65.

dieser Verbindung Trithiomethylen. Dasselbe bildet sich ferner aus CS_2, Rhodankalium oder Allylsenföl bei Behandlung mit Zn und HCl, aus CH_2J_2 und H_2J[1]) und endlich durch Behandlung einer Formaldehydlösung mit unterschwefligsaurem Natron und HCl.[2]) Eine Mischung von 1 Vol. Formaldehyd ($40^0/_0$ig) und 2—3 Vol. konz. HCl sättigt man unter gelindem Erwärmen mit H_2S; der Niederschlag kristallisiert aus Benzol in Prismen.[3]) Beim Erhitzen sublimiert Trithiomethylen, Schmelzp. 216⁰. Beim Erwärmen mit schwefelsaurem Silber entsteht Trioxymethylen,[4]) mit Quecksilberacetamid Methylendiacetamid $CH_2(NHCOCH_3)_2$ s. S. 100 ff.

Bei der Oxydation von Trithiomethylen entsteht Sulfon $C_3H_6S_3O_6$ und Trimethylendisulfonsulfid $C_3H_6S_3O_4$.

Aus der alkoholischen Lösung des Trithiomethylens scheiden sich auf Zusatz der entsprechenden Salze Doppelverbindungen aus: $C_3H_6S_3 . 2 AgNO_3$, $2 C_3H_6S_3 . PtCl_4$, $2 C_3H_6S_3 . PtCl_2$, $C_3H_6S_3 . HgCl_2$.

Leitet man durch eine siedende mit Ammoniak gesättigte Lösung von Hexamethylentetramin durch 10 Stunden Schwefelwasserstoff, so bildet sich Thiometaformaldehyd ($CH_2S)_x$, Schmelzpunkt 175⁰.[5])

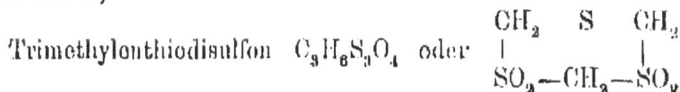

Trimethylenthiodisulfon $C_3H_6S_3O_4$ oder
$$\begin{array}{ccc} CH_2 & S & CH_2 \\ | & & | \\ SO_2 & -CH_2- & SO_2 \end{array}$$

entsteht aus Trithiomethylen bei der Oxydation mit Kaliumpermanganat. Löslich in Wasser und Alkalien. Schmelzp. 300⁰.

Aus Trimethylendisulfonsulfid erhält man durch Einwirkung von Br in heißer essigsaurer Lösung Dibromtrimethylendisulfonsulfid $C_3H_4Br_2S_3O_4$.[6]) Bei Anwendung eines Bromüberschusses entsteht Hexabromtrimethylensulfonsulfid $C_3Br_6S_3O_4$, Schmelzpunkt 132⁰.[7])

Trimethylentrisulfon
$$\begin{array}{ccc} CH_2 & -SO_2- & CH_2 \\ | & & | \\ SO_2 & -CH_2- & SO_2 \end{array}$$
bildet sich bei der

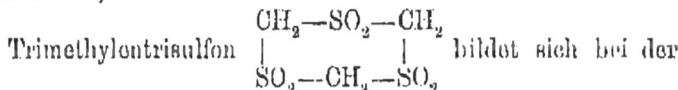

[1]) Hasomann, Ann. 126, 294; Hoffmann, Ber. 1 (1868), 170.
[2]) Vanino, Ber. 35 (1902), 3251.
[3]) Baumann, Ber. 23 (1890), 67.
[4]) Girard, J. 1870, 591.   [5]) Wohl, Ber. 19 (1886), 2345.
[6]) Ber. 25 (1892), 256.   [7]) Ber. 25 (1892), 257.

Oxydation von schwefligsaurem Trimethylen $C_3H_6S_3$.[1]) Es
schmilzt oberhalb 350°, ist löslich in Alkalien, unlöslich in
Alkohol, Äther, Chloroform, Eisessig und verdünnten Säuren.
Es bildet mit Alkali und Erdalkalimetallen Salze: $LiC_3H_5S_3O_6$
+ $4H_2O$, $Ba(C_3H_5S_3O_6)_2$ + $4H_2O$, $NaC_3H_5S_3O_6$ + H_2O. Hexa-
chlortrimethylentrisulfon, Schmelzp. 252°.[2]) Hexabromtri-
methylentrisulfon $C_3Br_6S_3O_6$, Schmelzp. 146°.

Methylthioformaldin $(CH_2)_3S_2NCH_3$ erhielt W o h l aus
Methylamin, CH_2O und H_2S [Ber. 19 (1886), 2346].

Tetrathiotrimethylen $SCH_2SCH_2SCH_2S$. Eine neutrale Form-
aldehydlösung wird mit H_2S gesättigt und HCl zugefügt; den
Niederschlag behandelt man mit alkoholischer Jodlösung,
Schmelzp. 89°.[3])

Diäthyldimethylentrisulfon $C_6H_{14}S_3O_6$. Das Reaktionsprodukt aus Formaldehyd und H_2S wird mit Natronlauge und
C_2H_5J behandelt und hierauf mit $KMnO_4$ oxydiert.

Das o-Xylilenmerkaptal des Formaldehyds entsteht aus
CH_2O, o-Xylilensulfhydrat und konz. HCl.[4])

Phenylthiodiazolinsulfhydrat C_9H_5N——— N bildet sich

$$CH_2—S—CSH$$

aus CH_2O und phenylsulfokarbazinsaurem Kali. Schmelzp. 112°.
Es spaltet leicht CH_2O ab.[5])

Paratolyloxymethylsulfon $C_7H_7SO_2$. CH_2O (M e y e r) entsteht
aus CH_2O und p-Toluolsulfosäure.

Die Firma Cassella & Co. hat ein Verfahren zur Gewinnung schwefligsäurehaltiger Verbindungen aus Formaldehyd
patentiert (D.R.P.Nr. 164506), nach welchem Formaldehyd auf
die Sulfite der Alkalien in wässeriger Lösung einwirkt. Dabei
erhält man kristallinische Körper, welche gegen Oxydationsmittel sehr beständig sind und in der Kälte chemisch unwirk-
sam sind, während sie sich beim Erwärmen in Gegenwart von
Alkalien, Sulfiten usw. leicht spalten. Die neuen Verbindungen
werden daher in der Kattundruckerei zur Fixierung der

[1]) B a u m a n n, Ber. 23 (1890), 70; 25 (1892), 204.
[2]) Ber. 25 (1892), 247.
[3]) B a u m a n n, Ber. 23 (1890), 1870.
[4]) A u t e n r i e t h u. H e n n i g s, Ber. 35 (1902), 1388.
[5]) Ber. 18 (1885), 2698.

Schwefelfarbstoffe verwendet. Man kann z. B. das Gewebe zuerst mit einer Mischung aus der neuen Verbindung und einem Farbstoff bedrucken und hierauf dämpfen, wobei das Sulfit im Augenblicke der Abspaltung lösend und fixierend wirkt.

Läßt man Aldehyde auf Ketone in Gegenwart von Alkalisulfiten oder -sulfhydraten einwirken, so wird der Ketonsauerstoff durch Schwefel ersetzt und gleichzeitig findet unter Wasseraustritt die Kondensation mit dem Aldehyd statt:

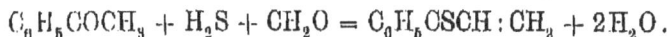

$$C_6H_5COCH_3 + H_2S + CH_2O = C_6H_5CSCH : CH_2 + 2H_2O.$$

Fügt man z. B. zu 120 g Acetophenon 100 g Formaldehyd ($40\%ig$) und eine Lösung von 400 g Natriumsulfit oder 200 g Kaliumsulfit oder 140 g Kaliumsulfhydrat in 3 kg Wasser, so erhält man ein dickes, gelbliches Öl von der Zusammensetzung C_9H_8S. Dasselbe ist mit Wasserdampf nicht flüchtig, so daß sich der Überschuß des Acetophenons leicht abtreiben läßt. Das Öl ist in Wasser, Äther und Ligroin unlöslich, in Alkohol schwer, in Benzol dagegen leicht löslich. Siedep. 130—140° C. bei 20 mm. Ausbeute: 65 % des Acetophenons. Ein ähnliches Produkt gibt Benzophenon.[1]

Vanino studierte 1902 die Einwirkung von CH_2O und Säuren auf Natriumthiosulfat und konstatierte dabei die Bildung von Thioformaldehyd, zu deren Erklärung er die vorübergehende Bildung von Natriumoxymethylenthiosulfat annahm

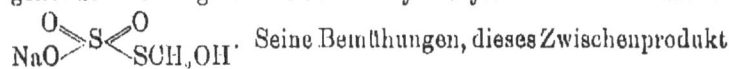

$$NaO-\overset{O}{\underset{O}{S}}<SCH_2OH.$$ Seine Bemühungen, dieses Zwischenprodukt zu isolieren, blieben erfolglos. Dagegen gelang es O. Schmidt[2] die Verbindung der Formaldehydthioschwefelsäure mit dem polymeren Anhydroformaldehyddimethyl-p-phenylendiaminmerkaptan in Form eines schön kristallisierenden Salzes herzustellen. Die Konstitution dieser Substanz ergibt sich einerseits aus der Bildung des erwähnten Salzes, welche nur bei Gegenwart von Formaldehyd eintritt, während sie ausbleibt, wenn die Anhydroverbindung mit einer angesäuerten Lösung von Thiosulfat ohne Formaldehyd oder in Gegenwart eines anderen Aldehyds zusammengebracht wird, andrerseits aus dem

---

[1] Revue de chim. ind. 1905, 286; fr. Pat. Nr. 349833.
[2] Ber. 39 (1906), 2418; 40 (1907), 805.

Zerfall der Verbindung in CH_2O und Thiosulfat und die Anhydrobase, welche dabei sofort in die polymere β-Dimethyl-amidobenzothiazolbase übergeht.

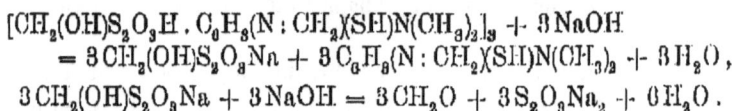

$$[CH_2(OH)S_2O_3H . C_6H_3(N:CH_2)(SH)N(CH_3)_2]_3 + 3 NaOH$$
$$= 3 CH_2(OH)S_2O_3Na + 3 C_6H_3(N:CH_2)(SH)N(CH_3)_2 + 3 H_2O,$$
$$3 CH_2(OH)S_2O_3Na + 3 NaOH = 3 CH_2O + 3 S_2O_3Na_2 + 6 H_2O.$$

In neutraler oder alkalischer Lösung kann die Form-aldehydthioschwefelsäure, wie es scheint, nicht existieren, da-gegen ist sie in saurer Lösung ziemlich beständig. Eine un-gesäuerte Mischung von CH_2O und $Na_2S_2O_3$ scheidet in der Kälte nach einstündigem Stehen Trithioformaldehyd aus, beim Erwärmen tritt fast quantitativ Spaltung nach folgender Gleichung ein:

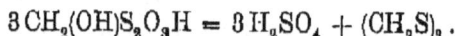

$$3 CH_2(OH)S_2O_3H = 3 H_2SO_4 + (CH_2S)_3.$$

Wirkt CH_2O in neutraler oder saurer Lösung auf asymm. Dimethyl-p-phenylendiaminthiosulfonsäure, das Ausgangsmaterial für die Herstellung von Methylenblau, so bildet sich neben H_2SO_4 trimolekulares Anhydroformaldehyddimethyl-p-phenylen-diaminmerkaptan

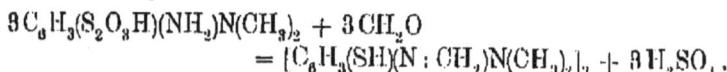

$$3 C_6H_3(S_2O_3H)(NH_2)N(CH_3)_2 + 3 CH_2O$$
$$= [C_6H_3(SH)(N:CH_2)N(CH_3)_2]_3 + 3 H_2SO_4.$$

Die Verbindung ist in freiem Zustande unbeständig, man erhält sie in Form der schön kristallisierenden Salze. Die monomolekulare Verbindung läßt sich nicht isolieren, aber jedenfalls entsteht sie als primäres Produkt. Denn behandelt man das Reaktionsgemisch sofort mit salpetriger Säure, so bildet sich β-Dimethylamidobenzothiazol.

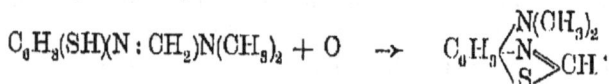

$$C_6H_3(SH)(N:CH_2)N(CH_3)_2 + O \quad \rightarrow \quad C_6H_3{<}^{N(CH_3)_2}_{{<}^N_S{>}CH} \cdot$$

Dieselbe Verbindung erhält man auch nach Hoffmann aus asymm. Dimethyl-p-phenylendiaminthioschwefelsäure beim Er-wärmen mit Ameisensäure:

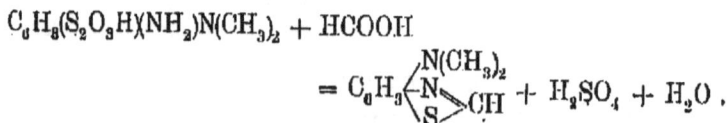

$$C_6H_3(S_2O_3H)(NH_2)N(CH_3)_2 + HCOOH$$
$$= C_6H_3{<}^{N(CH_3)_2}_{{<}^N_S{>}CH} + H_2SO_4 + H_2O.$$

Hiermit ist die Konstitution des oben erwähnten Dimethyl-
amidobenzothiazols aufgeklärt. Da sich das freie polymere
Anhydroformaldehyddimethyl-p-phenylendiaminmerkaptan nicht
direkt oxydieren läßt, scheint die Annahme Schmidts richtig
zu sein, daß das ursprüngliche Reaktionsprodukt die monomolekulare Anhydroverbindung ist. Die Oxydation der polymeren Verbindung gelingt jedoch auf einem Umweg, indem
man durch Einwirkung von Bisulfit die ω-Sulfonsäure herstellt
und diese oxydiert.

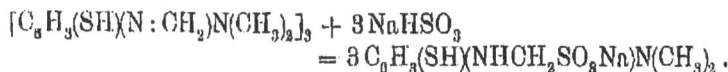

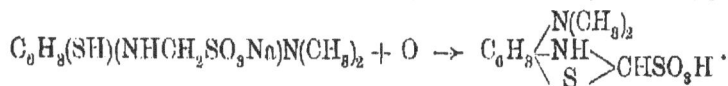

$$[C_6H_3(SH)(N:CH_2)N(CH_3)_2]_3 + 3\,NaHSO_3$$
$$= 3\,C_6H_3(SH)(NHCH_2SO_3Na)N(CH_3)_2\,.$$

$$C_6H_3(SH)(NHCH_2SO_3Na)N(CH_3)_2 + O \rightarrow C_6H_3\!\!\begin{array}{c}N(CH_3)_2\\ NH\\ S\end{array}\!\!\!>CHSO_3H\,.$$

Beim Erhitzen für sich oder bei der Einwirkung von
Alkalien spaltet die Verbindung SO_2 und H_2O ab und geht
in β-Dimethylamidobenzothiazol über. Daneben bildet sich
unter Aufspaltung des Thiazolrings Dimethyl-p-phenylendiamin-
merkaptan.

III. Die Verwendung des Formaldehyds.

Formaldehyd in der Industrie der organischen Farbstoffe.

Die Synthese von Farbstoffen der Triphenylmethanreihe
mit Hilfe von CH_2O behandeln die deutschen Patente Nr. 53937,
55565, 61146, 67013. So erhält man z. B. aus Anhydroformaldehydanilin Diamidodiphenylmethan, das mit Anilin bei Einwirkung oxydierender Agenzien in Pararosanilin übergeht. Ebenso geben die sekundären Amine mit CH_2O bei der Oxydation
Triphenylmethanfarbstoffe. Das Homologe des Pararosanilins
erhält man durch Oxydation einer Mischung von Diamidotolylmethan und o-Toluidin oder der Formaldehydverbindung des
o-Toluidins mit o-Toluidin.

Die Trisulfosäure des Triphenyl-p-rosanilins (D.R.P. 73092)
gewinnt man durch Überführung der Diphenylaminsulfosäure
in Diphenyldiamidodiphenylmethandisulfosäure mittels CH_2O
und Oxydation dieser Verbindung zusammen mit einem weiteren

Molekül Diphenylaminsulfosäure. Als Oxydationsmittel verwendet man $FeCl_3$, $KClO_3$, $NaNO_2$, CrO_3 oder Chlorkalk. Äthylbenzylanilinsulfosäure kondensiert sich mit CH_2O zu symm. Diäthylbenzyldiamidodiphenylmethandisulfosäure, aus welcher durch Oxydation leicht Triphenylmethanfarbstoffe hervorgehen.

Im Gegensatz zu den Naphtylaminen gibt α-Naphtylamin-β-Sulfosäure mit CH_2O glatt eine Dinaphtylaminverbindung, die $\alpha'\alpha'$-Diamido-$\alpha^2\alpha^2$-dinaphtylmethan-$\beta\beta$-disulfosäure D.R.P. 84379; s. S. 92 ff.

Kalle & Co. (D.R.P. 93699) erhalten Paraleukanilin durch Kondensation von Methylendiphenylhydroxylamin in Gegenwart oder in Abwesenheit von CH_2O oder von Phenylhydroxylamin und CH_2O mit Anilin und salzsaurem Anilin; s. S. 92 ff.

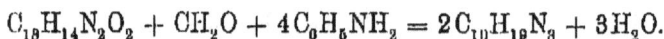

$$C_{13}H_{14}N_2O_2 + CH_2O + 4C_6H_5NH_2 = 2C_{19}H_{19}N_3 + 3H_2O.$$

Die Farbwerke vorm. Friedr. Bayer & Co. (D.R.P. 67001) gehen zur Darstellung von Azofarben mittels Formaldehyd von Nitrokohlenwasserstoffen aus, Meister, Lucius & Brüning (D.R.P. 72490) von Nitrophenolen.

Aus Salizylsäure, Formaldehyd und Salzsäure entsteht Dioxydiphenylmethankarbonsäure, welche mit 1 Mol. Kresolsäure Aurinfarbstoffe gibt [D.R.P. 49970; Caro, Ber. 25 (1892) 940; s. S. 92].

Akridine (vgl. S. 93) entstehen bei der Kondensation von m-Diaminen mit CH_2O und weiterem Erwärmen des Reaktionsprodukts mit HCl und Oxydation (D.R.P. 52324, 52724, 59179, 67126, 67609, 103645, 104677, 104748, 107517, 118075, 118076, 125697, 129479, 130721, 130949, 131289, 131365, 132116, 135771, 136617, 141279). Aus der großen Zahl der Patente ersieht man das Interesse, welches diese Farbstoffe in der Technik hervorgerufen haben. Der Inhalt einiger Patente sei beispielsweise angeführt.

Die Herstellung orangefarbiger Farbstoffe nach D.R.P. 59179, 67609, 70935: 5 kg Tetraäthyltetramidodiphenylmethan, hergestellt aus Tetraäthyldiamidodiphenylmethan durch Nitrierung und darauffolgende Reduktion, werden mit 25 kg 12 %iger Salzsäure einige Stunden im Autoklaven auf 140° erhitzt. Nach dem Abkühlen löst man in Wasser, filtriert und oxydiert das Filtrat mit $FeCl_3$. Der Farbstoff wird mit Kochsalz und Zinkchlorid gefällt. — Die Lösung des Dimethyltetramido-o-Tolylmethans in 50 Teilen $10\,^0/_0$iger H_2SO_4 wird eingedampft und der flüssige Rückstand einige Zeit auf 180^0 erwärmt. Nach dem Verdünnen mit Wasser wird der Farbstoff mit $ZnCl_2$ und NaCl gefällt. — Die Lösung von Diäthyltetramidodi-o-tolylmethan in $8\,^0/_0$iger HCl wird im Autoklaven einige Stunden auf $130-140^0$ erwärmt. Nach dem Erkalten löst man in Wasser event. unter Zusatz von etwas HCl und oxydiert die Leukoverbindung, am besten mit $FeCl_3$.

Das Verfahren von Casella & Co. (D.R.P. 131365) zur Gewinnung von Akridinfarben besteht in der Kondensation von Akridingelb (3,6-Diamido-2,7-dimethylakridin) oder seiner Leuko-verbindung mit CH_2O und m-Diaminen: 27 kg Akridingelb werden in 150 kg $7,3\,^0/_0$iger Salzsäure suspendiert und bei 40^0 8 kg Formaldehyd ($38\,^0/_0$ig) und 12,1 kg gepulvertes m-Toluylendiamin zugefügt. Nach 36stündigem Kochen unter dem Rückflußkühler im Luftstrom verdünnt man mit Wasser und fällt den Farbstoff mit Kochsalz und $ZnCl_2$. — 36,6 kg m-Toluylendiamin werden in 180 Liter verdünnter HCl (21,9 kg HCl enthaltend) gelöst und mit 17,6 kg $38\,^0/_0$igem Formalde-hyd bei 45^0 versetzt. Nach 6 Stunden fügt man $^1/_2$ kg $FeCl_3$ zu und kocht im Luftstrom unter dem Rückflußkühler durch 36 Stunden. Der rohe Farbstoff wird gefällt und in verdünnter HCl gelöst, wobei Akridingelb im Rückstand bleibt. Rascher verläuft die Reaktion im Autoklaven bei höherer Temperatur. Analog erhält man Farbstoffe aus m-Phenylendiamin (braun-gelb) aus Dialkyl-m-phenylendiamin (orangerot) und anderen Diaminen. Diese Farbstoffe lösen sich leicht in Wasser.

Nach D.R.P. 132116 (Zusatzpatent) erhält man bessere Resultate bei Anwendung von Anilin, seinen Mono- und Di-alkylderivaten und den Homologen derselben: 25,5 kg Tetra-amidoditolylmethan erhitzt man mit 90 kg Salzsäure (21^0 Bé) und 270 Liter Wasser durch 7 Stunden im Autoklaven auf $145-150^0$. Nach dem Abkühlen versetzt man mit 9,3 kg Anilin und 8,2 kg Formaldehyd ($38\,^0/_0$ig) und erhitzt nochmals im geschlossenen Gefäß 2 Stunden auf $105-110^0$. Der Farb-stoff wird durch Aussalzen abgeschieden; dabei oxydiert sich die Leukoverbindung rasch an der Luft. Der Farbstoff löst

sich leicht in Wasser und färbt mit Tannin gebeizte Baum‐
wolle und Leder auf beständige rötlichgelbe Töne. — Zu einer
Lösung von in eben beschriebener Weise hergestelltem Akridin‐
gelb fügt man 6,3 kg Dimethylanilin und 8,2 kg Formaldehyd
($38\,^0/_0$ig) und erhitzt im geschlossenen Gefäße durch 6 Stunden
auf $180\,^0$, worauf der Farbstoff ausgesalzen wird. Derselbe
ist in Wasser leicht löslich und färbt mit Tannin gebeizte
Baumwolle und Leder etwas rötlicher gelb als der Farbstoff
des ersten Beispiels. Stoffe von ähnlichen färbenden Eigen‐
schaften erhält man aus o- und p-Toluidin, Chrysidin, Mono‐
methyl-, Monoäthyl- und Diäthylanilin, Monomethyl- und Mono‐
äthyltoluidin.

    Nach D. R. P. 135771 der Firma Cassella & Co. erhält
man neue gelbe oder orangerote Akridinfarbstoffe, die durch
ihre Intensität und Lichtbeständigkeit ausgezeichnet sind, wenn
man Akridinfarbstoffe mit freien oder alkylierten Amidogruppen
oder ihre Leukoverbindungen mit CH_2O unter Druck erwärmt.
Die wertvollsten Produkte erhält man aus Akridingelb und
seinen Derivaten. Bei der technischen Herstellung braucht
man das Akridingelb nicht erst abzuscheiden, sondern kann,
von Tetraamidoditolylmethan ausgehend, nach der Bildung des
Akridinringes weiter Formaldehyd zugeben und erhitzen. Man
löst z. B. 25,6 kg Tetraamidoditolylmethan in 270 Liter Wasser
und 90 kg Salzsäure ($21\,^0$ Bé) und erhitzt im Autoklaven
7 Stunden auf 145—$150\,^0$. Nach dem Abkühlen setzt man
8,1 kg Formaldehyd ($38\,^0/_0$ig) zu und erhitzt neuerdings 6 Stun‐
den auf $125\,^0$. Nach dem Abkühlen auf $80\,^0$ gießt man in
2000 Liter Kochsalzlösung, wobei sich der Farbstoff vollkommen
ausscheidet. Derselbe löst sich leicht in Wasser mit gelbbrauner
Farbe und schwacher Fluoreszenz. In konz. H_2SO_4 löst er
sich mit gelbbrauner Farbe, während Akridingelb die Schwefel‐
säure grünlichgelb färbt. Er färbt mit Tannin gebeizte Baum‐
wolle und Leder lebhaft rotgelb und ist licht- und waschecht.
Ähnliche Farbstoffe werden aus Diamidoakridin, Trialkyl‐
diamido- und Diamidoalkylmethylakridin gewonnen. Die besten
Resultate erzielt man bei Einwirkung von 1 Mol. CH_2O auf
1 Mol. des Akridinfarbstoffes. Bei Anwendung von mehr Form‐
aldehyd entstehen gleichzeitig schwerlösliche Nebenprodukte.
    Das Verfahren des D. R. P. 136617 besteht darin, daß die

Kondensationsprodukte aus 1 Mol. m-Diamin und CH_2O in neutraler wässeriger Lösung mit oder ohne Zusatz einer verdünnten Säure im Autoklaven erhitzt werden. 25 kg m-Toluylendiamin werden in 3 Liter Wasser gelöst und mit 15 kg Formaldehyd (40°/₀ig) versetzt. Nach mehrstündigem Stehen fügt man 20 kg Kochsalz hinzu und erhitzt auf 60—70°, wobei sich das Kondensationsprodukt abscheidet. Die salzsaure Lösung desselben gibt bei Einwirkung von 1 Mol. $NaNO_2$ glatt die gelbbraune Diazoverbindung; bei Zusatz von mehr $NaNO_2$ beobachtet man Gasentwicklung. Bei gelindem Erwärmen der sauren wässerigen Lösung bildet sich unter NH_3-Abspaltung der Farbstoff. Hierzu wird das Kondensationsprodukt in 120 Liter Wasser und 30 kg H_2SO_4 gelöst und im Autoklaven 3 Stunden auf 150° erhitzt. Nach dem Erkalten wird filtriert, und der Farbstoff mit Kochsalz und $ZnCl_2$ ausgesalzen. Derselbe löst sich in Wasser mit brauner, in konz. H_2SO_4 mit rotbrauner Farbe. Alkalien fällen die Base als orangeroten flockigen Niederschlag. Mit Tannin gebeizte Baumwolle und Leder werden bräunlich-orangerot gefärbt.

Naphtakridinfarbstoffe. Nach Ullmann D.R.P. 104567 kondensiert sich β-Naphtol mit Tetraamidoditolylmethan zu Amidotolylnaphtakridin, einem gelben Farbstoff. β-Naphtol verdrängt dabei m-Toluylendiamin aus dem Tetraamidoditolylmethan und gibt β-Dioxydinaphtylmethan, welches sich mit m-Toluylendiamin unter Wasserabspaltung kondensiert. Die so gewonnene Leukoverbindung wird durch den Luftsauerstoff zum Farbstoff oxydiert. Nach dem Zusatzpatent 104748 erhält man direkt den Farbstoff, wenn man 30 Teile β-Dioxydinaphtylmethan mit 15 Teilen m-Toluylendiamin oder einer Mischung von 10 Teilen salzsaurem m-Toluylendiamin und 10 Teilen m-Toluylendiamin auf 150° erhitzt und zu Ende die Temperatur bis 200° treibt. Das Reaktionsprodukt behandelt man mit Alkohol, wobei die Leukoverbindung ungelöst bleibt. Aus der Lösung wird der neue Farbstoff durch Ätznatron gefällt, während unverändertes m-Toluylendiamin und zurückgebildetes β-Naphtol in Lösung bleiben. Das Leukoprodukt wird durch $FeCl_3$ und dgl. zum Farbstoff oxydiert.

Nach dem Verfahren des D.R.P. 130721 wird das Kondensationsprodukt aus 1 Mol. CH_2O und 2 Mol. Toluylendiamin in alkalischer Lösung mit β-Naphtol erhitzt und die gewonnene Leukoverbindung zum Farbstoff oxydiert. Das ölige Kondensationsprodukt aus 25 Teilen m-Toluylendiamin, 5 Teilen Alkohol, 4—5 Teilen Ätzkali und 7,7 Teilen Formaldehyd (40 %ig), welches wahrscheinlich eine entsprechende Methylenverbindung darstellt, bringt man zu 20 Teilen β-Naphtol und erhitzt auf 150°, schließlich auf 200°.

Nach dem D.R.P. 130943 wird ein gelber Farbstoff der Naphtakridinreihe durch Einwirkung von 1 Mol. CH_2O auf 1 Mol. m-Toluylendiamin und Erhitzen des Kondensationsprodukts in neutraler Lösung mit β-Naphtol erhalten. Die Leukoverbindung wird durch Oxydation in den Farbstoff übergeführt. 14 Teile des Kondensationsprodukts aus CH_2O und m-Toluylendiamin bringt man in 20 Teile geschmolzenen β-Naphtols und erhitzt auf 200°. Die Schmelze wird nach dem Erkalten gemahlen und hierauf durch Kochen mit verdünntem Ätznatron vom unveränderten β-Naphtol befreit. Der ungelöste Rückstand wird in verdünnter Salzsäure gelöst und durch einen Luftstrom oder durch andere Oxydationsmittel oxydiert. Der Farbstoff wird mit Kochsalz gefällt. Die aus Alkohol oder Xylol kristallisierte Base schmilzt bei 240°. Die zugehörige Acetylverbindung ist in Alkohol fast unlöslich, sie kristallisiert sehr schön aus Nitrobenzol, Schmelzp. 320°. Der Farbstoff färbt mit Tannin präparierte Baumwolle und Leder in gelben Tönen. Denselben Farbstoff erhält man auch nach D.R.P. 104067.

Alkylierte Diamidoakridinfarbstoffe (D.R.P. 133709). Die asymmetrischen Substitutionsprodukte der Akridinderivate unterscheiden sich sehr von den symmetrischen durch ihre färbenden Eigenschaften und eignen sich besonders für die Lederfärberei. Zu ihrer Herstellung geht man von den asymmetrischen Di- oder trialkylierten Tetraamidodiphenylmethanbasen aus. diese erhält man durch Kombination von 1 Mol. CH_2O mit 1 Mol. asymm. dialkylierten m-Diamin und 1 Mol. freiem oder monoalkyliertem m-Diamin, oder man geht von den entsprechenden alkylierten Diamidodiphenylmethanbasen aus und führt dieselben durch Nitrierung und darauffolgende Reduktion in die entsprechenden Tetraamidokörper über. Die in der Technik verwendeten asymm. alkylierten Tetraamidodiphenylmethanbasen sind farblos und kristallisieren gut. In Wasser sind sie unlöslich. Wertvoll sind: Dimethyltetraamidodiphenylmethan $(NH_2)_2C_6H_4 . CH_2 . C_6H_4(NH_2)N(CH_3)_2$, Dimethyltetraamidophenyl-o-tolylmethan $(NH_2)_2(CH_3)C_6H_3 . CH_2 . C_6H_4(NH_2)N(CH_3)_2$, Trimethyltetraamidodiphenylmethan $NH_2(NHCH_3)C_6H_4 . CH_2 . C_6H_4(NH_2)N(CH_3)_2$, Trimethyltetraamidophenyl-o-tolylmethan $(NH_2)(NHCH_3)(CH_3)C_6H_3 . CH_2 . C_6H_4(NH_2)N(CH_3)_2$, Diäthyltetraamidophenyl-o-tolylmethan $(CH_2)_2(CH_3)C_6H_3 . CH_2 . C_6H_4NH_2N(C_2H_5)_2$. Die Salze dieser Basen gehen schon beim Kochen mit Wasser im offenen Gefäße oder im Autoklaven in Akridinderivate über; Zusatz von Säuren oder anderen Stoffen, welche NH_3 abspalten, z. B. $ZnCl_2$, beschleunigt die Reaktion. Die Oxydation der Basen zu den entsprechenden Farbstoffen beginnt schon an der Luft; zu ihrer völligen Durchführung wendet man am besten Oxydationsmittel, z. B. CrO_3, an.

Pyronine. Diese Farbstoffe wurden zuerst aus substituierten m-Amidophenolen und CH_2O erhalten (D.R.P. 5705, 5766; s. S. 97), später wurden noch andere Verfahren patentiert (D.R.P. 59008, 58855, 75138, 75373, 99613).

Nach D.R.P. 75138 wird der Farbstoff durch Oxydation von Diamidoditolylmethanoxyd erhalten, welches wieder durch Kondensation von CH_2O mit m-Amidokresol und darauffolgende Wasserabspaltung hergestellt wird. Die Lösung von 2,5 kg Diamidoditolylmethanoxyd in 70 kg 15 %iger Schwefelsäure behandelt man mit 12 Liter Eisenchloridlösung spez. Gew. 1,14, 12 Liter Zinkchloridlösung spez. Gew. 1,45 und 25 Liter gesättigter Kochsalzlösung. Man läßt unter häufigem Umrühren längere Zeit bei gewöhnlicher Temperatur stehen, bis die Oxydation beendet ist. Der Farbstoff wird in heißem Wasser gelöst und nach dem Filtrieren mit Kochsalz und Chlorzink ausgesalzen. Man kann auch nach der Behandlung mit $ZnCl_2$ und $FeCl_3$ mit CrO_3 oxydieren. Der neue Farbstoff löst sich in Wasser, Alkohol und konz. H_2SO_4 mit gelber Farbe von grüner Fluoreszenz. Die Färbungen auf gebeizter Baumwolle sind sehr beständig.

Nach dem D.R.P. 99613 erwärmt man das Kondensationsprodukt aus 1 Mol. CH_2O und 2 Mol. Dimethyl-m-Amidokresol mit 9 Teilen konz. Schwefelsäure auf 120°. Die Schmelze, welche das entsprechende Diphenylmethanoxyd enthält, gießt

man in Wasser und behandelt mit 9 Teilen Salzsäure und
1 Teil Eisenchloridlösung spez. Gew. 1,14. Der Farbstoff
scheidet sich in Kristallen aus. Seine wässerige Lösung
fluoresziert nicht. Auf mit Tannin und Brechweinstein
gebeiztem Baumwollgewebe erhält man helle rotviolette
Farbtöne.

Auramine. Der gelbe Grundfarbstoff der Auramingruppe
wurde von der Badischen Anilin- und Sodafabrik aus symm.
Dimethyldiamidodi-o-tolylmethan erhalten. Durch eine Mischung
von 1 Mol. CH_2O (in 40%iger Lösung) und 2 Mol. Monomethyl-o-Toluidin (oder eines Gemenges von Monomethyl-
o-toluidin und Dimethyl-o-toluidin in den entsprechenden
Mengen) leitet man unter Kühlung 1 Mol. Salzsäuregas und
erwärmt hierauf 10 Stunden auf dem Wasserbad, oder man
behandelt direkt eine Mischung von 1 Mol. salzsaurem Monomethyl-o-toluidin und 1 Mol. Monomethyl-o-toluidin mit CH_2O.
Hierauf verdünnt man mit Wasser, macht mit Soda alkalisch
und treibt den Überschuß der ursprünglichen Base mit Wasserdampf ab. Die neue Base scheidet sich beim Stehen in der
Kälte in Form eines Kristallbreis ab. — In einem geschlossenen,
mit Rührwerk versehenen emaillierten Kessel, der in ein Ölbad
eingesetzt ist, schmilzt man 25,4 kg symm. Dimethyldiamido-
tolylmethan (Schmelzp. 86°) mit 6,4 kg Schwefel zusammen
und mischt zur Verdünnung mit 240 kg Kochsalz und 14 kg
Salmiak. Man hält nun die Temperatur 6—7 Stunden auf
ca. 175° und leitet gleichzeitig einen schwach gespannten
trockenen Ammoniakstrom in die Masse. Nach dem Erkalten
wird aus der Schmelze das Kochsalz und der Salmiak mit
kaltem Wasser ausgezogen und endlich der Rückstand in
heißem Wasser gelöst. Aus der Lösung wird der Farbstoff
durch Kochsalz gefällt. Derselbe färbt mit Tannin und Brechweinstein gebeizte Baumwolle auf einen gelben grünstichigen
Ton (D.R.P. 67478, s. S. 97ff.).

Die Patente Nr. 68004 und 68011 beschreiben die Herstellung von Auraminen aus symm. Diäthyldiamidodi-o-tolyl-
methan und aus symm. Dimethyldiamidodiphenylmethan.
10,7 Teile Methylanilin, 14,5 Teile Methylanilinchlorhydrat und
7 Teile Formaldehyd (40%ig) werden 10 Stunden auf 100—120°
erhitzt. Nach Zusatz von Alkali bis zur basischen Reaktion

wird das unveränderte Methylanilin mit Wasserdampf abgetrieben. Aus der Lösung kristallisiert nach langer Zeit das Dimethyldiamidodiphenylmethan. — 12 kg dieser Base werden mit 3,2 kg Schwefel, 120 kg Kochsalz und 7 kg Salmiak in einem Ammoniakstrom erhitzt. Das so gewonnene Auramin ist in Wasser und Alkohol leicht löslich und färbt mit Tannin und Brechweinstein gebeizte Baumwolle mit gelber, grünstichiger Farbe. Es zeigt die typischen Auraminreaktionen: mit verdünnten Säuren zerfällt es in Keton und Ammoniak, bei der Reduktion gibt es eine Leukoverbindung.

Die freien Auraminbasen dürften Imidcharakter haben, z. B. $[(CH_3)_2N . C_6H_4(CH_3)]_2C : NH$ und $[(CH_3)_2N . C_6H_4]_2C : NH$, während die Farbstoffe die Chlorhydrate der chinoiden Pseudoform darstellen [Ber. **33** (1900), 297, 318].

Die Farbwerke vorm. Friedr. Bayer nahmen 2 Patente auf die Darstellung von Anthrazenfarbstoffen aus Alizarinblau und Hydroazinen der Anthrachinonreihe durch Einwirkung von CH_2O, wobei im ersten Falle graue bis schwarze Beizfarben, im zweiten grünlichblaue Küpenfarbstoffe entstehen (D. R. P. 159 724, 159 942).

Die Farbwerke vorm. Durand, Huguenin & Co. in Basel nahmen zwei Patente (D.R.P. 167 805, 171 459) auf ein Verfahren zur Herstellung neuer Farben von blauen bis grünlichgelben Tönen durch Behandlung von Gallocyaninen mit CH_2O und auf die Umwandlung dieser Farben in wasserlösliche Farbstoffe von blauem bis grünem Tone durch Behandlung mit Wasser event. bei Gegenwart von Säuren bei Temperaturen von 100 — 200°. Beide Arten von Farbstoffen sollen in der Kattundruckerei und Färberei Verwendung finden. Werden die fertigen Farben der beiden Kategorien mit sauren, neutralen oder alkalischen Reduktionsmitteln behandelt, so werden sie wasserlöslicher und färben in lebhafteren Tönen.

Das D. R. P. 172 118 behandelt die Herstellung blauer Farbstoffe der Chinolinreihe durch Einwirkung von Basen in Gegenwart von Formaldehyd auf Halogenalkyle der Chinaldinbasen oder eine Mischung derselben mit Halogenalkylen der Chinolinbasen. Hierzu gehören die Zusatzpatente Nr. 175 034 und 178 688. Diese Farbstoffe sind lichtempfindlich und finden daher in der Photographie als Sensibilatoren Anwendung.

124 Die Verwendung des Formaldehyds.

Pharmazeutische Präparate.

Hier sollen nur solche Präparate angeführt werden, welche
in die bisher besprochenen Gruppen von chem. Verbindungen
nicht eingereiht werden konnten, oder deren Zusammensetzung
noch nicht feststeht. Der Hauptsache nach sind es Gemische
verschiedener Substanzen.

Behandelt man die Sulfonierungsprodukte der Mineralöle
oder die Sulfosäuren anderer Kohlenwasserstoffe, z. B. Ichthyol-
sulfosäure mit Formaldehyd, so erhält man geschmack- und
geruchlose Substanzen (D.R.P. 107288) (Jahresber. 1899, 544).

Mischt man Holzteer mit 40 %igem Formaldehyd und
behandelt weiter mit Salzsäure, Schwefligsäure usw., so scheidet
sich ein harzartiger, in Alkohol, Äther, heißem Benzin und
Ätzalkalien leicht löslicher Körper aus. Durch wiederholtes
Auskochen mit Sodalösung, wiederholtes Auflösen in Alkalien
und Fällen durch verdünnte Säuren erhält man diese Substanz
endlich in solcher Reinheit, daß sie hellgelb gefärbt ist. Dieselbe besitzt die therapeutischen Eigenschaften des Holzteers,
ohne dessen unangenehme Nebeneigenschaften (D.R.P. 161039,
Zeitschr. ang. Ch. 1905, 1452).

Eine Zusammenstellung der gebräuchlichsten hierher ge-
hörigen Präparate findet sich S. 175.

Die Anwendung des Formaldehyds in der Ledergerberei.

Am wichtigsten ist nach dem Berichte der Fabrik Seelze
bei Hannover die Anwendung des Formaldehyds zur Bear-
beitung von Sohlenleder. Von dieser Gattung verlangt man
Härte, Festigkeit und Dauerhaftigkeit. Alle diese Eigenschaften
verleiht Formaldehyd dem Sohlenleder in einfachster Weise,
im Gegensatze zu der durch die Einwirkung von Säuren erzeugten Härte, welche immer von Schwellung begleitet ist.
Die Behandlung mit Formaldehyd wird in folgender Weise
vorgenommen.[1]

Die angefärbten und entweder in Sauerbrühen oder in

---

[1] Vanino-Seitter, Der Formaldehyd S. 48.

einem künstlich aus Schwefelsäure, Essigsäure oder Milchsäure
angestellten Schwellbade aufgetriebenen Häute werden, nachdem man die Schwellbrühe hat abrinnen lassen, in das separat
gehaltene Formaldehydbad eingehängt. Beim ersten Anstellen
dieses Bades werden auf je 1000 Liter reinen Wassers
2 Liter 40%iges Formaldehyd enthaltendes Formatol (Bezeichnung der Firma Seelze für 40%ige wässerige Lösung
von Formaldehyd als auch für ein Desinfektionsstreupulver)
zugesetzt. Bei weiteren Verwendungen des Bades werden nur
1—1¼ Liter davon zugesetzt. Die Häute bleiben mindestens
24 Stunden in diesem Bade; starke Häute läßt man 48 Stunden
darin. Nachdem man so die Fixierung der Schwellung voll-
zogen hat, können die Häute in beliebiger Weise gegerbt
werden; bemerkt sei diesbezüglich, daß so behandelte Häute
viel stärkere Gerbstoffbrühen vertragen, und daß sie darin viel
rascher gerben als sonst.

Besonders deutlich treten die Vorzüge der Vorbehandlung
der Häute mit Formaldehyd beim Gerben mit Extrakten in
Erscheinung. Bereits nach drei Monaten erhält man vollkommen durchgegerbtes Leder, welches den besten, in Loh-
gruben gegerbten Sohlenledern nicht nachsteht, während sonst
gewöhnlich die Häute bei der Einwirkung der starken Extrakte
die Schwellung verlieren und nicht so haltbar sind wie die
durch Lohgerberei erzeugten Sorten. Auch bei der Schnell-
gerberei mit konzentrierten Extrakten unter mechanischer
Mischung (z. B. in rotierenden Trommeln) ist die große Härte,
welche Formaldehyd den Häuten verleiht, von Nutzen. Sollen
die mit Formaldehyd behandelten Häute der Lohgerberei in
Gruben unterworfen werden, so ist das vorherige Anfärben mit
schwacher Brühe nicht mehr nötig; die Häute werden direkt
der Einwirkung starker frischer Lohe ausgesetzt. Nach drei
Sätzen von je sechs Wochen ist das Leder vollkommen gar
und zeigt die erforderliche Sättigung und Haltbarkeit, während
Sohlenleder sonst ein- bis zweijährige Gerbung erfordert.[1]

Als Antiseptikum dürfte der Formaldehyd wegen seiner
intensiven Einwirkung auf Hautsubstanz in der Lederindustrie
nur mit großer Vorsicht Verwendung finden. So soll man zur

[1] Der Gerber 1897, 68; 1899, 205.

Hintanhaltung der Fäulnis die Häute nur ganz kurze Zeit
15—20 Minuten in eine 0,2 %ige Formatollösung einlegen;
auch werden in der Glacégerberei durch Zusatz geringer
Mengen Formatol — etwa 0,02 % — zu den Läuterwassern
Schatten vermieden.[1]

Noch wichtiger ist die Anwendung von Formaldehyd zur
Desinfektion von Häuten, welche der Infektion mit pathogenen
Bazillen verdächtig sind. Man behandelt dieselben mit 2,5 % iger
Formaldehydlösung. Dieselbe macht selbst die Keime der
sibirischen Pest unschädlich, indem sie ihre Zellhaut härtet,
so daß sie in kurzer Zeit zugrunde gehen. Frische Häute
behandelt man zur Konservierung mit einer Mischung von
Formaldehyd und Amylalkohol. Die Häute halten sich durch
einige Monate, ohne auch nur Spuren von Fäulnis zu zeigen.
Der darauffolgende Schwitzprozeß verläuft, wie durch mikroskopische Untersuchung festgestellt wurde, ohne Mitwirkung
von Fäulnisbakterien durch bloße Fermentwirkung. Das Ent-
haaren macht keine Schwierigkeit. (Jahresber. über d. chem.
Techn. 1899, 1146; 1897, 1111; 1902, 593.)

Anwendung des Formaldehyds in der Papier-, Tapeten- und Textilindustrie.

Über die Einwirkung von Formaldehyd auf Gelatine und
Klebstoffe und die Verwertung dieser Reaktion in der Technik
wurde bereits S. 105 berichtet. Auch Kasein, Albumosen und
flüssige Produkte aus Leim und Gelatine können mittels Formaldehyd in unlösliche Form gebracht werden. Um Papier
wasserundurchlässig zu machen, tränkt oder streicht man es
mit Kaseinlösung, behandelt dann mit Formaldehydgas und
trocknet.

Wasserdichte Segeltücher (aus Leinen oder Baumwolle)
kann man nach dem Verfahren des General M. M. Pomorzeff
(Russ. Priv. 10651, 11547, 11548) herstellen, welches von der
Neuen Leinenmanufaktur, Kostroma ausgeübt wird.

Zum Imprägnieren bereitet man die folgenden zwei Lösungen,

---

[1] Vanino-Seitter, Der Formaldehyd S. 44.

welche zusammengegossen eine Emulsion bilden, die zu einem
Kleister erstarrt.

1. Unter gelindem Erwärmen löst man 10 Gew.-Tl.
Gelatine in 75 Gew.-Tl. Wasser. Hierzu mischt man 10 Gew.-
Tl. bas. Aluminiumacetat, welches mit 75 Gew.-Tl. Wasser
und 30 Gew.-Tl. Essigsäure (80 %) zu einem Brei angerührt
wurde. Die Mischung wird gelinde erwärmt, bis sie eine
homogene Flüssigkeit bildet. Dabei ist wohl darauf zu achten,
daß die Gelatine nicht zu Klümpchen gerinnt.

2. Zu 125 Gew.-Tl. denaturierten Spiritus (90°) fügt man
25 Gew.-Tl. Essigessenz (80 % ig), erwärmt auf 70° und löst
in dieser Mischung 10 Teile Paraffin, 10 Teile Lanolin und
10 Teile Kolophonium. Da das Paraffin im Alkohol so gut
wie unlöslich ist, setzt man noch 10 Gew.-Tl. franz. Terpentinöl zu und mischt, bis man eine homogene milchartige Flüssigkeit erhält.

Die beiden Lösungen hält man auf 60—63° C. und gießt
langsam unter fortwährendem Umrühren die erste in die zweite.
Nach dem Erkalten bildet die Mischung eine dicke homogene
Masse, die sich beim Erwärmen in eine homogene emulsions-
artige Flüssigkeit verwandelt. Ist die Masse sehr dick, so
kann man sie durch Alkoholzusatz auf die gewünschte Kon-
sistenz bringen.

Die Zelt- oder Segeltücher imprägniert man auf Durch-
ziehmaschinen. Die Emulsion befindet sich in einem Trog
und wird durch mäßiges Erwärmen in flüssigem Zustand erhalten. Der Überschuß derselben wird durch Abstreifwalzen
entfernt und fließt in den Trog zurück. Nach dem Imprägnieren werden die geglätteten Gewebe in einer 2 % igen CH₂O-
Lösung gebadet. Diese Operation muß mit großer Sorgfalt
vorgenommen werden und dauert einige Tage. Der Zweck
desselben ist, die Verbindung der Gelatine mit dem CH₂O zu
bewirken und die Essigsäure vollkommen auszuwaschen. Hierauf wird das Gewebe wieder auf einer Durchziehmaschine von
der Flüssigkeit befreit und in der Trockenkammer aufgehängt.
Lufttrocknung ist der Trocknung mit Dampf vorzuziehen,
die Temperatur soll auf 90—100° gehalten werden. Nach
dem Trocknen werden die Gewebe auf Kalandern der Fabrik
Gebauer & Co., Berlin, gepreßt. Dies ist eine beschwerliche

Arbeit, da fortwährend kleine Mengen der Imprägnierungsmasse infolge des Gehalts an Paraffin, Kolophonium und Lanolin an den Walzen haften bleiben und diese mit einer Schicht überziehen, welche von Zeit zu Zeit entfernt werden muß. Auch muß infolgedessen mit kalten Walzen gearbeitet werden, während sich mit warmen Walzen ein besseres Aussehen der Ware erzielen ließe.

Statt des teuren pulverförmigen basischen Aluminiumacetats verwendet die Fabrik in der letzten Zeit Tonerdehydrat in Form von Pulver oder von Teig, welches bei sorgfältigem Kochen in der Gelatineessigsäurelösung in das basische Acetat übergeht. Mit der so gewonnenen Emulsion kann man nicht nur Leinen und Baumwolle, sondern auch Tuch und Lodenstiefel imprägnieren. Auch lassen sich beim Verkochen Farbstoffe in die Masse eintragen, z. B. Benzazurin und andere direkt färbende Baumwollfarbstoffe. Aus dem imprägnierten Segeltuch werden auch Schuhwaren verfertigt, an denen jedoch das Vorderteil, von welchem große Elastizität verlangt wird, aus imprägniertem starken Baumwollgewebe genommen wird; die Sohlen sind aus gewöhnlichem Sohlenleder. Die fertigen Stiefel werden noch einmal mit warmer Emulsion bestrichen, der man für schwarze Ware Ruß zusetzt.

Das Pomorzeffsche Verfahren ist eine glückliche Kombination von drei Arten des Imprägnierens, von welchen jede ihre Mängel hat und allein den Anforderungen nicht genügt, welche man in bezug auf Wasserdichtheit zu stellen gezwungen ist. Diese drei Methoden sind: 1. die Behandlung mit basisch essigsaurer Tonerde; 2. das Paraffinieren (gewöhnlich wird in der Technik statt Paraffin eine Lösung von Ozokerit in Mineralöl verwendet, doch erhält man dadurch Ware von schmutzigem Aussehen, und der Ozokerit wird in der Sommerhitze weich, im Winter dagegen brüchig); 3. das Gelatinieren mit darauffolgender Formaldehydbehandlung. Die Wirkung der einzelnen Bestandteile ist die folgende: Die Essigsäure verhindert, daß die Gelatine durch das Tonerdesalz zum Gerinnen gebracht wird; das Terpentin löst das Paraffin, Kollophonium verleiht demselben Klebekraft, beide zusammen verleihen ihm die Eigenschaften des Ozokerits, Geschmeidigkeit und Weichheit; Terpentin bildet mit der Gelatine eine Art Verbindung; eine

Gelatinelösung vermag bei gutem Durchrühren große Mengen
Terpentin aufzunehmen. Durch das wiederholte Waschen mit
Wasser wird die Essigsäure entfernt, das basische Aluminiumacetat in noch basischere Salze übergeführt, welche die Faser
des Gewebes umhüllen, während die abgespaltene Essigsäure
gleichzeitig entfernt wird. Infolge des Verschwindens der
Essigsäure gerinnt die Gelatine, umhüllt die Teilchen der
essigsauren Tonerde und befestigt sie auf der Faser und ver-
klebt die Zwischenräume zwischen den einzelnen Fäden und
Fasern. Diese Gelatinehäutchen werden durch das Formaldehyd in die unlösliche Form übergeführt. Durch das
Kalandern wird die undurchlässige Schicht geglättet, das
Paraffin und das Kollophonium schmelzen und verteilen sich
über die Fasern des Gewebes, welches ein lederartiges Aussehen annimmt.

Die imprägnierten Stoffe genügen den weitgehendsten Anforderungen. Mit einer 9 cm hohen Wasserschicht bedeckt,
sind sie 3 Wochen lang absolut undurchlässig; Wasser fließt
an ihnen herab ohne sie zu benetzen und ohne die Fasern
des Gewebes quellen zu machen; die Stoffe sind wie mit einer
dünnen Fettschicht überzogen. Da sich die leichteren Stoffe
z. B. Segeltuch auch färben lassen, stellt das Pomorzeffsche
Verfahren eine äußerst wertvolle technische Errungenschaft
vor und ist nach meinem Urteile allen bisher bekannten Im-
prägnierungsverfahren überlegen.

Die Anwendung des Formaldehyds in der Photographie.[1])

An Stelle des früher zum Härten der Gelatineplatten verwendeten Alauns, welcher den Nachteil besitzt, daß mit dessen
Lösung behandelte Platten das Eindringen der Chemikalien
beim Entwickeln mehr oder weniger verhindern, bedient man
sich heutzutage vielfach des Formaldehyds, der die Gelatine
härtet, ohne daß dabei deren Durchlässigkeit leidet.

Zur Herstellung solcher selbst in warmem Wasser schwer
löslicher oder unlöslicher Gelatineplatten verfährt man nach
den Patenten[2]) der chemischen Fabriken vormals E. Schering,

---

[1]) Vanino-Soitter, Der Formaldehyd S. 46.
[2]) D.R.P. 91505.

Berlin, folgendermaßen: Man taucht die Platten je nach deren
Stärke in 3- bis 5%ige Formaldehydlösungen und läßt ¼ bis
1 Stunde einwirken. Nach dem Trocknen besitzen die Platten
die gewünschte Eigenschaft. Schwach alkalische Lösungen
fördern hierbei die Härtung, während Säuren dieselbe herab-
drücken. An Stelle des Formaldehyds können auch Substanzen
verwendet werden, die durch gegenseitige Einwirkung Formaldehyd erzeugen, z. B. Methylalkohol mit Ozon oder Wasserstoffsuperoxyd usw. So gehärtete Gelatine bringen obige
Fabriken unter dem Namen Gelatoid in den Handel, die
Härtungsflüssigkeit nennen sie Tannalin, die gehärteten Schichten
Tannalinhäute. Auch zum Härten von Trockenplatten, die
lichtempfindliche Salze enthalten, bedient man sich des Formaldehyds. Zu diesem Zwecke badet man die Platten in einer
schwachen Formaldehydlösung und läßt auf der Platte eintrocknen, ohne vorher mit Wasser zu spülen. Diese Platten
sind gegen warme Lösungen beständig und leiden auch nicht
bei höherer Temperatur, was in den Tropen von Bedeutung ist.

Nach einem weiteren Patente[1]) soll der Formaldehyd zur
Erhöhung der Lichtempfindlichkeit photographischer Platten
dienen. Man badet die Platten kurze Zeit in Formaldehydlösung und spült sie dann ab, wobei dieselben lichtempfindlich
gemacht werden, ohne daß eine Härtung der Gelatine eintritt.

Anstatt nun fertige Platten der Einwirkung des Formaldehyds auszusetzen, kann man, um gleichmäßigere und sichere
Erfolge zu erzielen, nach einem anderen Patente[2]) die noch
flüssige Gelatinelösung mit gasförmigem oder gelöstem Formaldehyd behandeln und aus der so erhaltenen Gelatine die
betreffenden Gelatineplatten herstellen. Zur Ausführung setzt
man zu 30 g in 200 ccm Wasser gelöster Gelatine 0,5 ccm
Formalin (= 40%ige Handelslösung) zweckmäßig unter Zugabe von etwas Glyzerin, gießt aus und läßt trocknen. Es
hat sich hierbei die merkwürdige Tatsache gezeigt, daß, wenn
man warme Gelatinelösungen mit wenig Formaldehyd versetzt,
die Gelatine nach dem Eintrocknen vollkommen ihre Löslichkeit in warmem Wasser eingebüßt hat. Dies ist um so merk-
würdiger, als ohne Eintrocknen die formaldehydhaltige Gelatine-

---

[1]) D.R.P. 51407.   [2]) D.R.P. 95270.

lösung ihre Löslichkeit behält. Durch den Zusatz von mehr oder weniger Formaldehyd hat man es vollständig in der Hand, eine nach dem Eintrocknen mehr oder weniger in heißem Wasser lösliche Formaldehydgelatine zu erhalten. Dieser Gelatine können selbstredend noch andere Zusätze bei Verwendung zu photographischen Zwecken gemacht werden.

Um in alkalischen Entwicklern eine gleichzeitige Gerbung der Gelatineschicht herbeizuführen, wird von verschiedenen Seiten Formaldehyd empfohlen. Es sollen jedoch durch Oxydation des Entwicklers[1] Färbungen der Gelatine eintreten und deshalb ein solcher Zusatz bei Entwicklern mit Phenolkonstitution unter Ausnahme von Paraamidophenol und Methol vermieden werden.

Die Entwicklung selbst wird nach Helheim[2] und Schwartz Merklin[3] durch Zusatz von Formaldehyd wesentlich beschleunigt.

Zur Ablösung von Gelatinebildern vom Glase, was z. B. bei zerbrochenen Platten oder beim Umkehren von Negativen in Betracht kommt, wird nach Frank Jellow[4] folgendes Verfahren empfohlen:

Das Negativ wird 5 Minuten in einer Lösung von 1 Teil Formalin, 2 Teilen $10\,\%$ iger Natronlauge und 20 Teilen Wasser gebadet und dann ebenso lange in einer Lösung von 1 Teil Salzsäure in 10 Teilen Wasser. Die Gelatinehaut löst sich ab und kann in dieser Lage oder verkehrt auf eine Glasplatte übertragen werden.

Über das Färben des Gipses durch Behandlung der gebrannten Gipsmasse mit Metallsalzlösungen und Formaldehyd.[5]

Verrührt man gebrannten Gips mit formaldehydhaltigem Wasser und etwas Alkali, und gibt die zur Erhärtung des Gipses nötige Wassermenge, welche ein reduzierbares Metall-

[1] Eder, Jahrb. 97, 30.
[2] Phot. Rdsch. 1896, 285.
[3] Phot. Arch. 1896, 853.
[4] Brit. Journ. Phot. 1899, 750.
[5] Vanino-Seitter, Der Formaldehyd S. 48.

salz gelöst enthält, hinzu, so erhält man eine vollkommen
gleichmäßig gefärbte Gipsmasse. Der Vorgang vollzieht sich
in kürzester Zeit, die Erhärtung des Gipsbreies wird in keiner
Weise beeinflußt.

Bei der Darstellung einer grau gefärbten Gipsmasse verfährt man z. B. auf folgende Weise:

Man rührt 50 g Gips mit dem 4. Teile seines Gewichtes
an, welches einige Tropfen Formaldehyd und Natronlauge enthält, und gibt 10 Tropfen einer $\frac{1}{10}$ Normalsilberlösung, welche
man vorher mit der zur Erhärtung des Gipses nötigen Wassermenge versetzt hat, hinzu. Sofort färbt sich die Masse nach
dem Verrühren gleichmäßig perlgrau.

Um rote oder kupferähnliche, schwarze oder bronzefarbene
Töne zu erzielen, lassen sich Gold-, Kupfer- oder Silbersalze,
Wismut oder Bleisalze einzeln oder gemischt benützen.

Dieses Verfahren zum Färben von Gips unterscheidet sich
von dem bisher üblichen Verfahren dadurch, daß die Färbung
durch Metalle im Entstehungszustande erzeugt und eine außerordentlich feine Verteilung erzielt wird. Der Vorteil der Färbe-
methode liegt darin, daß mit geringen Mengen eines Salzes
Färbungen hervorgerufen werden können; außerdem werden
durch diese Art von Färbungen die feineren Konturen der
Figuren keineswegs beeinflußt, und ein weiterer und ganz be-
sonderer Vorteil liegt in der ganzen Durchfärbung der Masse,
wodurch eine größere Haltbarkeit der Farbe gegen äußere
Einflüsse hervorgebracht wird. So wird z. B. ein Abspringen
des Farbstoffes, sowie ein Abreiben desselben unmöglich.

Das Verfahren ist in Deutschland patentiert worden
(D.R.P. 113456, Vanino).

Die Anwendung des Formaldehyds zur Verarbeitung der Edelmetallrückstände.[1]

Zur Verarbeitung der Edelmetallrückstände eignet sich
Formaldehyd[2] in ganz vorzüglicher Weise. Die Ausführung
des Verfahrens ist äußerst bequem, die Abscheidung geschieht

---

[1] Vanino-Seitter, Der Formaldehyd, S. 50.
[2] Pharm. Centralbl. 40, 58; D.R.P. 102008; Am. P. 680951.

durch einfaches Versetzen genannter Rückstände mit Natronlauge und Formaldehyd. Die Reaktion vollzieht sich beim
Silbernitrat und Chlorsilber in wenigen Minuten, bei Brom-
silber verläuft sie langsamer, bei Jodsilber ist Kochen un-
erläßlich.

Um z. B. Silber und Gold[1]) aus den Abfällen, wie sie
sich hauptsächlich in den Goldschmiedewerkstätten ergeben,
zu trennen, behandelt man die sand- und bimssteinhaltigen
Rückstände am besten mit Königswasser, wodurch Gold, event.
Kupfer in Lösung gehen, während Chlorsilber im Rückstande
verbleibt. Das goldhaltige Filtrat wird mit Ätznatron über-
sättigt, worauf man die event. ausgefällten Oxyde durch Filtration trennt und im Filtrate hiervon das Gold durch Formaldehyd quantitativ ausscheidet. Die chlorsilberhaltigen Rückstände begießt man mit konz. Natronlauge und etwas Formaldehyd, wodurch das Chlorsilber in pulverförmiges Silber
übergeführt wird. Man wäscht hierauf mit Wasser bis zum
Verschwinden der Chlorreaktion aus, und entzieht das Silber
den Rückständen durch Erwärmen mit verdünnter Salpetersäure. Die Silberlösung kann man alsdann zur Trockne verdampfen, und auf Silbernitrat verarbeiten, oder man kann nach
der Zugabe von Ätznatron und Formaldehyd wieder metallisches
Silber daraus gewinnen. 1 kg Chlorsilber bedarf zur Reduktion
je 300 g 40 %ige Formaldehydlösung und 300 g Natronlauge.

Herstellung von Metallspiegeln.

Naheliegend ist die technische Verwendung von Formaldehyd zur Erzeugung von Metallspiegeln. Eine geeignete
Ausführungsweise beschreibt das D.R.P. Nr. 199503. Danach
ist die Verspiegelung leicht und ökonomisch auszuführen, wenn
auf die zu verspiegelnde Fläche zuerst nicht verspiegelnde
Lösungen von Silbersalzen und ein alkalischer oder ein reduzierender Stoff aufgetragen werden und nachher das Silber
durch Einwirkung eines reduzierenden oder im zweiten Falle
eines alkalischen Mittels zur Ausscheidung gebracht wird.
Z. B. 6 g Silbernitrat werden in 8 ccm Wasser gelöst und mit

---

[1]) Chem.-Ztg. 24. (1900), 509.

einem Gemisch von 6 ccm Formaldehyd (40%ig), 7 ccm
Glyzerin oder starker Zuckerlösung, Sirup oder Gummilösung
versetzt. Mit dieser Lösung wird die Platte gut eingerieben
und nach Entfernung des Überschusses mit Ammoniak (in
Dampfform oder in Benzollösung) behandelt, wobei sich sofort
der Spiegel bildet.

Die Anwendung des Formaldehyds zur Darstellung von rauchender Salpetersäure.[1]

Wenn man Formaldehyd auf konzentrierte Salpetersäure
einwirken läßt, so tritt in wenigen Minuten in der Kälte Gelbfärbung ein, und bald entwickeln sich unter einem hier und
da auftretenden knatternden Geräusch und stürmischer Reaktion reichliche Mengen von Stickstoffdioxyd neben etwas
Stickstoff.

Diese Reaktion eignet sich nicht nur zur Darstellung von
Stickstoffdioxyd, sondern läßt sich auch unter Einhalten gewisser Bedingungen zur Darstellung von rauchender Salpetersäure benützen.

Bekanntlich versetzt man die Salpetersäure, um bei der
Darstellung genannter Säure eine zu hohe Temperatur zu vermeiden, während der Destillation mit Kohle, Schwefel oder
Stärke, d. h. mit Substanzen, welche schon bei verhältnismäßig
niedriger Temperatur einen Teil der Salpetersäure reduzieren.
Rascher und schon in der Kälte vollzieht sich genannte Reaktion bei Anwendung von polymerem Formaldehyd. Versetzt
man nämlich Salpetersäure mit Paraform, so bilden sich schon
in der Kälte Dämpfe von Stickstoffdioxyd. Erwärmt man
schwach zur Beschleunigung auf dem Sandbade, so tritt sofort
Entwicklung von Untersalpetersäure ein, welche in Salpetersäure geleitet ein Präparat liefert, das reichlich Stickstoffdioxyd enthält. Durch diese Reaktion lassen sich auch ohne
Destillation der Salpetersäure nitrose Dämpfe einverleiben,
indem man einfach der Säure nach und nach Paraform
zusetzt.

---

[1] Vanino, Ber. 32 (1899), 1892.

Der Theorie nach verläuft die Reaktion im großen und ganzen nach folgendem Formelbilde:

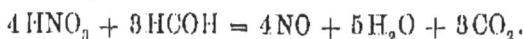

$$4\,HNO_3 + 3\,HCOH = 4\,NO + 5\,H_2O + 3\,CO_2.$$

Nebenbei bildet sich, wie oben schon kurz erwähnt, etwas Stickstoff.

Formaldehyd zum Bleichen und Beschweren von Seide, zur Bearbeitung von Schafwolle usw.

Ein Verfahren zum Bleichen von Seide mittels Alkalisuperoxyd oder Wasserstoffsuperoxyd, dadurch gekennzeichnet, daß man den Bleichbädern Alkohole, Aldehyde oder Ketone zusetzt, um einen erheblich größeren Bleicheffekt zu erzielen, wurde der Firma W. Spindler in Berlin patentiert.

Zur Erläuterung des Verfahrens diene folgendes Beispiel: In einem geschlossenen, mit Rückflußkühler versehenen Gefäße erhitzt man 5 kg gelbbastige rohe Seide von beliebigem Draht mit 10 kg Wasserstoffsuperoxyd des Handels von 3 %, und 10 kg Aceton oder einem Alkohol, oder einem Aldehyd nebst der nötigen Menge Ammoniak, um die Säure des Wasserstoffsuperoxyds zu neutralisieren, eine Stunde zum Siedepunkt. Nach dieser Zeit wird die Seide weißer als die gleichwertige Weißbastseide sein, ohne merklichen Verlust.

Ein derartiges Verfahren ist der chemischen Fabrik auf Aktien (vorm. E. Schering) patentiert worden.[1] Dasselbe erlaubt selbst ohne Anwendung der früher üblichen metallischen Beizen eine Beschwerung der Seide um 30 bis 50 %, dieselbe erhält dabei einen ungemein hohen Glanz, sowie den krachenden Griff, wird im Faden bedeutend kräftiger und läßt sich deshalb leichter spulen.

Das Verfahren wird in folgender Weise ausgeführt.

1. Bei Verwendung von Albumin.

a) Man setzt zu einer Lösung von 300 g Eieralbumin in 5 bis 8 Liter Wasser eine Formaldehydlösung, welche durch Verdünnung von 100 g 40 %iger Formaldehydlösung mit

---

[1] D.R.P. 106958.

8 Liter Wasser hergestellt ist. Durch die erhaltene Mischung wird die degummierte und entwässerte Seide acht- bis zehnmal hindurchgezogen, Hierauf windet man aus, läßt 1 Stunde liegen, und wiederholt dann die Passage noch zweimal, worauf man' wieder auswindet und trocknen läßt. Hierauf folgt eine Arivage, wie üblich. Alsdann wird die Seide getrocknet und chevilliert. Man erhält auf diese Weise einen Beschwerungssatz von 30 %.

b) Bei Anwendung von 400 g Eieralbumin und 150 g Formaldehyd bei gleicher Verdünnung wie im vorhergehenden Beispiel, erhält man eine Gewichtszunahme der Seide um 40 %.

c) In einem Beschwerungsbade von 500 g Albumin, gelöst in 5 bis 8 Liter Wasser und 200 g Formalin, verdünnt mit 4 bis 6 Liter Wasser, erhält man, wenn man die Seide jedesmal nach der dritten und vierten Passage in dem Bade 1 Stunde liegen läßt, einen Beschwerungssatz von 50 %.

2. Bei Verwendung von Gelatine und Albumin.

1 kg Gelatine wird mit 10 bis 18 Liter Wasser unter Ersatz des Wassers 2 Tage gekocht, hierauf 1 kg 10 % ige Albuminlösung nach dem Erkalten zugesetzt, 200 g verdünnte Formaldehydlösung zugefügt, und wie bei 1 c) behandelt. Die Gewichtszunahme beträgt 50 %.

Man kann auch, zwar nicht so vorteilhaft, die Lösungen der Eiweißkörper ohne Zusatz von Formaldehyd auf die Faser bringen und die ganz oder teilweise trockene Schicht der Einwirkung von gelöstem oder gasförmigem Formaldehyd aussetzen. Nach der Beschwerung der Faser mit Formaldehyd-Eiweißkörpern kann gegebenenfalls behufs weiterer Beschwerung die getrocknete Faser ohne Arivage mit den gebräuchlichen Mitteln behandelt werden, z. B. mit Chlorzinn und phosphorsaurem Natron oder anderen Beizen, wie sie verschieden in der Färberei im Gebrauch und mehr oder minder bekannt sind.[1]

Formaldehyd wirkt auch auf Schafwolle, welche ja Keratin und leimartige Substanzen enthält. Schafwolle, die mit Formaldehyd befeuchtet wurde oder der Einwirkung seiner Dämpfe ausgesetzt war, gewinnt dadurch eine gewisse Beständigkeit.

[1] Vauino-Seitter, Der Formaldehyd S. 58.

Die Struktur der Faser ändert sich dabei kaum, dagegen ist solche Wolle gegen andauerndes Kochen und Ausdämpfen und gegen die Einwirkung von Alkalien widerstandsfähiger. Man kann sie daher mit Schwefelfarbstoffen färben, welche alkalisches Bad erfordern. Für die Praxis ist noch die Tatsache von Interesse, daß rohe Schafwolle, welche einige Stunden mit Formaldehyddämpfen oder mit einer 4 %igen Formaldehydlösung behandelt wurde, bei höherer Temperatur und mit stärkeren Laugen entfettet werden darf.

Die Anwendung des formaldehydsulfosauren Natrons in der Kattundruckerei wurde bereits besprochen (s. S. 35 ff.).

Mit Rongalit (oder formaldehyosulfoxylsaurem Natron) kann man fehlerhaft gefärbte Gewebe zum Zwecke einer neuen Färbung entfärben[1]) und auch bei der Fabrikation von licht getönten Kunstwollen die Färbung entfernen. Man braucht hierzu eine Rongalitmenge, welche 5—10 % vom Gewicht des Gewebes beträgt. In die mit 2,5—5 % Essigsäure angesäuerte wässerige Lösung desselben bringt man die zu behandelnde Ware ein und erwärmt zum Kochen. Nach $^{1}/_{4}$ Stunde setzt man nochmals eine gleiche Menge Essigsäure zu, erwärmt noch durch 10 Min. und wäscht dann sorgfältig aus.

Über Konservierung von Nahrungsmitteln mit Formaldehyd.[1])

Die ersten Versuche darüber stammen von Ludwig.[2]) Derselbe billigt jedoch die Verwendung zu genanntem Zwecke nicht, da er die Schädlichkeit des Formaldehyds auf den menschlichen Organismus, wie dies die in neuester Zeit ausgeführten Versuche Bruns'[3]) bestätigen, voraussah.

Weigle und Merkel[4]) beobachteten, daß Formaldehyd (1:5000) Milch bei 25° über 100 Stunden, (1:1000) über 50 Stunden haltbar macht. Fleisch, das in Tücher, die mit einer Formaldehydlösung (1:5000, bzw. 500) getränkt waren, eingehüllt wurde, hielt sich im Sommer 3 bis 6 Tage frisch.

[1]) Vanino-Seitter, Der Formaldehyd S. 55.
[2]) Ztschr. f. Nahrungsm. u. Hyg. 8, 194.
[3]) Ann. di Farm. 1899, 824.
[4]) Forschungsb. über Lebensm. u. Bez. z. Hyg. 95, 91.

Auch Samuel Rideal[1]) erwähnt, daß durch 1 Teil Formaldehyd
100000 Teile Milch 7 Tage lang konserviert werden können,
und ist dasselbe in solcher Verdünnung nach Ansicht dieses
Verfassers völlig ungiftig. Aus Bovans[1]) Abhandlung entnehmen wir, daß mit 4 Tropfen Formalin 100 ccm Milch
6 Wochen lang konserviert werden können, was bei Proben
zu berücksichtigen wäre. Verfasser wendet jedoch dagegen
ein, daß infolge einer Umwandlung von Milchzucker in Galak-
tose eine Erhöhung der Trockensubstanz zu bemerken ist.
Koslowki[2]) teilt mit, daß er frisches Fleisch durch Formaldehyddämpfe nicht konservieren konnte, wohl aber lassen
sich gekochtes Fleisch, Eier, Fische, Kartoffeln in einer sehr
verdünnten Formaldehydlösung (0,01 g im Liter) 6 Tage lang
unverändert aufbewahren. Nach Jablin-Gonnet und Ra-
czowski[3]) werden Wein und Bier durch einen Zusatz von
0,5 mg Formaldehyd pro Liter vor weiterer Zersetzung bewahrt, bei stärkerem Zusatz wird jedoch der Farbstoff der
Flüssigkeiten gefällt. Für eingekochte Früchte empfiehlt
ersterer 0,1 Formaldehyd pro 1 kg.

Über die Konservierung von Pflanzen nnd Pflanzenteilen mittels Formaldehyd.[4])

Löw beobachtete die konservierende Wirkung des Formaldehyds bei Pflanzen.[5]) Cohn[6]) versuchte diese Eigenschaften
dahin auszunützen, daß er denselben als Konservierungsmittel
zur Aufbewahrung von pflanzlichen Objekten für botanische
Sammlungen und Museen an Stelle des Alkohols versuchs-
weise in Anwendung brachte. Die Resultate fielen durchaus
günstig aus. Wortmann[7]) hat probeweise Blüten, Blatt-
stiele und Blätter von einer rotblühenden Primula sinensis
1¼ Jahre lang aufgehoben, und zwar mit vorzüglichem Erfolge, indem die Objekte gut konserviert blieben, beim Heraus-
nehmen ohne Fäulnis waren, keinerlei Schimmelbildung sich

---

[1]) The an. 20, 157.   [2]) The an. 20, 152.
[3]) Loebisch, Neuere Arzneim. S. 9.
[4]) Vanino-Seitter, Der Formaldehyd S. 56.
[5]) Mitth. d. Morphol. u. phys. Ges. in München 1888.
[6]) Bot. Ztg. 1894.   [7]) Bot. Centralbl. 1894.

eingestellt hatte und die Präparate sich vollkommen frisch und turgeszent anfühlten. Nur der grüne Farbstoff blieb nicht erhalten, ebensowenig wie der rote der Blüten.

Konservierung von anatomischen Präparaten usw.[1])

Um Leichenteile zu konservieren, welche zur Präparation von Nerven und Gefäßen dienen sollen, wird nach Joros[2]) und einem Berichte der D. med. Wochenschr.[3]) folgende Mischung empfohlen:

Formalin 2 bis 10 Teile, bzw. 1 bis 5 Teile, Natriumsulfat 2 Teile, Magnesiumsulfat 2 Teile, Natriumchlorid 1 Teil, Wasser 100 Teile.

Nach Kaiserling[4]) soll folgende Lösung noch bessere Dienste leisten:

Formalin 25 Teile, Kaliumnitrat 1 Teil, Kaliumacetat 3 Teile, Wasser 100 Teile.

Zur Konservierung von Eingeweidewürmern (Taenia, Distoma, Ascaris) verwendet Barbagallo[5]) 1%ige Formaldehydlösung unter Zusatz von 0,75 Natriumchlorid. Auf diese Art aufbewahrte Parasiten schrumpfen nicht ein, verändern die Farbe nicht und halten sich gut.

Harnsedimente konserviert Gumbrecht[6]) mit 2- bis 10%igen Formaldehydlösungen. Bei Blut verwendet er zuerst Quecksilberchlorid (1:20) und dann Formalin.

Um Blutflecken zu konservieren, bzw. zu fixieren, ist nach Giustiniano Todechini[7]) Formaldehyd sehr geeignet. Die Flecke ergeben selbst nach 2 Monaten noch schöne Hämnikristalle.

Im allgemeinen lassen sich die konservierenden Eigenschaften des Formaldehyds nach Blum[8]) wie folgt zusammenfassen:

1) Vanino-Seitter, Der Formaldehyd S. 57.
2) Pharm. C. 98, 636.
3) D. med. W. 1900, Blg. 71.
4) D. med. W. 1896, 21 u. 148.
5) Pharm. C. 1899, 709.   6) Pharm. C. 98, 680.
7) Boll. Chim. 37, 642.
8) Vanino-Seitter, S. 78.

Formaldehyd härtet tierische Objekte, ohne daß sie ein-
schrumpfen und ohne daß ihre mikroskopische Struktur und
Färbbarkeit leidet. Darin aufbewahrte Tiere halten großen-
teils ihre Form und Farbe, besonders das Auge bleibt wesentlich klarer als in Alkohol. Das Mucin schleimabsondernder
Tiere gerinnt nicht und bewahrt seine Durchsichtigkeit. Der
Blutfarbstoff wird nach Zusatz von hochprozentigem Alkohol
besonders schön wieder hervorgehoben. Pflanzliche Gebilde
werden mit Ausnahme der Früchte mehr oder weniger gut
konserviert.

Eine eingehendere Besprechung der Wirkung des Formaldehyds als Konservierungs- und Färbungsmittel findet man
in dem Buche von O. Hoss, Der Formaldehyd. Seine Darstellung, Eigenschaften und seine Verwendung als Kon-
servierungs-, therapeutisches und Desinfektionsmittel 1901.

Die Anwendung des Formaldehyds in der Histologie.[1]

H a u s e r [2] verwendet Formaldehyd zur Konservierung
von Bakterienkulturen, indem er dieselben den Formaldehyddämpfen aussetzt. Er beobachtete dabei zunächst Entwickelungs-
hemmung, dann Abtötung der Kulturen, dabei die wichtige
Tatsache, daß, obgleich eine Abtötung des Bakterienmateriales
erfolgt, der Eindruck, den die Kultur dem Auge gewährt, völlig
erhalten bleibt, ferner die nicht minder wichtige Tatsache, daß
die Gelatine, welche durch Bakterienwachstum verflüssigt wurde,
unter dem Einflusse von den Dämpfen des Formaldehyds
wieder vollständig fest wird.

Zur Konservierung mikroskopischer Präparate härtet
Hauser [3] zunächst die Kulturplatte, dann umschneidet er
die zu konservierende Stelle mit einem Messer, löst dieselbe
vom Glase ab, legt sie auf das Objektglas, behandelt sie mit
geschmolzener Gelatine, und bedeckt sie mit einem Deckglas.
Hierauf stellt Hauser das Präparat 24 Stunden in die Formalin-

---

[1] Vanino-Seitter, Der Formaldehyd S. 78.
[2] M. med. W. 93, Nr. 80.
[3] M. med. W. 93, Nr. 85.

kammer, wo die Gelatine erstarrt und unlöslich wird. Zum Schlusse wird das Präparat durch einen Lackrahmen vor dem Eintrocknen geschützt.

Formaldehyd als Desodorans.[1]

Formaldehyd ist ein ausgezeichnetes Mittel, um den fauligen Geruch zersetzter organischer Stoffe zu beseitigen, da es sich bekanntlich mit Schwefelwasserstoff unter Bildung von Thioformaldehyd, sowie mit Ammoniak zu Hexamethylentetramin verbindet. Auch für die Geruchlosmachung von Aborten ist Formaldehyd nur zu empfohlen. Man kann zu diesem Zwecke[2] sich der im Handel befindlichen, mit Formaldehydlösung getränkten Gipsplatten bedienen, welche sich in der Weise herstellen lassen, daß man Gipsbrei in eine Papierkapsel gießt und auf die erhärtete Platte so viel Formaldehydlösung gießt, als dieselbe aufzusaugen vermag. Der chemischen Fabrik Dr. H. Nördlinger in Flörsheim bei Frankfurt a. M. ist ein Verfahren zur Herstellung derartiger Gipsmassen verliehen worden, welches darin besteht, daß man z. B. 5 Teile Gips mit 2 Teilen wässeriger Formaldehydlösung anrührt und erhärten läßt. Diese Masse entwickelt schon bei gewöhnlicher Temperatur Formaldehyd und ist deren Anwendung dann angezeigt, wenn ein langsames Entwickeln von Formaldehyd einem zu raschen Verdunsten vorzuziehen ist.

Formaldehydlösungen und Formaldehydgips lassen sich zu Desodorierung und Desinfektion der Röhren und der Klosetts benützen. Will man Räumlichkeiten rasch von üblen Gerüchen befreien, so empfiehlt sich die Anwendung einer Formaldehydlampe oder der sogenannten Glühblocks von Krell-Elb (s. S. 150).

Zur Geruchlosmachung von Leichenteilen, welche chemisch untersucht werden sollen, darf Formaldehyd nicht verwendet werden, da sich aus Formaldehyd und Ammoniak, sowie anderen Basen Körper bilden, welche zu Verwechslungen mit den Alkaloiden Veranlassung geben können. Ist aber die Prüfung

---

[1] Vanino-Seitter, Der Formaldehyd S. 77.
[2] Pharm. C. 1900, 506; Otto Witt, Chem. Centralbl. 1898, I, 580.

auf Alkaloide vorüber, und handelt es sich nur noch um die Aufsuchung anorganischer Gifte, so können diese Anteile durch Formaldehydlösung rasch geruchlos gemacht werden.

Verwendung als Desinfektionsmittel.[1]

Die bakterientödtende Kraft des Formaldehyds ist bald erkannt worden. Löw[2]) und Fischer, später Buchner, Trillat,[3]) Aronson haben die stark giftigen Wirkungen desselben auf Bakterien experimentell bestätigt, indem sie Typhusbazillen mit einer Formaldehydlösung (1 : 20,000) vernichten konnten.

Durch diese Beobachtungen war die Anwendung des Formaldehyds als wirksames Desinfektionsmittel für die Praxis gegeben, und ist dasselbe seit 1892 in den Arzneischatz als Desinfiziens aufgenommen.

In dem oben erwähnten Buche von Hess ist am Ende die Literatur über Formaldehyd als Konservierungs- und Desinfektionsmittel zusammengestellt. Die Zahl der Publikationen in den vier westeuropäischen Sprachen beträgt in den Jahren 1892—1901: 428, ein Beweis für das Interesse, welches Formaldehyd als Antiseptikum wachrief.

Die ersten praktischen Versuche damit machte Aronson.[4]) Ihm folgte Dr. Blum,[5]) der in einem Zirkulare der Höchster Farbwerke die gründliche Desinfektion von Krankenzimmern näher beschreibt und erwähnt, daß durch Besprengung der Gegenstände mit 2% igen (Formol-) Formalinlösungen und einer Einwirkungsdauer von 5 Stunden Diphtheriekeime vollkommen unschädlich gemacht werden können. — Aus einem weiteren Prospekte der chemischen Fabriken E. Schering, Berlin entnehmen wir, daß Formaldehydlösungen (1 : 750) selbst Milzbrandsporen in ¼ Stunde völlig abtöten. Stahl,[6]) der zu seinen Versuchen Milzbrandbazillen verwendet, findet, daß

[1]) Vanino-Seitter, Der Formaldehyd S. 62.
[2]) Journ. f. prakt. Chem. 33, 221.
[3]) M. med. W. 1889, 20.
[4]) C. f. Bakt. 1892.
[5]) Pharm. C. 1896, 188.
[6]) Journ. Pharm. Chim. (5) 29, 567.

bei Verdünnungen (1 : 60,000) das Wachstum derselben verlangsamt und daß dieselben in einer Lösung (1 : 10,000) in
$1/4$ Stunde sicher getötet werden.

Aus den Experimenten Lehmanns[1]) geht hervor, daß
derselbe Kleider, Lederwaren, Bürsten und Bücher mit vollkommener Sicherheit desinfiziert, indem er die Gegenstände in
mit Formalin getränkte Tücher einschlägt. 30 g Formalin genügten zur Desinfektion eines kompletten Männeranzuges.

Van Ermengen und Sugg[2]) bestätigen die prompte Desinfektionswirkung im kleinen, während im größeren Maßstabe
zu viel Desinfektionsmittel verbraucht werden. Die gute
Wirksamkeit des Formaldehyds gegen Bakterien bewahrheitet
auch Walter,[3]) welcher konstatiert, daß in Konzentrationen
1 : 10,000 jedes Wachstum von Milzbrand, Cholera, Typhus,
Diphtherie, Staphyloc. pyog. aur. aufhöre; noch intensiver
wirke eine alkoholische Lösung.

Um Filzes augenblicklich zu desodorieren, genüge eine
$1\,^0/_0$ ige Lösung, um sie keimfrei zu machen, eine 10 Minuten
lange Einwirkung einer $10\,^0/_0$ igen Lösung. Zur Desinfektion
von Ledersachen und Uniformen sei Formaldehyd jedem anderen
Desinfektionsmittel vorzuziehen.

Wenn nun auch, wie beim Sublimat, die Angaben über
antiseptische und desinfizierende Eigenschaften schwanken, so
ist der Formaldehyd zur Reinigung der Hände bei chirurgischen
Operationen in $1\,^0/_0$ igen Lösungen, zum Aufbewahren von
Schwämmen und Instrumenten in $3\,^0/_0$ igen Lösungen besonders
zu empfehlen.

Von Vorteil ist ferner nach Scherings Angaben die Verwendung des Formalins in sehr verdünnter Lösung zum Aus-
spülen und Reinigen von Gefäßen und Gerätschaften in
Nahrungsmittelbetrieben, wie z. B. Molkereien, Käsereien, Wein-
und Bierkellereien usw.

Zur besseren Übersicht und zum Vergleiche mit den
Eigenschaften der übrigen Desinfektionsmittel lassen wir eine
Tabelle von M. Kirchner aus seinem „Grundriß der Militär-
hygiene" folgen:

¹) M. med. W. 93, Nr. 30.
²) Arch. d. Pharm. f. Bakt. (Abt. 1) 91, Genf.
³) Z. Hyg. 21, 421.

Desinfektionsmittel	Konzentration	Objekte	Die zur Abtötung nötige Zeit
Sublimat	1 : 20,000	Milzbrandsp.	10 Minuten
	1 : 1000	„	1 Minute
Argent. nitric. . .	1 : 12,000	„	70 Stunden
	1 : 4000	Chol., Typh.	2 „
	1 : 2500	Diphtherie	2 „
Ac. hydrochlor. . .	2 : 100	Milzbrandsp.	10 Tage
Ac. sulfuric. . . .	2 : 100	„	58 „
	15 : 100	„	8 „
Form. chlorat. . . .	5 : 100	„	6 „
Chlorkalk	5 : 100	„	5 „
Kal. permang. . .	5 : 100	„	1 „
Ätzkalk	0,0246 : 100	Cholera	6 Stunden
	0,0074 : 100	Typhus	6 „
Ac. carbolic. . . .	3 : 1000	Staphyl. u. Streptococc.	8—11 Sekunden
	10 : 100	Milzbrandsp.	24 Stunden
Lysol	1 : 100	„	5 Minuten
Formalin' (40 %)	1 : 100	Fast alle pathg. Keime	Binnen 30 Minuten
	3 : 100	Milzbrandsp. u. alle anderen pathg. Keime	— 15 „ ; 1 Minute

Was nun den Formaldehyd vor vielen anderen Desinfektionsmitteln besonders auszeichnet, ist seine Anwendung in Gasform, wie dieselbe bei der Wohnungsdesinfektion in Betracht kommt.

Nach Art der Gasentwickelung sind folgende Verfahren zu unterscheiden:

1. Entwickelung aus Methylalkohol mittels eigens hierzu konstruierter Lampen.

2. Entwickelung aus wässerigem Formaldehyd (ohne oder mit Wasserdampf).

3. Entwickelung aus wässerigem Formaldehyd bei Gegenwart von Chlorcalcium = Formochlorol.

4. Entwickelung aus wässerigem Formaldehyd bei Gegenwart von Glyzerin = Glykoformal.

5. Entwicklung aus Formaldehyd in Methylalkohol unter Zusatz von 5 % Menthol = Holzinol.

6. Entwicklung aus polymerem Formaldehyd, sogenanntem Paraform oder Trioxymethylen.

7. Entwicklung aus polymerem Formaldehyd in einer Kohlenhülse = Carboformal.

1. Der von Trillat[1]) zur Erzeugung gasförmigen Formaldehyds aus Methylalkohol zuerst angewandte Apparat hatte die Form eines Pulverisators oder einer Art Lampe, der sogenannte Trillatsche Autoklav, und konnte man in demselben 5 kg Methylalkohol in Formaldehyd verwandeln. Seine Versuche waren befriedigend, er beobachtet dabei keine schädigenden Einflüsse auf Metallteile, wohl aber sollen Stoffe, die mit Anilinfarben gefärbt waren, durch die Einwirkung des Gases an Farbe einbüßen.

Bei seinen späteren Versuchen mit Roux,[2]) die ganz der Großdesinfektion angepaßt waren, erreicht er ebenfalls eine vollständige und sichere Desinfektion und kann auch keine Gesundheitsschädigung durch die Gase konstatieren.

Eine weitere Lampe konstruierte Tollens.[3]) Dieselbe stellt eine gewöhnliche Spirituslampe dar, über deren wenig hervorragendem Docht eine aus feinem Platindrahtnetz zusammengebogene, 2 cm hohe und 1 cm weite Haube gestülpt ist.

Die Lampe wird entzündet und, wenn das Platindrahtnetz glüht, ausgelöscht, worauf die Aldehydentwicklung beginnt.

Dieudonné[4]) hat zuerst Versuche damit ausgeführt, hält jedoch die Krellsche Lampe, eine nach System Barthel (siehe w. u.) hergestellte Lötlampe, für besser, weil dieselbe leichter regulierbar ist.

Bei Verwendung von 320 g Methylalkohol vermochte er nach 24 stündiger Einwirkung sämtliche in einem Raume vorhandenen pathogenen Bakterien zu töten. Gleich günstige Resultate mit derselben Lampe erzielt Pfuhl[5]) besonders bei Desinfektion von tuberkulösem Auswurf. Für ein Kranken-

---

[1]) Compt. rend. 119, 568; Ber. 28 (1895), Ref. 655.

[2]) Ann. Inst. Past. 10, 288.

[3]) Ber. 28 (1895), 701.

[4]) Arbeiten aus dem Kaiserlichen Gesundheitsamt 11, 534.

[5]) Z. Hyg. 22, 089.

zimmer von 74 cbm Rauminhalt sind nach ihm 9 Lampen zu
200 ccm Inhalt erforderlich.

Die dritte Lampe ist die Barthelsche,[1] deren Prinzip
kurz folgendes ist: Aus einer Lampe wird durch einen gewöhnlichen Docht Methylalkohol in ein Rohr gesaugt und dort
verdampft. Von hier als Dampf unter gleichzeitigem Mitreißen
von Luft aus zwei an diesem Rohre angebrachten Öffnungen
ausströmend, entweicht das Alkohol-Luftgemisch nach dem Entzünden unter Zischen als gasförmiger Formaldehyd. 10,0 Methylalkohol genügen auf 1 cbm Raum nach 24 stündiger Einwirkung
zur Abtötung aller Krankheitskeime.

Über die Widerstandsfähigkeit der Bakterien gegen gasförmigen Formaldehyd schreibt Schopilewski,[2] daß feuchte
Bakterien widerstandsfähiger seien als trockene, während Bose
beide gleich gut abtötet, wenn nur die betreffenden Gegenstände möglichst freiliegend ausgebreitet sind.

Hess erklärt alle diese Lampen für ungeeignet für die
Raumdesinfektion. Dieselben können nur zur Desodorierung
oder zur Desinfektion ganz kleiner Räume, z. B. von Schränken,
verwendet werden. Günstigere Resultate erhält man mit dem
Apparat von Cambier und Brochet, sowie mit dem Trillatschen Autoklaven.

2. In einer Abhandlung über Theorie und Praxis der
Formaldehyddesinfektion erwähnen Rubner und Peerenboom,[3] daß dieselbe auf einer Aufnahme der betreffenden
Verbindungen durch feste Körper unter teilweiser Kondensation beruhe. Hierbei spiele die Feuchtigkeit der Luft eine
große Rolle, ein Optimum wirke günstig, ein darüber hinaus-
gehender Wassergehalt schade eher. Diese günstige Bedingung
erfüllt auf sehr einfache Weise der von der chemischen Fabrik
Seelze, Hannover, in den Handel gebrachte Luftreinigungs-
apparat „Sanator". Derselbe besteht im wesentlichen aus
einem porösen Zylinder, der in einen Flüssigkeitsbehälter eingestellt wird, in dem sich Formaldehyd „Marke Seelze" befindet. Ein übergestülpter Blechmantel dient zur Regulierung

---

[1] Apoth.-Z. 11, 395.
[2] Journ. ochran. narod. zdrawlja 1895, 1042.
[3] Hyg. Rdsch. 9, 205.

der Desinfektionswirkung. Damit gelingt es leicht, in jedem beliebigen Raume eine wasserdampfhaltige Formaldehytatmosphäre herzustellen und so Krankheitskeime fernzuhalten.

Wenn nun auch Hans Strehl[1]) in seinen Versuchen mit dampfförmigem Formalin negative Resultate erhält, sind diese nur auf die geringe Penetrationskraft der Gase zurückzuführen. Formaldehydgas ist eben einzig und allein ein Oberflächen-desinfektionsmittel und muß deshalb vorteilhaft zwecks gründlicher Desinfektion mit strömendem Wasserdampf allseitig im Raume verteilt werden, wie dies deutlich aus den guten Resultaten hervorgeht, die Professor Flügge in Breslau[2]) mit einem eigens hierzu konstruierten Apparat erzielt hat. Derselbe verdampft Formalin bei gleichzeitiger Sättigung der Luft mit Wasserdampf. 250,0 Formalin genügen für einen Raum von 100 cbm bei siebenstündiger Einwirkung.

Eine volle Bestätigung hierfür finden wir in den Arbeiten von M. v. Brunn,[3]) welcher verdünnte Formalinlösungen zur Verdampfung bringt, deren raschere Wirkung Romijin[4]) durch Zusatz von verdünnter Schwefelsäure noch zu unterstützen sucht.

Schlechte Erfolge mit dieser sogenannten Breslauer Methode hat Nowak,[5]) der nur 28 % der ausgesäeten Keime töten konnte, was jedoch wohl auf ungünstige Versuchsbedingungen zurückzuführen ist.

Zur Ausführung dieser Methode bringt nach L. Ehrenburgs Angaben die chemische Fabrik „Seelze, Hannover" einen einfachen Apparat in den Handel, der so konstruiert ist, daß durch eine erhitzte Formalinlösung Wasserdämpfe durchströmen, wodurch eine Polymerisation verhindert und der Formaldehyd in vollkommen reinem und deshalb bakteriologisch sehr aktiven Zustand zur Wirkung kommt.

3. Zum gleichen Zwecke, um eine Polymerisation auszuschließen, wird dem Formalin Chlorcalcium zugesetzt, und eine Mischung von 36 bis 40 % Formalin, 150,0 Chlorcalcium in 1 Liter Wasser gelöst als sogenanntes Formochlorol emp-

[1]) C. f. Bakt. 19, I, 785.
[2]) Z. Hyg. 29, 276.   [3]) Z. Hyg. 30, 201.
[4]) Niederl. Tijdschr. Pharm. 11, 79.
[5]) Hyg. Rdsch. 9, 918.

fehlen. Pfuhl[1]) hat damit Versuche angestellt und dasselbe zur Desinfektion von Wänden, Fußböden, Bettstellen, Tischen, Stühlen sehr zweckdienlich befunden, während er bei Kleidern, Betten, Matratzen Wasserdampf vorzieht. Auch Hoß[2]) bestätigt die günstigen Wirkungen des Formochlorols. Mit 1 Liter vermag er in einem Raume von 200 qm in 20 Stunden eine vollständige Oberflächendesinfektion zu erreichen. Dunbar und Muschold[3]) versuchten damit Haare und Borsten zu desinfizieren, indem sie das Gas unter vermindertem Druck einwirken ließen. Sie fanden, daß Roßhaarpakete von 20 cm Durchmesser nicht zu desinfizieren waren, während bei chinesischen Borsten, die bei einem Durchmesser von 5 cm in einzelnen Paketen lagen, und bei Borstenbündeln von 10 cm Durchmesser eine gute Desinfektionswirkung erreicht wurde.

4. Davon ausgehend, daß bei der Vorsprühung eines Gases im Raume dasselbe sich zu einem gewissen Teile von den Wasserteilchen entbindet und so selbständig als Gas den Raum erfüllt, kamen Walter und Schloßmann[4])[5]) auf den Gedanken, ein Mittel zu suchen, daß diese Trennung verhindert, so daß der Verdunstungsnebel die gleiche prozentische Zusammensetzung besitzt wie die ursprüngliche Lösung.

Dieses Mittel wurde in Form des Glyzerins von ihnen gefunden, und verwenden dieselben eine Mischung von 30 °/₀ Formaldehyd, 10 °/₀ Glyzerin und 60 °/₀ Wasser als sogenanntes Glykoformal. Die Verdampfung geschieht im sogenannten Lingnerschen Apparat, dessen Prinzip das gleiche ist wie das des Ehrenburgschen, und gestattet derselbe, das Wasserdampfglykoformalgemisch unter Druck zerstäuben zu können. Abgesehen davon, daß die Penetrationskraft begrenzt ist, erzielen Verfasser sehr günstige Resultate, wie dies auch Kausch[6]) bestätigt, indem er die Vorzüge der Methode in folgendem zusammenfaßt:

1. Die Desinfektionswirkung ist eine sichere, 2. der Versuch dauert kurze Zeit, 3. ist billig, 4. man braucht dabei

[1]) Z. Hyg. 24, 289.
[2]) Dissert. Marburg 1898, Hyg. Inst.
[3]) Z. Hyg. 29, 276.
[4]) Journ. f. prakt. Chem. (2) 57 (1898), 512.
[5]) Pharm. C. 39, 699.   [6]) Ebenda.

keine Fenster und Türen luftdicht zu schließen, 5. er ist gefahrlos und 6. äußerst einfach.

Auch Elsner und Spiering[1]) sind voll des Lobes von dieser Methode, der sie in jeder Weise den Vorzug geben, und erwähnen dieselben nur den einzigen Mißstand, daß die Gegenstände infolge der Anwendung von Glyzerin sich klebrig anfühlen und daß auch der Geruch schwerer wegzuschaffen ist.

Das letztere läßt sich durch einen Ammoniakzerstäuber System Praunsnitz erreichen. Derselbe besteht aus einem Kessel mit aufgesetztem winkelig gebogenem offenen Rohre, welches durch das Schlüsselloch in den Raum eingeführt wird. Den Kessel füllt man mit 25 % igem Ammoniak (in geringem Überschuß gegen das angewandte Formaldehyd) und steckt die Spirituslampe an. Diese Ammoniakverdampfung nimmt man 7 Stunden nach der Desinfektion mit Formaldehyd vor.

5. Mit einer Mischung von 35 % Formaldehyd in Methylalkohol unter Zugabe von 5 % Menthol, dem sogenannten Rosenbergschen Holzinol, macht Kurt Walter[2]) Versuche, ohne jedoch damit richtige Desinfektionswirkungen zu erzielen, und hält derselbe strömenden Formaldehyd stets für geeigneter zur Desinfektion von Uniformen, Kleidern usw.

6. Als praktischen Ersatz des flüssigen Formalins wird von der chemischen Fabrik auf Aktien E. Schering, Berlin, das feste nicht giftige Polymerisationsprodukt des Formaldehyds, das Paraform oder Trioxymethylen in Pastillenform in den Handel gebracht. In eigens hierzu konstruierten Lampen Hygiea und Äskulap werden diese Pastillen verdampft, und entfalten dieselben, mit Spiritusdämpfen gemischt und so mit genügend Wasserdampf versehen, eine gute desinfizierende Wirkung.[3])

Ein neuer, von den Fabriken eingeführter Desinfektionsapparat „Kombinierter Äskulap" gestattet, wie der Flüggesche, ebenfalls eine gleichzeitige Wasserdampfentwickelung. Der Apparat ist ringförmig mit einem Wasserkessel umgeben, der durch eine besondere Heizvorrichtung erhitzt wird und vier Düsen zur Ausströmung des Wasserdampfes trägt. Nach An-

[1]) D. med. W. 24.   [2]) Z. Hyg. 26, 454.
[3]) D. med. Z. 1899, 477.

gabe der Fabrik genügen 250 Pastillon = 250 g Formaldehyd
zur Desinfektion eines Zimmers von 100 cbm.

Aronson[1]) berichtet darüber, daß er bei Verwendung von
1 bis 2 g Formaldehyd für 1 cbm eine genügende Oberflächendesinfektion erreicht habe. Auch Otto Witt[2]) gibt an, daß
bei Anwendung von 40 Pastillen eine gründliche Desinfektion
eines Krankenzimmers erreicht werde.

Nach Kobert,[3]) der dieser Methode den Vorzug gibt,
werden bei Anwendung 1½ bis 2 Pastillen pro 1 cbm Raum
nach 36 Stunden Tuberkelbazillen, Diphtherie, Streptococ.
pyogen., Staphylococc. pyog. aur.; Staphylococc. citreus, albus;
Bact. coli und Rosahefe sicher getötet. Etwas ungünstiger beurteilen Elsner und Spiering[4]) diese Methode, die mit der
Walter-Schloßmannschen nicht zu vergleichen sei.

7. Eine weitere praktische Neuerung hat Max Elb,
Dresden, mit seinem „Carboformal-Glühblock-Krell" eingeführt.
Derselbe besteht nach der Beschreibung von Karl Enoch[5])
aus Paraformaldehyd, welches in einer Kohlenhülse eingeschlossen ist. Nach einmaligem Anglühen glimmt derselbe
ruhig weiter und genügt diese Hitze vollkommen, um das Paraformaldehyd in Gas zu verwandeln. Die Luft in dem zu des-
infizierenden Raume muß genügend feucht gehalten werden,
und erreicht dies der Verfasser durch Ausgießen eines Eimers
Wasser in dem Raume. 1 g Formaldehyd pro 1 cbm genügten
zur gründlichen Abtötung von Typhus, Diphtherie, Cholera,
Colibazillen und Staphylokokken, und ist bei der großen Billig-
keit und Einfachheit des Verfahrens nach Kluczenkos[6]) Ansicht dasselbe noch weiter zu überprüfen und auszuarbeiten.

8. Gute Verteilung der Formaldehyddämpfe bei ökono-
mischem Formalin- und Spiritusverbrauch und kurzer Desinfek-
tionsdauer bewirkt der Torrens-Desinfektor des Vereins für
chemische Industrie, Frankfurt a. M.[7]) Der Apparat, bei welchem
das Gemisch von Formaldehyd- und Wasserdämpfen durch ein
Düsensystem unter Druck austritt, hat den Vorzug, daß er

[1]) Z. Hyg. 25, 168.   [2]) Prometh. 1898, Nr. 420.
[3]) Prospekt von Schering, Berlin.
[4]) D. mod. W. 24.   [5]) W. mod. W. 1900, Nr. 41.
[6]) W. mod. W. 1900, Nr. 41.
[7]) Hoffmann, Mod. Klinik 1907, Nr. 88.

sowohl für festes als auch für flüssiges Formaldehyd brauchbar
ist, und daß in demselben auch die Verdampfung des zur
Neutralisation der Formaldehyddämpfe erforderlichen Ammoniaks
vorgenommen werden kann.

In Berücksichtigung dieser verschiedenen Beobachtungen
möchten wir zur gründlichen Oberflächendesinfektion von
Wohnungen eine im R.G.Bl. 1900 Nr. 40 angegebene Des-
infektionsanweisung, wie solche bei Pest ausgeführt wird, der
Praxis empfohlen:

Vorgängiger, allseitig dichter Abschluß des zu des-
infizierenden Raumes durch Verklebung, Verkittung aller Un-
dichtheiten der Fenster und Türen, der Ventilationsöffnungen
u. dgl., entwickeln von Formaldehyd in einem Mengenverhält-
nisse von wenigstens 5 g auf 1 cbm Luftraum, gleichzeitige Entwickelung von Wasserdampf bis zu einer vollständigen Sättigung
der Luft (auf 100 cbm Raum sind 3 Liter Wasser zu verdampfen). Wenigstens 7 Stunden andauerndes, ununterbrochenes
Verschlossenbleiben des mit Formaldehyd und Wasserdampf
erfüllten Raumes; diese Zeit kann bei Entwickelung doppelt
großer Mengen Formaldehyd auf die Hälfte verkürzt werden.

Als Desinfektionsapparate dürften der Lingnersche oder
Ehrenburgsche Apparat, der Scheringsche „Kombinierte
Äskulap" oder der Torrens-Desinfektor anzuwenden sein; ebenso
verdient der Krollsche Carboformalglühblock Beachtung. Zur
Beseitigung des den Räumen anhaftenden Geruches empfiehlt
es sich nach vollendeter Desinfektion Ammoniakgas zu verdampfen, das am besten aus 25 % igem Salmiakgeist entwickelt
wird. Für 1 qm Raum genügen nach Kluczenko [1]) 8 ccm desselben. Nach Peerenboom kann als Ammoniakquelle auch
käufliches Hirschhornsalz verwendet werden, für 100 g Formaldehyd oder 100 Pastillen Schering oder 250 g Formalin genügen 126 g Hirschhornsalz.

Hess erklärt, daß von allen bisherigen Formaldehyd-
Desinfektionsapparaten auch nicht einer vollkommen arbeitet,
da die Desinfektion immer nur eine oberflächliche ist; das
Ideal der Raumdesinfektion mit einem gasförmigen Desinfektionsmittel ist bisher nicht erreicht.

---

[1]) Hyg. Rdsch. 8, 700.

Auf der Hauptversammlung des Vereins deutscher Chemiker
in Nürnberg 1906 besprach Eichengrün ein neues Verfahren
der Raumdesinfektion mit Formaldehyd, welches wegen seiner
Vorzüge besondere Aufmerksamkeit verdient. Die von ihm
„Autan" genannte Desinfektionsmasse ist ein Pulver, welches
aus einer Mischung von Trioxymethylen und Metallsuperoxyden
in einem bestimmten Mengenverhältnis besteht. Übergießt man
dieses Pulver mit dem gleichen Gewicht Wasser, so beginnt
schon nach wenigen Sekunden eine äußerst stürmische Form-
aldehydgasentwicklung. Die starke Wärmeentwicklung, von
welcher die Reaktion begleitet ist, verursacht zugleich reichliche
Bildung von Wasserdämpfen. Nach Versuchen Wesenbergs
genügt 1 kg Autan und 1 Liter Wasser zur Desinfektion eines
Raumes von 30 cbm, so daß selbst sehr widerstandsfähige
Bakterien wie Staphylokokken unbedingt vernichtet werden.
Nach Beendigung der Desinfektion gibt man zum alkalischen
Rückstand Salmiak in geringem Überschuß, worauf sich eine
genügende Menge Ammoniak entwickelt, um das noch in der
Luft vorhandene Formaldehyd zu binden. Die Vorzüge des
neuen Verfahrens bestehen darin, daß man ohne den teuren
Desinfektionsapparat auskommt, daß das Heizen mit Spiritus-
lampen vermieden wird, und daß die Formaldehydentwicklung
außerordentlich rasch verläuft, während sie bei der Verwendung
wässeriger Lösungen geraume Zeit erfordert. Durch direkte
Versuche wurde aber festgestellt, daß von zwei Desinfektionen
jene die wirksamere ist, bei welcher das gleiche Formaldehyd-
quantum in der kürzeren Zeit entwickelt wurde. Auf Grund
dieser Vorzüge wird das Autanverfahren mit den bisher bekannten Verfahren mit Erfolg in den Wettbewerb treten,
vorausgesetzt, daß sein Preis zu seinem Gehalt an Trioxymethylen in entsprechendem Verhältnis steht. Da die Desinfektion von 30 cbm 1 kg der Masse erfordert, dürfte ihr
Gehalt an Trioxymethylen nicht groß sein; doch ist auch zu
berücksichtigen, daß sich ein Teil des Formaldehyds durch
die Einwirkung von Alkalisuperoxyd unter Wasserstoffentwicklung zu Ameisensäure oxydiert.

Bei chirurgischen Operationen ersetzt Formaldehyd mit
Erfolg das Sublimat. Zum Desinfizieren der Instrumente verwendet man 3%ige Lösung, zum Waschen der Hände 1%ige

Lösung. Vorbandstoffe legt man zur Sterilisation in geschlossene Kasten, in welchen eine Formaldehydlösung langsam verdunstet. Spezielle Anwendungen des Formaldehyds, die über den Rahmen dieses Buches hinausgehen, findet man in den Büchern von Vanino-Seitter (S. 58—62), Herz (S. 11—16) und R. Lüders, Die neueren Arzneimittel, 1907.

Die Anwendung des Formaldehyds in der Rübenzucker-, Brennerei- und Bierbrauereiindustrie.

Formaldehyd wird in diesen Industrien als Desinfiziens und Antiseptikum angewendet. So empfahl Prof. Herzfeld auf Grund seiner Untersuchungen über den Einfluß des Formaldehyds auf die verschiedenen Bakterienarten, welche in Zuckerlösungen angetroffen werden, die leeren Diffuseure in den Betriebspausen mit Formaldehyd zu desinfizieren. Diesem Vorschlag folgt man in der Fabrikspraxis in jenen Fällen, wenn sogen. unbestimmbare Verluste in größerem Maße auftreten, da dieselben zum Teil durch Gärung des Zuckersaftes verursacht werden.

Im Brennereibetrieb ist das Formaldehyd besonders beim Arbeiten mit künstlichen Hefen von Nutzen. Trotz seiner hohen bakterientötenden Kraft übt Formaldehyd im Gegensatz zu anderen Antiseptika auf die Hefe selbst keinen schädlichen Einfluß aus und ist ein passendes Mittel zur Erzielung einer reinen Gärung. Es wurde sogar beobachtet, daß sich die Hefe bei Anwendung einer bestimmten Menge Formaldehyd kräftigt und ihre vergärende Wirkung erhöht.

Auch auf das diastatische Ferment des Malzes wirkt Formaldehyd konservierend und anregend. In einem richtig geleiteten Betriebe bedingt der Zusatz von Formaldehyd zu den Gärmaischen eine gleichmäßige, sichere Arbeit. Noch deutlicher ist sein Einfluß bei Störungen im Maischbetrieb, oder in Fabriken, in welchen mehr oder weniger abnormale Verhältnisse herrschen, und daher besonders reine Gärung erforderlich ist. Zu 100 Liter Gärmaische setzt man z. B. 200 ccm Formaldehydlösung (10 g CH_2O enthaltend). Wenn die so behandelten Hefen dreimal den Umlauf durch den Betrieb vollendet haben, setzt man auf je 100 Liter Maische

noch 100 ccm Formaldehydlösung zu, ebenso nach weiteren
3 Umläufen usf. Beobachtet man dabei einen langsamen Vorlauf
der Gärung, so kann die Temperatur mit Vorteil um 1—2° R.
erhöht werden. Die Kosten des Formaldehyds werden durch die
Vorteile, welche seine Anwendung bietet, reichlich aufgewogen.

In der Mälzerei wird Formaldehyd bei der Verarbeitung
feuchter, ungesunder Gerste angewandt, und zwar nimmt man auf
50 hl weichen Wassers 7,5—10,7 Liter käufliches Formaldehyd.

Endlich wird Formaldehyd zur Desinfektion der Bierkeller
verwendet.

Auf eine ganz andere Eigenschaft des Formaldehyds
gründet sich der Vorschlag Friedrichs, den Diffusionswässern
oder den Rübenschnitzeln Formaldehyd zuzugeben (D.R.P.
14687; Z. Zuckerind. 1904, 139, 289), und zwar je nach der
Qualität der Rübe 0,0025—0,005% der frischen Schnitzel.
Da Formaldehyd die Proteide der Rübe (ähnlich wie Kasein,
Albumosen, Gelatine usw.) in unlösliche Form überführt, werden
durch die Wirkung des Formaldehyds nicht nur jene Eiweiß-
stoffe, welche beim Erwärmen gerinnen, sondern auch jene,
welche nicht gerinnen und daher bei der gewöhnlichen Arbeitsweise in den Saft übergehen, gefällt und in der Pflanzenzelle
zurückgehalten. Die Zellmembran selbst wird zwar durch
das Formaldehyd etwas gehärtet, ihre Durchlässigkeit wird
jedoch erhöht, so daß die veränderte Zellhaut während des
Diffusionsprozesses für die unlöslich gewordenen nicht zuckerartigen organischen Stoffe als Filter wirkt. Obwohl die Wirkung des Formaldehyds auf die übrigen nicht zuckerartigen
organischen Substanzen der Rübe nicht untersucht ist, ist doch
anzunehmen, daß sie zum größten Teile gefällt werden, da
der Saft um 2—5% weniger an nicht zuckerartigen Stoffen
enthält, als der gewöhnliche Diffusionssaft, während sein Inhalt
an stickstoffhaltigen Substanzen nur 0,5% beträgt. Vielleicht
wird ein Teil dieser Stoffe von den sie umhüllenden Eiweiß-
stoffen mechanisch mitgerissen.

Für die Praxis empfiehlt Friedrich, entweder alle Diffuseure oder nur jene, welche die frischen Schnitzel enthalten,
mit Formaldehyd zu versetzen. Versuche in einer deutschen
Zuckerfabrik gaben glänzende Resultate. Infolge der größeren
Reinheit des Saftes sinkt der Kalkverbrauch, ebenso sinkt der

Aschegehalt des fertigen Produkts, während der Zuckergehalt der Säfte steigt und die Ausbeuten sich erhöhen. Die Menge des Filterschlamms wird geringer, das Auswaschen desselben geht daher leichter und schneller und erfordert bedeutend weniger Wasser, wodurch der Kohleverbrauch günstig beeinflußt wird. Die ausgelaugten Schnitzel haben als Futtermittel infolge des höheren Gehalts an organischer Substanz und besonders an Stickstoff höheren Wert; in den ausgelaugten und getrockneten Schnitzeln ist Formaldehyd nicht nachweisbar und Nährungsversuche gaben normale Resultate.

Trotz dieser Vorteile hat sich das Friedrichsche Verfahren in der Fabrikspraxis bisher nicht Eingang verschafft. Die Ursache dürfte im relativ hohen Preise des Formaldehyds zu suchen sein, vielleicht auch in irgendwelchen technischen Schwierigkeiten, über welche in der Literatur nicht berichtet wird. Der Verbrauch von 0,0005 — 0,05 % Formaldehyd (bezogen auf die frischen Schnitzel) belastet den Zentner Zucker ganz bedeutend, so daß diese Ausgabe durch die Qualität des Produkts und durch die Ausbeute hereingebracht werden müssen, was bei dem heutigen Formaldehydpreise nicht möglich ist.

IV. Die Analyse des Formaldehyds.

Qualitative Reaktionen auf Formaldehyd.

Zum qualitativen Nachweis von Formaldehyd sind zahlreiche Verfahren vorgeschlagen worden; die wichtigsten sind die folgenden:

1. In hinreichend konzentrierten Lösungen ist Formaldehyd durch seinen Geruch charakterisiert.

2. Alkalische Gold-, Silber- und Quecksilberlösungen werden durch Formaldehyd gefüllt. In einer Lösung von $2 KJ . HgJ_2$ in Kalilauge oder Natronlauge rufen schon Spuren von Formaldehyd eine graue Trübung hervor.

3. Bei Gegenwart von H_2SO_4 kondensiert sich Formaldehyd mit Dimethylanilin zu Tetramethyldiamidodiphenylmethan, das durch PbO_2 in Gegenwart von Essigsäure zu blauem Tetra-

methyldiamidobenzhydrol oxydiert wird: zu 1 ccm Formaldehydlösung und 10 ccm Wasser fügt man 0,5 ccm Dimethylanilin,
säuert mit verdünnter H_2SO_4 an und schüttelt durch. Hierauf
versetzt man mit Natronlauge bis zur alkalischen Reaktion
und kocht bis zum Verschwinden des Dimethylanilingeruchs.
Das Tetramethyldiamidodiphenylmethan wird auf einem Filter
gesammelt, hierauf in einer Porzellanschale mit Essigsäure
und etwas feingepulvertem Bleisuperoxyd vermischt, wobei
Blaufärbung eintritt.[1]) Spuren von Formaldehyd lassen sich
nach dieser Methode nicht nachweisen.

4. Wird Formaldehyd in schwefelsaurer Lösung in Gegenwart von $FeCl_3$ mit Tetrahydrochinolin erhitzt, so tritt grüne
Färbung auf von $CH(C_9H_{10}NCl)_3$. Eine ähnliche Reaktion
erhält man mit asymm. Methylphenylhydrazin.

5. Fügt man zu einer Formaldehydlösung etwas Anilin,
so bildet sich Anhydroformaldehydanilin, das bereits in einer
Verdünnung von 1 : 20000 an einer Trübung zu erkennen ist.[2])

6. Codein und Morphin geben mit Formaldehyd in schwefelsaurer Lösung eine rotviolette Färbung.[3]) Die Morphiumlösung
bereitet man aus 0,35 g Morphiumsulfat und 100 ccm konz.
Schwefelsäure; die Lösung muß jedesmal frisch bereitet werden.
Auf einem Uhrglas mischt man 1 ccm der Lösung mit der zu
untersuchenden Lösung oder dem betr. festen Präparat, wobei
sich die Flüssigkeit je nach dem Formaldehydgehalt rot bis
blau färbt. Empfindlichkeit des Reagens: 0,000004 CH_2O.[4])

7. Eine alkalische Resorcinlösung (5 % Resorcin, 40—50 %
NaOH) färbt eine Formaldehydlösung rot[5]): gleiche Teile der
Resorcinlösung und der zu untersuchenden Lösung (welche
keine Farbstoffe oder Eiweißsubstanzen enthalten darf,) werden
im Reagenzglas gekocht. Die Empfindlichkeit geht bis $^1/_5$—$^1/_{10}$
Milliontel.

8. Beim Erhitzen einer Formaldehydlösung mit einer salzsauren Phloroglucinlösung entsteht eine weiße Trübung[6]):

[1]) Trillat, Bull. Soc. chim. 9, 405.
[2]) Trillat, Compt. rend. 116 (1893), 891.
[3]) Pharm. C. 37, 844.
[4]) Journ. Am. Chem. Soc. 1905, 5, 601.
[5]) Lebbin, Pharm. Ztg. 42, 18; Chem. Centralbl. 1897, 270.
[6]) Vanino, Pharm. C.H. 40, 101; Ztschr. f. ang. Chem. 1907, 70.

10 g Phloroglucin (frei von Diresorcin) erwärmt man mit 450 ccm Wasser und 450 ccm Salzsäure spez. Gew. 1,19, nach dem Erkalten wird die Lösung filtriert. Die zu untersuchende Substanz (10,1—0,2 g) wird in einem Kolben mit Rückflußkühler mit 5 ccm Wasser und 30 ccm Phloroglucinlösung 2 Stunden auf 70--80° erwärmt. Zeigt sich nach dieser Zeit keine Trübung, so wird noch über freiem Feuer kurz aufgekocht.

9. Karbazol, in siedendem Eisessig gelöst, gibt in Gegenwart von HCl oder konz. H_2SO_4 mit Formaldehyd einen weißen Niederschlag.[1] Bei eingehendem Studium dieser Reaktion zeigte sich, daß mit dem Karbazol in gleicher Weise einige Methylenverbindungen reagieren, welche unter den gegebenen Bedingungen ihre Methylengruppe abspalten, so daß diese Reaktion auch zum Nachweise solcher Verbindungen dienen kann. Hierher gehören die an Sauerstoff gebundenen Methylengruppen, soweit sie sich nicht direkt an 5- oder 6-gliedrigen Ringen befinden. Es wird also die Methylengruppe aus Verbindungen mit Alkoholen, reduzierbaren Zuckern und deren Säuren sehr leicht abgespalten. Die in aliphatischen oder aromatischen Verbindungen an N gebundene Methylengruppen reagieren ebenfalls mit Karbazol. Diphenylmethan- und ähnliche Verbindungen spalten dagegen die Methylengruppe nicht ab, da diese unmittelbar an Kohlenstoff gebunden ist.

10. Milch und andere Getränke untersucht man auf Formaldehyd durch Zusatz von 1 ccm salzsaurem Phenylhydrazin, einigen Tropfen Nitroprussidnatrium und konz. Natronlauge. Es entsteht Blaufärbung, welche nach einiger Zeit in Rot übergeht. Man kann so $^1/_{20000}$ Teil Formaldehyd nachweisen.[2] Oder man setzt zuerst die Phenylhydrazinlösung und hierauf $FeCl_3$ und Salzsäure zu, wobei eine Rotfärbung entsteht, welche später in Orange übergeht.[3]

Eine sehr empfindliche Reaktion teilt Luebert mit: in einem Kolben mischt man 5 g K_2SO_4 und 5 ccm Milch und fügt vorsichtig 10 ccm konz. H_2SO_4 hinzu. Bei Anwesenheit von Formaldehyd entsteht eine violette Färbung, ohne Formaldehyd färbt sich die Lösung braun.

[1] Wotoček u. Veboly, Ber. 40 (1907), 410.
[2] Rimini, Ann. d. Pharm. 1898, 97.
[3] Riegler, Pharm. C. 40, 769; 41, 502.

Henner destilliert die auf Formaldehyd zu untersuchende Flüssigkeit. Das Destillat mischt er mit einer verdünnten Phenollösung und fügt vorsichtig Schwefelsäure zu. Die Berührungszone der beiden Flüssigkeiten färbt sich bei Gegenwart von CH_2O karmoisinrot.

Farnstein empfiehlt m-Phenylendiamin; Bayer beschreibt eine Methode zum Nachweis von CH_2O im Fleisch.[1]) Auch Arnold und Menzel beschreiben eine Untersuchungsmethode: Fügt man zu einer formaldehydhaltigen Lösung zuerst Salzsäure und $FeCl_3$, dann Schwefelsäure, so erhält man eine intensive Orangefärbung. So läßt sich noch 1 Teil CH_2O in 40000 Teilen Wasser nachweisen.[2])

Auch das Schiffsche Reagens wird empfohlen: 0,4 g Fuchsin löst man in 250 ccm Wasser, fügt 10 ccm einer Lösung von Natriumbisulfit (40° B.) und 10 ccm konz. Schwefelsäure zu. Formaldehyd erzeugt Rotfärbung, welche auf Zusatz von 2 ccm konz. Salzsäure in Blauviolett übergeht.

Quantitative Bestimmung von Formaldehyd.

Tollens[3]) war der erste, welcher sich mit der quantitativen Bestimmung von Formaldehyd beschäftigte. Er versuchte die Menge des Formaldehyds durch Wiegen des ausgeschiedenen Silbers zu bestimmen. Denselben Weg schlug auch Loew vor.[4]) Doch sind die Resultate dieser Methode nicht befriedigend.

Die Methode von Legler wird bis heute trotz ihrer wesentlichen Mängel in der analytischen Praxis angewandt.[5]) Sie beruht auf der Bildung von Hexamethylen aus Formaldhyd und Ammoniak. Wendet man bei der Titrierung des Ammoniaküberschusses Methylorange (oder Cochenille) als Indikator an, so kommen auf 6 Mol. CH_2O 3 Mol. NH_3, mit Lackmus oder Rosolsäure dagegen kommen auf 6 Mol. CH_2O 4 Mol. NH_3.[6])

[1]) Ztschr. f. Fleisch- und Milchhygiene 11, 70.

[2]) Ztschr. f. Nahrungs- u. Genußmittel 5, 858.

[3]) Ber. 15 (1882), 1880; 16 (1883), 918.

[4]) Journ. f. prakt. Chem. 1886, 825.

[5]) Ber. 16 (1883), 1883; Ztschr. f. anal. Chem. 23, 81.

[6]) Lösekann, Ber. 22 (1889), 1565; Eschweiler, Ber. 22 (1889) 1920; Ann. 258 (1890), 97.

Die Ammoniakmethode ist zwar in das deutsche Arzneibuch aufgenommen, doch gibt sie nur annähernd richtige Resultate: gewöhnlich findet man den Formaldehydgehalt um mehr als 1% zu niedrig.

Nach dem deutschen Arzneibuch wird die Methode in folgender Weise ausgeführt: Die Formaldehydlösung wird genau auf eine Temperatur von 15^0 C. eingestellt. Mit Hilfe einer Pipette oder Bürette werden 5 ccm der Lösung abgemessen und in eine Flasche mit gut eingeschliffenem Stöpsel von 120 ccm Inhalt entleert. Hierzu fügt man 20 ccm Wasser und 10 ccm Ammoniaklösung (spez. Gew. 0,96), in welcher der Ammoniakgehalt vorher durch Titration festgestellt wurde. Man verschließt die Flasche, schüttelt und läßt dann 1 Stunde stehen. Die Reaktion verläuft nach der Gleichung $6\,CH_2O + 4\,NH_3 = C_6H_{12}N_4 + 6\,H_2O$. Hierauf setzt man zur Bindung des freien Ammoniaks 20 ccm Normalsalzsäure zu und bestimmt den Überschuß derselben nach Zusatz von 5—10 Tropfen Rosolsäure durch Titration mit Normalnatronlauge bis zum Übergang der gelben Farbe in Rot.

Berechnung: Verwendet 5 ccm Formaldehydlösung $= 5,4$ g und 10 ccm Ammoniak, spez. Gew. 0,96. Wenn der Verbrauch an Natronlauge 4 ccm beträgt, so wurden 16 ccm Salzsäure vom überschüssigen Ammoniak gebunden entspr. 0,017 g NH_3. War der Ammoniak 10%ig, so wurden 0,96 g NH_3 angewandt, so daß für die Bindung des Formaldehyds 0,688 g NH_3 verbraucht wurden. Daher $4\,NH_3 : 6\,CH_2O = 0,688 : x$; $x = 1,82$ g CH_2O. $5,4 : 1,82 = 100 : x_1$; $x_1 = 33,7\%$.

Nach Legler wird als Indikator am besten Phenolphtalein oder Lackmus verwendet, worauf direkt mit Normalschwefelsäure oder -salzsäure zurücktitriert wird. Die zu untersuchende Lösung wird mit kohlensaurem Kalk geschüttelt und von der klaren Flüssigkeit 5 ccm zur Analyse genommen. Dieselben werden in einer Flasche mit eingeschliffenem Stopfen mit 50 ccm Normalammoniaklösung versetzt und einen Tag lang bei Zimmertemperatur stehen gelassen. Hierauf titriert man den Ammoniaküberschuß mit Normalsalzsäure und verwendet dabei Lackmus als Indikator. Da die angewandte Ammoniakmenge theoretisch 2,4 g, also 48% CH_2O entspricht, muß für jeden zum Zurücktitrieren verbrauchten Kubikzentimeter

Normalsalzsäure von 48 0,96 °/₀ abgezogen werden, so daß für einen Verbrauch von n ccm Normalsalzsäure der Prozentgehalt der Formaldehydlösung $= (48 - n \cdot 0,96)$ ist.

Wird jedoch bei der Titration Methylorange als Indikator verwendet, so tritt der Farbenumschlag erst dann ein, wenn außer dem freien Ammoniak auch das zweibasische Hexamethylentetramin in das salzsaure Salz verwandelt ist. Der Prozentgehalt ist dann für die Mengen des obigen Beispiels $= (64 - n \cdot 1,28)$ °/₀.

Die von S m i t h abgeänderte L e g l e r sche Methode: 25—30 ccm Formaldehyd werden in einem Meßkolben von 100 ccm abgewogen und zur Marke aufgefüllt. 10 ccm dieser Lösung werden in einer Flasche mit eingeschliffenem Stopfen mit 30 ccm Normalnatronlauge und 25 ccm einer 8 °/₀igen Salmiaklösung versetzt. Nach 24 Stunden wird mit Normalsäure zurücktitriert, wobei Rosolsäure als Indikator dient. Der Farbenübergang ist unscharf, so daß Differenzen bis ¹/₂ °/₀ vorkommen.

Die Methode von T r i l l a t [1]) gründet sich auf die Bildung von Anhydroformaldehydanilin. Die Anilinlösung enthält 3 g frisch destilliertes Anilin auf 1 Liter Wasser. Zu derselben fügt man unter Schütteln tropfenweise 1—4 ccm der zu untersuchenden Lösung, wobei sich ein Niederschlag bildet, der sich nach einigem Schütteln vollkommen absetzt. Nach 48 Stunden wird durch ein gewogenes Filter filtriert, bei 40° getrocknet und das Gewicht des Niederschlags bestimmt. Die Menge des Formaldehyds wird nach der Gleichung $C_6H_5NH_2 + CH_2O = C_6H_5N : CH_2 + H_2O$ berechnet.

Klar wendet bei der T r i l l a t schen Methode die Titration an. Man bestimmt zuerst mit 10 ccm den Wirkungswert der Anilinlösung (3 : 1000) gegen ¹/₁₀ Normalsalzsäure. Hierauf gibt man in einen 500-ccm-Meßkolben 400 ccm Anilinlösung und tropfenweise aus einer Bürette 1 ccm der zu untersuchenden Lösung und füllt zur Marke auf. Nach einigem Stehen wird durch ein trockenes Filter filtriert und in 50 ccm des Filtrats der Überschuß an Anilin mit ¹/₁₀ N.-Salzsäure und

---

[1]) Compt. rend. 116 (1893), 891.

Kongorot als Indikator bestimmt. Die Methode ist nicht genauer als die Leglersche.

Die Methode von Blank und Finkenbeiner[1]) beruht auf der Oxydation des Formaldehyds zu Ameisensäure durch Wasserstoffsuperoxyd in alkalischer Lösung. In einem Wägegläschen werden 3 g der zu untersuchenden Lösung (oder 1 g der fein gepulverten festen Substanz) abgewogen und samt dem Wägegläschen in einen Erlenmeyerkolben mit 25 ccm 2N-Natronlauge eingesetzt. Hierauf läßt man mit Hilfe eines Trichters (um Spritzen zu verhüten) langsam innerhalb 3 Minuten 50 ccm 2,5—3 %ige Wasserstoffsuperoxydlösung zufließen, wobei reichliche Wasserstoffentwicklung eintritt. Nach 2—3 Minuten wird der Trichter abgespült und die nicht verbrauchte Natronlauge mit 2N-Schwefelsäure zurücktitriert. Als Indikator dient Lackmustinktur; der angewandte Lackmus wird vorher 4—5 mal mit 85 %igem Alkohol extrahiert. 1 ccm 2N-Natronlauge entspricht 0,006 g CH_2O. Die Acidität der Formaldehyd- und der Wasserstoffsuperoxydlösung sind in Rechnung zu ziehen[2]); zur Vermeidung freier Kohlensäure wird zur Analyse ausgekochtes Wasser verwendet. Gewöhnlich nimmt man an, daß die Reaktion nach der Gleichung $2 CH_2O + 2 NaOH + H_2O_2 = 2 CHO_2Na + 2 H_2O + H_2$ verläuft, doch kann auch die Nebenreaktion eintreten $CH_2O + 2 NaOH + H_2O_2 = HCO_2Na + 2 H_2O$ (vgl. S. 34 die Untersuchungen von Heisow).

Brochet und Cambier benützen zur quantitativen Bestimmung des Formaldehyds salzsaures Hydroxylamin. Zu einer Lösung desselben fügen sie die zu untersuchende Formaldehydlösung, so daß Hydroxylamin im Überschuß bleibt.

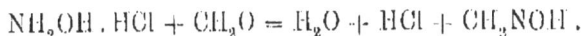

$$NH_2OH . HCl + CH_2O = H_2O + HCl + CH_2NOH .$$

Die freie Säure wird mit $^1/_{10}$ N-Natronlauge zurücktitriert, wobei Methylorange als Indikator verwendet wird. Nach Smith ist diese Methode rasch auszuführen und genau, falls es sich um reine Formaldehydlösungen handelt.[3])

Nach Grützner[4]) reduziert Formaldehyd freie Chlorsäure,

[1]) Ber. 31 (1898), 2979.
[2]) Ztschr. f. ang. Chem. 19 (1906), 188; 20 (1907), 858.
[3]) Compt. rend. 120 (1895), 449; Ztschr. f. anal. Chem. 34, 623.
[4]) Arch. d. Pharm. 234, 634.

nicht aber deren Salze. Auch die freie Säure wird nicht
sofort in HCl übergeführt, sondern verwandelt sich zunächst
in niedrige Sauerstoffsäuren, und im weiteren Verlauf bildet
sich Chlor, welches die entstandene Ameisensäure in CO_2
oxydiert und selbst sich mit Wasserstoff zu HCl verbindet.
Befindet sich jedoch in der Lösung Silbernitrat, so verläuft
die Reduktion nach folgender Gleichung:

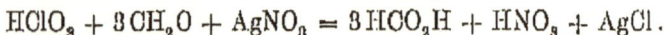

$$HClO_3 + 3 CH_2O + AgNO_3 = 3 HCO_2H + HNO_3 + AgCl.$$

Grützner stellte fest, daß einem Mol. $AgNO_3$ 3 Moleküle Formaldehyd entsprechen.

Zur Analyse wird ca. 1 g $KClO_3$ in einer Flasche mit
eingeschliffenem Stopfen in 20—30 g Wasser gelöst und 50 ccm
$^1/_{10}$ N-Silberlösung, 5 ccm der Formaldehydlösung und etwas
HNO_3 zugesetzt. Die Flasche wird mit Pergamentpapier über-
bunden und hierauf $^1/_2$ Stunde auf dem Wasserbad unter
wiederholtem Schütteln erwärmt. Nach dem Erkalten titriert
man den Überschuß der Silberlösung mit $^1/_{10}$ N-Rhodankalium-
lösung zurück, wobei Eisenalaun als Indikator dient. 1 ccm
$^1/_{10}$ N-Silberlösung entspricht 0,009 g CH_2O.

Methode von Neuberg. Versetzt man die zu untersuchende Flüssigkeit langsam unter fortwährendem Umschütteln
mit einer kalten wässerigen Lösung von reinstem salzsauren
Dihydrazindiphenyl und erwärmt $^1/_4$ Stunde allmählich auf
50—60°, so bildet sich das Hydrazon als Niederschlag. Derselbe wird in einem Goochtiegel gesammelt, zuerst mit heißem
Wasser, dann mit Alkohol und absolutem Äther ausgewaschen,
im Trockenschrank bei 90° getrocknet und gewogen. Die
Zusammensetzung des Hydrazons ist $CH_2 : N . NHC_6H_4 . C_6H_4NHN :$
CH_2. Wenn die richtige Konzentration eingehalten wird
(1 Teil CH_2O auf 1000 Teile Wasser), gibt die Methode befriedigende Resultate; sie wird vorzüglich angewandt, um CH_2O
in einer Mischung von Aldehyden oder Ketonen zu bestimmen.
In diesem Falle empfiehlt es sich, vor dem p-Dihydrazin-
diphenylchlorhydrat der Lösung das gleiche oder doppelte
Volum abs. Äthyl-, besser Methylalkohol zuzusetzen[1].)

Die Jodmethode von Romijn[2]) ist durch ihre Genauig-

---

[1]) Ber. 32 (1899), 1901.
[2]) Ztschr. f. anal. Chem. 36, 19.

keit und Einfachheit ausgezeichnet, doch ist sie nur bei Abwesenheit von homologen Aldehyden oder Ketonen anwendbar. Die Anwesenheit dieser Stoffe verrät sich bei der Ausführung der Analyse durch das Entstehen einer gelben Trübung von Jodoform. Die zu untersuchende Lösung wird so verdünnt, daß man eine ca. 2 %ige Lösung erhält. In einen Stöpselflasche von ca. $\frac{1}{2}$ Liter Inhalt gibt man 30 ccm N-Natronlauge, 5 ccm der verdünnten Formaldehydlösung und endlich unter fortgesetztem Schütteln 40—70 ccm $\frac{1}{5}$ N-Jodlösung, bis die Flüssigkeit hellgelbe Farbe annimmt. Man schließt nun die Flasche, schüttelt gut durch und läßt 15 Minuten stehen. Hierauf wird mit einem geringen Überschuß von N-Salzsäure angesäuert und mit $\frac{1}{10}$ N-Thiosulfatlösung zurücktitriert. 1 ccm $\frac{1}{5}$ N-Jodlösung entspricht 0,003 g CH_2O.

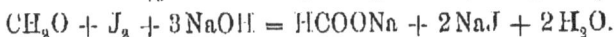

$$CH_2O + J_2 + 3\,NaOH = HCOONa + 2\,NaJ + 2\,H_2O.$$

Ich habe diese Methode bei meinen Analysen in etwas geänderter Form angewandt. Zuerst wird das spez. Gew. der Formaldehydlösung bei 15° C. bestimmt, z. B. = 1,077. Von der Lösung werden 5 ccm = 5,385 g auf 500 ccm verdünnt und davon zu jeder Untersuchung 5 ccm genommen. Dieselben werden mit 50 ccm $\frac{1}{10}$ N-Natronlauge und 30 ccm $\frac{1}{10}$ N-Jodlösung versetzt und 15 Minuten stehen gelassen. Hierauf wird mit 50 ccm $\frac{1}{10}$ N-Salzsäure angesäuert und das freie Jod mit $\frac{1}{10}$ N-Thiosulfat zurücktitriert.

Romijn hat noch eine zweite Methode ausgearbeitet, welche auf der Addition von Cyanwasserstoff an Formaldehyd beruht. Sie wird mit titrierten Lösungen von $AgNO_3$, KCN und KCNS ausgeführt, welche wegen ihrer Giftigkeit und Unbeständigkeit die Arbeit erschweren. Da die Methode im übrigen keinen Vorteil bietet, soll sie nicht näher besprochen werden.[1]

Nicloux empfiehlt die Oxydation mit $N_2Cr_2O_7$. Doch ist bei dieser Methode das Ende der Reaktion schwer zu erkennen, außerdem stört die Gegenwart von anderen oxydabeln Stoffen.[2]

Smith[3] schlug die Oxydation mit alkalischer Permanganatlösung vor, wobei CH_2O in der Kälte in Ameisensäure, beim

[1] Ztschr. f. anal. Chem. 36, 22.
[2] Bull. Soc. chim. 17 (1897), 899.   [3] The anal. 21, 148.

Kochen in Wasser und Kohlensäure übergeht. Diese Methode zeigt dieselben Schwächen wie jene von **Nicloux**.

Glatter und rascher kommt man nach **Vanino** und **Seitter** zum Ziele, wenn man mit schwefelsaurer Permanganatlösung verbindet und zur Bestimmung des Überschusses des Permanganats Wasserstoffsuperoxyd verwendet.

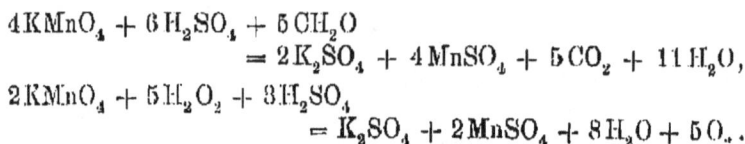

$$4\,KMnO_4 + 6\,H_2SO_4 + 5\,CH_2O$$
$$= 2\,K_2SO_4 + 4\,MnSO_4 + 5\,CO_2 + 11\,H_2O,$$
$$2\,KMnO_4 + 5\,H_2O_2 + 3\,H_2SO_4$$
$$= K_2SO_4 + 2\,MnSO_4 + 8\,H_2O + 5\,O_2.$$

In einer Stöpselflasche von 250 ccm Inhalt füllt man 35 ccm $^3/_{10}$ N-Permanganatlösung und fügt eine frisch bereitete Mischung aus 30 g konz. H_2SO_4 und 50 g Wasser und weiter langsam tropfenweise eine einprozentige Formaldehydlösung zu, welche durch entsprechende Verdünnung der ursprünglichen Probe hergestellt wurde. Das verschlossene Fläschchen läßt man unter wiederholtem Umschütteln 10 Minuten stehen (**Grossmann** und **Aufrecht** halten diese Zeit für unzureichend). Hierauf wird der Überschuß des Permanganats mit ca. $^1/_{10}$ N-Wasserstoffsuperoxydlösung zurücktitriert, welche empirisch gegen $KMnO_4$ eingestellt ist. 1 ccm $^2/_{10}$ N-$KMnO_4$ (jodometrisch gestellt) entspr. 0,0072601 g $KMnO_4$ oder 0,0001723 g CH_2O. Die Anwesenheit anderer oxydabler Stoffe macht diese Methode unbrauchbar.[1]

Orchard[2] gründet seine Methode auf die Einwirkung von Formaldehyd auf ammoniakalische Silberlösung. 10 ccm einer ca. 0,1 %igen Formaldehydlösung werden mit einer Mischung von 25 ccm $^1/_{10}$ N-$AgNO_3$ und 10 ccm Ammoniaklösung (1 ccm Ammoniak spez. Gew. 0,88 auf 50 ccm Wasser) versetzt. Nach vierstündigem Kochen mit Rückflußkühler wird die Silberausscheidung filtriert und gewogen, oder man bestimmt im Filtrat die Menge des unveränderten $AgNO_3$.

Vanino hat diese Methode insoweit abgeändert, als er die Ammoniaklösung durch reine chlorfreie Natronlauge ersetzte. Er löst 2 g $AgNO_3$ in Wasser, versetzt mit NaOH bis zu

---

[1] Ztschr. f. anal. Chem. 1901, 587; Ber. 39 (1906), 2455.
[2] The analyst, 22, 4; Ztschr. f. anal. Chem. 1897, 710.

stark alkalischer Reaktion und gibt 5 ccm Formaldehydlösung
zu (durch Verdünnung von 10 ccm Formaldehyd, 40%ig, auf
100 ccm). Das Fläschchen bleibt $\frac{1}{4}$ Stunde unter Licht-
abschluß stehen, worauf man den Niederschlag dekantierend
mit 5%iger Essigsäure auswäscht und auf einem gewogenen
Filter sammelt. Zum Schluß wird mit essigsäurehaltigem
Wasser ausgewaschen, bei 105° getrocknet und gewogen.[1]

Riegler schlug eine einfache gasvolumetrische Methode
vor,[2] welche auf folgendem Prinzip beruht: Mischt man Jodsäure mit Hydrazinsulfat, so entwickelt sich Stickstoff im Sinne
der Gleichung $5 N_2 H_4 . H_2 SO_4 + 4 HJO_3 = 5 N_2 + 12 H_2 O$
$+ 5 H_2 SO_4 + 4 J$. Befindet sich aber in der Lösung Formaldehyd, so bindet dieses eine entsprechende Menge Hydrazin,
welche mit Jodsäure nicht mehr reagiert. Arbeitet man daher
mit einer Hydrazinlösung von bekanntem Gehalt, so läßt sich
aus der Menge des entwickelten Stickstoffs die vorhandene
Formaldehydmenge berechnen.

Die Jodsäurelösung enthält 5 g HJO_3 auf 50 ccm, die
Hydrazinlösung 1 g $(N_2 H_4 . H_2 SO_4)$ auf 100 ccm.

Riegler benutzte zu seinen Versuchen das bekannte
Azotometer von Knopp-Wagner. Mittels einer Pipette führt
man 28 ccm Hydrazinlösung in das (äußere) Reaktionsglas des
Apparats ein und setzt 20 ccm Wasser zu, in das innere
Gefäß gibt man mit einer Pipette 5 ccm Jodsäurelösung.
Hierauf wird das Reaktionsgefäß mit einem Kautschukstopfen
verschlossen, und in einen hohen Zylinder mit Wasser von
Zimmertemperatur eingesetzt, so daß der Stopfen mit Wasser
bedeckt ist. Nach 10 Minuten wird das Niveau des Wassers
im graduierten Rohr genau auf 0 eingestellt und der Glashahn
so gestellt, daß sich das Reaktionsgefäß mit dem Rohr in
Verbindung befindet. Nun läßt man 20 ccm Wasser durch
den Quetschhahn aus dem zweiten Teil der Bürette zufließen,
schüttelt durch $\frac{1}{2}$ Minute und setzt den Apparat wieder in
den Zylinder. Nach weiteren 2 Minuten stellt man das Flüssig-
keitsniveau in beiden Rohren der Bürette auf gleiche Höhe
ein und liest die Zahl der Kubikzentimeter Stickstoff ab;

[1] Ztschr. f. anal. Chem. 1901, 720.
[2] Ztschr. f. anal. Chem. 1901, 92.

zugleich notiert man die Temperatur und den Barometerstand, um das Gasvolum auf 0^0 und 760 mm zu reduzieren.

Man führt noch einmal 90 ccm Hydrazinlösung mit der Pipette in das Reaktionsgefäß ein und ferner gleichfalls mit der Pipette ein bestimmtes Volum der zu untersuchenden Formaldehydlösung, welches nicht mehr als 0,08 g CH_2O enthält. Nach einigem Schütteln läßt man wenigstens $\frac{1}{4}$ Stunde stehen und fügt soviel Wasser zu, daß das Volum desselben mit der zugesetzten Formaldehydlösung zusammen 20 ccm ausmacht; in den inneren Zylinder bringt man 5 ccm 10% ige Jodsäurelösung. Nach 10 Minuten stellt man das Niveau in der Bürette auf 0 ein, läßt 20 ccm Wasser durch den Quetschhahn zutreten, schüttelt $\frac{1}{2}$ Minute (nicht länger), setzt den Apparat in Wasser ein und liest nach weiteren 2 Minuten (nicht später) bei gleich eingestelltem Niveau in beiden Rohren der Bürette das Volum des Stickstoffs ab, das wieder auf 0^0 und 760 mm reduziert wird.

Aus dem Unterschied zwischen den beiden Volumen ergibt sich der Gehalt an Formaldehyd. Da jedes Molekül Hydrazin 2 Mol. CH_2O bindet, entspricht je 1 ccm N 2,7 mg CH_2O.

Riegler empfiehlt das rasche Ablesen der Volumina, da er beobachtete, daß die Jodsäure bei langer Berührung mit dem Hydrazon reagiert, so daß sich auch aus diesem Stickstoff abspaltet.

Die gasvolumetrische und andere analytische Methoden des Verfassers werden im zweiten Teil des Buches besprochen.

Die Methode von Lemme benützt die Kondensation des Formaldehyds mit Natriumbisulfit als Basis für die analytische Bestimmung von CH_2O. 25—26 ccm Formaldehyd werden in einem Meßkolben von 100 ccm Inhalt abgewogen und bis zur Marke mit Wasser aufgefüllt. 10 ccm dieser Lösung werden mit 50 ccm ca. 25% ige Natriumsulfitlösung gemischt, welche vorher mit Normalsäure neutralisiert wurde, und 2 Tropfen Rosolsäure zugegeben. Hierauf titriert man mit Normalsäure bis zum Farbenumschlag. 1 ccm Normalsäure entspricht 0,03 g CH_2O. Die Reaktion verläuft nach der Gleichung $CH_2O + Na_2SO_3 + H_2O = CH_2(OH)SO_3Na + NaOH$. Natürlich muß die Acidität des Formaldehyds in Rechnung gezogen werden. Doby erklärt diese Methode für die einfachste und genaueste zur Prüfung von Formaldehydlösungen. Über den Einfluß von Acetaldehyd und Ketonen finden sich in der Literatur keine Angaben.[1])

Vergleich der verschiedenen Analysenmethoden.

1. Die jodometrische Methode nach Romijn ist rasch und genau, aber nur bei reinen und stark verdünnten Lösungen anwendbar; die Anwesenheit von höheren Aldehyden und Ketonen macht die Resultate ungenau.

2. Die Wasserstoffsuperoxydmethode ist für unreine und für konzentrierte Lösungen die geeignetste. Die Reaktionsgeschwindigkeit hängt von der Konzentration und der Temperatur ab.

3. Die Romijnsche Cyankaliummethode empfiehlt sich für unreine und für konzentrierte Lösungen. Die Resultate sind etwas niedriger als die nach 1 und 2 erhaltenen.

4. Bei der Leglerschen Methode ist der Endpunkt der Titration nicht scharf. Deswegen erhält man niedrigere Resultate als bei 1 und 2, was übrigens auch durch die Einwirkung konzentrierter Säuren auf Hexamethylentetramin verursacht ist.

5. Die Unterschiede in den Resultaten der verschiedenen Methoden sind oft durch die Methoden selbst bedingt und nicht durch Verunreinigungen oder Polymere. Die Ursache liegt entweder in der unvollständigen Kondensation oder in der Bildung von ganz geringen Mengen Ameisensäure.

6. Die gasvolumetrische Methode nach Riegler erfordert Übung im Gebrauch des Azotometers. Die Genauigkeit der Resultate kann durch die geringe Beständigkeit des Hydrazons in Gegenwart von Jodsäure leiden.

7. Von den gewichtsanalytischen Methoden ist keine von Bedeutung. Wenn es sich um ein Gemisch von Formaldehyd mit anderen Aldehyden und Ketonen handelt, kann man die Neubergsche Methode zur Kontrolle der anderen Verfahren anwenden mit Berücksichtigung des Umstandes, daß ihre Resultate nur 98% vom wahren Wert betragen.

---

[a]) Chem.-Ztg. 27 (1903), 803; Ztschr. f. anorg. Chem. 1907, 358.

8. Die Lemmesche Methode empfiehlt sich wegen der
raschen Ausführung und relativen Schärfe für Betriebsanalysen
als technisches Verfahren, besonders wenn vorher die Abwesenheit von Acetaldehyd und Aceton festgestellt wurde.

9. Über die von mir ausgearbeiteten Methoden vgl. im
zweiten Teil des Buches S. 266ff.

Bestimmung des Formaldehyds in Gegenwart von Methylal.[1]

Um Formaldehyd und Methylal nebeneinander zu be-
stimmen, empfiehlt Trillat, der zu untersuchenden Flüssigkeit
Ammoniak zuzusetzen, und sie hierauf mit Äther zu extrahieren.
Der Methylal tritt mit NH_3 nicht in Reaktion und wird von
Äther leicht aufgenommen, während Hexamethylentetramin,
das Reaktionsprodukt des Formaldehyds, in der wässerigen
Lösung zurückbleibt; jede der beiden Lösungen wird dann für
sich untersucht.

Ohne experimentelle Prüfung ist es unmöglich, die Brauch-
barkeit dieser Methode zu beurteilen; aber vom rein theoretischen Standpunkte aus kann man ihr nur mit großem Miß-
trauen entgegenkommen. Sie stützt sich auf dieselbe Reaktion,
wie die Leglersche Methode. Doch fehlt es in der Literatur
nicht an Hinweisungen, daß die Reaktion zwischen Formaldehyd
und NH_3 nicht quantitativ verläuft. Erst nach 24 Stunden
ist die Reaktion vollständig beendet; es ist daher keine Ge-
währ, daß $1/4 - 1/2$ Stunde nach dem Zusatze des Ammoniaks
aller Formaldehyd, dagegen gar kein Methylal sich mit
Ammoniak vereinigt hat. Experimentelle Angaben fehlen jedoch
in der Literatur.

Bestimmung des Formaldehyds in Gegenwart von Acetaldehyd.[2]

„1. Zum Nachweis des Formaldehyds in Gegenwart von
Acetaldehyd zerstört man den letzteren durch Zusatz einer
kleinen Menge Natronlauge. Dieselbe verharzt den Acetaldehyd,

---

[1] Trillat, Oxydation des Alkohols, S. 04.
[2] Derselbe, Ebenda, S. 90.

während sie auf Formaldehyd kaum einwirkt. Natürlich ist diese Prüfung nur eine qualitative.

„2. Erhitzt man die zu untersuchende Flüssigkeit in Gegenwart von H_2SO_4 oder $FeCl_3$ mit Methylalkohol, so bildet sich Methylal. Diesen kombiniert man hierauf mit Dimethylanilin, während das Derivat des Acetaldehyds unter diesen Bedingungen nur schwer ein analoges Kondensationsprodukt bildet. Die Gegenwart des Formaldehyds läßt sich durch die blaue Farbreaktion (beim Oxydieren mit PbO_2 und Essigsäure) nachweisen." Auch diese Methode kann nur zum qualitativen Nachweis dienen.

Ein Gehalt an Acetaldehyd im Formaldehyd läßt sich am Auftreten eines gelben Niederschlags und des Jodoformgeruchs auf Zusatz von Natronlauge und Jodlösung erkennen. Übrigens geben Aceton und seine Homologen die gleiche Reaktion.

Bestimmung des Methylalkohols im Formaldehyd.

Im Rohformaldehyd, wie er auf den Fabriken aus Methylalkohol gewonnen wird, ist immer Methylalkohol (5—15 %) enthalten. Zur Bestimmung desselben sind einige Methoden vorgeschlagen worden.

1. Die Methode des Vereins für chemische Industrie, Mainz, beruht auf der Umwandlung des Formaldehyds in Methylalkohol und Ameisensäure beim Kochen mit Natronlauge: $2CH_2O + NaOH = CH_3OH + HCOONa$. In einem Kolben mit rundem Boden wiegt man 100 g Formaldehyd ab, fügt 700 ccm 2 N-Natronlauge zu und kocht 2 Stunden. Dabei sind zwei Rückflußkühler anzuwenden, von welchen der obere mit Eis gekühlt ist. Hierauf werden über einen gut wirkenden Kühler 300—400 ccm abdestilliert, das spez. Gew. des Destillats bestimmt und daraus die gesamte Menge des Methylalkohols berechnet. Durch Abzug des aus dem Formaldehyd nach obiger Formel entstandenen Methylalkohols, erfährt man den Methylalkoholgehalt der ursprünglichen Lösung. Das spez. Gewicht muß sehr genau bestimmt werden; die angewandte Lauge muß möglichst rein sein. Die Resultate sind immer

etwas zu niedrig, da bei der Behandlung mit Lauge ein Teil
des Formaldehyds sich zu Zuckern usw. kondensiert, man erhält z. B. statt $20\,^0/_0$ nur $18\,^0/_0$.[1])

2. Derselbe „Verein für chem. Industrie" hat noch
eine zweite Methode vorgeschlagen, die Oxydation mit Chromsäure.[2]) 1 g Formaldehyd wird in einem kleinen offenen
Wägegläschen abgewogen und in eine Mischung von 50 ccm
2 N-Chromsäurelösung (66,86 g CrO_3 auf 1 Liter = 16 g O) und
20 ccm reiner konz. Schwefelsäure eingetragen. Nach 12 Stunden verdünnt man auf 1 Liter; davon werden 50 ccm nach
Zusatz eines Körnchens KJ mit $^1/_{10}$ N-Thiosulfatlösung zurücktitriert. Die Chromsäure wirkt im Sinne der beiden Gleichungen:

$$CH_2O + O_2 = CO_2 + H_2O \quad \text{und} \quad CH_3(OH) + 3O = CO_2 + 2H_2O.$$

Berechnung (unter der Annahme, daß genau 1 g Formaldehyd eingewogen wurde): zur Reaktion wurden verwendet
0,8 g Sauerstoff, davon blieben unverbraucht 0,016 g $\times$ Zahl der
Kubikzentimeter Thiosulfatlösung. Die Differenz entspricht dem
überhaupt zur Reaktion verbrauchten Sauerstoff, sie sei z. B. = a.
War der Prozentgehalt des Formaldehyds = p, so erfordert

derselbe zur Oxydation die Sauerstoffmenge $b = \dfrac{32 \cdot p}{30 \cdot 100}$, so daß

zur Oxydation des Methylalkohols $(a - b)$ g O übrig blieben.
Der Prozentgehalt an Methylalkohol war daher $\dfrac{32\,(a - b)\,100}{48}$

3. Methyljodidmethode von Stritar[3]): 5 ccm Formaldehyd werden mit Wasser auf 100 ccm verdünnt, mit einem
Überschuß von Ammoniak (10—12 ccm) versetzt und destilliert.
Die zuerst übergehenden 50 ccm werden in einem Meßkolben
von 100 ccm Inhalt aufgefangen, mit Essigsäure neutralisiert
und auf 100 ccm aufgefüllt. In 5 ccm der Lösung wird der
Methylalkohol durch Überführung in Methyljodid und Wägung
in Form von AgJ bestimmt. Die Methode erfordert sorgfältige
Arbeit und einen besonderen Apparat. In bezug auf Genauigkeit hält sie einer strengen Kritik nicht stand; Verluste sind
immer möglich.

---

[1]) Ztschr. f. anal. Chem. 39, 68.
[2]) Ztschr. f. anal. Chem. 39, 62; Ber. 39 (1906), 1320.
[3]) Ztschr. f. anal. Chem. 1904, 401.

In der Literatur finden sich noch weitere Angaben über die Bestimmung des Methylalkohols im Formaldehyd.[1])

4. Die Sulfanilsäuremethode von Gnehm und Kaufler.[2]) Der Formaldehyd wird mit sulfanilsaurem Natron zu einer nicht flüchtigen Verbindung kondensiert, der Methylalkohol abgetrieben und aus dem spez. Gewicht des Destillats bestimmt. In einem Kölbchen trägt man in 35 ccm kochendes Wasser nach und nach 90 g kristallisiertes sulfanilsaures Natron ein und erhitzt, bis sich alles gelöst hat. Hierauf kühlt man rasch ab, lockert den ausgeschiedenen Kristallbrei etwas auf und fügt 20 ccm der Formaldehydlösung hinzu. Der Kolben wird, mit einem Korkstopfen verschlossen, entweder 3—4 Stunden bei gewöhnlicher Temperatur stehen gelassen, oder $1\frac{1}{2}$—2 Stunden auf 35—40° erwärmt. Hierauf setzt man in das Ölbad ein und destilliert (bei 125—145°) 30—35 ccm ab. Zur Vermeidung von Verlusten empfiehlt es sich, den Kühler und die Vorlage mit Wasser zu benetzen. Das Destillat wird auf 50 ccm aufgefüllt und das spez. Gewicht dieser Lösung bei 15° C. in genauester Weise bestimmt. Der Gehalt an Methylalkohol ergibt sich aus der Formel $p \frac{15}{15} = 1 - 0,00180\,p + 0,00002\,p^2$, worin $p =$ Gramme Methylalkohol in 100 ccm Wasser.

Bamberger[3]) fand, daß diese Methode um 3—4 % niedrigere Resultate gibt als diejenige der Akt.-Ges. für Trebertrocknung in Kassel, bei welcher Natriumbisulfit zur Kondensation verwendet wird. Er führt dies auf die bei der Destillation, wenn auch nur in geringem Maße, eintretende Zersetzung des Kondensationsprodukts aus CH_2O und sulfanilsaurem Natron zurück, während die Bisulfitverbindung auch in der Wärme vollkommen beständig ist.

Gnehm und Kaufler wiesen in ihrer Erwiderung darauf hin, daß sie 31 % igen Formaldehyd verwendet hatten, während Bamberger 38 % iges Produkt untersuchte. Erhöht man die Menge des sulfanilsauren Natrons auf 110 g und löst in 40 ccm Wasser, so erhält man auch bei hochprozentigen Formaldehyden

---

[1]) Ztschr. f. anal. Chem. 1903, 570; 1904, 887.
[2]) Ztschr. f. anorg. Chem. 17, 678; Ztschr. f. anal. Chem. 1906, 128.
[3]) Ztschr. f. anorg. Chem. 17, 1246.

Resultate, welche mit den nach der Bisulfitmethode gewonnenen übereinstimmen.

5) Die Bisulfitmethode empfiehlt Bamberger in der folgenden Ausführungsweise: 50 ccm Formaldehyd mischt man mit 140 ccm Bisulfitlösung, welche auf 200 ccm 1 g-Mol. enthält, und läßt in einem gut verkorkten Kolben 4—5 Stunden stehen. Hierauf neutralisiert man genau mit NaOH. Da Zusatz von Phenolphtalein unstatthaft ist, macht man eine Tüpfelprobe auf Papier, welches mit Brillantgelb oder Phenolphtalein getränkt ist. Hat man übertitriert, so kann mit Bisulfitlösung oder mit verdünnter Schwefelsäure bis zu schwach alkalischer Reaktion zurücktitriert werden. Hierauf treibt man im Ölbad 100 ccm über und bestimmt darin das spezifische Gewicht.

Außer Methylalkohol enthält der Rohformaldehyd immer ganz geringe Mengen Ameisensäure, welche nach den gewöhnlichen analytischen Verfahren bestimmt wird.

Manchmal wird minderprozentigem Formaldehyd zur Erhöhung des spez. Gewichts Glyzerin, Chlorcalcium u. dgl. zugesetzt. So enthielt eine Probe „Formatol" der Fabrik Seelze nur 11,5 % CH_2O und 7 % Glyzerin, Zucker u. dgl.[1]) In einem solchen Falle sind zur Bestimmung des Formaldehydgehalts die Methoden von Romijn, Blank und Finkenbeiner unbrauchbar; man muß dann das Verfahren von Legler oder noch besser jenes von Lomme anwenden. Um die Anwesenheit fremder Beimengungen festzustellen, verdampft man 5 ccm der Lösung im Wasserbad; dabei muß ein weißer, amorpher, in Wasser unlöslicher Rückstand zurückbleiben, welcher sich beim Erhitzen über freier Flamme verflüchtigt.

Der Formaldehyd in der qualitativen und quantitativen Analyse.[2])

Der Formaldehyd, ein Reduktionsmittel κατ' ἐξοχήν, findet in der qualitativen Analyse schon längst Verwendung. Der Chemiker benützt ihn zur Abscheidung von Gold aus Goldsalzlösungen, zur Abscheidung von Silber aus Silbersalzlösungen,

---

[1]) Der Gerber, 1899, 600, 219.
[2]) Vanino-Seitter, Der Formaldehyd S. 27.

sowie zum Nachweis von Kupfer und Wismut. Zu quantitativen Abscheidungen fand Formaldehyd bei Gegenwart von Alkalien erst in jüngerer Zeit Anwendung.

Vanino[1] führte damit zuerst eine quantitative Abscheidung von Gold aus, indem er zur Goldlösung käufliches Formalin, einige Tropfen Natronlauge fügt und wenige Minuten anwärmt. Auf gleiche Weise ermittelt er den Silbergehalt einer Silberlösung, sowie den Wismutgehalt einer Wismutlösung.[2]

Zur Ausführung letzterer Bestimmung erwärmt man die schwach saure Wismutsalzlösung mit Formalin und einem starken Überschuß von 10 °/₀ Natronlauge auf dem Wasserbade, bis sich die über den Niederschlag stehende Flüssigkeit vollkommen geklärt hat, und erhitzt schließlich wenige Minuten unter erneutem Zusatz von Formaldehyd und Alkali über offener Flamme. Hierauf dekantiert man wiederholt mit Wasser, sammelt die Metallpartikelchen auf einem gewogenen Filter, wäscht mit Alkohol aus und trocknet vorsichtig bei möglichst niedriger Temperatur, da feinst verteiltes Wismut sich leicht oxydiert.

Auch zur quantitativen Abscheidung des Silbers aus Chlor-, Brom-, Jodsilber[3] und Rhodansilber kann Formaldehyd bei Gegenwart starker Basen verwendet werden, und endlich läßt sich genannter Körper zur Trennung von Chlor und Jod benützen.[4]

Zur Ausführung dieser Trennung fällt man die Lösung der Halogene mit Silbernitrat, filtriert nach dem Absetzen unter Dekantation mit heißem Wasser, während man darauf achtet, daß möglichst wenig von dem Niederschlage auf das Filter kommt. Nach dem vollständigen Auswaschen versetzt man den Niederschlag im Becherglas mit 25 ccm einer Auflösung von 50 g Pottasche in 100 g Wasser und 5 ccm einer 42 °/₀ igen Formaldehydlösung und läßt einige Zeit stehen, bis keine Kohlensäureblasen mehr aus dem Niederschlage entwickelt werden. Anfängliches Anwärmen auf 30—40 ° beschleunigt den Prozeß sehr. In der Regel ist die Reaktion in einer halben Stunde beendigt. Inzwischen führt man die auf dem Filter verbliebenen Anteile durch wiederholtes Aufspritzen

[1] Ber. 31 (1898), 1769.   [2] Ber. 31 (1898), 1303.
[3] Ber. 31 (1898), 3130.   [4] Ber. 32 (1899), 3615.

der auf 40° erwärmten obigen Mischung in Silber über, soweit sie aus Silberchlorid bestanden haben. Dann filtriert man unter Dekantation mit heißem Wasser ab, indem man beachtet, daß möglichst wenig von dem sich nicht absetzenden Niederschlage auf das Filter kommt. Nach dem vollständigen Auswaschen löst man in verdünnter heißer Salpetersäure auf und filtriert, nachdem die Flüssigkeit vollkommen klar erscheint. Sollten die auf dem Filter gelösten Anteile. anfänglich trübe durchlaufen, so läßt man sie selbstverständlich zur Hauptmenge in das Becherglas zurücklaufen. Auf dem Filter bleibt Jodsilber von gelblicher Farbe mit einem Stich ins Graue zurück. Dasselbe wird nach dem Auswaschen getrocknet, vom Filter möglichst getrennt und in einem Porzellantiegel erhitzt, bis es eben geschmolzen ist. Das Filter wird in einem gewogenen Porzellantiegel verbrannt und der aus Filterasche und Jodsilber bestehende Rückstand direkt gewogen. Das ins Filtrat gegangene Silber gibt, mit Salzsäure gefällt und als Chlorsilber gewogen, das ursprüngliche Chlor.

In jüngster Zeit wendet man Formaldehyd auch zur Abscheidung von Kupfer an. Vanino und D. Greb haben festgestellt, daß die Methode quantitativ verläuft. Die Ausführung ist einfach. Man erwärmt die Kupfersalzlösung auf dem Wasserbade und setzt sukzessive Formalin und Kalilauge hinzu. Unter heftiger Reaktion scheidet sich sofort das Metall in schwammig roten Massen in der Flüssigkeit ab. Man erwärmt hierauf noch so lange, bis die Flüssigkeit sich vollkommen geklärt hat, läßt absitzen, saugt den Niederschlag auf dem Gooch ab, wäscht mit formaldehydhaltigem Wasser und Alkohol nach, und trocknet bis zum gleich bleibenden Gewicht bei 80—90°.

Angew. 0,1527 $CuSO_4$ 5 H_2O Gef. 0,1529,

„   0,1527 Cu   0,1519.

Bei Anwendung der Methode zur Bestimmung des metallischen Kupfers im trockenen Kupferkarbonat hat die Ausführung so zu geschehen, daß man das Pulver aufs feinste verreibt, die betreffende Menge im Becherglas mit Formalin erwärmt und sukzessive konzentrierte Kalilauge hinzufügt.

Bei Schweinfurter Grün ergab die Methode keine übereinstimmenden Zahlen.

Übersicht der chemisch-pharmazeutischen Präparate.
(Den klinischen und medizinischen Wert dieser Präparate siehe K. Lüders. Die neueren Arzneimittel 1907.)

Nr.	Name und Eigenschaften	Darstellung	Anwendung
1	Aloinformal, Formalaloin.	Additionsprodukt d. Aloins mit Formaldehyd (s. S. 110).	Antiseptikum für Wunden.
2	Amyloform, weißes, feines, geruchloses Pulver, in Wasser nicht löslich; sehr beständig, zersetzt sich auch bei 180° nicht, zerfällt bei der Berührung mit lebender Zellsubstanz in seine Bestandteile, hierauf beruht auch seine Verwendung.	Kondensationsprodukte des Stärkemehls mit Formaldehyd. Herstellung: Das Stärkemehl tritt mit Formaldehyd oder Trioxymethylen in Reaktion und zwar je nach dem Druck bei gewöhnlicher oder etwas erhöhter Temperatur. Nach der Reaktion wird das überschüssige Formaldehyd abgetrieben. D.R.P. 92259.	Trockenes Antiseptikum zum Bestreuen von Wunden.
3	Amylojodoform.	Kondensationsprodukt des Formaldehyds mit Stärkemehl und Jod.	Antiseptikum für Wunden.
4	Bromalin, Bromäthylformin, Hexamethylentetraminbromäthyl = $(CH_2)_6N_4—C_2H_5Br$, farblose, beinahe geschmacklose Tabletten, im Wasser löslich, Schmelzp. 200° unter Zersetzung; enthält 32,13 % Br.	Durch direkte Einwirkung von Bromäthyl auf Hexamethyltetramin.	Ersatz der Alkalibromide bei Epilepsie.
5	Carbollysoform, gelbliche Flüssigkeit, ähnlich dem Lysoform mit einem schwachen Karbolsäuregeruch.	Mischung aus 2 Teilen Lysoform und 1 Teil Karbolsäure.	Desinfektionsmittel für die Hände.
6	Chinotropin (Chinoform), chinasaures Urotropin. Ein im Wasser leicht lösliches Pulver. Die Lösung schmeckt angenehm säuerlich.	Aus molekularen Mengen Urotropin und Chinasäure. D.R.P. 127746.	Gegen Gicht und Rheumatismus.
7	Chrysoform, Dibrom-dijodhexamethylentetramin $C_6H_8 J_2Br_2N_4$ zeichnet sich durch schwachen, aber merklichen Jodgeruch aus, im Wasser und den gewöhnlichen Lösemitteln unlöslich.		Wie Jodoform.

Nr.	Name und Eigenschaften	Darstellung	Anwendung
8	Citarin, anhydromethylenzitronensaures Natron CH_2-CO_2Na $\quad$ CH_2 CO $\diagdown$ O, $\quad$ CO CH_2-CO_2Na weißes Pulver mit schwachsalzigem Geschmack, in Wasser leicht löslich.	Darstellung s. S. 63. D.R.P. 129255.	Gegen Gicht und Rheumatismus.
9	Creoform (vgl. 48).	Kondensationsprodukt aus Creosot und Formaldehyd.	
10	Dextroform.	Aus Formaldehyd u. Dextrin (siehe Amyloform).	Antiseptikum für Wunden.
11	Diborneolformal.	Kondensationsprodukt aus Borneol und Formaldehyd.	Antiseptikum für Wunden.
12	Dimentholformal.	Kondensationsprodukt aus Menthol und Formaldehyd.	Antiseptikum für Wunden.
13	Empyroform, Pulver von schwachem Geruch, in Wasser nicht löslich, in den gewöhnlichen Lösemitteln und in Ätzalkalien löslich.	Kondensationsprodukt aus Holzteer und Formaldehyd.	Gegen Ekzeme und Psoriasis.
14	Euguform, feines, weißliches Pulver mit schwachem Geruch.	Acetyliertes Methylguajakol, durch Kondensation von Guajakol und Formaldehyd mittels HCl.	Als Streupulver für Wunden und als Salbe.
15	Finiform, leichtes, grauliches Pulver, in Wasser, Chloroform und Benzol nicht löslich, in Methylalkohol, Aceton und alkalischen Lösungsmitteln löslich.	Polymeres des Kondensationsprodukts aus Formaldehyd und Methyloxybenzyläther.	Antiseptikum zum Bestreuen von Wunden.
16	Formaldehydcasein.	Durch Einwirkung von Formaldehyd auf Casein.	Zum Bestreuen von Wunden.
17	Formaldehydkaliumbisulfit.	Kondensationsprodukt aus $KHSO_3$ und Formaldehyd.	Antiseptikum.
18	Formaldehydtanninalbuminat.	Kondensationsprodukt aus Tannin, Eiweiß und Formaldehyd.	Darmantiseptikum.
19	Formamint, weiße Tabletten.	Präparat enthaltend 0,1 g Formaldehyd in Verbindung mit Milchzucker.	Bei Halserkrankungen (Angina catarrhalis stomatitis).

Nr.	Name und Eigenschaften	Darstellung	Anwendung
20	Forman, Chlormethylmentholäther = $C_{10}H_{19}OH_2Cl$.	Erhalten durch Einwirkung von gasförmiger HCl auf Menthol und Formaldehyd.	Antiseptikum bei katarrhalischen Affektionen der Atmungsorgane.
21	Formicin, Formaldehydacetamid $CH_3-C{<}^{NH}_{OCH_2(OH)}$ sirupöse, hellgelbe Flüssigkeit, spez. Gew. 1,13—1,15, schwacher Geruch, bitterer Geschmack. Mischt sich mit Wasser, Alkohol und Chloroform in jedem Verhältnis. Spaltet langsam CH_2O ab. Die Zersetzung beginnt bei 87^0 und nimmt mit der Temperatur zu.	Dargestellt aus Acetamid und Formaldehyd. D.R.P. 164616.	Starkes Antiseptikum. Formicin hat sich als vorzüglicher Ersatz des Jodoformglyzerins bei Injektionen von Gelenken, Weichteilen und Abszessen bewährt.
22	Formopyrinmethylendiantipyrin.	Durch Einwirkung von 2 Mol. Antipyrin auf 1 Mol. Formaldehyd.	
28	Fortoin, Methylendikotoin = $CH_2(C_{11}H_{11}O_4)_2$ gelbeSubstanz ohne Geschmack, in Gestalt eines gelben Pulvers oder in gelben Kristallen. Schmelzp. 211—213°. Im Wasser nicht löslich; schwer löslich in Alkohol und Äther; leicht löslich in Alkalien, Chloroform usw.	Einwirkung von Formaldehyd auf Kotoin. D.R.P. 104362.	Antidiarrhoikum bei starken und chronischen Magen- und Darmkatarrhen.
24	Glutol, Glutoform, Glutoserum(Formaldehydgelatine).	Kondensationsprodukt von Formaldehyd mit Gelatine.	Antiseptikum für Wunden.
25	Glutoserum, Mischung gleicher Teile Glutol und Pulv. aerosus.		Antiseptikum zum Bestreuen von Wunden.
26	Guajaform, Guoform, Methylendiguajakol = $CH_2{<}^{C_6H_3{<}^{OH}_{OCH_3}}_{C_6H_3{<}^{OCH_3}_{OH}}$ gelbes Pulver, ohne Geschmack, mit schwachem Geruch. Nicht löslich in Wasser und Äther; löslich in Alkohol und Alkalien.	Kondensationsprodukt des Guajakol mit CH_2O.	Bei Tuberkulose als Ersatz für Guajakol.

Nr.	Name und Eigenschaften	Darstellung	Anwendung
27	Helmitol, neues Urotropin, methylenzitronensauresHexamethylentetramin = $CH_2-CO_2(CH_2)_6N_4$ $CO\begin{smallmatrix}CH_2\\O\\CO\end{smallmatrix}$ $CH_2-CO_2(CH_2)_6N_4$ weiße, in Wasser bis zu 7% lösliche, in Alkohol nicht lösliche Kristalle mit säuerlichem Geschmack.	Additionsprodukt vonHexamethylentetramin mit Methylenzitronensäure. D.R.P. 150949.	Bei Erkrankungen der Harnblase, Cystitis usw.
28	Hetralin, Dioxybenzol- oder Resorcin-Hexamethylentetramin = $C_6H_4(OH)_2(CH_2)_6N_4$, weiße Nadeln, süßlicher Geschmack, siehe 44, nicht löslich in Wasser	Kondensationsprodukt aus Resorcin u. Hexamethylentetramin.	Bei Erkrankungen der Harnblase, Cystitis usw.
29	Hippol, Methylenhippursäure = $C_6H_5-CO-N-CH_2-COO$, $^\frown OH_2^\frown$ farblose, prismatische Kristalle, ohne Geruch und Geschmack, schwer löslich in Wasser, leicht in Alkohol, Chloroform, Benzol u. Essigäther.	Man löst Hippursäure in konz. Schwefelsäure, und fügt Paraformaldehyd im Überschuß hinzu. Oder man erwärmt Hippursäure mit Formaldehyd unter Anwendung eines Kondensationsmittels oder auch ohne ein solches. D.R.P. 148660.	Als Harnantiseptikum bei Erkrankungen der Harnwege.
30	Ichthoform, Thiohydrocarburum sulfonicum formaldehydum.	Bei Behandlung von Ichthiolsulfosäure mit Formaldehyd auf dem Wasserbade; der entstandene Niederschlag wird getrocknet.	Bei Magen- und Darmkatarrhen, sowie als Antiseptikum bei einigenHautkrankheiten (als Salbe).
31	Igasol, Pulver mit intensivem Jodoformgeruch. An Stelle von Igasol wird das billigere Formosol vorgeschlagen.	Mischung aus Paraformaldehyd, Terpenhydrat und Jodoform. Mischung vonFormaldehyd, kleinen Mengen Jodoform, Chloralhydrat, Terpen und Menthol.	Zur Einatmung der Dämpfe bei Tuberkulose.
32	Indoform, Salizylmethylenessigäther Weißes Pulver, Schmelzp. 108—100.° Säuerlicher, zusammenziehender Geschmack. Schwer löslich in Wasser; leichter in heißem Wasser.	Bei Einwirkung von Formaldehyd auf Acetylsalizylsäure.	Bei Rheumatismus, Gicht und Neuralgie. Zerfällt im Darm in seine Komponenten.

Nr.	Namo und Eigenschaften	Darstellung	Anwendung
33	Jodoformin, Hexamethylentetramin + Jodoform, ein ursprünglich weißes geruchloses Pulver. Beim Liegen wird das Präparat gelb und nimmt einen Jodoformgeruch an.	Bei Einwirkung von alkalischer Jodoformlösung Hexamethylentetramin.	Als Antiseptikum für Wunden, und in gleicher Weise wie Jodoform.
34	Jodthymoloform, Pulver.	Verbindung aus Thymol u. Formaldehyd wird jodiert.	Zum Imprägnieren von Verbandmaterial.
35	Lysoform, eine durchsichtige Flüssigkeit, in Wasser und Alkohol in jedem Verhältnis löslich.	Mischung von Formaldehyd mit Kaliseife. D.R.P. 141744.	Desinfektionsmittel für die Hände.
36	Molioform, durchsichtige Flüssigkeit von schwachem Geruch. Enthält außer 25 % Formalin, 15 % Essigsäure, Tonerde und andere indifferente Substanzen, welche die Beständigkeit der Lösung erhöhen.	Mischung.	Desinfektionsmittel.
37	Methylenoxyuvitinsäure = $HO.CO-C_6H_2$$\begin{smallmatrix}-CH_3\\-O-CH_2,\\-COO-\end{smallmatrix}$ gelbe Nadeln, Schmelzp. 225°, nicht löslich in Wasser und allen organischen Lösungen. Mit Alkalien zerfällt es leicht in seine Bestandteile.	Bei Einwirkung von Formaldehyd oder dessen Polymeren auf Oxyuvitinsäure.	Als Harnantiseptikum bei Harnblasenerkrankungen, Cystitis (Spaltung des Harns im Organismus).
38	Naphtoformin.	Verbindung von Naphtol. Formaldehyd u. Ammoniak.	Wie Jodoform.
39	Ovoprotogen (siehe 45).	Kondensationsprodukt von Hühnereiweiß mit Formaldehyd.	Nährmittel.
40	Oxymethylphtalimid.	Bei Einwirkung von Phtalimid mit Formaldehyd.	Als Antiseptikum für Wunden.
41	Parysol, durchsichtig wie Wasser, mischt sich mit demselben.	Bei Einwirkung von Formaldehyd auf Naphtochinon in Gegenwart von Seife.	Zum Desodorisieren und als Antiseptikum.
42	Pittilen, feines zimtbraunes Pulver, beinahe geruchlos, In Alkohol, Aceton, Collodium und Alkalien löslich.	Produkt der Einwirkung von Formaldehyd auf Holzteer. D.P.P. 101980.	Bei Ekzemen.

Nr.	Name und Eigenschaften	Darstellung	Anwendung
43	Pneumin (siehe 9), Methylencreosot, gelbliches, beinahe geruch- und geschmackloses Pulver, nicht löslich in Wasser, löslich in Alkohol und Äther.	Bei Einwirkung von Formaldehyd auf Creosot bei Gegenwart von Salzsäure. D.R.P. 120 585.	Bei Tuberkulose.
44	Polyformin (s. 28), Hetralin.	Verbindung von Resorcin, Formaldehyd u. Ammoniak.	Wie Jodoform.
45	Protogen, Methylenalbumin, voluminöses, gelbes Pulver, löslich in warmem Wasser.	Bei Einwirkung von Formaldehyd auf Eiweiß.	Nährmittel; wird b. Nährklystieren verwendet.
46	Protosal, Formaldehydglycerinsalicylat = $$CH_2\!-\!OOC\!-\!C_6H_4(OH)$$ $$\begin{array}{l}CH\!-\!O\\ \ \ \ \ \ \ \ \ \diagdown CH_2.\\CH_2\!-\!O\end{array}$$ Ölige farblose Flüssigkeit, spez. Gew. 1,314 (bei 15°), Schmelzp. 200° (bei 12 mm) bei geringer Zersetzung.	Beim Durchleiten von trockenem Chlorwasserstoff durch eine Lösung von Salizylsäure in Formaldehydglyzerin. D.R.P. 108 518.	Bei Rheumatismus.
47	Pulmoform $$CH_2\!\!<\!\!\begin{array}{l}C_6H_3(OCH_3)(OH)\\C_6H_3(OCH_3)(OH)\end{array},$$ gelblich, geschmackloses, beinahe geruchloses Pulver, in Wasser nicht löslich.	Bei Einwirkung von Formalin auf Guajakol in Gegenwart von konz. HCl oder H_2SO_4.	Bei Tuberkulose und Darmerkrankungen.
48	Rexotan, Methylentanninharnstoff, gelbliches, geschmack- und geruchloses Pulver, in Wasser nicht löslich, schwer löslich in Alkohol, leicht in alkalischen Salzlösungen (Soda, Borsäure usw.).	Bei Einwirkung von Formalin auf äquimolekulare Mengen von Tannin und Carbamid oder Urotan bei Anwendung eines Kondensationsmittels (HCl oder H_2SO_4). D.R.P. 160 278, 164 612, 105 980.	Antiseptikum bei Darmerkrankungen.
49	Saliformin, Salizylhexamethylentetramin, Salizylurotropin: $$C_6H_{12}N_4 + C_6H_4\!\!<\!\!\begin{array}{l}OH\\COOH\end{array},$$ weißes Kristallpulver, in Wasser und Alkohol leicht löslich.	Aus Salizylsäure und Hexamethylentetramin.	Bei Rheumatismus, Gicht und Infektionskrankheiten der Harnwege.
50	Salobrol (Tetrabrommethylendiantipyrin).	Durch Bromierung des Formopyrins (vgl. 22).	Wie Jodoform.

Nr.	Name und Eigenschaften	Darstellung	Anwendung
51	Septoform, gelbliche, nicht ätzende, ursprünglich geruchlose Flüssigkeit, die mit Wasser schäumt.	Kondensationsprodukt des Formaldehyds mit höheren Phenolen gelöst in Kaliölseife, parfümiert mit Melissen- und Geraniumöl.	Als Antiseptikum und Desinfektionsmittel für Instrumente und Hände.
52	Tannobromin, hellzimtfarbiges Pulver, in alkoholischen und alkalischen Flüssigkeiten löslich.	Bei Einwirkung von Formaldehyd auf Dibromtannin. D.R.P. 126305.	Als Salbe; wirkt beruhigend gegen Jucken, adstringierend u. aseptisch wie Bromokoll.
53	Tannocaseln, Caseinum, tannicum, — hellgraues, nicht lösliches Pulver.	Aus Tannin, Casein und Formaldehyd: 1 kg Casein wird in 10 Liter Wasser gelöst, unter Zusatz von Soda; hinzugefügt: 700 g Tannin (gelöst in 3 Liter Wasser) 100 ccm Formalin (40%) und Salzsäure. Der Niederschlag wird getrocknet und pulverisiert.	Darmantisepticum.
54	Tannocreosoform.	Verbindung von Tannin, Creosot und Formaldehyd.	Gegen Tuberkulose u. als Darmantisepticum.
55	Tannoform $CH_2(C_{14}H_9O_9)_2$ Methylenditannin, rötlichweißes Pulver, ohne Geruch und Geschmack, in Wasser nicht löslich; löslich in Ammoniak, Alkohol und Sodalösung. Zersetzt sich bei 230°.	In Wasser aufgelöstes Tannin wird mit Formalin (30%) gemischt, dann wird Salzsäure dazugefügt, bis sich ein Niederschlag bildet. Dieser wird gewaschen und bei niederen Temperaturen getrocknet. D.R.P. 88082 u. 88311.	Innerlich anzuwenden bei Darmerkrankungen, äußerlich bei Fußleiden.
56	Tannoguajaform.	Verbindung von Tannin, Guajakol u. Formaldehyd.	Gegen Tuberkulose und als Antiseptikum für den Darm.
57	Tannopin, Tannon, Hexamethylentetramintannin $(CH_2)_6$ $N_4(C_{14}H_{10}O_9)_3$. Zimtfarbiges, geruch- und geschmackloses Pulver, nicht löslich in Wasser, schwachen Säuren, Äthylalkohol, Äther; löslich in verdünnten Alkalien.	Einwirkung von Hexamethylentetramin auf Tannin. Es besteht aus 87% Tannin und 13% Urotropin. D.R.P. 95186.	Darmantisepticum.

Nr.	Name und Eigenschaften	Darstellung	Anwendung
58	Thymoloform.	Verbindung von Thymol und Formaldehyd.	Wie Jodoform.
59	Urogosan, Kombination von Gonosan mit Hexamethylentetramin.		Bei starken Harnblasenerkrankungen und Infektionskrankheiten der Harnwege.
60	Urotropin, Hexamethylentetramin.	Darstellung siehe S. 75.	Bei Erkrankun der Harnblase, Cystitis, Pyelitis usw.
61	Wismal.	Wismutsalz der Methylendigallussäure (Formaldehydgallussäure).	Bei Darmerkrankungen.

Zweiter Teil.

I. Umwandlung des Methylalkohols in Formaldehyd.

Einleitung.

Zur Hebung der russischen Spiritusbrennerei und zur Unterstützung der Landwirtschaft beschloß das Finanzministerium vor einigen Jahren, denaturierten Spiritus zu ermäßigtem Preise in Verkehr zu setzen. Diese Maßregel der Regierung wirkte andrerseits ungünstig auf die Holzverkohlungsindustrie, da der denaturierte Spiritus den Holzgeist vom inländischen Markte verdrängte. Dieser wandert heute hauptsächlich ins Ausland, welches die Preise diktiert und ein Produkt von großer Reinheit verlangt (niedrigen Keton- und Teergehalt). Unter der Einschränkung der Nachfrage auf dem inländischen Markte litten vor allem die kleinen Fabriken und die bäuerlichen Verkohlungen in den nördlichen waldreichen Gouvernements. Infolge der Unvollkommenheit der Einrichtung und der Unzulänglichkeit der Mittel ist der Holzkalk dieser Kleinbetriebe von minderer Qualität und erlangt auf dem Markte nur niedrigen Preis. Als eine Art Prämie diente bei dieser Fabrikation der Holzgeist von 25—40° Tr., wie er mit den primitiven Apparaten (Pistoriussche Teller) gewonnen wird. Dieser schwache Holzgeist wurde früher von größeren chemischen Fabriken aufgekauft, welche die Rektifikation besorgten. Heute ist die Nachfrage nach Holzgeist und daher auch nach dem Halbfabrikat aus den oben erwähnten Gründen bedeutend zurückgegangen. Selbst in den großen Fabriken sammelt sich der Holzgeist in mächtigen Posten an und der Preis ist bis

auf 6 Rubel für das Pud[1]) gesunken; es entsteht daher die
Frage, wie wir unseren Holzgeist unterbringen können. In
Deutschland und Frankreich wird reiner Methylalkohol in der
Anilinfarbenfabrikation (zum Methylieren der Diphenyl- und
Triphenylmethanbasen) verwendet und auf Formaldehyd ver-
arbeitet, welches als wässerige Lösung in der Kattundruckerei
und in festem Zustand zur Desinfektion in großen Mengen
Verwendung findet. In Rußland kennt man diesen Zweig der
chemischen Industrie bisher nicht.

In einer Reihe von Versuchen studierte ich die Umwandlung
von Methylalkohol in Formaldehyd, und suchte die geeignetste
Kontaktsubstanz, die höchsten Ausbeuten und die günstigsten
Reaktionsbedingungen festzustellen, um danach einen geeigneten
Apparat für den fabrikmäßigen Betrieb zu konstruieren.

Die vorhandene Literatur über diese Frage (auch die
ausländische) beschränkt sich auf allgemeine Bemerkungen und
kurze Beschreibungen.

In den Lehrbüchern der organischen Chemie und in den
Spezialwerken wird die Umwandlung des Methylalkohols in
Formaldehyd in folgender Weise dargestellt: Formaldehyd
entsteht bei der Oxydation von Methylalkohol. Über eine
erhitzte Kupfer- oder Platinspirale leitet man ein Gemenge
von Luft und Methylalkoholdampf; dabei erglüht die Spirale
und bleibt auch nach der Entfernung der Flamme glühend,
vorausgesetzt, daß die Durchgangsgeschwindigkeit der Gase
durch die Spirale hinreichend groß ist. Der gebildete Formaldehyd wird in Wasser absorbiert, welches ihn leicht aufnimmt (Lassar-Cohn, Arbeitsmethoden für organ. chem.
Laboratorien).

Die Oxydation verläuft nach der Gleichung

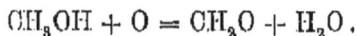

$$CH_3OH + O = CH_2O + H_2O .$$

Bei meinen Arbeiten ging ich von diesem Gesichtspunkte
aus; doch schon die ersten Versuche änderten meine Anschauungen und ließen mir den Prozeß als einen sehr komplizierten erscheinen.

---

[1]) Entspr. 79,12 M. für 100 kg.

Umwandlung des Methylalkohols in Formaldehyd.

a) Versuche bei dauernder Heizung des Kontakts.

Die beigefügte Skizze (Fig. 5) gibt ein Bild von der Anordnung meines Versuchsapparats.

Der vom Elektromotor M getriebene Kompressor K liefert einen Luftstrom, welcher zunächst zur Ausgleichung der Stöße einen Windkessel W passiert. Von dort wird die Luft durch die Gasuhr GV und die in ein Wasserbad von 100° eingesetzte Kupferschlange in den Erlenmeyerkolben A geleitet, in welchem der Methylalkohol gelinde erwärmt wird. Die mit Alkoholdämpfen gesättigte Luft tritt in den mit Glaswolle gefüllten Deflegmator B, an dessen Austritt ein Thermometer t_1 angebracht ist, und weiter durch ein Glasrohr in das als Vorwärmer dienende Kupferrohr C_1 (Durchm. 51 mm, Länge 410 mm). Am Ausgange desselben wird die Temperatur am Thermometer t_2 gemessen. In der Mitte dieses Rohres befindet sich eine 5 cm lange Schicht Kontaktsubstanz (Kupferfeilspäne, mit Vanadiumoxyden imprägnierter Asbest). Hierauf passieren die Gase die kleine mit 1—2 Bunsenbrennern auf dunkle Rotglut erhitzte Kupferschlange S (10 Windungen von 87 mm Durchm., l. Durchm. 64 mm) und treten endlich in das Eisenrohr C_{II} (Durchm. 57 mm, Länge 610 mm), das in einem Kryptolofen erhitzt wird. Die Temperatur des Ofens wird am Thermometer t_3 beobachtet und die Stromstärke nach den Angaben des Amperemeters (a) mittels des Kryptolrheostaten (R) reguliert. Zur Isolierung von der Kryptolmasse wird das Eisenrohr mit dünner Asbestpappe und weiter mit einer Lage Asbestschnur umwickelt. Im Innern des Rohres befindet sich zwischen zwei Kupfernetzpfropfen in einer Länge von 10 ccm, über die Oberfläche verteilt die Kontaktsubstanz: Kupferspäne, Asbest, imprägniert mit Vanadinoxyden, Koks, in dessen Poren reduziertes Kupfer niedergeschlagen ist usw. Um jedoch die Gase noch besser vorzuwärmen, leitete ich sie bei den meisten Versuchen nicht direkt in das Eisenrohr, sondern zunächst in eine Kupferschlange, welche in das Eisenrohr eingesetzt war, so daß die

---

[1] Journ. russ. phys.-chem. Ges. 39 (1907), 855.

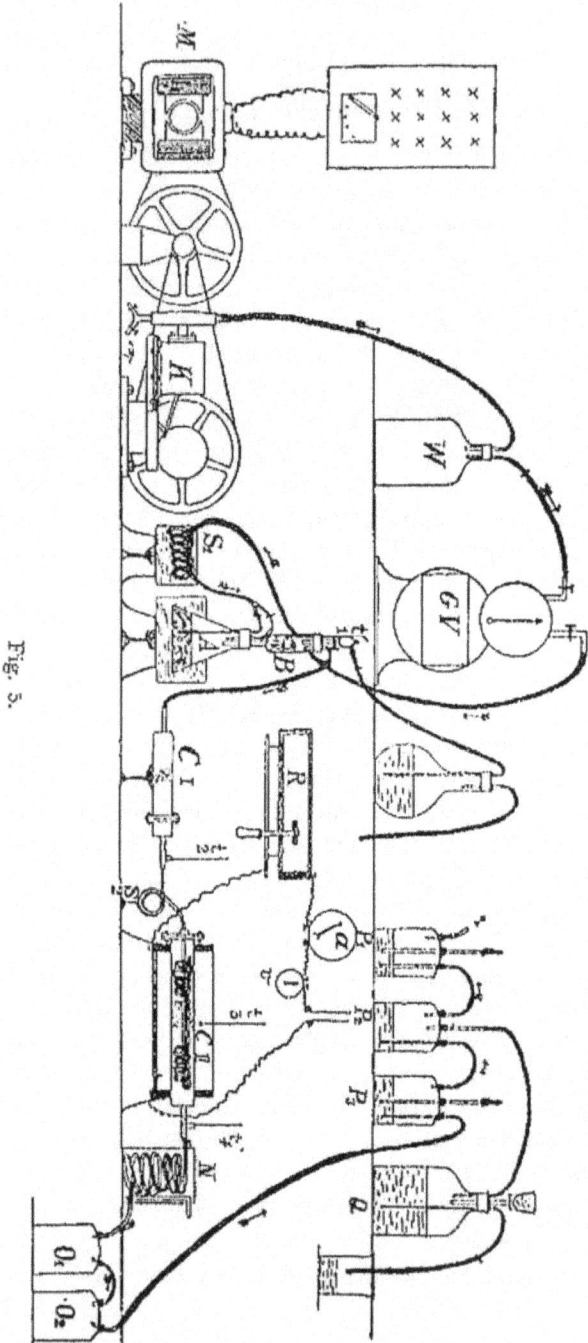

Fig. 5.

Gase aus dem Vorwärmer zunächst die Schlange im Innern des Eisenrohrs durchstreichen, hierauf außen zum hinteren Ende des Eisenrohres zurückkehren und jetzt erst in dasselbe eingeführt werden. So wirkt die kupferne Innenschlange einerseits als Vorwärmer, andrerseits als Kontaktsubstanz. Beim Austritt aus dem Eisenrohr wird die Temperatur mit dem Thermometer (t_4) gemessen, das Reaktionsprodukt geht weiter nach dem Zinnkühler (N), in welchem sich die Wasser- und Methylalkoholdämpfe mit dem größten Teile des Formaldehyds verdichten. Das Kondensat sammelt sich in den Vorlagen ($O_1 O_2$). Gewöhnlich schlägt sich alles in der ersten Vorlage nieder, und in die zweite gelangen nur wenige Tropfen. Die nicht kondensierten Produkte leitet man noch durch drei mit Wasser gefüllte Vorlagen, wo Formaldehyd und Methylalkohol absorbiert werden. Aus der zweiten Wasservorlage wird ein Teil der nicht absorbierten Gase durch das mittlere Rohr in einen Aspirator abgeführt.

Bei entsprechender Umschaltung der Verbindungen kann der Kompressor auch als Luftpumpe arbeiten und, statt die Luft in den Apparat zu drücken, die Gase und Dämpfe aus demselben absaugen. Die zur Reaktion erforderliche Luft wird dann von der umgebenden Atmosphäre geliefert und passiert die Gasuhr. Zu diesem Zwecke unterbricht man die Verbindung zwischen dem Windkessel und der Gasuhr und schaltet den Windkessel hinter die dritte Wasservorlage. Mit dem Windkessel verbindet man das Saugrohr der Pumpe. Die Sicherheitsrohre der drei Wasservorlagen werden mit Quetschhähnen verschlossen; der Aspirator, welcher die Gase für die Analyse ansaugt, wird an das Ende des Systems gesetzt und mit dem Auspuff der Pumpe verbunden.

Die Menge der zutretenden Luft wurde mit der Gasuhr in der Weise bestimmt, daß die Zeit beobachtet wurde, innerhalb welcher der Zeiger eine ganze Umdrehung (entspr. 3 Liter) zurücklegte.

Da von der Durchgangsgeschwindigkeit der Luft durch den Methylalkohol und den Kontakt einerseits der Methylgehalt des Dampf-Luftgemisches, andrerseits die Wirksamkeit des Kontakts abhängt, stellte ich zuerst diesbezüglich Versuche an. Dieselben ergaben die günstigsten Resultate beim Durchgang

von 2,33 — 2,66 (im Mittel 2,5) Liter Luft pro Minute durch
den auf die bekannte Temperatur erwärmten Methylalkohol.
Diese Zahl gilt natürlich nur für die Dimensionen des von
mir verwendeten Apparats.

Bei einigen Versuchen, bei welchen ich mit Methylalkohol
von geringerem Prozentgehalt arbeiten wollte, ersetzte ich den
Erlenmeyerkolben durch ein heizbares Kupferrohr (51 mm
Durchm., 410 mm Länge), in welches der Methylalkohol tropfenweise eingeführt wurde. In diesem Falle wurde die Luft nicht
durchgedrückt, sondern durchgesaugt, wozu dann die oben
beschriebene Umschaltung vorgenommen wurde.

Zunächst suchte ich mir klar zu machen, welche Luftmenge
(in Litern) durch Methyl von verschiedener Grädigkeit durchgeleitet werden muß, um 100 g dieses Methyls zu oxydieren,
wenn die Luft mit Feuchtigkeit gesättigt ist, und die Temperatur t^0, der Druck B beträgt, die Methyldämpfe aber $100\,\%$,
$95\,\%$ usw. CH_3OH enthalten.

Für die Oxydation des Grammoleküls = 32,04 g CH_3OH
sind 16 Grammatome = 11,2 Liter Sauerstoff bei 0^0 und
760 mm Brom erforderlich.

11,2 Liter Sauerstoff entsprechen $\dfrac{11,2 \cdot 110}{21} = 53,333$ Liter Luft.
Daher

für $100\,\%$igen Methylalkohol $x = \dfrac{53,333 \cdot 100}{32,04} = 160,5$

für $95\,\%$igen   „ $x_1 = \dfrac{53,333 \cdot 95}{32,04} = 158,12$

bei 0^0 und 760 mm Barometerstand.

Bei t^0 und dem Barometerstand B, bei Sättigung der
Luft mit Wasserdampf (f sei die Spannung des Wasserdampfs
bei der Temperatur t^0) ist das erforderliche Luftvolum

für $100\,\%$igen Methylalkohol $V_n^{t^0} = \dfrac{x \cdot 760 \cdot (273 + t)}{(B - f) \cdot 273}$

und für $95\,\%$igen Methylalkohol $V_n^{t^0} = \dfrac{x_1 \cdot 760 \cdot (273 + t)}{(B - f) \cdot 273}$

Es ist z. B. für $95\,\%$igen Methylalkohol die theoretische
Menge mit Feuchtigkeit gesättigter Luft bei 17^0 und 740 mm
175,93 Liter. 1 Liter Luft müßte daher 100 : 175,93
= 0,5684 Liter = 0,55 g $95\,\%$igen Methylalkohols mit sich führen.

Im Mittel muß 1 Liter Luft ca. 0,5 g CH_3OH mit sich führen, damit der Sauerstoff zur Oxydation des Methylalkohols ausreicht.

Da nach meiner Beobachtung die günstigste Luftgeschwindigkeit 2,5 Liter pro Minute beträgt, muß sich in der pro Minute durch den Apparat geleiteten Luft 2,5 × 0,5 g Methylalkohol befinden. Leitet man die Luft durch vorgewärmten Methylalkohol, so läßt sich dieser theoretisch abgeleitete Prozentgehalt sehr schwer einhalten, und man muß zufrieden sein, wenn man diese Konzentration annähernd erreicht. Durch Versuche habe ich mich überzeugt, daß eine Erhöhung der normalen Konzentration auf das $1\frac{1}{2}$ fache (ja selbst auf das Doppelte) die Reaktion nicht ungünstig beeinflußt.

Vor jedem Versuche bestimmte ich das spezifische Gewicht des Methylalkohols und fand nach der Tabelle (Dittmar-Fawsitt) den Prozentgehalt; hierauf füllte ich den Methylalkohol in den Erlenmeyerkolben und wog. Am Ende des Versuches — der mindestens 1 Stunde dauerte — wog ich wieder den Kolben mit dem zurückgebliebenen Methylalkohol, bestimmte das Volum nach Kubikzentimetern und das spezifische Gewicht. Aus dem Gewichtsunterschied erfuhr ich die Menge des verbrauchten Methylalkohols, aus den Gewichten und Prozentgehalten zu Anfang und zu Ende, konnte ich den Prozentgehalt des verdampften Methylalkohols berechnen. Die Menge des durch die Reaktion erhaltenen Formaldehyds bestimmte ich nach der Gewichtszunahme der beiden ersten Vorlagen, die Flüssigkeiten wurden nach der Romijnschen Methode auf ihren Formaldehydgehalt untersucht; endlich wurde noch separat der Formaldehydgehalt der drei Wasservorlagen bestimmt. Den Verlust an Methylalkohol in Form von CO und CO_2, die sich bei der Reaktion bilden, bestimmte ich durch die Analyse der Gase, welche ich am Ende des Systems im Aspirator sammelte. Mit dem Auffangen dieser Gase begann ich erst 5—10 Minuten nach Beginn des Versuchs, um vorher die Luft aus dem ganzen System zu verdrängen.

Man könnte das Abwägen des Methylalkohols in relativ schweren Kolben beanstanden, aber für technische Zwecke ist diese Methode hinreichend genau. Man könnte auch gegen die Bestimmung des spezifischen Gewichts zu Ende des Ver-

suchs einwenden, daß sich die Luft beim Durchgang durch die
Gasuhr stark mit Wasserdampf sättigt, der zum großen Teil
im Methylalkohol zurückbleibt und dessen spezifisches Gewicht
und Prozentgehalt beeinflußt, so daß dadurch ein Fehler in
die Rechnung eingeführt wird. Aber dieser Fehler ist ohne
wesentliche Bedeutung, er erniedrigt höchstens das endgültige
Resultat der Konstantenberechnung um $0{,}5 - 1\,^0/_0$, erhöht es
aber auf keinen Fall, und das allgemeine Bild des Prozesses
wird dadurch nicht verändert. In den drei Wasservorlagen wird
der Formaldehyd der Abgase zwar zum größten Teil, jedoch
nicht, vollständig absorbiert. Die aus dem System austretenden
Gase enthalten nach ihrem Geruche noch Spuren von Formaldehyd; nach einigen Versuchen beträgt dieser Verlust höchstens
$0{,}02\,^0/_0$ von der Menge des Formaldehyds, welcher von den
drei Wasservorlagen aufgenommen wird. In der Technik muß
man aber über solche Verluste hinwegsehen.

Bei der Analyse der Gase, welche ich hinter der zweiten
Wasservorlage im Aspirator sammelte, fand ich immer Kohlen-
säure, bisweilen Kohlenoxyd und in einigen Fällen Sauerstoff.
Da ich mir die Oxydation des Methylalkohols nach dem Schema
$CH_3OH + O = CH_2O + H_2O$ vorstellte, erklärte ich mir das
Vorhandensein von CO_2 und CO durch weitere Oxydation von
CH_2O:

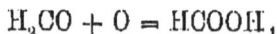

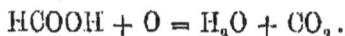

$$H_2CO + O = HCOOH,$$
$$HCOOH + O = H_2O + CO_2.$$

Außerdem konnte Ameisensäure in CO und H_2O zerfallen.

Auf Grund dieser Annahme mußte ich erwarten, daß
1 Vol. $CO_2 - 1\,^1/_2$ Vol. Sauerstoff und 1 Vol. $CO - 1$ Vol. Sauerstoff entspreche.

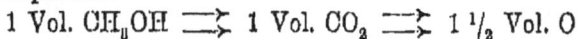

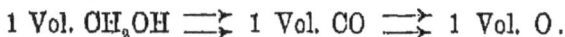

$$\text{1 Vol. } CH_3OH \rightleftharpoons \text{1 Vol. } CO_2 \rightleftharpoons 1\,^1/_2 \text{ Vol. O}$$

$$\text{1 Vol. } CH_3OH \rightleftharpoons \text{1 Vol. } CO \rightleftharpoons \text{1 Vol. O}.$$

Wenn ich nach der Gasanalyse nach dem eben angeführten
Schema den zur Oxydation verbrauchten Sauerstoff berechnete
und zu seinem Volum noch das Volum des in einigen Fällen
bei der Analyse gefundenen (d. h. des nicht in Reaktion getretenen) Sauerstoffs hinzuzählte und die so erhaltene Summe
von 21 (dem in der Luft enthaltenen Volum Sauerstoff abzog),
so erhielt ich eine Differenz, welche dem zur Oxydation von

CH_3OH zu CH_2O verbrauchten Sauerstoff entsprechen mußte. Aber in den wenigsten Fällen stimmte die so gefundene Differenz mit dem aus der Formaldehydausbeute errechneten Sauerstoffverbrauch überein; abgesehen von wenigen Ausnahmen ist die Sauerstoffmenge, welche sich aus der Gasanalyse und dem gewonnenen Formaldehyd errechnet, kleiner als der tatsächliche Verbrauch. In manchen Fällen ist die Differenz gering, so daß ich im Anfang versucht war, sie einem Analysenfehler zuzuschreiben, in vielen Fällen aber so groß, daß sie nicht durch fehlerhafte Probenahme der Gase erklärt werden konnte. Auch das Fehlen von Ameisensäure in den erhaltenen Formaldehydlösungen und im allgemeinen ihre geringe Acidität (die ausschließlich durch gelöste Kohlensäure verursacht war) zeigten mir, daß das von mir angenommene Oxydationsschema nicht richtig sein konnte. Da in einigen Fällen das Gasgemenge CO enthielt, konnte man darauf rechnen, daß das Formaldehyd bisweilen auch Ameisensäure enthalten werde, doch fand ich dieselbe niemals.

Als ich endlich die Gase untersuchte, welche nach der Absorption von CO_2, O und CO in der Gasbürette zurückblieben, entdeckte ich darin in allen jenen Fällen, wo sich eine Differenz zwischen dem berechneten und dem tatsächlichen Sauerstoffverbrauch ergeben hatte, Wasserstoff. Der Formaldehydprozeß — das gleiche gilt von der Oxydation der anderen Alkohole durch Kontaktwirkung[1]) — kann daher keine einfache Oxydation sein; an die Oxydation des Methylalkohols schließen sich Nebenreaktionen an, so daß der ganze Prozeß in drei Phasen zerfällt:

1. die ursprüngliche Oxydation $2\,CH_3OH + O_2$
$$= 2\,CH_2O + 2\,H_2O.$$

2. den partiellen Zerfall $CH_2O = CO + H_2$,

3. die Oxydation der Zerfallsprodukte $CO + O = CO_2$,
$$H_2 + O = H_2O.$$

Die Resultate meiner ersten Versuchsreihe kann ich in folgende Sätze zusammenfassen: Die Oxydation des Methyl-

---

[1]) Journ. russ. phys.-chem. Ges. 40 (1908); siehe auch S. 805 dieses Buches.

alkohols in Gegenwart von Kontaktsubstanzen (frisch reduziertes Kupfer, mit Vanadiumoxyd getränkter Asbest) beginnt unter 300° C. In dem beschriebenen Apparat und unter den gewählten Versuchsbedingungen unterliegen bis zu 60% des angewandten Methylalkohols der Oxydation. Die Reaktion ist von Wärmeentwicklung begleitet und unter den gegebenen Bedingungen nicht umkehrbar. Nicht weit von der Oxydationstemperatur des Methylalkohols findet der Zerfall des Formaldehyds in CO und H_2 statt.

Einige Versuche zeigten, daß bis 50% des Formaldehyds in CO und H_2 zerfallen können. Diese Reaktion ist unter den gegebenen Bedingungen nicht umkehrbar und von geringer Wärmeentbindung begleitet:

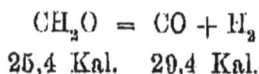

$$CH_2O = CO + H_2$$
$$25{,}4 \text{ Kal.} \quad 29{,}4 \text{ Kal.}$$

Die Differenz ist positiv = 4 Kal.

Die gleichzeitig mit der Zersetzung verlaufende Oxydation $H_2 + O = H_2O$ und $CO + O = CO_2$ erhöht die Temperatur der Kontaktsubstanz und verursacht dadurch weitere Zersetzung des Formaldehyds. Längere Berührung mit der glühenden Kontaktsubstanz oder langsamerer Durchgang der Gase begünstigt den Zerfall von CH_2O in CO und H_2. Die Anwesenheit von nicht oxydiertem Wasserstoff ließe sich entweder dadurch erklären, daß die Oxydation des Wasserstoffs langsamer verläuft als diejenige des Kohlenoxyds, wogegen aber einige Versuchsergebnisse sprechen oder durch die Annahme, daß der Zerfall von CH_2O in CO und H_2 sich während der ganzen Dauer der Berührung mit der Kontaktsubstanz bis zum Ende fortsetzt. Doch bleibt dann unverständlich, warum der Zerfallsprozeß sich immer innerhalb gewisser Grenzen hält: wie lang auch die Kontaktschicht sei, eine völlige Zersetzung von CH_2O in CO und H_2 findet nicht statt. Dies ist wohl auf die große Durchgangsgeschwindigkeit der Gase zurückzuführen.

Durch Umrechnung von CH_2O, CO_2 und CO auf CH_3OH und Beziehung dieser Menge auf den gesamten verbrauchten Methylalkohol erhalten wir die Konstante der ursprünglichen Umsetzung K_1. Durch Umrechnung von CH_2O auf CH_3OH

erhalten wir eine zweite Konstante K_2, welche die Ausbeute
an CH_2O zum Ausdruck bringt. Der Unterschied $K_1 - K_2$
gibt uns eine dritte Konstante K_3 für die Zersetzung von CH_2O
in CO und H_2 (Fabrikationsverlust). Bei den Versuchen, welche
ich bei andauernder Erhitzung des Kontakts ausgeführt habe,
hängt die Größe K_1 nicht vom Prozentgehalt des Methylalkohols ab (mit Ausnahme einiger Versuche mit 100 % igem
Methyl), sondern nur von der Natur der Kontaktsubstanz, ihrer
Temperatur, ihrer Länge und von der Geschwindigkeit des
Gasstroms. Auch die Konzentration, d. h. die Dampfmenge
in Grammen pro 1 Liter Luft, spielt eine große Rolle, doch
kann sie nicht allzusehr gesteigert werden; man muß sich
innerhalb gewisser Grenzen halten, nämlich etwas über der
theoretischen Menge, ohne jedoch das Doppelte derselben zu
überschreiten. Die Konstante K_3 hängt von der Natur der
Kontaktsubstanz ab, von ihrer Temperatur und Länge; auch
die Gasgeschwindigkeit kommt in Betracht. Für jede Kontaktsubstanz gibt es ein Maximum der Größe K_1: so fand ich für
Kupfer (in Form von Foilspänen oder als Pulver, auf Chamottestückchen verteilt) $K_1 = 0,6$; in den meisten Fällen ist diese
Konstante für Kupfer kleiner als 0,6. Für K_2 und K_3 besteht
eine Abhängigkeit von K_1: bei allen Versuchen, wo $K_1 > 0,5$
und die Konzentration der Methyldämpfe die normale übersteigt (d. h. > 0,5) ist K_2 entweder gleich oder größer als die
doppelte Größe K_3 (d. h. $K_2 > 2 K_3$); eine Ausnahme beobachtet
man beim Arbeiten mit 100 % igem Methylalkohol (vgl. Vers. 20).
Ist aber $K_1 < 0,5$, so ist K_3 etwas kleiner als K_2 und strebt
danach, sich ihr zu nähern.

Aus der Menge des nicht oxydierten Wasserstoffs kann
man nicht auf die Größe der Konstante K_1 schließen. Dieser
Wasserstoff stammt von dem sekundären Zerfall von CH_2O in CO
und H_2 und hat sich der weiteren Oxydation entzogen. Die
Anwesenheit von Sauerstoff in den austretenden Gasen steht
nicht in direkter Beziehung zu den Konstanten. Was für eine
Rolle spielt nun der Sauerstoff bei der Kontaktreaktion? Das
Kupfer wird von ihm oberflächlich zu Oxydul (und Oxyd)
oxydiert; das Kupferoxydul wird am vorderen Ende des Kontaktkörpers von Wasserstoff und weiter rückwärts von Wasserstoff
und Kohlenoxyd zu Kupfer reduziert. Das Aussehen des

Kupfers nach einigen Operationen deutet auf eine oberflächliche
Veränderung; ich beobachtete eine zarte rosige Färbung von
frisch reduziertem Kupfer. Ist die Temperatur des Kontaktkörpers zu niedrig für die Zersetzung des Formaldehyds, so
kann sich das Kupfer durch den Luftsauerstoff zum Oxyd
oxydieren, trotz der Anwesenheit der Methyldämpfe. Ist die
Schicht der Kontaktsubstanz kurz, so kann die Temperatur
auf 400° und mehr steigen. Noch bessere Resultate erhielt
ich, wenn ich nicht metallisches Kupfer (in Form von Spänen
oder Röhren) nahm, sondern reduziertes Kupfer in Form von
Pulver verteilt auf Chamottestückchen von Haselnußgröße; in
diesem Falle kann die Schicht länger sein, z. B. 30 cm und
die Temperatur bis 400° getrieben werden. Die Beobachtung,
daß die Verlängerung der Kontaktschicht über ein gewisses
Maß die Konstante K_1 nicht oder eher ungünstig beeinflußt,
indem sie im Sinne der weiteren Zersetzung von CH_2O in CO
und H_2 wirkt, veranlaßt mich zu den nachstehenden Schlußfolgerungen: 1. Die ursprüngliche Oxydation ist innerhalb
gewisser Grenzen gebunden (vielleicht hat in dieser Richtung
der Wasserstoff Einfluß, welcher bei der sekundären Zersetzung
entsteht). 2. Um eine günstige Kontaktwirkung zu erreichen,
ist es besser, den Querschnitt des Kontakts zu vergrößern,
aber nicht seine Länge. 3. Nach dem Austritt aus der Kontaktmasse muß das Gasgemisch sofort rasch abgekühlt werden.
Die Verdünnung der Luft, welche die Methyldämpfe mit sich
führt, mit einem inerten Gas, z. B. CO_2, beeinflußt die Zersetzung nicht im günstigen Sinne, einige Versuche überzeugten
mich vom Gegenteil. Dagegen müßte die Verdünnung der
Luft mit solchen Gasen wie CH_4 und CO bei der Bedeutung,
welche der abwechselnden Oxydation und Reduktion des Kupfers
bei dem Prozeß zukommt, von Vorteil sein. Der beste Katalysator ist frisch reduziertes Kupfer; daher beteiligen sich die
ersten Schichten des Kupferkontakts an der Reaktion weniger
als die folgenden, wie ich mich auch durch die Untersuchung
von Kupfer überzeugt habe, welches bei einer Reihe von Versuchen als Kontakt gedient hatte.

Dient als Katalysator Asbest mit darauf verteilten niedrigen Oxyden des Vanadiums (V_2O_3, V_2O_2 und V_2O), so nähert
sich bei meinen Versuchsbedingungen die Konstante K_1 0,5

und steigt manchmal sogar über 0,5, die Konstante K_2 ist 0,25—0,27. Die für unsere Zwecke erwünschte Kanstante K_2 ist also in diesem Falle niedriger als bei frisch reduziertem Kupfer.

Es ist gleichgültig, ob das Gemisch aus Methyldämpfen und Luft vor dem Einlaß in das Kontaktrohr vorgewärmt wird oder nicht. Wird es aber vorgewärmt, so ist es besser, die Temperatur des Kontakts zwischen 300—400° zu halten. Wird es nicht vorgewärmt, so kann man den Kontakt verlängern (bis 30 cm) und ihn über 400° (450—500°) erhitzen. Da aber die Wände des Vorwärmers auf das Gemisch aus Dämpfen und Gasen katalytisch wirken können, so ist das Material dieser Rohre von Bedeutung und ist so zu wählen, daß ihre katalytische Wirkung möglichst gering ist (z. B. Glas, Porzellan, Chamotte). Wertvolle Daten zu dieser Frage finden sich in den Artikeln Jpatjeffs: „Pyrogenetische Kontaktreaktionen".[1] In diesen Artikeln finden sich auch Angaben über die katalytische Wirkung fein verteilten, frisch reduzierten Kupfers.

Interesse verdienen einige meiner Versuche, welche ich nicht mit reinem Methylalkohol, sondern mit dem technischen Produkt von 4,5% Acetongehalt ausgeführt habe. Unter meinen Versuchsbedingungen reagierte das im Methylalkohol enthaltene Aceton beim Durchgang durch den Kupferkontakt entweder gar nicht oder ganz unbedeutend, jedenfalls störte es die Reaktion des Methylalkohols nicht. Die Formaldehydlösungen, welche ich in diesem Falle erhielt, enthielten sehr wenig Aceton; der größte Teil desselben wurde durch den Luftstrom fortgeführt und in den Wasservorlagen absorbiert.

Da der Prozentgehalt der bei meinen Versuchen erhaltenen Formaldehydlösungen weniger als 38—40 betrug, wie es bei den in der Technik verwendeten Lösungen verlangt wird, außerdem um den unveränderten Methylalkohol dieser Lösungen nicht zu verlieren, versuchte ich den Methylalkohol aus diesen Lösungen zu entfernen. Dies gelingt ganz leicht durch Rektifikation, wobei der Methylalkohol mit wenig Formaldehyd

[1] Journ. russ. phys.-chem. Ges. 35 (1903), 577, 590, 603, 606 und schon früher.

übergeht, während eine wässerige Lösung, welche die Hauptmenge des Formaldehyds und nur wenig Methylalkohol enthält, im Destillierapparat zurückbleibt. Dies erklärt sich aus den thermochemischen Verhältnissen, indem die Lösungswärme des Formaldehyds in Wasser + 15 Kal. beträgt. Der abdestillierte Methylalkohol kann wieder auf Formaldehyd verarbeitet werden.

b) **Versuche mit verschiedenen Kontaktsubstanzen.**[1]

Bei den im vorhergehenden Kapitel beschriebenen Versuchen dienen als Kontakt Kupferfeilspäne, Chamottestückchen mit darauf fein verteiltem Kupfer und Asbest, imprägniert mit Vanadiumoxyden. Die Umsetzung vollzog sich in einem besonderen mit Kryptol geheizten Apparat. Außerdem wurde in den meisten Fällen das Gemenge aus Dampf und Luft vor der Einwirkung des Kontakts in einer Kupferschlange vorgewärmt, welche zwischen dem Kupfer- und dem Eisenrohr des Apparats angeordnet war. Die Rolle des schlangenförmigen Vorwärmers soll noch eingehender behandelt werden, da derselbe selbst bei schwacher Heizung als Katalysator wirkt.

Es sollen nun meine Versuche mit anderen Kontaktsubstanzen besprochen werden.

I. Koks, in dessen Poren und auf dessen Oberfläche reduziertes Kupfer fein verteilt ist. Solcher Koks wird auf folgende Weise hergestellt: Poröse, haselnußgroße Stückchen von Ofenkoks wurde zweimal mit einer Lösung von salpetersaurem Kupfer getränkt und geglüht. Das auf der Oberfläche und in den Poren fein verteilte Kupferoxyd reduzierte ich zu Kupfer, durch Erhitzen der Stückchen in einer Atmosphäre von H_2 und CH_3OH. Nach der Reduktion waren die Koksstückchen stellenweise rötlich, stellenweise gelblichgrün gefärbt.

Mit diesem Kontakt habe ich gegen 20 Versuche (61—79) ausgeführt. Dabei bediente ich mich zuerst des im vorhergehenden Kapitel beschriebenen Apparats und verteilte die Koksstückchen auf die beiden Rohre: im ersten kupfernen betrug die Koksschicht 5 cm, im zweiten eisernen 10 cm. Zwischen den beiden Rohren befand sich der schlangenförmige

---

[1] Journ. russ. phys.-chem. Ges. **39** (1907), 1023.

Vorwärmer, mit einem Bunsenbrenner erhitzt. Das beste Resultat gab der Versuch 64. Die Temperatur des Kryptolofens schwankte und betrug am oberen Ende des Rohres 330—386°, in der Mitte 380—420°. Der Methylalkohol hatte 88,5 %; er wurde im Wasserbad auf 64,5—66,5 erwärmt. Das Thermometer am oberen Ende des Dephlogmators zeigte auf 43—44° C. Die verbrauchte Luftmenge betrug in 1 Stunde 15 Minuten 185 Liter, daher 2,48 Liter pro Minute. Der Methylalkoholverbrauch betrug 136 g von 97 %. In den beiden ersten Vorlagen sammelten sich 135 g Rohformaldehyd mit 42,375 g CH_2O (31,15 %). In den drei Wasservorlagen fanden sich 6,825 g CH_2O.

Konstanten:

$K_1 = 55,68$ % des Methylalk. verwandelten sich in CH_2O, CO, CO_2

$K_2 = 39,78$ „ CH_2O

$K_3 = 15,9$ „   „   „   „   „ CO und CO_2

Nach 16 Versuchen im beschriebenen Apparat führte ich noch einige Versuche mit einer vereinfachten Type aus.

Die Mischung aus Luft und Dampf wurde nach dem Austritt aus dem Dephlogmator ohne weiteres Vorwärmen direkt über den Kontakt geleitet (Koks mit fein verteiltem Kupfer), welcher in einer Schicht von 15 cm Länge in einem weiten Kupferrohr ausgebreitet war, welches je nach Bedarf mit 1 oder 2 Bunsenbrennern erhitzt wurde. Die Temperatur im Innern des Rohres wurde durch einen Thermometer reguliert, welches mit Hilfe eines besonderen Dreiwegstückes in das Rohr eingeführt wurde. Das beste Resultat gab der Versuch 77. Der Methylalkohol hatte 84,5 %. Die Temperatur des Wasserbads schwankte zwischen 58° und 63,5°; die Temperatur des Dampf-Luftgemisches war 43—44° C. In 1 Stunde wurden 152 Liter Luft durchgeleitet, also in 1 Minute 2,533 Liter. Der verdampfte Methylalkohol hatte im Mittel 96,5 %; verbraucht wurden davon 102 g. Die Druckluft passierte die Gasuhr, war also hinreichend mit Feuchtigkeit gesättigt. Das Kupferrohr wurde an der Stelle, wo sich der Kontakt befand, während der Dauer des Versuches mit einem Bunsenbrenner erhitzt. Die Temperatur im Innern des Rohres war 285—292° C., die austretenden Gase hatten 130—142° C.

In den beiden ersten Vorlagen wurden 98 g Rohformaldehyd aufgefangen mit 31,3125 g CH_2O (31,93 %). In den Wasservorlagen befanden sich 3,075 g CH_2O. $K_2 = 36,9 \%$.

Weniger günstige Resultate wurden erhalten, wenn die Temperatur im Innern des Kontaktrohres über 300° (320—340°) oder unter 285° (236—284°) gehalten wurde ($K_2' = 26,67$; $K_2'' = 27,23 \%$).

Interesse verdient der Versuch 80, bei welchem ich die Kontaktwirkung des in den Poren des Koks und auf seiner Oberfläche verteilten reduzierten Kupfers ohne Durchleiten von Luft studierte.

Der Methylalkohol hatte 86 % und wurde auf dem Wasserbad zum Sieden erhitzt. Die Temperatur seiner Dämpfe oberhalb des Dephlegmators war 67,5° C., die Temperatur im Innern des Kontaktrohres 286—330°. In 46 Minuten wurden 137 g Methylalkohol von 95,1 % verdampft. In den Vorlagen sammelten sich 132 g Flüssigkeit mit 3 g CH_2O (2,27 %). $K_2 = 2,44 \%$. Die Luft wurde bei diesem Versuche angesaugt, die Gasuhr (vor dem Kolben mit dem Alkohol) zeigte eine Umdrehung entsprechend 166 Liter an. Die Analyse der austretenden Gase gab: CO_2 14,6, O_2 0,2, CO 13,3 %.

Die Kontaktwirkung ist also bei Ausschluß von Luft sehr gering. Es ist möglich, daß die in den Poren des Kokses okkludierte Luft vor dem Versuche einen Teil des Kupfers oxydiert und dieses während des Versuches wieder auf den Methylalkohol einwirkt. Um dies festzustellen, machte ich den Versuch 94. Unmittelbar vor dem Versuch wurde das Kupfer der Kontaktmasse mit Wasserstoff und Methylalkoholdampf reduziert. Hierauf leitete ich durch das auf 300—350° erhitzte Rohr Methylalkoholdämpfe. Der Methylalkohol hatte 88 %; die Temperatur oberhalb des Dephlegmators war 68° C., der verdampfte Methylalkohol hatte 96,1 %, verbraucht wurden 172 g. Gewonnen wurden 167 g Flüssigkeit mit 0,23295 g CH_2O. Die Differenz von 172—167 g ist dadurch zu erklären, daß etwas Methylalkohol in den Poren des Kontaktkörpers zurückblieb. So überzeugte mich dieser Versuch von der ganz unbedeutenden katalytischen Wirkung des frisch reduzierten Kupfers bei Luftausschluß.

In der Literatur finden sich Angaben über die katalytische Wirkung frisch reduzierten Kupfers auf Alkohole (Ipatjeff,

J. russ. phys.-chem. Ges. 35, 580; Sabatier u. Sanderin, Bull. de la Soc. chim. de Paris [3] 33, 263). Unter anderem geben Sabatier u. Sanderin für frisch reduziertes Kupfer 300° als jene Temperatur an, bei welcher die katalytischen Eigenschaften des Kupfers in bezug auf Alkohole voll in Erscheinung treten. Meine Beobachtungen stimmen mit diesen Angaben nicht überein.

II. Asbest mit darauf verteiltem frisch reduziertem Kupfer (Versuch 58, 59, 60) ist ein sehr energischer Katalysator, besonders wirkt er in der Richtung der sekundären Reaktion $CH_2O \longrightarrow CO + H_2$. In den austretenden Gasen findet sich viel CO_2, CO und H_2. Die Ausbeute an Rohformaldehyd ist sehr gering, dieser Kontakt ist daher für den Formaldehydprozeß nicht zu empfehlen.

Gasanalysen:

Versuch 59 CO_2 5 %;   CO 10,5%; H_2 4,9%;   O 3,0%
„   60   „ 4,2 „   9,3 „   5,8 „   „ 3,0 „

Bei einem Methylalkoholverbrauch von 107; 155; 137 g wurden 90; 114; 107 g Rohformaldehyd von 14,16; 12,33; 13,84% CH_2O erhalten.

III. Asbest mit darauf verteiltem Cersulfat und Thoriumoxyd (Versuch 55, 56, 57) ist dem zuletzt genannten Katalysator ähnlich und arbeitet sehr energisch im Sinne der Reaktion $CH_2O = CO + H_2$; je höher die Temperatur, desto größer ist der Gehalt an CO in den austretenden Gasen.

Gasanalysen:

Versuch 55 CO_2 3,30%; O_2 4,4 %;   CO 14,8 %
56   3,0   2,25 „   14,25 „
„   57   4,2 „   „ 3,4 „   „ 12,4 „

Trotz der Gegenwart freien Sauerstoffs ist die Formaldehydausbeute noch geringer als mit dem Katalysator II. Bei einem Methylalkoholverbrauch von 189; 150; 158 g wurde Rohformaldehyd 85 g mit 6,82% CH_2O; 101 g mit 5,75% CH_2O und 118 g mit 6,12% CH_2O erhalten.

Für den Formaldehydprozeß ist dieser Katalysator unbrauchbar.

IV. Platinschwarz ist ein so kräftiger Katalysator, daß es ganz unmöglich ist, damit unter den Bedingungen der beschriebenen Versuche zu arbeiten. Eine 10 cm lange Schicht platinierten Asbests wurde in ein weites Kupferrohr eingesetzt, welches im Wasserbad auf 90—98° erwärmt wurde. Der Kontakt arbeitete hauptsächlich auf CO_2 und CO, wobei CO_2 überwog. Selbst unter den günstigsten Bedingungen enthielt das Rohformaldehyd weniger als 10% CH_2O. Auch dieser Katalysator ist für die Praxis nicht geeignet. Etwas bessere Resultate erhielt ich, wenn ich die Luft im Dephlegmator mit etwas SO_2 verdünnte (etwas mehr als 10% CH_2O).

V. Metallisches Platin. Schon Trillat hat sich mit der Wirkung dieses Kontakts auf die verschiedenen Alkohole beschäftigt und seine Versuche in dem Buche „Oxydation des alcools par l'action de contact" beschrieben. Er verwendete Platin in Form von Draht. Seine Versuche behandelten nur die qualitative Seite des Problems, ohne die quantitative zu berühren, während ich diese vor allem ins Auge faßte. Die Versuche 52, 53, 54 habe ich unter folgenden Bedingungen ausgeführt. Das Gemisch von Dampf und Luft passierte zuerst die mit einem Bunsenbrenner erhitzte Kupferschlange und treten dann zum Kontakt, welcher aus 27 g Platingewebe und -draht besteht, und in einer Schicht von 15 cm in einem schwer schmelzbaren Glasrohr, wie sie zur organischen Elementaranalyse verwendet werden (lichter Durchmesser 16 mm, Länge 840—860 mm), ausgebreitet ist. Das Glasrohr wurde im Kryptolofen auf 330—340° erhitzt. Das beste Resultat gab der Versuch 54. Angewandt wurde 80% iger Methylalkohol. Temperatur des Wasserbads 54—56°, Temperatur oberhalb des Dephlegmators 41,5—43°. Geschwindigkeit der Luft pro Minute 2,547 Liter. In 53 Minuten wurden 93 g Methylalkohol verbraucht von $98,1\%$ CH_3OH. In den beiden ersten Vorlagen sammelten sich 89 g Rohformaldehyd mit 29,25 g CH_2O ($32,86\%$). In den drei Wasservorlagen fanden sich 2,775 g CH_2O. $K_2 = 41\%$.

Die Gasanalyse gab: CO_2 $5,8\%$; O_2 $1,10\%$; CO $0,7\%$; außerdem wurde eine bedeutende Menge H_2 festgestellt, z. B. beim Versuch 53 als $K_2 = 28,04$ war, betrug der Wasserstoffgehalt bis zu 25%.

Bei den meisten der bisherigen Versuche wurde zum Vorwärmen des Gemisches von Methyldampf und Luft eine Kupfer-

schlange verwendet, welche durch einen Bunsenbrenner erhitzt
wurde. Da aber die Kupferschlange unter diesen Verhältnissen
selbst schon als Katalysator wirkt, habe ich Versuche angestellt, um den Einfluß der Schlange aufzuklären, indem ich
sie einmal stärker, einmal schwächer erhitzte (Versuch 117,
118, 119). Der Apparat (Fig. 5 S. 186) (das erste Kupferrohr
mit der 5 cm langen Kupferschicht war weggelassen) bestand
aus einer Kupferschlange und dem weiten Eisenrohr mit der
Kupferschlange und den Kupferfeilspänen auf 10 cm Länge
im Innern. Das weite Eisenrohr und dem Kontakt war in ein
Luftbad eingesetzt, welches aus einem außen mit Asbest be-
kleideten Kasten bestand und durch einige Bunsenbrenner erhitzt wurde. Die Innentemperatur des Kastens wurde nach
einem Thermometer reguliert (mit 5 Bunsenbrennern gelang
es leicht die Temperatur auf 450° zu bringen).

Versuch 117. Methylalkohol 86,5 %. Temperatur des
Wasserbads 54,5—55°. Temperatur des Dampf-Luftgemisches
oberhalb des Dephlegmators 45,5—44,5°. Luftmenge in 1 Stunde
151 Liter; Geschwindigkeit pro Minute 2,516 Liter. Methylalkoholverbrauch 130 g, Prozentgehalt des verdampften Methylalkohols 95,8 %. Erhalten 96 g Rohformaldehyd mit 12,675 g
CH_2O (13,1 %); in den drei Wasservorlagen 1,2 g CH_2O; im
ganzen 13,875 g. $K_2 = 11,14$ %. Die Kupferschlange wurde
schwach erhitzt (mit reduzierter Flamme). Temperatur des
Luftbads ca. 400°.

Versuch 119. Methylalkohol 86,5. Temperatur des Wasserbades 55—56,5°. Temperatur oberhalb des Dephlegmators
44—45°. Luftmenge in 1 Stunde 148 Liter, in 1 Minute
2,466 Liter. Methylalkohol 111 g, Prozentgehalt des verdampften Methylalkohols 98,3 %. 3—4 Windungen der Kupferschlange waren auf dunkle Rotglut erhitzt. Luftbad 300—350°.
Erhalten 65 g Rohformaldehyd mit 7,5 g CH_2O (11,538 %, in
den Wasservorlagen 0,87 g CH_2O; im ganzen 8,37 g CH_2O.
$K_2 = 7,078$ %.

Gasanalysen:

Versuch 117. CO_2 12 %; O_2 1,6 %; CO — %;
H_2 5,85 „ ; N_2 80,55 „ ;

„ 119. CO_2 4,8 „ ; O_2 0,8 „ ; CO 10,0 „ ;
H_2 29 „ ; N_2 55,4 „ .

Entsprechend der ersten Analyse betrug die Menge der austretenden Gase 148 Liter, entsprechend der zweiten 211 Liter. Trotz der höheren Temperatur des Wasserbades war beim zweiten Versuch die Menge des verdampften Methylalkohols viel geringer.

Um endlich den Einfluß der Kupferschlange zu untersuchen, wenn sie einmal durch einen Bunsenbrenner bis zu beginnender Dunkelrotglut, das andere Mal durch zwei Bunsenbrenner bis zu kirschroter Glut erhitzt ist, stellte ich noch eine Reihe von Versuchen an (87—91), von denen ich als Beispiel die Bedingungen und Resultate des Versuches 88 anführe. Die Konstante K_2 betrug in diesem Falle 40,34, d. h. bei diesem Versuche wurden 40,34 des verbrauchten Methylalkohols in Formaldehyd übergeführt. Die austretenden Gase enthielten außer CO_2 etwas O_2 und geringe Mengen CO (am meisten bei Versuch 90 = 1,4 % sehr viel Wasserstoff, so daß die austretenden Gase, an der Luft entzündet, mit hellblauer Flamme brennen. Die Kupferschlange wurde bei Versuch 90 in gleicher Weise erhitzt wie bei Versuch 88 (mit zwei Bunsenbrennern zu kirschroter Glut), aber die Temperatur im Dephlegmator wurde höher gehalten. Infolgedessen enthielt 1 Liter Luft beim Versuche 88 0,8133 g 100 % igen Alkohol, dagegen beim Versuche 90 1 g 99 % igen Alkohol. Die Ausbeute an Formaldehyd war sehr verschieden: im ersten Falle K_2 = 40,34 %, im zweiten K_2 = 31,62 %.

c) Versuche bei bloßem Anheizen der Kontaktsubstanz.

Bei allen angeführten Versuchen wurde die Kontaktsubstanz während der ganzen Dauer erhitzt: es wurde also für die Reaktion Wärme von außen zugeführt. Aber wie wir auch den Prozeß der Umwandlung von CH_3OH in CH_2O unter Kontaktwirkung auffassen mögen — ob als primäre Oxydation $CH_3(OH) + O = CH_2O + H_2O$ mit darauffolgendem sekundären Zerfall unter Oxydation

$$CH_2O = CO + H_2$$
$$CO + O = CO_2$$
$$H_2 + O = H_2O$$

oder als primäre katalytische Zersetzung

$$CH_3(OH) = CH_2O + H_2$$

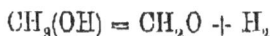

mit sekundären Zerfalls- und Oxydationsprozessen

$$H_2 + O = H_2O$$
$$CH_2O = CO + H_2$$
$$CO + O = CO_2$$
$$H_2 + O = H_2O,$$

auf jeden Fall ist die Zersetzung von $CH_3(OH)$ in CH_2O, CO, CO_2 und H_2O in ihrer Gesamtheit ein exothermischer Prozeß.

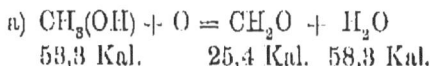

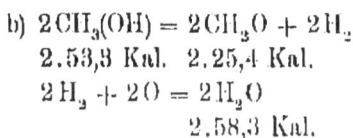

a) $CH_3(OH) + O = CH_2O + H_2O$
    53,3 Kal.   25,4 Kal.   58,3 Kal.

b) $2 CH_3(OH) = 2 CH_2O + 2 H_2$
    2.53,3 Kal.   2.25,4 Kal.

    $2 H_2 + 2 O = 2 H_2O$
                  2.58,3 Kal.

Bei der Umwandlung von $CH_3(OH)$ in CH_2O werden also auf jedes Grammolekül Methylalkohol + 30,4 Kal. frei.

Erwägen wir aber die Zusammensetzung der austretenden Gase, welche wir bei den Analysen festgestellt haben, d. h. den Gehalt an CO_2, CO und H_2, so kommen wir zur Einsicht, daß auch der sekundäre Prozeß exothermisch verläuft, da selbst der Zerfall von CH_2O in CO und H_2 von einer Wärmeentwicklung von + 4 Kal. für jedes Molekül CH_2O begleitet ist.

Auf Grund der theoretischen Betrachtungen ist also zu erwarten, daß die Umwandlung von CH_3OH in CH_2O usw. unter gewissen Bedingungen eine solche Wärmemenge entwickelt, daß der ganze Prozeß von selbst ohne äußere Wärmezufuhr abläuft, sobald die Reaktion einmal eingeleitet ist. Natürlich suchte ich diese Bedingungen zu finden, und nach einer langen Reihe erfolgloser Versuche, gelang es mir endlich, diese Frage zu lösen. Jetzt war der richtige Weg gefunden, welchen man in der Technik benutzen mußte.

Versuchsbedingungen. Der Methylalkohol von 80,0 bis 80,25 % wurde auf dem Wasserbad auf 53,5—55 ° erwärmt; auf dem Kolben saß ein Dephlegmator, wie wir ihn im vorhergehenden Kapitel beschrieben haben. Durch den erwärmten Methylalkohol wurde Luft gesaugt ca. 2,5 Liter pro Minute,

welche vorher die Gasuhr passierte, also mit Feuchtigkeit gesättigt war. Oberhalb des Dephlegmators zeigte das Thermo·
meter 42—48° C. Nach meiner Berechnung wird dabei Methylalkohol von 100—99,5°/₀ verdampft, solange die verdampfte
Menge nicht mehr als 23,4—26,4°/₀ der ganzen in den Kolben
eingesetzten Menge beträgt. Das Gemisch der Methylalkoholdämpfe mit der Luft wird, ohne es erst vorzuwärmen, direkt
in das gewöhnliche Rohr aus schwerschmelzbarem Glase
(lichter Durchm. 16 mm, Länge 830—850 mm) eingeführt. In
der Mitte des Rohres sitzt die Kontaktmasse, bestehend aus
2—3 Röllchen aus frisch reduziertem Kupfergewebe von
10—15 cm Länge und 20—32 g Gewicht. Zwei Drittel dieser
Schicht bestanden aus Gewebe von 10×10 und $^1/_3$ aus Gewebe von 25×25 Fäden pro qcm. Das Glasrohr befand
sich in einem Kasten von 55 cm Länge (so daß nur seine
Enden herausragten), der aus Eisenblech gefertigt und mit
Asbest bekleidet war. Im Boden des Kastens befanden sich
vier Reihen runder Löcher. Es wurde mit Bunsenbrennern
geheizt; zwei derselben genügten, um die Temperatur auf
300—350° zu bringen. Die Temperatur wurde durch ein
Thermometer gemessen, welches von der Seite der Länge nach
eingeführt war. Aus dem Glasrohr treten die Gase und Dämpfe
in einen Schlangenkühler, an welchen sich zuerst zwei Luft-
kondensatoren(zwei Woulfsche Flaschen) und weiter fünf Wasser-
kondensatoren anschlossen. Aus der zweiten Wasservorlage
wurde ein Teil der Gase für die Analyse in den Aspirator
geführt. Zu Beginn des Versuchs wurde das Rohr im Kasten
auf 300° erhitzt, und hierauf ein Gemisch von Luft und Methylalkoholdampf durch die Kontaktmasse geleitet (1 Liter Luft
enthielt 0,680—0,748 g CH_3OH). Nach 2—3 Minuten wurde
das Kupfergewebe in seinem vorderen Teil hellrotglühend. Nun
wurde die Heizung des Kastens abgestellt, und der Kontakt
blieb während der ganzen Dauer des Versuchs von selbst
glühend. In 2 Tabellen (Vers. 121 und 122) führe ich meine
Beobachtungen detailliert an. Die Temperatur im Innern des
Kastens sank infolge der Wärmeübertragung durch die Rohr-
wand nicht unter 110—112°. Dies sind die günstigsten Reaktionsbedingungen. Die Menge des in Formaldehyd verwandelten Methylalkohols K_3 erreichte 48,45—49,25°/₀. Die

austretenden Gase enthielten außer CO_2, O_2 und einer geringen Menge CO immer H_2 bis zu einem Gehalt von 20 %; Methan konnte ich nicht nachweisen, Äthylen fand sich in geringen Mengen. Entzündet, brennen die austretenden Gase mit kaum sichtbarer Flamme. Ihre Menge steht bei normalem Verlauf der Reaktion zur Menge der eintretenden Luft wie 1,133 (1,166):1. Diese Gase kann man in einem Gasometer sammeln und zum Anheizen des Apparats benutzen. Wurde die Kontaktschicht auf 20 cm verlängert = 48 g (vgl. Vers. 120), während die übrigen Bedingungen unverändert blieben, so erhielt ich wenigere günstige Resultate (K_2 = 39,7 %; H_2 22,1 %).

Nachdem ich so die günstigsten Bedingungen für die Kontaktwirkung des Kupferdrahtnetzes festgestellt hatte, suchte ich den niedrigsten Prozentgehalt der durch den Luftstrom entwickelten Methylalkoholdämpfe zu finden, bei welchem der Prozeß noch unter Selbsterglühen des Kontakts verläuft, also bei der minimalen Energiezufuhr von außen (Vers. 125).

Der Methylalkohol hatte 85,5 %, die Temperatur des Wasserbades war 56—57,5°, die Temperatur im Dephlegmator 44—44,5°, die Geschwindigkeit des Luftstroms 2,516 Liter pro Minute.

Unter diesen Bedingungen entwickelten sich Dämpfe von 98 %igem Methylalkohol. 1 Liter Luft enthielt 0,8145 g 98 %igen Methylalkohol. Zu Anfang des Versuches zeigte das Thermometer des Blechkastens 320°. Das Gemisch aus Luft und Methyldämpfen trat direkt in das Kontaktrohr ein (wie bei Vers. 121, 122). Der Kupferkontakt glüht von selbst weiter, aber nur mit dunkler Rotglut, nicht in seiner vorderen Schicht, sondern weiter rückwärts. Nach dem Versuch war das erste Kupferröllchen an der Oberfläche etwas oxydiert, was bei den Versuchen 120, 121 und 122 nicht der Fall gewesen war. Die Temperatur im Innern des Blechkastons sank unter 100°; als sie 52° erreichte, erlosch der Kontakt. Um ihn wieder zu entzünden, mußte der Kasten mit Bunsenbrennern über 200° erhitzt werden. Im Verlaufe des Versuchs, welcher 60 Minuten dauerte, mußte der Kasten dreimal (nach 18, 48 und 55 Minuten) frisch angeheizt werden (jedesmal 2—3 Minuten). Gasanalyse: CO_2 4,8 %; O_2 5,8 %; CO 0 %; H_2 15,08 %; N_2 73,28 %.

Verhältnis der austretenden Gase zur eintretenden Luft 1,078 : 1. $K_2 = 28,7\,°/_0$.

Wurde mit schwächerem Methylalkohol gearbeitet, so daß der Luftstrom Dämpfe von weniger als 98 % entwickelte, erglühte der Kontakt nicht mehr von selbst, nicht einmal, wenn ich die Temperatur des Kastens auf 400° hielt.

Bei einigen Versuchen setzte ich das Kupfergewebe nicht in ein Glasrohr, sondern in ein Kupferrohr von 16 mm Durchm. Der Kontakt war 20 cm lang = 40 g. Das Gemisch aus Luft und Methyldampf wurde auf 330° vorgewärmt. Das Kupferrohr, in welchem sich die Kontaktmasse befand, wurde nicht im Blechkasten, sondern in einem Ofen, wie für die organische Elementaranalyse gebräuchlich, erhitzt; die Temperatur im Rohre wurde durch ein Thermometer bestimmt, welches in dasselbe eingeführt war und den Kontakt von rückwärts berührte. Beim Versuch 110 hatte der Methylalkohol 88 %, die Temperatur des Wasserbades war 53—55°, die Temperatur im Dephlegmator 42—43°, die Methyldämpfe enthielten 99,37 % $CH_3(OH)$. So oft die Temperatur im Innern des Rostes hinter dem Kontakt auf 300° sank, erwärmte ich das Rohr vor dem Kontakt gelinde (mit rußender Flamme), so daß das Thermometer immer auf 300—317° zeigte. Die austretenden Gase brannten, wenn angezündet, mit farbloser Flamme. Gasanalyse: CO_2 7,3%, O_2 0,2%, CO 0%, H_2 14,5%, N_2 78%. Die Menge der austretenden Gase verhält sich zur Menge der zugeführten Luft wie 1,013 : 1. Bei einem Verbrauch von 112 g Methylalkohol (99,37 %) in 1 Stunde wurden 109 g Rohformaldehyd von 37,04 % gewonnen, außerdem in den ersten drei Wasservorlagen 7,575 g CH_2O und in den beiden letzten 0,04835 g CH_2O; im ganzen 46,99335 g CH_2O, entsprechend 50,124 g CH_3OH; $K_2 = 45,03$. Das Ergebnis ist sehr befriedigend, doch war, um die Reaktion im Gange zu erhalten, Wärmezufuhr von außen erforderlich. Versuch 109 gab das gleiche Resultat; die Temperatur wurde etwas höher (312—346°) gehalten, dafür wurde Methylalkohol von 97,7 % verdampft. So oft die Temperatur unter 320° sank (zweimal während der einstündigen Dauer des Versuches), wurde das Rohr sofort vor dem Kontakt 3—4 Minuten erhitzt.

Das Rohformaldehyd zeigte 37,3 % CH_2O . $K_2 = 48,5\,°/_0$

War die Kontaktmasse nur 15 cm lang = 33 g (Versuch 108), so wurde eine niedrigere Ausbeute erhalten, trotzdem 100 %iger Methylalkohol verdampft wurde. $K_2 = 30,83$ %.

Gasanalyse: CO_2 9 %, H_2 9,75 %, N 81,25 %, O_2 und CO waren nicht vorhanden. Das Verhältnis zwischen der Menge der austretenden Gase und der Menge der zugeführten Luft war 0,9854 : 1.

Zum Vergleich machte ich noch eine Reihe analoger Versuche mit Platin (ohne Vorwärmen der Mischung von Luft und Dampf in der Kupferschlange). Das Platingewebe von 12 cm (8 cm = 26 g + 4 cm = 21 g) war in einem Glas- oder in einem Kupferrohr eingesetzt (vgl. Versuche 120, 121, 122, 108, 109, 110). Trotzdem die Versuchsbedingungen im übrigen dieselben waren wie beim Kupferkontakt, erhielt ich unbefriedigende Resultate, so daß ich Platin allein nicht als geeignete Kontaktsubstanz bezeichnen kann. Wenn das Platingewebe in einem Glasrohr arbeitete, erglühte es während des ganzen Versuchs von selbst ohne Erwärmung von außen. Besser wirkte ein gemischter Kontakt aus Platin- und Kupfergewebe, aber immerhin weniger günstig als Kupfer allein.

Gasanalysen:

Platinkontakt in einem engen (lichter Durchm. 16 mm) Kupferrohr:

1. CO_2 3,1 %; O_2 0,0 %; CO 15,55 %; H_2 9,1 %
2. CO_2 5,8 %; O_2 0,2 %; CO 10,20 %; H_2 15,4 %
3. CO_2 4,0 %; O_2 1,6 %; CO 6,90 %; H_2 6,6 %

Der Rest auf 100 % wurde als N angenommen.

Platinkontakt in einem Glasrohr (lichter Durchm. 16 mm):

1. CO_2 2,4 %; O_2 0,4 %; CO 13,8 %; H_2 13,60 %
2. CO_2 3,4 %; O_2 0,2 %; CO 11,6 %; H_2 17,85 %

Der Rest auf 100 % wurde als N angenommen.

Während ich bei Kupferkontakt Methan nicht nachweisen konnte, fand ich bei Platinkontakt geringe Mengen dieses Gases.

Außerdem enthält das Gasgemisch am Ausgang des Systems noch ein Gas, welches ich anfangs nicht bestimmen konnte. Dasselbe verleiht dem ganzen Gasgemisch den charakteristischen

Geruch, welcher an die langsame Oxydation von feuchtem Phosphor erinnert, in Wasser ist es kaum löslich, auf eine Lösung von KJ wirkt es (auch nach dem Ansäuern) nicht ein, dagegen scheidet es aus einer alkalischen Lösung von 2 KJ. HgJ$_2$ einen geringen gelben Niederschlag aus. Zusammen mit Wasserstoff wird dieses Gas von fein verteiltem Palladiumschwamm oder -asbest absorbiert. Es bildet sich auch, wenn Eisenspäne, zur dunklen Rotglut erhitzt, als Katalysator verwendet werden. Die Natur dieses Gases bespreche ich noch an anderer Stelle.

d) Einfluß des Acetongehalts des Methylalkohols.

Endlich interessierte mich noch der Einfluß des Acetons auf den Reaktionsverlauf unter den für die Ausbeute an Formaldehyd günstigsten Bedingungen und bei möglichst geringem äußeren Wärmeaufwand (d. h. unter den Bedingungen der Versuche 121, 122). Im ersten Kapitel habe ich bereits diese Frage berührt, doch wurden die dort angegebenen Versuche unter andauernder Erhitzung des Kontakts von außen ausgeführt. Unter anderem beobachtete ich die folgende eigentümliche Erscheinung: Im Rohformaldehyd, welcher sich in den ersten zwei Vorlagen sammelt, sind immer nur Spuren von Aceton enthalten, während die Hauptmenge desselben von den Gasen fortgeführt und in den Wasservorlagen absorbiert wird. Um den Einfluß des Acetons festzustellen, machte ich einige Versuche, bei welchen die Bedingungen, soweit sie den Prozentgehalt des Methylalkohols, die Beschaffenheit der Kontaktmasse und die Temperatur derselben betrafen, die gleichen waren. Der Kontakt bestand aus frisch reduziertem Kupferdrahtnetz (10 × 10 Fäden pro qcm) von 18 cm Länge = 25 g, der in ein Glasrohr von 16 mm Durchmesser eingesetzt war und in einem Luftbad auf 320° C. erhitzt wurde. Zum Vergleich wurde für den ersten Versuch acetonfreier 98%iger Methylalkohol genommen, für den zweiten derselbe Alkohol mit 2%, für den dritten mit 3% Aceton.

Beim ersten Versuch war die Temperatur im Dephlegmator während der ersten Hälfte des Versuches 89°, während der zweiten Hälfte 89—41°, die Temperatur des Wasserbades

$48,5-48^0$ und $49,5-51^0$. $K_1 = 62,06\%$, $K_2 = 40\%$, $K_3 = 22,06\%$. Gasanalyse: CO_2 8,8 %, O_2 0,2 %, CO 1,8 %, H_2 12,1 %, N_2 77 %. Die austretenden Gase waren so arm an Wasserstoff, daß sie erst gegen Ende des Versuchs (nach 50 Minuten) brennbar waren. Die Luftgeschwindigkeit war 2,477 Liter pro Minute. 1 Liter Luft enthielt 0,6708 g 100 %iges $CH_3(OH)$. Die Kontaktmasse glühte von selbst hellrot.

Beim zweiten Versuch enthielt derselbe Methylalkohol 2,09 g Aceton. Die Temperatur im Dephlegmator betrug im Mittel 40,1°, die Temperatur des Wasserbads 48°. Die Kontaktmasse blieb von selbst glühend, aber nur dunkelrot. $K_2 = 33,3\%$. Gasanalyse: CO_2 8%, O_3 1%, CO 0,4%, H_2 9%, N_2 81,6%. Die austretenden Gase waren nicht brennbar. Die Geschwindigkeit des Luftstroms war 2,477 Liter pro Minute. 1 Liter enthielt 0,8047 g 100 %iges $CH_3(OH)$.

Beim dritten Versuch enthielt der 93 %ige Methylalkohol 2,898 g Aceton. Die Temperatur im Dephlegmator war 37—40°, die Temperatur des Wasserbads 45—49°. Die Kontaktmasse erglühte nicht. In den Vorlagen sammelte sich Methylalkohol mit Aceton, Formaldehyd konnte nicht einmal durch den Geruch konstatiert werden. Nach dem Versuch waren die zwei rückwärtigen Kupferröllchen oxydiert, während sich beim zweiten Versuch nur das erste kleine Röllchen auf 2 cm Länge oxydiert hatte, die zwei übrigen Röllchen aber gut arbeiteten; beim ersten Versuch waren alle drei Röllchen wirksam gewesen. Um die Reaktion auszulösen, hatte ich während der ganzen Versuchsdauer das Luftbad auf 350° erhitzt.

Diese Versuche bewiesen mir, daß im Methylalkohol noch ca. 2 % Aceton zulässig sind, daß aber ein solcher Methylalkohol viel schlechter arbeitet als acetonfreier. Deswegen also darf der Methylalkohol, wie ihn das Ausland verlangt, nicht mehr als 1 % Aceton enthalten! Beim zweiten Versuch enthielt der Rohformaldehyd nur geringe Spuren Aceton, während sich die Hauptmenge desselben im Waschwasser befindet. Da es nicht gelingt, das Aceton aus der wässerigen Formaldehydlösung zu entfernen, sind die durch Waschen der Gase in den Wasservorlagen gewonnenen Formaldehydlösungen minderwertig.

e) Die katalytische Wirkung des Eisens.

Die katalytische Wirkung des Eisens ist schon von Ipatjeff, allerdings unter anderen Bedingungen untersucht worden. Ich stellte diesbezüglich in Abwesenheit von Luft 8 Versuche an.

Bei Versuch 112 und 113 hatte der Methylalkohol 87 bzw. 87,6 % und wurde auf dem Wasserbad zum Sieden erhitzt. Temperatur im Dephlegmator: Versuch 112 : 66—67°, Versuch 113 : 67, 70, 71 und 71,5°.

Der Kontakt bestand aus einer Schicht von Eisenfeilspänen von 15 cm Länge = 25 g, welche in ein Kupferrohr von 16 mm lichte Weite eingesetzt waren. An der Stelle des Kontakts wurde das Rohr während des Versuchs zur dunklen Rotglut erhitzt. An den ersten Versuch schloß ich unmittelbar den zweiten, ohne die Feilspäne vorher auszuwechseln. Die austretenden Gase gingen durch eine Reihe von Vorlagen und weiter durch eine Gasuhr, so daß ihre Menge gemessen wurde; ein Teil wurde aus der zweiten Wasservorlage für die Analyse in einen Aspirator gesaugt. Der erste Versuch dauerte 1 Stunde, der übergehende Methylalkohol war 100 %ig, seine Menge betrug 119 g. In den beiden ersten Vorlagen sammelte sich 45 g Flüssigkeit mit 1,995 g CH_2O. In den zwei weiteren Vorlagen, welche mit konz. H_2SO_4 beschickt waren, betrug die Gewichtszunahme 19 g; die Schwefelsäure färbte sich braun. 119 — (45 + 19) = 55 g wurden daher in gasförmige Produkte verwandelt. Die Gasuhr passierten 108 Liter. Gasanalyse: CO_2 3,4 %, O_2 0,4 %, CO 19,5 %, H_2 43,9, N_2 (entspr. 0,1 % O) 1,5 %, so daß für Methan 31,3 % verbleibt. Der zweite Versuch dauerte 38 Minuten. Die Temperatur des siedenden Methylalkohols stieg von 67° zu Anfang auf 70, 71, 71,5°. Die Gasentwicklung betrug 50 Liter. Nach 38 Minuten wurde der Versuch abgebrochen, da der Pfropfen des Dephlegmators herausgeflogen war. Kohlenablagerungen im Kontaktrohr hatten im Kolben und im Dephlegmator erhöhten Druck (Siedep. 71,5°) verursacht. 10 g Flüssigkeit hatten sich angesammelt. Gasanalyse: CO_2 4,8 %, O_2 0,2 %, CO 14 %, N_2 0,8 %, H_2 39,6 %, CH_4 40 %. Im Innern des Rohres hatte sich auf und zwischen den Eisenfeilspänen und an den Wänden Ruß in einer Menge von 5 g abgelagert. Vergleicht man die Gasanalysen der beiden Versuche, so sieht man, daß beim zweiten Versuch bei erhöhtem Druck und vermehrter Kohlenausscheidung die Menge des Methans zugenommen, dagegen H_2 und CO abgenommen hat.

Versuch 99. Die Schicht der Eisenfeilspäne ist 5 cm lang = 10 g. Der Methylalkohol (89 %ig) wird zum Sieden erwärmt. Die Temperatur im Dephlegmator ist 68—69°. Der verdampfte Methylalkohol enthielt 99,8 %. Methylverbrauch in 1 Stunde 285 g. In den Vorlagen sammelten sich 265 g Flüssigkeit mit 4,6875 g CH_2O. Gasentwicklung 26,5 Liter. Gasanalyse: CO_2 4%, CO 19,4%, H_2 63,2%, CH_4 13,4%. Auf den Eisenfeilspänen und an den Wänden des Rohres war Ruß niedergeschlagen. Bei allen Versuchen wurde Formaldehyd in ganz geringer Menge erhalten; bei Versuch 95, 96, 97 und 98 wurden 215, 249, 183, 366 g Methylalkohol in 1 Stunde verbraucht und 5,0625, 6, 3, 1,687 g Formaldehyd erhalten. Interessant ist, daß mit erhöhter Kohlenausscheidung die Formaldehydmenge abnimmt.

Vergleicht man Versuch 99 mit Versuch 112 und 113, so macht sich der Unterschied in der Länge der Kontaktschicht und der Verdampfungsgeschwindigkeit in der Zusammensetzung der Gase geltend.

Die gleiche Beobachtung machte ich bei einer Reihe anderer Versuche mit einer Schichtlänge von 15 cm.

Außerdem hängt die Zusammensetzung der Gase vom Prozentgehalt des verdampften Methylalkohols ab. Je mehr Wasser der Methylalkohol enthält, und je schneller die Destillation geleitet wird, um so weniger CH_4 und um so mehr H_2 bildet sich. Auch die Menge der Gase hängt von der Destillationsgeschwindigkeit ab: je schneller die Destillation verläuft, um so weniger Gase und umgekehrt. Außer CO_2, CO, H_2 und CH_4 befindet sich im Gasgemenge am Ausgang des Systems noch ein Gas, welches in konzentrierter Schwefelsäure etwas löslich ist und diese braun färbt. Der Geruch des Gases erinnert an feuchten Phosphor, wenn sich derselbe an der Luft oxydiert, wie es schon früher S. 208 erwähnt wurde. Zuerst nahm ich an, daß sich CH_3OCH_3 gebildet habe (vgl. den Aufsatz von Ipatjeff), doch gab der Versuch, CH_3OCH_3 aus der Lösung in starker Schwefelsäure durch Verdünnung auszuscheiden, ein negatives Resultat. Meine nächste Annahme, daß nämlich Äthylen vorliege, erwies sich als richtig: ich erhielt in einer alkalischen Lösung von $HgJ_2 . 2KJ$ einen gelben Niederschlag, Jod führt diesen Niederschlag bei Gegenwart von Alkali in Jodoform über. Dasselbe Gas hatte ich auch bei Anwendung des Platinkontakts beobachtet, nur mit dem Unterschiede, daß damals keine Kohleausscheidung auftrat. Auch die Menge der Kohleausscheidung hängt von der Geschwindigkeit der Destillation und dem Prozentgehalt des Methylalkohols ab: je langsamer die Destillation und je höher der Prozentgehalt, desto mehr Kohle scheidet sich aus. Daher irrt Ipatjeff, wenn er die Bildung einer großen Menge CH_4 bei seinen Versuchen auf das Graphitrohr zurückführt.[1]) Die Äthylenbildung dürfte durch Reduktion von CO zu erklären sein: $2CO + 4H_2$ $= C_2H_4 + 2H_2O$.

Bei einem Versuche studierte ich auch die katalytische Wirkung von Eisenfeilspänen auf Methylalkohol im Luftstrom. Versuch 100.) Der Methylalkohol hatte $86,6\%$, die Temperatur im Dephlegmator war 43—44°, die Geschwindigkeit des Luftstroms war 2,25 Liter pro Minute, der verdampfte Methylalkohol war 100%ig. Der Versuch dauerte 1 Stunde. Methylalkoholverbrauch 130 g. Der Kontakt von 5 cm Länge = 10 g wurde in einem Kupferrohr auf dunkle Rotglut erhitzt. Erhalten 56 g Rohformaldehyd mit 10,5 g CH_2O (19%). In den drei Waschflaschen fanden sich 1,8 g CH_2O; im ganzen: 12,3 g CH_2O. Gasanalyse: CO_2 $8,6\%$, O_2 $0,1\%$, CO $14,2\%$, H_2 $30,0\%$. Der Rest auf 100%, d. h. $47,2\%$ wurde als N_2 angenommen, doch wäre es möglich, daß darin etwas CH_4 enthalten war. Nach dem Versuche waren die Eisenfeilspäne geschwärzt, wie mit Emaille bedeckt und hatten ihren metallischen Glanz verloren, auch fand sich etwas schwarzes Kohlepulver in Form von Ruß. Eisenoxydteilchen konnte ich nicht erkennen, auch war im Kondensat Eisen nicht nachzuweisen. Eisen ist für den Formaldehydprozeß nicht als Katalysator zu empfehlen, einerseits wegen der geringen Ausbeute an Formaldehyd, anderseits weil während des ganzen Prozesses Wärmezufuhr

---

[1]) Journ. russ. phys.-chem. Ges. 34 (1902), 815.

von außen erforderlich ist, und die Kohlenabscheidung bei der Durchführung des Prozesses große Störungen verursachen kann.

Auszug aus dem Versuchs-Journal.
Versuch 121.

Die Luft passierte die Gasuhr, war daher feucht; $f = 13,645$ mm. Barometerstand: 775,5 mm. Manometer: 24 mm. Lufttemperatur: 15,5—16,75° C. Methylalkohol: 89,28 %.
Kontakt: 15 cm = 32 g Kupfernetz.

Zeit	Temperatur des Wasserbades	Temperatur im Dephlegmator	Zustand d. Kontakts	Geschwindigkeit der Luft pro 2 Liter	Angaben des Manometers an der Gasuhr	Gasanalyse
			Vor Beginn des Erglühens Temperatur im Kasten 300°.			
1'	58,5	44,0	Erhitzen desKastens unterbrochen. Kontakt hellrotglühend.	1' 14"	24 mm	
7'	58,5	42,0	Ebenso.			CO$_2$ 7 %
17'	53,0	42,0	Ebenso. Temp. im Kasten 112°.			O$_2$ 1,0 „ CO 3,8 „ H$_2$ 20,0 „
27'	53,5	42,0	Ebenso.	1' 16"		N$_2$ 67,2 „
30'	58,5	42,0			—	100 %
41'	56,0	43,0			—	
45'	55,5	43,0				
50'	55,0	42,5	Temperatur im Kasten 110°.			
55'	56,0	42,0				
60'	56,0	42,0			—	

Luftmenge in 60': 148 Liter; pro Minute: 2,466 Liter.
Methylalkoholverbrauch: 102 g; pro 1 Liter Luft: 0,689 g.
Rohformaldehyd in den Vorlagen: 100 g = 39,5625 g %,
    in der 1. Waschflasche: 7,5
          2.   0,045 „ „
                 Summe: 47,1075 g %.
47,1075 g % Formaldehyd entspr. 50,24 g CH$_3$OH und 35,108 Liter H$_2$ (0°, 760 mm).

Methylalkoholbestand vor d. Versuch:	386,4 g	80,28 %	344,8 g %
nach „	284,4 „	85,07 „	242,8 „ „
Methylalkoholverbrauch:	102,0 g	100 %	102 g %.

N-Gehalt der austretenden Gase $0,70 \times 148 = 110,02$ Liter $= 67,2\%$.
Daher die Menge der austretenden Gase 174 Liter (16,125° u. 765,855 mm)
$CO_2 + CO = 10,8\%$; also 18,792 Liter (16,125°, 765,855 mm) $= 17,850$ Liter
(0°, 760 mm), entspr. 25,5 g CH_3OH.

Konstanten:

$K_1 = 74,24\%$ des Alkohols wurden in CH_2O, CO_2 und CO verwandelt,
$K_2 = 40,25$ „ CH_2O verwandelt,
$K_3 = 24,99$ „   „ CO_2 und CO verwandelt.

Versuch 122.

Die Luft passierte die Gasuhr, war also feucht: $f = 13,972$ mm.
Barometerstand: 766 mm.   Monometer: 26 mm.   Lufttemperatur:
16—17° C.   Methylalkohol: 89,6%.
Kontakt: 10 cm $= 20$ g Kupfernetz.

Zeit	Temperatur des Wasserbades	Temperatur im Dephlegmator	Zustand d. Kontakts	Geschwindigkeit der Luft pro 3 Liter	Angaben des Manometers in der Gasuhr	Gasanalyse
			Vor Beginn des Versuches bis zum Erglühen Temperatur im Kasten 300°.			
1'	52,5	43,5	Kontakt hellrotglühend; Heizen des Kastens unterbrochen.	1' 17''	26 mm	CO_2 0,6 %
						O_2 1,2 „
						CO 4 „
7'	51,5	42,0	Kontakt hellrotglühend.	1' 15''		H_2 19,7 „
						N_2 88,5 „
12'	52,0	42,0				100 %
20'	52,5	42,5				
30'	53,0	46,0	„			Die austretenden Gase sind brennbar.
40'	53,5	46,0	Temp.d.Kastens 120°	1' 15''		
45'	53,5	42,5	106°			
58'	54,0	42,5	124°			
60'	53,0	41,5	„ „ 110°			

Luftmenge in 60': 144 Liter; in 1': 2,4 Liter.
Methylalkoholverbrauch: 107 g; pro 1 Liter Luft 0,743 g.
Rohformaldehyd in den Vorlagen: 101 g $= 39,1875$ g %;
    In der 1. Waschflasche: 9,15 „ „
       2. u. 3.   0,04575 „ „
                Summe: 48,88325 g %.
    48,88325 g % Formaldehyd entspr. 51,0 g CH_3OH und 36,128 Liter
H_2 (0°, 760 mm).

Methylalkoholbestand vor d. Versuch : 457,42 g 89,6 % 409,74 g %
nach „   350,83 „ 86   308,258 „ „
Methylalkoholverbrauch : 107 g (99,58 %) 106,5 g %.
N-Gehalt der austretenden Gase 0,79 × 144 = 113,76 Liter = 68,5 %.
Daher die Menge der austretenden Gase 166,07 Liter (16,5° u. 776,028 mm).
CO_2 + CO = 10,6 %; also 17,603 Liter (16,5°, 778,028 mm) = 16,99 Liter
(0°, 760 mm) entspr. 24,82 g CH_3OH.

Konstanten:
K_1 = 71,28 % des Alkohols wurden in CH_2O, CO_2 und CO verwandelt,
K_2 = 48,45 „ CH_2O verwandelt,
K_3 = 22,83 „ CO_2 und CO verwandelt.

Versuch 129.

Die Luft passierte die Gasuhr, war also feucht; f = 11,53 mm.
Barometerstand: 749 mm; Manometer: 15,5 mm; Temperatur 13,5°.
Methylalkohol: 100 %.
Kontakt: 3 Kupferröllchen = 32 g.

Zeit	Temperatur des Wasserbades	Temperatur im Dephlegmator	Zustand d. Kontakts	Geschwindigkeit der Luft pro 3 Liter	Angaben des Manometers in der Gasuhr	Gasanalyse
			Vor Beginn des Versuches bis zum Erglühen Temperatur über 400°.			
1'	52°	40°	Der Kontakt erglüht auf 10 cm	1' 7''		
11'		39	hellrotglühend			
16'		38		54''		
20'		39	„	52''		CO_2 6,3 %
26'		41	kirschrot auf 7 cm	1' 15''		CO 1,0 „
32'	58	41,5		1' 10''	15—16 mm	H_2 10,2 „
36'	59	42		1' 14''		N_2 82,5 „
41'	59	41		1' 12''		100 %
45'						
50'	62	42		1' 14''		
60'	Das Wasserbad wurde nicht mehr geheizt	41,5	„	1' 14''		
70'		38	hellgelbglühend	1' 10''		
71'		—				

Luftmenge in 71': 189 Liter; pro 1 Minute: 2,60 Liter.
Methylalkoholverbrauch: 126 g; pro 1 Liter Luft 0,666 g.
Rohformaldehyd: 66,25 g % entspr. 69,6 g %, Methylalkohol und
48,7 Liter H_2.
Austretende Gase: 170,77 Liter (0°, 760 mm).
Konstanten:

$K_1 = 60,4$ % Methylalkohol wurde in CH_2O, CO_2 und CO verwandelt,
$K_2 = 55,28$ „ CH_2O verwandelt,
$K_3 = 14,2$ „ CO_2 und CO verwandelt.

Die Umkehrbarkeit des Formaldehydprozesses.

Sollte unter den Bedingungen meiner Versuche außer der
Umwandlung von Methylalkohol in Formaldehyd auch umgekehrt
der Übergang von Formaldehyd in Methylalkohol möglich sein,
so ergibt sich dadurch bereits eine Grenze für die Umwandlung
von Methylalkohol in Formaldehyd; ist aber der Zerfall von
CH_3OH in CH_2O und H_2 eine nicht umkehrbare Reaktion, so muß
für diese Reaktionsgrenze eine andere Erklärung gesucht werden.

Die Frage, ob die Formaldehydreaktion umkehrbar ist,
ist nicht neu. Erwärmt man Formaldehyd mit NaOH, so geht
ein Teil des Formaldehyds in ameisensaures Natron und Methylalkohol über. Délépine beobachtete, als er Trioxymethylen
mit Wasser unter Druck erhitzte, die Bildung von Kohlensäure,
Methylalkohol und Ameisensäure. Beide Reaktionen treten
nur in Lösungen ein.

Die Frage, ob die Reaktion auch unter anderen Verhältnissen umkehrbar ist, wurde von Trillat in seinem Buche:
„Oxydation des alcools par l'action de contact" (S. 60) besprochen. Ich gebe die Beschreibung von Trillats Versuch in
wörtlicher Übersetzung:

„Man bringt in einen Kolben Bimssteinstückchen, welche
mit einer Lösung von Paraformaldehyd getränkt sind, das vorher
bei 80° von Methylalkohol bis auf die letzten Spuren befreit
wurde, und leitet darüber einen Strom mit Feuchtigkeit gesättigter Luft. Der Kolben wird auf 40.—45° erhitzt. Den
Luftstrom leitet man hierauf über eine in den Kontaktapparat
eingesetzte glühende Platinspirale."

---

[1] Journ. russ. phys.-chem. Ges. 1907, 1414.

„Die Produkte werden sorgfältig in Vorlagen aufgefangen, welche durch eine Kältemischung gekühlt werden. Nach einem Tag wird die Flüssigkeit vereinigt und destilliert. Man erhält eine gewisse Menge Methylal und ein wenig Methylalkohol. Es ist wohl nicht erst nötig hinzuzufügen, daß die Anwesenheit von Methylal allein schon ein Beweis für die Bildung von Methylalkohol ist."

Vor allem ist in der Beschreibung des Versuchs der Ausdruck „Paraformaldehyd" nicht ganz klar. Es handelt sich um eine vollkommen methylalkoholfreie Lösung dieses Stoffes. Falls derselbe aus Formalin hergestellt wurde, wäre es interessant zu wissen, wie es dem Verfasser gelang, die letzten Spuren Methylalkohol zu entfernen. Trillat gibt keine zahlenmäßigen Angaben über seine Versuche: welche Stärke hatte der abdestillierte Methylalkohol? Wieviel Methylalkohol wurde erhalten und wie wurde er abdestilliert? Auch ist nicht gesagt, ob daneben Ameisensäure erhalten wurde. Kurz, der Versuch Trillats weckt so manchen Zweifel.

Wenn man sich an die Versuche von W. N. Ipatjeff[1] betreffend Aceton, Alkohole, Phenole und Kohlenwasserstoffe erinnert, könnte man theoretisch auch den Reaktionsverlauf in der Richtung $CH_2O + H_2 = CH_3(OH)$ erwarten, doch erwähnt Ipatjeff die Reduktion von Formaldehyd nicht mit einem Wort.

Ich habe zum Studium dieser Frage zwei Reihen von Versuchen angestellt.

Eine Mischung von Trioxymethylen und Wasser wurde auf 100° erwärmt, ein Strom von Wasserdampf und Wasserstoff wurde durchgeleitet, so daß ein Gemenge von H_2, CH_2O und Wasserdampf die auf dunkle Rotglut erhitzte Kupferschlange passierte.

Die austretenden Gase enthielten CO_2 4,0%, O_2 1,2%, CO 1,4%. Das Kondensat betrug 507 g vom spez. Gew. 1,0245 mit 9,1875 g CH_2O. Dasselbe wurde mit einer Lösung von Calciumsaccharat behandelt:

100 g Rohrzucker ⎫
25 „ gelöschter Kalk ⎬ werden unter Erhitzen auf dem Wasser-
400 „ Wasser ⎭ bad gelöst, und die Lösung filtriert.

[1] Journ. russ. phys.-chem. Ges. 1906, 75.

100 ccm der Lösung von Calciumsaccharat werden mit 200 ccm der formaldehydhaltigen Flüssigkeit im Destillierapparat auf dem Wasserbad auf 80° erwärmt, wobei aller Formaldehyd in Kondensationsprodukte übergeht. Bei der darauffolgenden Destillation wurden 200 ccm Flüssigkeit vom spez. Gew. 0,9884 (15° C.) erhalten, entsprechend 0,5 Gew.-Proz. Methylalkohol. In 200 ccm Flüssigkeit sind also 1 g, in 500 ccm 2,5 g CH_3OH enthalten, eine so geringe Menge, daß man die Genauigkeit der Bestimmung des spez. Gew. anzweifeln möchte, um so mehr als dieselbe nicht mit dem Pyknometer, sondern mit der Mohrschen Wage ausgeführt war. Außerdem konnte auch bei der Kondensation des Formaldehyds bei Gegenwart von Calciumsaccharat eine kleine Menge CH_2O in ameisensaures Calcium und Methylalkohol übergegangen sein.

Die zweite Reihe von Versuchen wurde in folgender Weise ausgeführt. Trockenes Trioxymethylen wurde in einem weiten Kupferrohr mittels eines Bunsenbrenners erhitzt, um es in gasförmiges CH_2O überzuführen. Dasselbe wurde in demselben Rohr mit einer mit Wasserdampf gesättigten Mischung von 4 % CO_2, 1,4 % O_2, 21,8 % CO, 5,6 % N, 42 % H_2 und 23,4 % CH_4 gemengt und hierauf durch ein Glasrohr durchgeleitet, in dessen Mitte sich frisch reduziertes Kupfergewebe von 12 cm Länge befand, das auf dunkelrote Glut erhitzt wurde. Hinter dem Kontaktrohr traten die Gase in einen gläsernen Liebigschen Kühler und hierauf in eine Reihe von Kondensatoren. Die austretenden Gase wurden in einem Gasometer gesammelt. Die Analyse ergab beim Versuch 126: 2,8 % CO_2, 0,4 % O_2, 23,6 % CO, 1,6 % N_2, 50,7 % H_2, 20,9 % CH_4. Die Gasanalyse zeigt, daß die Menge des Wasserstoffs und des Kohlenoxyds zu-, und diejenige des Methans abgenommen hat. CH_2O hat sich also bei der Berührung mit dem Kontakt in CO und H_2 zersetzt, so daß sich der Gehalt an diesen Gasen im Verhältnis zur Gesamtsumme erhöht, der des Methans dagegen erniedrigt hat. Kondensat wurde nicht erhalten. Auf der Kontaktmasse im Glasrohre und im Liebigschen Kühler sammelte sich weißes, feuchtes, butterartiges Paraformaldehyd. Im ganzen wurden 62 Liter Gas durch das Kontaktrohr geleitet. Die feuchte Paraformaldehydmasse enthielt keinen Methylalkohol.

Der Versuch, CH_2O durch Wasserstoff unter den Bedingungen der Formaldehydbildung zu Methylalkohol zu reduzieren, gibt also ein negatives Resultat in voller Übereinstimmung mit den thermochemischen Verhältnissen

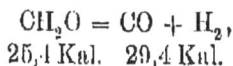

$$CH_2O = CO + H_2,$$
$$25,4 \text{ Kal.} \quad 29,4 \text{ Kal.}$$

wonach der Zerfall von Formaldehyd in CO und H_2 eine exothermische Reaktion ist, welche durch Wärmezufuhr von außen nur gefördert werden kann.

Das Konzentrieren von Formaldehydlösungen.

Die Frage, ob sich verdünnte Formaldehydlösungen konzentrieren lassen, ist von großer Wichtigkeit für die Praxis. Erstens erhält man bei der Formaldehydfabrikation oft Lösungen von geringerem Prozentgehalt, als er bei handelsüblicher Ware verlangt wird, und zweitens nehmen selbst im günstigsten Falle nur 74—71 % des angewandten Methylalkohols an der Umwandlung teil, während die übrigen 26—29 % unverändert im Rohformaldehyd enthalten sind.

Zu meinen Versuchen nahm ich käufliches Formalin von 40,5 g CH_2O in 100 ccm und bestimmte zunächst darin den Gehalt an Methylalkohol.

1. 100 ccm Formalin werden mit 100 ccm Calciumsaccharatlösung (s. oben) gemischt, die Mischung wird destilliert. 100 ccm des Destillats werden auf 200 ccm mit Wasser verdünnt. Das spez. Gew. wurde mit 0,9859 bestimmt, entsprechend 8 % $CH_3(OH)$. 100 ccm Formalin enthielten daher 16 g Methylalkohol.

2. 200 ccm Formalin mit 81 g CH_2O und 32 g $CH_3(OH)$ mischte ich mit 50 ccm 100 % igem Methylalkohol. Die Mischung enthält jetzt in 100 ccm 32,4 g CH_2O. Ich destillierte dieselbe mit einem kleinen Dephlegmator. Die Destillation begann bei 87,5°, der größte Teil ging bei 90—90,5° über, bei 95° wurde die Destillation abgebrochen. Destillat: 128 ccm mit 22,92 g CH_2O. Rückstand: 122 ccm mit 58,5 g CH_2O. Verlust: 81—80,82 = 0,18 g CH_2O. Der Formaldehydgehalt stieg also von 32,4 g auf 47 g in 100 ccm.

3. 200 ccm Formalin mit 81 g CH_2O und 32 g $CH_3(OH)$ mischte ich mit 50 ccm 100 $^0/_0$ igem Methylalkohol. 250 ccm der Mischung, enthaltend 71,79 g $CH_3(OH)$, wurden destilliert. Beginn der Destillation 87,5°, Ende 92,5°. Destillat: 68 ccm mit 8,44 g CH_2O. Rückstand: 182 ccm mit 72,5 g CH_2O (entsprechend 39,8 Vol.-Proz.).

Im Rückstand wurde der Methylalkohol bestimmt. 100 ccm der Flüssigkeit wurden mit 100 ccm Calciumsaccharat destilliert. Destillat 76 ccm, welche mit Wasser auf 200 ccm verdünnt wurden. Das spez. Gew. betrug 0,9818 entsprechend 12 $^0/_0$ $CH_3(OH)$. 100 ccm der mit Saccharat behandelten Flüssigkeit enthielten daher 24 g $CH_3(OH)$ und 182 ccm 43,68 g $CH_3(OH)$.

Das Destillat 68 ccm enthält daher 71,79—43,68 = 28,11 g $CH_2(OH)$ neben 8,44 g CH_2O.

Das Konzentrieren von Formaldehydlösungen, welche weniger CH_2O enthalten, als es von Verkaufsware verlangt wird, ist also durchführbar. Dagegen gelingt es nicht, durch Destillation mit einem Dephlegmator Formaldehydlösungen von Methylalkohol vollkommen zu befreien, zu diesem Zwecke muß ein anderes Destillationsprinzip angewandt werden (siehe S. 242).

Die Thermodynamik des Formaldehydprozesses.

Die gewöhnliche thermodynamische Gleichung für die Reaktionsenergie:

$$A = Q_0 - \sigma' p \, T \ln T - \sigma'' T^2 - R T \Sigma \nu' \ln p' + \text{const.} \quad {}^1)$$

(betreffend die Bedeutung der Zeichen vgl. Haber, „Thermodynamik technischer Gasreaktionen") ist in unserem Falle nicht anwendbar. Da sich die Umwandlung des Methylalkohols in Formaldehyd aus wenigstens vier Reaktionen zusammensetzt, und die Hauptreaktion, wie wir sie auch auffassen mögen, ein nicht umkehrbarer Prozeß ist, da sich ferner aus Gründen, welche weiter unten auseinandergesetzt werden, die Temperatur der Kontaktmasse nicht bestimmen läßt, kann die Konstante in der oben angegebenen Gleichung nicht berechnet werden. Trotzdem kann man die Größe Q_0 für einzelne Fälle bestimmen,

---

¹) Journ. russ. phys.-chem. Ges. 1907, 1418.

und das Verhältnis derselben zu der Zahl der Liter des Gasgemenges vor der Reaktion dient als Kriterium für den Verlauf
des Prozesses.

Ich habe bereits erwähnt, daß ich bei der Anwendung
von Platin oder Eisen als Kontaktsubstanz unter den austretenden gasförmigen Produkten ein Gas von charakteristischem Geruch fand, dessen Natur ich lange nicht aufklären
konnte. Wenn ich als Kontaktsubstanz Kupfer verwendete,
konnte ich jenen Geruch nicht beobachten; ich nahm daher
an, daß das fremde Gas überhaupt nicht vorhanden sei, und
faßte alles, was durch Palladiumschwamm absorbiert wurde,
als Wasserstoff auf. Wenn ich aber andrerseits die Wasserstoff-
menge aus dem bei der Reaktion gebundenen Sauerstoff berechnete, so bestand immer eine Differenz zwischen der errechneten und der durch die Analyse gefundenen Zahl. Eine
solche Differenz innerhalb nicht zu großer Grenzen läßt sich für
einen oder zwei Versuche durch einen Analysenfehler erkennen:
wenn sie aber, wie im vorliegenden Falle, in einer ganzen
Reihe von Versuchen auftritt, muß sie durch einen regelmäßig
auftretenden Umstand bedingt sein. Um die Richtigkeit meiner
Annahme zu prüfen, versuchte ich eine Gleichung aufzustellen,
welche mir erlaubte die Menge der austretenden Gase zu berechnen, wenn ich die Menge der in den Apparat eingeführten
Luft, die Menge des entstandenen CH_2O und den Gehalt der
austretenden Gase an CO_2, O_2 und CO bestimmt hatte. Diese
Gleichung stellte ich unter der Annahme auf, daß die austretenden Gase außer den durch die Analyse bestimmten Be-
standteilen nur H_2 und N_2 enthielten. Methan hatte ich tatsächlich niemals gefunden.

Wenn V das mit Hilfe der Gasuhr gemessene Volum der
eingeführten Luft bezeichnet, entspricht

0,21 V der Menge des Sauerstoffs,

0,79 V „ „ Stickstoffs (und der seltenen Gase).

Das Volum der aus dem Apparat austretenden Gase sei X.
Die Analyse derselben gab:

$$a^0/_0 \ CO_2, \quad b^0/_0 \ O_2, \quad c^0/_0 \ CO.$$

Endlich sei die gesamte Formaldehydmenge m g. Wenn
wir diese Menge gemäß der Gleichung $CH_3(OH) = CH_2O + H_2$

auf Wasserstoff umrechnen, indem wir für jedes Grammolekül CH_2O, ein Grammolekül $= 22,4$ Liter H_2 nehmen (bei 0^0 und 760 mm Druck), so entsprechen m g $CH_2O \frac{22,4\,m}{30} H_2$ (bei 0^0 und 760 mm).

Wenn wir von der Summe der austretenden Gase X CO_2, CO und O abziehen, erhalten wir den Stickstoff und den Wasserstoff:

$$(1) \qquad X - \frac{(a+b+c)X}{100} = 0,79\,V + y$$

(worin $y =$ das Volum des in den austretenden Gasen enthaltenen Wasserstoffs).

Das Volum des Wasserstoffs läßt sich andrerseits ausdrücken:

$$(2) \begin{cases} y = \dfrac{2\,a\,X}{100} + \dfrac{2\,c\,X}{100,} + \dfrac{22,4\,m\,.\,760\,(273+t)}{30\,(H-f)\,.\,273} - 2\left(0,21\,V - \dfrac{b\,X}{100} - \dfrac{a\,X}{2\,.\,100}\right) \\[2mm] = \dfrac{2\,(a+b+c)X}{100} + \dfrac{22,4\,m\,.\,760\,(273+t)}{30\,(H-f)\,.\,273} - 2\left(0,21\,V - \dfrac{a\,X}{2\,.\,100}\right). \end{cases}$$

Durch Substitution von (2) in (1) erhalten wir:

$$X - \frac{a+b+c}{100}X = 0,79\,V + \frac{3a+2b+2c}{100}X + \frac{22,4\,m\,.\,760\,(273+t)}{30\,(H-f)\,273} - 2\,.\,0,21\,V$$

oder

$$X = \frac{37\,V + \dfrac{100\,.\,22,4\,m\,.\,760\,.\,(273+t)}{30\,(H-f)\,273}}{100 - 4a - 3b - 3c}$$

(dabei bezeichnet H den Luftdruck zur Zeit des Versuchs, f die Spannung des Wasserdampfs entsprechend t).

Zur Lösung dieser Gleichung sind alle Größen gegeben. Für den Versuch 121 erhielt ich

$$X = \frac{37\,.\,148 + 100\,.\,37\,.\,0,1}{100 - 42,4} = \frac{9177}{57,6} = 159,3 \text{ Liter.}$$

Dagegen wurde aus der Gasanalyse auf Grund des unverändert gebliebenen Stickstoffs das Volum $X = 171,4$ Liter berechnet. Differenz $= 12,1$ Liter.

Versuch 122. $X = \dfrac{37\,.\,144 + 100\,.\,39,749}{100-42} = \dfrac{9302,9}{58} = 160,4.$

Aus der Gasanalyse 166,07. Differenz $= 6,03.$

Versuch 125. $X = \dfrac{37\,.\,151 + 100\,.\,26,62}{100 - 40,9} = \dfrac{8149}{59,1} = 137,88.$

Aus der Gasanalyse 163,0. Differenz $= 25,12.$

Versuch 129. $X = \dfrac{37.101 + 100.31,685}{100 - 41,2} = \dfrac{9125,1}{58,8} = 155,1.$

Aus der Gasanalyse 165,1. Differenz = 10.

Versuch 120. $X = \dfrac{8821}{57,4} = 153,6.$

Aus der Gasanalyse 181. Differenz = 27,4.

Versuch 111. $X = \dfrac{37.150 + 100.8,296}{44,8} = \dfrac{6379,6}{44,8} = 142,4.$

Aus der Gasanalyse 168,08. Differenz 25,68.

Versuch 115. $X = \dfrac{5976,2}{50,4} = 118,57.$

Aus der Gasanalyse 183. Differenz = 64,83.

Beim Versuch 111 bestand der Kontakt aus Platin (Länge 8 cm = 26 g) in einem Kupferrohr von 19 mm Durchmesser.

Beim Versuch 115 bestand der Kontakt aus Platingewebe (Länge 4 cm = 21 g) in einem Glasrohr.

In den oben angeführten Gleichungen muß entweder der Zähler vergrößert oder der Nenner verringert werden, um X der wirklichen Menge der austretenden Gase gleich zu erhalten. Der Zähler enthält Konstanten; der Nenner besteht gleichfalls aus Konstanten, den analytisch bestimmten Zahlen für CO_2, CO, O, welche nicht geändert werden können. Es muß daher in der Menge des mittels Palladiumschwamm als Wasserstoff bestimmten Gases noch irgend ein fremdes Gas enthalten sein. Zur Bestimmung der Menge desselben benützte ich die oben angegebenen Gleichungen in folgender Weise:

Versuch 121. $\dfrac{9177}{100 - 42,4}\, y_1 = 171,4$; daher $y_1 = 4,00$

122. $y_1 = 1,90\ \%$

125. $y_1 = 0,11\ \text{„}$

120. $y_1 = 3,55\ \text{„}$

120. $y_1 = 8,00\ \text{„}$

„ 111. $y_1 = 0,844\ \text{„}$

„ 115. $y_1 = 17,815\ \text{„}$

Da ich das fremde Gas als Äthylen erkannt habe, dessen Entstehung ich mir durch Reduktion von Kohlenoxyd erkläre im Sinne der Gleichung

$$2CO + 4H_2 = C_2H_4 + 2H_2O,$$

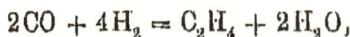

muß man die Differenz (y_1) im Wasserstoffgehalt durch vier teilen, um die Menge des Äthylens zu erhalten.

Über die Synthese des Äthylens aus Kohlenoxyd und Wasserstoff mittels Koks, welcher mit frisch reduziertem Palladium oder Nickel überzogen ist, siehe S. 291.

Wir wollen nun für jeden der oben angegebenen Versuche das Bild des Gaszustandes im Kontaktrohr vor und nach der Reaktion entwerfen.

Versuch 121.

Vor der Reaktion (reduziert auf 0° und 760 mm).		Nach der Reaktion (reduziert auf 0° und 760 mm).	
N_2	111,102 Liter	N_2	111,102 Liter
O_2	29,594	CH_2O	95,168
$CH_3(OH)$	71,4 „ = 102 g	CO_2	11,4012 „
Summe:	212,4 Liter	CO	0,10
29,594 : 71,4 = 0,4136 l		CH_3OH	18,642
29,594 : 212,4 = 0,1390·4 : 1		O_2	1,62
71,4 : 212,4 = 0,3361 l		H_2O	44,408
212,4 : 261,09 = 0,8135 l		H_2 und Äthylen (bestimmt als H_2)	32,56 „
		Summe:	261,091 Liter

Da ich annehme, daß die Reaktion nicht plötzlich, sondern allmählich verläuft, ist die mittlere Menge der den Kontakt passierenden Gase (212,4 + 261,091) : 2 = 236,75 Liter.

Daher die mittlere Geschwindigkeit der Gase 236,745 : 60 = 3,945 Liter pro Minute.

Mittlere Konzentration der Wasserdämpfe 44,408 : 236,745 = 0,1874 : 1.

Sauerstoffverbr. f. die Oxydation von H_2 22,2134 : 29,594 = 75,19 %.

Versuch 122.

N_2	109,81 Liter	N_2	109,81 Liter
O_2	29,19 „	CH_2O	80,123
$CH_3(OH)$	74,55 „	CO_2	10,578
H_2O	0,622 „	CO	6,412
Summe:	214,172 Liter	$CH_3(OH)$	21,400
29,19 74,55 = 0,8915 : 1		O_2	1,024
29,19 : 214,17 = 0,1362 : 1		H_2O	0,622
74,55 : 214,17 = 0,34808 : 1		H_2O	43,948
214,172 : 262,895 = 0,8124 : 1		H_2 + Äthylen	31,582 „
		Summe:	262,895 Liter

Mittlere Gasmenge: $\dfrac{214,172 + 262,395}{2} = 238,28$ Liter.

Gasgeschwindigkeit: $238,28 : 60 = 3,97$ Liter pro Minute.

Konzentration des Wasserdampfes $44,57 : 238,28 = 0,187 : 1$.

Sauerstoffverbrauch zur Oxydation von H_2: $70,52\%$.

Versuch 125.

N_2	112,30 Liter		N_2	112,80 Liter
O_2	29,88		CH_2O	35,5125
$CH_3(OH)$	84,42		CO_2	7,9858
H_2O	2,987 „		$CH_3(OH)$	43,9217
Summe:	229,7 Liter		O_2	10,289
$29,88 : 84,42 = 0,3539 : 1$			H_2O	2,987
$29,88 : 229,7 = 0,1257 : 1$			H_2O	31,196
$84,42 : 229,7 = 0,3675 : 1$			$H_2 + $ Äthylen	23,036 „
$229,7 : 264 = 0,87 \quad 1$			Summe:	264,241 Liter

Mittlere Gasmenge 247 Liter.

„ Gasgeschwindigkeit 4,116 Liter pro Minute.

Konzentration d. Wasserdämpfe zu Ende: $34,1756 : 264,902 = 0,1294$, zu Anfang: $2,987 : 229,7 = 0,0134$.

Mittlere Konzentration der Wasserdämpfe: $34,1756 : 247 = 0,1383$.

Sauerstoffverbrauch zur Oxydation von Wasserstoff: $52,53\%$.

Versuch 129.

N_2	121,38 Liter		N_2	121,88 Liter
O_2	32,20 $= 108$ g		CH_2O	30,237
$CH_3(OH)$	76,225 „		CO_2	13,86
Summe:	229,805 Liter		CO	2,84
$32,20 : 76,225 = 0,428 : 1$			$CH_3(OH)$	29,205
$32,20 : 229,805 = 0,1403 : 1$			O_2	0,3149
$76,225 : 229,805 = 0,3311 : 1$			H_2O	50,088
$229,805 : 264,81 = 0,869 : 1$			$H_2 + $ Äthylen	17,85 „
			Summe:	264,81 Liter

Mittlere Gasmenge: 247,50 Liter.

Gasgeschwindigkeit: 3,807 Liter pro Minute.

„ Konzentration der Wasserdämpfe: $50,088 : 247,50 = 0,202$.

Sauerstoffverbrauch für die Oxydation von H_2: $77,54\%$.

Versuch 120.

N_2	112,636 Liter		N_2		112,686 Liter
O_2	29,041		CH_2O		30,542
$CH_3(OH)$	$\underline{72,8}$ $_{,,}$ = 104 g		CO_2		11,278
Summe:	215,377 Liter		CO		5,817
			$CH_3(OH)$		25,108
29,041 : 72,8 = 0,411 : 1			O_2		3,418
29,941 : 215,377 = 0,139 : 1			H_2O		41,76
72,8 : 215,377 = 0,338 : 1			H_2 + Äthylen		$\underline{37,76}$ $_{,,}$
215,377 : 268,874 = 0,802 : 1				Summe:	268,874 Liter

Mittlere Gasmenge: 241,87 Liter.

   ,,   Gasgeschwindigkeit: 3,965 Liter pro Minute.

   ,,   Konzentration der Wasserdämpfe: 0,1726.

Sauerstoffverbrauch zur Oxydation von H_2: 69,74 %.

Versuch 115. (Platinkontakt.)

N_2	108,85 Liter		N_2		108,85 Liter
O_2	28,04		CH_2O		2,889
$CH_3(OH)$	75,74 ,, = 108,2 g		CO_2		5,62
H_2O	$\underline{0,9955}$,,		CO		19,49
Summe:	214,53 Liter		$CH_3(OH)$		47,747
			O_2		0,3305
28,04 : 75,74 = 0,382 : 1			H_2O		51,59
28,94 : 214,53 = 0,1349 : 1			H_2 + Äthylen		$\underline{30,86}$ $_{,,}$
75,74 : 214,53 = 0,353 : 1				Summe:	267,88 Liter
214,53 : 267,88 = 0,8024 : 1					

Mittlere Gasmenge 240,98 Liter.

   ,,   Gasgeschwindigkeit 4,0156 Liter pro Minute.

   ,,   Konzentration der Wasserdämpfe 0,214.

Sauerstoffverbrauch zur Oxydation von H_2: 89,1 %.

Berechnung der Wärmeeffekte der einzelnen Versuche.

Versuch 121.

Verbraucht 102 g 100 % Methylalkohol. Versuchsdauer 60 Min. Luft-zufuhr 448 Liter. 1 Liter Luft enthielt 0,689 g $CH_3(OH)$. Zersetzt 74,24 % des Methylalkohols.

Sauerstoffzufuhr	148.0,21 = 31,08 Liter
Unverbraucht	$\underline{1,714}$,,
Zur Oxydation verbraucht O_2	29,366 Liter
Davon zur Oxydation von CO in CO_2	$\underline{5,999}$,,
Zur Oxydation von H_2	23,367 Liter

Durch diesen Sauerstoff wurden oxydiert 46,37 Liter H_2 bei 765,855 mm und 16,125°, nach Reduktion auf 760 mm und 0° 44,408 Liter.

82 g $CH_3(OH)$ verbrauchen beim katalytischen Zerfall − 27,9 Kal.
75,74 g   „   „ x

$$x = - 66,09 \text{ Kal.}$$

22,4 Liter H_2 entwickeln bei der Oxydation zu H_2O + 58,3 Kal.
44,08 „   „   „ x_1

$$x_1 = 115,57 \text{ Kal.}$$

22,4 Liter CH_2O entwickeln beim Zerfall in CO und H_2 + 4 Kal.
17,60   „   „ x_2

$$x_2 = 3,14107 \text{ Kal.}$$

22,4 Liter CO entwickeln bei der Oxydation zu CO_2 + 65,0 Kal.
11,401 „   „   „ x_3

$$x_3 = 33,295 \text{ Kal.}$$

Summe: 152 − 66,03 = 85,976 Kal.

Wärmeeffekt + 85,976 Kal.

Auf 1 Liter der zugeführten Luft kommen 85,976 : 148 = 0,5805 Kal.

1 Liter des Gasgemisches entwickelt 85,976 : 212,4 = 0,4047 Kal.

1 g des in Reaktion getretenen Methylalkohols entwickelt 85,976 : 75,74 = 1,135 Kal.

Versuch 122.

Methylalkoholverbrauch 107 g (99,53%) = 106,5 g $CH_3(OH)$ + 0,5 g H_2O. Versuchsdauer 60 Minuten. 1 Liter Luft enthielt 0,743 g Methylalkohol (99,53%). In Reaktion traten 71,28% des Methylalkohols. Sauerstoffverbrauch für die Oxydation des Wasserstoffs 22,767 Liter. Oxydiert H_2 45,534 Liter = 46,048 Liter (bei 0° und 760 mm).

82 g $CH_3(OH)$ verbrauchen beim katalytischen Zerfall   27,9 Kal.
75,92 g   „ x

$$x = - 66,192 \text{ Kal.}$$

22,4 Liter H_2 entwickeln bei der Oxydation + 58,3 Kal.
46,048 „   „   „   „ x_1

$$x_1 = + 114,88 \text{ Kal.}$$

22,4 Liter CH_2O entwickeln beim Zerfall in CO und H_2 + 4 Kal.
16,09   „   „ x_2

$$x_2 = + 8,080 \text{ Kal.}$$

22,4 Liter CO entwickeln bei der Oxydation zu CO_2 + 65,0 Kal.
10,578 „   „   „   „   „ x_3

$$x_3 = + 31,104 \text{ Kal.}$$

15 *

Wärmeeffekt + 82,89 Kal.
Auf 1 Liter der zugeführten Luft kommen 82,89 : 144 = 0,572 Kal.
1 Liter des Gasgemisches entwickelt 82,39 : 214,17 = 0,884 Kal.
1 g des in Reaktion getretenen Methylalkohols entwickelt 82,89 : 75,92
= 1,085 Kal.

Versuch 125.

Wärmeeffekt 106,126 − 50,44 = + 55,686.
pro 1 Liter zugeführter Luft 55,686 : 151 = 0,3687 Kal.
„ 1 „   des Gasgemisches 55,686 : 229,7 = 0,242 Kal.
„ 1 g des in Reaktion getretenen Methylalkohols 55,686 : 45,9
= 1,21 Kal.

Versuch 129.

Wärmeeffekt 173,85 − 58,45 = + 115,4 Kal.
pro 1 Liter zugeführter Luft 115,4 : 161 = 0,7168 Kal.
„ 1 „   Gasgemisch 115,4 : 229,805 = 0,502 Kal.
„ 1 g des in Reaktion getretenen Methylalkohols 115,4 : 67,056
= 1,708 Kal.

Versuch 120.

Wärmeeffekt 144,935 − 59,32 = + 85,615 Kal.
pro 1 Liter zugeführter Luft 85,615 = 151 = 0,567 Kal.
1 „   Gasgemisch 85,615 : 215,877 = 0,397 Kal.
„ 1 g des in Reaktion getretenen Methylalkohols 85,615 : 68,04
= 1,258 Kal.

Versuch 115.

Wärmeeffekt 155,34 − 34,72 = + 120,62 Kal.
pro 1 Liter zugeführter Luft 120,62 : 158 = 0,788 Kal.
1 „   Gasgemisch 120,62 : 214,58 = 0,562 Kal.
„ 1 g des in Reaktion getretenen Methylalkohols 120,62 : 39,998
= 3,01 Kal.

Überblicken wir die thermochemischen Zahlen dieser sechs
Versuche, bei welchen die Kontaktmasse ohne Wärmezufuhr von
außen im glühenden Zustande verharrte, so kommen wir zu
den folgenden Ergebnissen. Auf je 1 Liter der in den Apparat
eingeführten Luft müssen wenigstens 0,5 Kal. entwickelt werden,
damit die Reaktion ohne äußere Wärmezufuhr unter Selbsterglühen des Kontakts verläuft.   Sobald pro 1 Liter Luft
weniger als 0,5 Kal. entwickelt werden, ist Heizung der Kontaktmasse von außen erforderlich.

Worauf wird die entbundene Wärme, welche pro Minute
mindestens 1,25 Kal. beträgt, verbraucht?

Das Vorwärmen der Luft, der Methylalkoholdämpfe und des Wasserdampfs, falls der Methylalkohol nicht 100%ig ist, endlich die dauernde Erhitzung des Kontakts erfordert eine gewisse Wärmemenge, wobei die Natur der Kontaktsubstanz, die Drahtstärke und die Masse des Kontakts (Länge und Gewicht) von großem Einfluß sind. Je mehr sich die Konzentration des Methylalkoholdampfes der normalen ($0,5$ g $CH_3(OH)$ pro 1 Liter Luft) nähert, desto mehr Kalorien werden entbunden; vgl. Versuch 129. Je höher die Konzentration des Methylalkohols ist, desto weniger Wärme wird entbunden, vgl. Versuch 125. Der ursprüngliche Wassergehalt beeinflußt die Ausbeute an CH_2O in ungünstiger Weise, weniger infolge der Erniedrigung des Wärmeeffekts, sondern vielmehr infolge Oxydation der ersten Schichten des Kupferdrahtnetzes, wodurch die Kontaktwirkung desselben leidet (Versuch 125). Allzu hoher Wärmeeffekt (Versuch 129, 115) ist auch von weniger günstigen Ausbeuten an CH_2O begleitet; die Kontaktsubstanz erhitzt sich über die normale Temperatur und verursacht einen raschen Zerfall von CH_2O in CO und H_2 und Oxydation des Wasserstoffs, so daß die mittlere Konzentration der Wasserdämpfe die Grenze $0,187:1$ überschreitet (Versuch 129 : $0,202$; Versuch 115 : $0,214$). Infolge der hohen Konzentration der Wasserdämpfe liefen beim Versuch 129 die rückwärtigen Kupferröllchen etwas an, während das erste Röllchen nach dem Versuch eine blanke Oberfläche zeigte. Verlängerung der Kontaktschicht und Vergrößerung der Masse des Kontakts hätten in diesem Falle die Temperatur erniedrigen und den Wärmeeffekt mäßigen können. Während des Prozesses ist die Anwendung dieses Mittels natürlich nicht möglich, denselben Zweck kann man durch Kühlung des Kontaktrohres erreichen. Der beste Maßstab für den richtigen Verlauf des Prozesses ist die Menge des entwickelten Wasserstoffs: die austretenden Gase sollen $10-20\%$ Wasserstoff (samt Äthylen) enthalten und an der Luft brennbar sein.

Da der Wärmeeffekt ein geeigneter Ausdruck für die jeweilige Intensität des Prozesses ist, wollen wir seine Beziehung zur Konzentration des Methylalkohols und des Sauerstoffs und zur mittleren Gasgeschwindigkeit feststellen. Wenn wir die Bedingungen der Versuche 121 und 122 als die günstigsten betrachten, können wir daraus die folgenden Beziehungen ableiten. Das Verhältnis des Volums des Sauerstoffs zum Volum der Methylalkoholdämpfe muß gleich sein 0,41 : 1, das Verhältnis des Sauerstoffs zum gesamten Gasvolum 0,1375 : 1, das Verhältnis des Methylalkohols zum gesamten Gasvolum 0,342 : 1. Wird das Verhältnis von O zu $CH_3(OH)$ größer als 0,4 : 1 (Versuch 129), d. h. nähert es sich der Grenze 0,5 : 1 oder kleiner als 0,4 : 1 (Versuch 125), so geht die Ausbeute an CH_2O zurück. (Dies gilt sowohl für Kupfer als auch für Platingewebe.)

Die Umwandlung von Methylalkohol in CH_2O verläuft hauptsächlich nach der Gleichung $2CH_3(OH) + O_2 = 2CH_2O + 2H_2O$.

Da dieser Prozeß nicht umkehrbar ist und von der Durchgangsgeschwindigkeit der Gase durch den Kontakt abhängt, drückte ich die Intensität der Reaktion als Funktion der Konzentration des Methylalkohols und des Sauerstoffs und der Geschwindigkeit des Gasstroms aus: $\frac{C^2 . C_1}{V^2}$ wo C die Konzentration von $CH_3(OH)$, C_1 die Konzentration von O_2 und V die mittlere Geschwindigkeit pro Minute ist.

Dieser Ausdruck gibt für die einzelnen Versuche die folgenden Werte:

$$121: \frac{C^2.C_1}{V^2} = \frac{0,3361^2 . 0,13904}{(8,945)^2} = \frac{0,0157019}{(8,945)^2} = 0,001013,$$

$$122: \frac{C^2.C_1}{V^2} = \frac{0,34808^2 . 0,1362}{(8,97)^2} = \frac{0,01650195}{(8,97)^2} = 0,001045,$$

$$129: \frac{C^2.C_1}{V^2} = \frac{0,3011^2 . 0,1403}{(8,8)^2} = \frac{0,0153807}{(8,8)^2} = 0,001065,$$

$$125: \frac{C^2.C_1}{V^2} = \frac{0,3075^2 . 0,1257}{(4,116)^2} = \frac{0,01097657}{(4,116)^2} = 0,001002,$$

$$120: \frac{C^2.C_1}{V^2} = \frac{0,398^2 . 0,13901}{(8,965)^2} = \frac{0,015881}{(8,965)^2} = 0,00101,$$

$$115: \frac{C^2.C_1}{V^2} = \frac{0,35805^2 . 0,1340}{(4,015)^2} = \frac{0,0168145}{(4,015)^2} = 0,00104.$$

Die Größe $\frac{C^2 C_1}{V^2}$ ist also eine Konstante, im Mittel = 0,00103 (für ein Kupfergewebe vom Durchmesser 16 mm).

Für die günstigsten Konzentrationen von $CH_3(OH)$ und

O_2: 0,342 und 0,1375 und die günstigste Geschwindigkeit 3,95 Liter pro Minute) ergibt sich der Idealwert

$$\frac{C^2 . C_1}{V^2} = \frac{0,342^2 . 0,1375}{(3,95)^2} = \frac{0,016083}{(3,95)^2} = 0,001031.$$

Für den normalen Verlauf des Prozesses unter selbsttätigem Glühen des Kontakts muß sich daher die Größe $C^2 . C_1$, dem Werte 0,016 nähern. Sinkt diese Größe unter 0,016, nähert sie sich z. B. 0,015, so verläuft der Prozeß zu energisch; ist $C^2 C_1$ größer als 0,016, so verläuft die Reaktion zu langsam. (Diese Folgerungen gelten für Kupferkontakt.)

Wir wollen untersuchen, in welcher Weise der Prozeß verläuft, wenn die Konzentration des Sauerstoffs zu derjenigen des Methylalkohols im Verhältnis 0,5:1 steht (d. h. daß auf 2 Mol. $CH_3(OH)$ 1 Mol. O_2 kommt). Zur Lösung dieser Frage stellen wir die zwei Gleichungen auf:

$$C_1 . C = 0,5 : 1,$$

$$C^2 . C_1 = 0,016,$$

woraus wir für C 0,3175—0,318 und für C_1 0,15875—0,159 erhalten. Da $\frac{C^2 . C_1}{V^2}$ = konstant = 0,00103, erhalten wir für V : 3,95.

Aber Versuch 129 lehrt, daß bei Verminderung der Konzentration der Methylalkoholdämpfe und Erhöhung der Konzentration des Sauerstoffs, die Reaktion immer mehr im Sinne der Oxydation von H_2 und des Zerfalls von CH_2O in CO und H_2 verläuft, und die Ausbeute an Formaldehyd zurückgeht.

Der Prozeß verläuft erst dann unter Selbsterglühen des Kontakts, wenn die Konzentrationen von $CH_3(OH)$ und O_2 sowie die Durchgangsgeschwindigkeit der Gase der Norm $\frac{C^2 . C_1}{V^2}$ entsprechen.

Die günstigsten Konzentrationen sind: C = 0,342; C_1 = 0,1375.

Die günstigste mittlere Geschwindigkeit pro Minute: V = 3,95.

Bei $C > 0,3675$ und $C_1 < 0,1257$ findet das selbsttätige Glühen des Kontakts ein Ende.

Nähert sich C 0,3811 und wird C_1 größer als 0,14, so kann der Prozeß für die Formaldehydgewinnung allzu energisch verlaufen.

Diese Grenzzahlen gelten für das selbsttätige Glühen eines Kupferdrahtnetzes von 16 mm Durchmesser, sagen aber nichts betreffend die Höhe der Ausbeute an CH_2O.

Die Konstanten K_1 und K_3 (d. h. die Konstanten der primären Reaktion $CH_3(OH) + O = CH_2O + H_2O$ und der sekundären $CH_2O = CO + H_2$) sind abhängig von der Größe (Masse, Länge, Zahl der Fäden pro Quadratzentimeter) und der Temperatur des Kontakts. Die Temperatur steht aber in enger Beziehung zur Masse, indem diese als Temperaturregulator wirkt. Bei allzu energischem Reaktionsverlauf, wenn die Konzentration der Methylalkoholdämpfe $< 0,342$ ist und sich z. B. 0,33 (Versuch 129) nähert, kann die Vergrößerung der Masse die Temperatur erniedrigen und dadurch zugleich den Prozeß in günstigem Sinne beeinflussen. Bei im übrigen gleichen günstigen Konzentrationsverhältnissen (Versuch 121 und 120) bewirkt die Vergrößerung der Kontaktmasse eine Erniedrigung der Temperatur und verringert dadurch die Konstante K_1. Die Verringerung der Kontaktmasse wirkt dann günstig auf den Prozeß, wenn die Konzentration C 0,342 übersteigt, während sich C_1 und V innerhalb der normalen Grenzen halten. In diesem Falle wäre die normale Kontaktschicht zu lang, und würde ein Sinken der Temperatur und eine Abschwächung der Reaktionsenergie zur Folge haben. Die Länge der Schicht und die Zahl der Fäden pro Quadratzentimeter sind von wesentlichem Einfluß auf den Prozeß; von diesen Faktoren hängt die Zahl der Stöße ab, welche jedes Molekül des Gasgemenges beim Durchgang durch den Kontakt erfährt. Ist bei einem Querschnitt von 16 cm die Länge des Kontakts 12 cm und die Zahl der Fäden pro Quadratzentimeter 15 × 15, so treffen die Gasmoleküle beim Durchgang auf 12 × 15 = 180 Fäden. Bei dieser normalen Kontaktschicht und normalen Werten von $C.C_1$ und V ist $K_1 = 71—75\%$ und K_2 48—49. Dies sind die höchsten Ausbeuten, welche unter den Bedingungen meiner Versuche erreicht wurden, nur Versuch 129 gab $K_2 = 55\%$.

Die Temperatur des glühenden Kontakts, welche einerseits

von $\frac{C^2 . C_1}{V^2}$ = konstant (für eine Schicht von 16 mm Durchmesser) andrerseits von der Masse des Kontakts und der Zahl der Stoßflächen abhängig ist, stellt sich für die Dauer des Prozesses von selbst ein und hat ungeheuren Einfluß auf die Zersetzung. Nicht der ganze Kontakt wird rotglühend, sondern nur der vordere Teil, welcher zuerst von den Gasen getroffen wird: dieser Teil bewirkt die primäre Zersetzung und Oxydation. Die rückwärtige nicht glühende Hälfte des Kontakts beeinflußt hauptsächlich die sekundäre Reaktion, so daß man versucht ist, sie für nutzlos, ja für schädlich zu halten. Trotzdem kann man auf sie nicht verzichten, da sie als Regulator für die im vorderen Teile entwickelte hohe Temperatur wirkt, indem sie Wärme aufnimmt und so die Temperatur der ganzen Masse mildert. Ich wenigstens fand als die günstigsten Dimensionen des Kontakts die Länge von 12 cm mit 180 Fäden und das Gewicht von 32 g. Die Kontaktwirkung ist dann abhängig von der Zahl der Stoßflächen (also von der Masse) bei Beobachtung der Bedingung $\frac{C^2 C_1}{V^2}$ = konstant (für den Durchmesser des Querschnitts = 16 mm).

Die Luftzufuhr pro 1 Stunde schwankt bei allen Versuchen zwischen 139—142 Liter (reduziert auf 0^0 und 760 mm), daher die Sauerstoffmenge zwischen 29,19—29,77 Liter. Ihre absolute Menge ist daher ziemlich konstant, die relative Menge hängt von dem Gehalt an $CH_3(OH)$ ab. Es ist daher sehr wichtig, die Konzentration der Methylalkoholdämpfe genau zu beobachten, wofür die Temperatur des Methylalkohols einen guten Anhalt gibt. Um eine gute Ausbeute zu erreichen, muß man die Temperatur des Gemisches von Luft und Dampf beim Austritt aus dem Dephlogmator auf 42,5—43^0 halten, wenn der angewendete Methylalkohol 90 $\%$ ig ist, auf 40—41^0 bei 93 $\%$ igem Methylalkohol.

Kupfer als pyrogenetischer Katalysator überträgt den Sauerstoff auf den zu oxydierenden Körper, in unserem Falle $CH_3(OH)$. Es nimmt an der Reaktion nicht so sehr mit seiner Masse, als vielmehr mit seiner Oberfläche teil, so daß seine Wirkung nicht einfach als Funktion der Masse (des Gewichts) bezeichnet werden darf, sondern jenem Teil der Oberfläche proportional ist, welcher als Stoßfläche dem Gasstrom entgegengestellt ist. Doch ist noch folgende auf dem Gebiete der Kontaktwirkung vollkommen neue Eigentümlichkeit zu beachten. Damit der Kontakt während der Dauer der Reaktion selbsttätig glühe, muß er auf einen kleinen Raum konzentriert sein und eine solche Masse besitzen, daß die ganze durch den Prozeß entwickelte Wärme sich rasch in ihm ansammle und ihn zur Glut erhitzen kann. Der Kontakt muß also als Wärmekollektor wirken. Andrerseits hat der Kontakt die Rolle des Sauerstoffüberträger. Um diese Aufgabe zu erfüllen, muß er den Gasteilchen eine möglichst große Stoßfläche darbieten, welche wieder zur Erreichung einer möglichst hohen Stoßzahl aus vielen Teilflächen bestehen muß. Doch kann die Anzahl der Flächen nicht endlos vermehrt werden, weil dadurch die Masse des Kontakts vergrößert wird, welche durch ihre Wärmeaufnahme die Temperatur des ganzen Kontakts und der ihn berührenden Gase erniedrigt. Die Umwandlung des Methylalkohols in Formaldehyd ist von Nebenreaktionen begleitet, welche ebenfalls von der Zahl der Stoßflächen des Kontakts beeinflußt werden. Unter sonst gleichen Bedingungen hat die Wärmekapazität der Kontaktsubstanz die größte Bedeutung für die zu erreichende Temperatur. Sie darf nicht zu klein sein; die Wärmekapazität des Kupfers ist 0,095, diejenige des Platins 0,032. Platin erwärmt sich also dreimal rascher als Kupfer; soll daher durch dieselbe Wärmemenge die gleiche Temperatur z. B. helle Rotglut erzeugt werden, so muß von Platin eine dreimal so große Masse genommen werden wie von Kupfer (wenn z. B. 32 g Kupfer genügen, wären 96 g Platin zu nehmen); mit anderen Worten, der Draht des Platingewebes muß dreimal stärker sein als der des Kupferdrahtnetzes oder bei gleicher Stärke muß das Platingewebe dreimal länger genommen werden. Doch bewirkt die Vergrößerung der Masse auch eine Änderung in der Lage der Teilchen des Kontakts und erhöht zugleich in der Technik die Betriebskosten. Mit einem Worte: bei im übrigen gleicher katalytischer Wirkung muß jener Kontakt gewählt werden, welcher bei der geringsten Masse den Gasen die größte Stoßfläche entgegensetzt, mit einer genügenden Anzahl von Zwischenräumen zwischen den Flächenelementen, um eine gute Mischung der Gase zu bewirken, und eine Wärmekapazität besitzt, welche dem für Metalle mittleren

Werte entspricht. Diesen Bedingungen entspricht unter allen
Metallen Kupfer in Form von Gewebe am besten. In dieser
Beziehung zeigt das Kupferdrahtgewebe verglichen mit anderen
Katalysatoren eine Eigentümlichkeit. Ich möchte bei Besprechung der katalytischen Wirkung die Aufmerksamkeit auf
die Wärmekapazität lenken und auf die Rolle, welche der
Kontaktmasse als Wärmeregulator zukommt. Während die
Katalysatoren gewöhnlich hinsichtlich ihrer Masse und Oberfläche beurteilt werden, berücksichtige ich vor allem die Stoßfläche, welche sie darbieten. Bei der Beschreibung seiner
Plattentürme hat G. Lunge diese Frage mit Rücksicht auf
die Mischung der Gasmassen, welche die Reaktion ermöglicht,
besprochen; ich gehe weiter, indem ich behaupte, daß beim
Stoß nicht nur das Bombardieren der Oberfläche mit Gasteilchen und die Mischung derselben wesentlich ist, sondern
auch der Temperaturausgleich, welcher den Reaktionsverlauf
nach der günstigen Seite bedingt.

Es ist nicht möglich, die thermochemischen Theorien zur
Berechnung der Maximaltemperatur, bis zu welcher die Kontaktmasse und die sie berührenden Gase erwärmt werden
dürfen, anzuwenden, da, wie ich schon erwähnt habe, die
Kontaktmasse während des Prozesses ungleichmäßig erwärmt
ist: während ihr vorderer Teil glüht, bleibt der rückwärtige
dunkel. Das Thermometer, welches den rückwärtigen Teil des
Kontakts berührt, zeigt auf 300—420°, eine nicht gerade hohe
Temperatur. Das gleiche gilt vom Gasgemenge. Die Kontaktmasse entlang herrschen also verschiedene Temperaturen, und
wenn wir auf Grund der Rechnung einen Schluß auf die
Temperatur der ganzen Kontaktmasse zögen, wären wir weit
vom wirklichen Stand der Dinge. Am wunderbarsten ist bei
dieser ungleichmäßigen Verteilung der Temperaturen, daß trotz
der Leitungsfähigkeit des Metalls nur der vordere Teil der
Masse glüht, d. h. in diesem Teile die ganze entbundene
Wärme wie konzentriert ist. Ich bin daher zur Annahme
bewogen, daß auch bei anderen Kontaktsubstanzen, besonders
wenn das betreffende Material bei großer Wärmekapazität
geringe Leitfähigkeit besitzt wie z. B. Asbest, die Verhältnisse
ebenso liegen.

Wir wollen jetzt versuchen, zwischen den Größen K_1 und

K_3, d. h. den Konstanten der primären und der sekundären Reaktion, einen Zusammenhang festzustellen.

In den Versuchen 120 und 121 ist der Unterschied für K_1 durch die Temperatur des Kontakts bedingt, die selbst wieder von der Masse desselben abhängt (Versuch 121 32 g, Versuch 120 48 g).

In jenen Fällen, wo K_1 das Maximum 75—76 $^0/_0$ erreicht, läßt sich eine Annäherung von K_3 an $^1/_3$ K_1 beobachten (Versuch 121, 122, teilweise auch 120). Wird der Kontakt höher erhitzt (z. B. Versuch 129), so strebt K_3, die Grenze $^1/_3 K_1$ zu überschreiten; bei niedriger Temperatur wird K_3 kleiner als $^1/_3 K_1$ und nähert sich sogar $^1/_4 K_1$ (Versuche 125, 129, 109, 110), besonders wenn noch eine geschlossene Kupfermasse als Wärmeregulator dient (Kontakt in einem Kupferrohr, Versuch 109, 110).

Die Gesetzmäßigkeit $\frac{C^2 \cdot C_1}{V^2} = 0{,}00103$ habe ich nur für jene Fälle feststellen können, wo der Kupfer- oder Platinkontakt bei großer Konzentration C selbsttätig glühte. Ganz andere Werte erhält man, wenn mit Luftüberschuß gearbeitet wird, also bei großer Konzentration C_1.

Versuch 130. In 77 Minuten wurden 234 Liter durch den Kontakt durchgeleitet und 58 g Methylalkohol (98,9 $^0/_0$ ig) verbraucht.

Erhalten 18,9 g CH_2O ($K_2 = 37 ^0/_0$), Gasanalyse: CO_2 10,2 $^0/_0$, H 13,1 $^0/_0$, N 76,7 $^0/_0$.

Der Kupferkontakt wurde auf eine Länge von 5 cm kirschrotglühend.

Die Konstante $\frac{C^2 \cdot C_1}{V^2} = \frac{0{,}1695^2 \cdot 0{,}21}{(4{,}04)^2} = 0{,}00043;$

sie ist also gleich $0{,}41 \times 0{,}00103$.

Auch bei der katalytischen Oxydation anderer Alkohole ist die Konstante $\frac{C^2 \cdot C_1}{V^2} < 0{,}001$ und schwankt zwischen 0,0005 und 0,00025, wenn die Reaktion mit Luftüberschuß durchgeführt wird.[1]

Beachtung verdienen auch die Versuche, bei welchen Kupfer- und Platinkontakt kombiniert wurden, wobei der Platin-

---

[1] Journ. russ. phys.-chem. Ges. 1908, Heft 2.

kontakt, an erste Stelle gesetzt, erglühte. Ich fand aber, daß Platinkontakt sowohl allein als auch mit Kupfer gemischt bezüglich der Konstante K_1 und K_2 weniger günstige Resultate gibt.

Apparat und Verfahren zur Gewinnung von Formaldehyd.

a) Ursprünglicher Apparat.

Nachdem ich die Theorie des Formaldehydprozesses besprochen habe, will ich mich der praktischen Seite der Frage zuwenden und die Konstruktion eines Apparats beschreiben, der für die Durchführung des Prozesses im Fabriksbetriebe geeignet ist.

Ein solcher Apparat muß sich aus folgenden Teilen zusammensetzen:

1. Der Mischapparat, in welchem die für den Prozeß erforderliche Luft mit Methylalkoholdämpfen gesättigt wird.

2. Der Oxydationsapparat, in welchem die Umwandlung von $CH_3(OH)$ in CH_2O und andere Produkte (CO, CO_2) vor sich geht.

3. Ein Schlangenkühler und eine Reihe von Vorlagen und Waschflaschen.

4. Eine Gasuhr zur Messung der Menge der in 1 Minute austretenden Gase und eine Vakuumpumpe zum Ansaugen der Luft.

5. Ein Gasbehälter für die abgeführten Gase, welche im Bedarfsfalle als Heizgas verwendet werden.

Der Mischapparat (Fig. 6, Taf. I) besteht aus zwei Destillierblasen, welche mit einer Rektifikationkolonne verbunden sind. Jede derselben hat bei 800 mm Höhe und 740 mm Durchmesser ein Volum von 0,343 cbm und faßt, auf $^2/_3$ gefüllt, 192 kg Methylalkohol von 90% $CH_3(OH)$. Durch die Blasenwand geht ein Winkelthermometer in die Flüssigkeit, ein Wasserstandrohr mit Einteilung gestattet, den Stand des Methylalkohols zu beobachten. Zur Heizung des Methylalkohols ist jede Blase mit einer Kupferschlange von drei Windungen (Durchmesser 37,5 mm) ausgestattet.

Die Kolonne von 2000 mm Höhe und 200 mm Durchmesser hat im Innern 20 Siebböden (in jedem Siebe 838 Löcher von 4 mm Durchmesser, 6 mm voneinander entfernt). Die Blasen und die Kolonne sind aus Kupfer.

Der rohrförmige Oxydationsapparat hat eine eigene Heizvorrichtung, um den Apparat vor Beginn des Prozesses anzuwärmen. Der ganze Apparat wird mit Hilfe einer Deckplatte aus Guß- oder Schmiedeeisen, an welcher die kupfernen Stirnplatten befestigt sind, in einen Ofen eingesetzt, der aus Kacheln und Winkeleisen aufgebaut ist. Der vordere Teil des Ofens, in welchem sich die Heizlöcher und die Zugöffnungen befinden, besteht aus einer Gußeisenplatte. Infolge dieser Konstruktion bildet der Apparat eine kompakte Masse und nimmt wenig Raum ein.

In den beiden kupfernen Stirnplatten (D. = 820 mm), aus welchen die Enden von Kupferrohren mit angeschraubten Kontermuttern hervorragen, wird mit Schrauben je ein Bronzering angebracht (innerer Durchmesser 720 mm, Durchmesser mit dem Flansch 820 mm, Wandstärke 10 mm, Breite 200 mm) (Fig. 6, Taf. I). Im Innern des anderen Ringes liegt eine kupferne Heizschlange zum Vorwärmen des Gemisches von Luft und Methylalkohol. Beide Ringe sind mit angeschraubten kupfernen Deckeln verschlossen. Vom rückwärtigen Ring geht unten ein konisch verlaufendes Rohr aus, an welches sich als Verbindung mit dem Kühler ein leicht gebogenes Rohr anschließt (lichter Durchmesser 50 mm). Der Deckel des vorderen Ringes hat eine Öffnung (lichter Durchmesser 50 mm), durch welche das Reaktionsgemisch eingeführt wird, und einige mit Gläsern verschlossene Schaulöcher für die Beobachtung der Temperatur im Innern des Oxydationsapparats. Der Deckel der hinteren Kammer hat keine Bohrung.

Der eigentliche Oxydationsapparat besteht aus 169 Kupferrohren (lichter Durchmesser 19 mm, Wandstärke 2 mm, Länge 800 mm), welche in Kreisen von $1 + 8 + 16 + 24 + 32 + 40 + 48$ angeordnet sind. Die Enden der Rohre gehen durch entsprechende Bohrungen der Stirnplatten des Apparats und werden an diesen durch Muttern und Gegenmuttern mit Asbesteinlagen luftdicht befestigt. Die Enden der Rohre ragen in die durch die oben erwähnten Ringe gebildeten Kammern

In jedes dieser 169 Kupferrohre setzt man in der Mitte ein Glasrohr von 300 mm Länge, lichter Durchmesser 16 mm, Wandstärke 1,25 mm. In die Glasrohre kommen Röllchen aus frisch reduziertem Kupfer von 12 cm Länge, hergestellt aus Drahtgewebe von 15 × 15 Fäden pro Kubikzentimeter. Vom guß- oder schmiedeeisernen Deckel des Ofens gehen zwei Rohre aus, das erste weitere zum Abführen der Verbrennungsgase (vor Beginn der Operation), das zweite (Durchmesser 50—60 mm) für die vorgewärmte Luft, welche durch den Kasten angesaugt und in die Destillierblasen eingeführt wird.

Die Kühlschlange (lichter Durchmesser 50 mm) besteht aus 10 Windungen (lichter Durchmesser 750 mm) und sitzt in einem Bottich, welchem durch ein Rohr (lichter Durchmesser 50 mm) von unten das Wasser zugeführt wird.

Die Vorlage ist aus Messing und hat 286 Liter Inhalt (lichter Durchmesser 675 mm, Höhe 800 mm). Die Waschflaschen (4—5 Stück) haben die gleiche Form und dieselben Dimensionen. Wünscht man Trioxymethylen zu erhalten, so beschickt man die Waschflasche mit Schwefelsäure (60° Bé); natürlich müssen dieselben dann innen ausgebleit sein.

Die Gasuhr ist von solcher Größe, daß sie pro Minute bis 0,5 cbm messen kann.

Die Vakuumpumpe ist eine einzylindrige, doppeltwirkende Luftpumpe von der Formel (vgl. „Hütte")

$$S\,J = \frac{60\ Q}{\iota\,\beta\,\mu\,n} = \frac{60.0,016}{2.0,95.100.0,048} = \frac{0,96}{3,90} = 0,00533\ \mathrm{cbm},$$

d. h. bei einer Tourenzahl von $n = 100$ pro 1 Minute, bei einem Kolbenhub von $S = 26$ cm (Kolbendurchmesser $= 16$ cm) ist die Geschwindigkeit des Kolbens

$$c = \frac{2\,n\,S}{60} = \frac{2.100.26}{60} = 0,8666\ \mathrm{m\ pr.\ 1\ Sek.}$$

Eine solche Vakuumpumpe kann bei 100 Touren pro Minute zwei oben beschriebene Formaldehydapparate bedienen.

Die Vakuumpumpe ist entweder direkt an eine Dampfmaschine gekuppelt, oder wird noch besser von einem Elektromotor angetrieben, dessen Gang sich durch einen Rheostaten leicht regulieren läßt.

Der Auspuff der Pumpe kann in einem Gasbehälter gesammelt werden.

240   Umwandlung des Methylalkohols in Formaldehyd.

Der Methylalkohol soll wenigstens 90 % haben; bis zu
1 % Aceton ist zulässig, 2 % beeinflussen die Ausbeute bereits
merklich. Das Thermometer im Dephlegmator soll 42,5—43° C.
zeigen. Die Luftzufuhr wird nach der Menge und Zusammensetzung der aus dem Apparat austretenden Gase reguliert.
Das Verhältnis der austretenden Gase zur zugeführten Luft
soll sich innerhalb 1,133—1,166 : 1 halten, also im Mittel
1,15 : 1 betragen. Treten pro Minute 400 Liter ein (2,5 Liter
pro Kontaktrohr), so soll die Menge der austretenden Gase
460 Liter betragen. Auch die Analyse der austretenden Gase,
besonders ihr Gehalt an Wasserstoff und Äthylen kann zur
Kontrolle dienen. Vor Beginn der Operation werden die
Kupferrohre des Oxydationsapparats auf 300° oder höher erhitzt, und dann erst wird durch den angewärmten Methylalkohol Luft durchgesaugt; das Erglühen der Kupferdrahtnetze
verfolgt man durch die Schaulöcher. Sind 25 % des Methylalkohols aus der einen Blase verdampft, so wird dieselbe aus-
geschaltet und die zweite mit dem Oxydationsapparat verbunden.
Den Rückstand füllt man in eine eigene Rektifikationsblase
und führt ihn in 90 % igen Methylalkohol über.

In der Vorlage sammelt sich Rohformaldehyd. Der Inhalt der Wasservorlage sättigt sich zu Formaldehyd von entsprechendem Prozentgehalt. Natürlich wird die erste Vorlage
früher fertig als die übrigen.

Der Apparat liefert in 10 Stunden aus 170—176 kg Methylalkohol 176—192 kg Formaldehyd von 38—39 %.

b) Verbesserungen.[1]

Da der beschriebene Apparat sehr voluminös und dabei
wenig kompakt ist, versuchte ich, ob man nicht den Ofen ganz
entbehren und den Apparat, der nur aus einem Rohrsystem
in einem entsprechenden Kasten bestände, leichter konstruieren
könnte. Ich versuchte zunächst, ob sich nicht ein Kontakt-
körperchen, wie sie in den käuflichen Methylalkohlzündern
verwendet werden, zum Einleiten der Reaktion und zum Ent-
flammen des Methylalkohols anwenden ließe. Ich schraubte

[1] Journ. russ. phys.-chem. Ges. 1908, Heft 4.

von einem Zündapparat den Drahtrahmen mit dem Oxydations-körperchen los und setzte denselben vor das Röhrchen mit dem Kontaktgewebe, so daß die Zündpille das Drahtgewebe berührte. Als ich nun einen Strom von Luft und Methyl-alkoholdampf (Temperatur im Dephlegmator 40—42°), welcher auf 100° vorgewärmt war, über die Kontaktmasse leitete, konnte ich nach einiger Zeit Erglühen der Zündpille, Ex-plosionen der Alkoholdämpfe und endlich Erglühen der Kontakt-masse beobachten. Ich ging nun an die Herstellung von Zünd-körperchen. Ich nahm Bimssteinstückchen, tränkte dieselben mit einer methylalkoholischen Lösung von Platinchlorid, erhitzte zum Glühen, tränkte nochmals und wiederholte dies einige Male. So erhielt ich Bimssteinstückchen, in deren Poren und auf deren Oberfläche Platinschwarz verteilt war. Noch besser schlägt man auf Asbestfasern nach dem Verfahren Loews hergestelltes Platinschwarz nieder und formt aus dem noch feuchten Asbest Kügelchen. Nach dem Trocknen werden die-selben noch einige Male mit Ammoniumplatinchlorid getränkt und jedesmal getrocknet und geglüht. Wurden diese Kügelchen in das Kontaktrohr eingeführt, so daß sie das Gewebe be-rührten, so erglühten sie in dem auf 100° C. vorgewärmten Strom der Reaktionsgase (Temperatur im Dephlegmator 40—45°) innerhalb 1—2 Minuten und erregten die Kontaktmasse zum Glühen. Besser wendet man nicht ein, sondern mehrere (2—3) Bimssteinstückchen an.

So fällt bei meinem Apparate der Ofen zum Anheizen der Kontaktrohre weg und damit jede Feuersgefahr.

Bei Anwendung von Zündpillen ist es besser, die Temperatur im Dephlegmator höher als 41—42° zu halten: auf ungefähr 52—53°, wobei man gleichzeitig die Geschwindigkeit des Luft-stroms etwas erhöht (3 Liter pro 1 Minute oder 3 Liter pro 50 Sekunden für jedes Rohr).

Endlich versuchte ich, nicht mit 100% igem, sondern mit 90% igem Methylalkoholdampf zu arbeiten (Temperatur im Dephlegmator 53—54°), wobei nicht 25% des Methylalkohols, sondern alles verdampft wurde. Die Gasanalyse eines solchen Versuches gab: CO_2 2%, O_2 0,22%, CO 0,44%, H_2 5,4%, N_2 88,94%. Die Gase sind nicht brennbar.

Der Acetongehalt des Methylalkohols darf 2% nicht über-

steigen. Bei 4 % oder mehr wirkt die Zündpille nicht mehr;
bei 2,5 % erglüht dieselbe, wenn die Temperatur im Dephlegmator 34—35° und die Geschwindigkeit der Luft 3 Liter
pro Minute ist; erst wenn die Hauptmenge des Acetons verdampft ist, beginnt das Kupfergewebe zu erglühen.

Da infolge der direkten Verarbeitung schwächeren Methylalkohols die Rektifikationskolonne auf dem Verdampfer weg-
fällt, genügt dann eine Blase mit einem kleinen helmartigen
Aufsatz, und man arbeitet mit einem Luft-Methylalkoholdampf-
gemisch von 53—54° C.

In einem früheren Kapitel habe ich über das Konzentrieren
verdünnter Formaldehydlösungen und über das Abtreiben des
überschüssigen Methylalkohols aus Rohformaldehyd gesprochen.
Während die erste Frage eine befriedigende Lösung fand, beobachtete ich, daß durch einfache Destillation mit Dephlegmator sich zwar eine große, doch keineswegs die gesamte
Menge des Methylalkohols abtreiben läßt. Wendet man jedoch
vollkommene Rektifikationsapparate an und destilliert in einem
Gasstrom (am besten unter Anwendung der aus dem Form-
aldehydapparat austretenden Gase), so gelingt die Scheidung
besser.

Ich empfehle daher, in meinem System den Kühler und
die Waschflaschen wegzulassen, die Vorlage aber mit einer
Rektifikationskolonne zu versehen. Die Temperatur des Roh-
formaldehyds ist dann so hoch, daß oben in der Kolonne noch
41—42° erreicht werden, ohne daß eine Heizvorrichtung nötig
wäre. Hinter der Kolonne befindet sich ein Kühler zum Kondensieren der vom Luftstrom getragenen Methylalkoholdämpfe
(Fig. 6 u. 7, Taf. I u. II).

Bei dieser Anordnung des Apparats wird der größere
Teil des nicht in Reaktion getretenen Methylalkohols wieder-
gewonnen und kehrt in den Prozeß zurück.

Die Ausbeute an 38 % igem Formaldehyd beträgt 150 bis
155 % vom Gewichte des zur Reaktion verwendeten Methylalkohols.

II. Neue Kondensationsprodukte des Formaldehyds.

Herstellung von Imidverbindungen durch Einsetzung der Gruppen (—CH₂OH) und (—CH₂—) in primäre Amine der Benzolreihe.

a) Einführung der (—CH₂OH) und der (—CH₂—)-Gruppen in Anilin.

Als Ausgangsmaterial dienen: Formanilid $C_6H_5NH.COH$, Ätznatron und 37 % iger Formaldehyd. Zuerst wurde aus einer Lösung von Formanilid in 95 % igem Alkohol durch Zusatz von starker Natronlauge die Natriumverbindung dieses Amins $C_6H_5NNaCOH$ gefällt. Der Niederschlag wurde filtriert, ausgepreßt, zwischen Filtrierpapier getrocknet und endlich zur Entfernung der letzten Spuren Alkohol im Trockenschrank auf ca. 80° erhitzt.

161 g trockenes Formanilidnatrium wurden mit 368 g Formaldehyd (37 % ig) verrieben.

Dabei löst sich das gepulverte $C_6H_5NNaCHO$ allmählich unter Wärmeentwicklung, und man erhält eine homogene Flüssigkeit, welche auch bei 12-stündigem Stehen bei Zimmertemperatur unverändert bleibt.

Hierauf wurde mit Äther ausgeschüttelt, der einen Teil der Flüssigkeit aufnahm. Nach dem Verdampfen des Äthers blieb im Kolben ein gelbes, dickes, zähes Öl zurück, welches zur Entfernung des überschüssigen Formaldehyds im Wasserbad auf 100° erwärmt wurde. Aber selbst nach 6 Stunden war noch nicht der ganze Formaldehyd abgetrieben, und das Öl zeigte in der Wärme noch Formaldehydgeruch.

Ausbeute: 150 g Öl von der Zusammensetzung

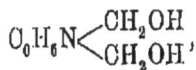

$$C_6H_5N \Big< \begin{matrix} CH_2OH \\ CH_2OH \end{matrix},$$

während theoretisch 172 g entstehen sollten.

Die Reaktion kann durch die folgenden Gleichungen ausgedrückt werden:

10*

(1) $C_6H_5NNaCHO + CH_2O + H_2O = C_6H_5N{<}{CHO \atop CH_2OH} + NaOH,$

(2) $C_6H_5N{<}{CHO \atop CH_2OH} + CH_2O + NaOH = C_6H_5N{<}{CH_2OH \atop CH_2OH}$

$+ HCOONa + H_2O.$

Einen Teil des Öls versuchte ich zu fraktionieren, doch zersetzte es sich bei der Destillation über freier Flamme. Die ersten Tropfen gingen bei 100° über, hierauf stieg die Temperatur allmählich und der letzte Anteil destillierte bei 192°. In den einzelnen Fraktionen fand ich Anilin. Am Boden des Kolbens blieb eine dicke schwarze Masse zurück, welche beim Erkalten hartes Pech gab.

Einen anderen Teil des Öls behandelte ich mit verdünnter Salzsäure, wobei zunächst eine homogene Flüssigkeit entstand. Nach 5—10 Minuten trübte sich dieselbe und ging bei Zimmertemperatur in eine orangefarbige Gelatine über. Dabei erwärmte sich die Masse stark und verbreitete Formaldehydgeruch (der Überschuß von der früheren Reaktion). Der Reaktionsverlauf ist der folgende:

$$\left| C_6H_5N{<}{CH_2OH \atop CH_2OH} \right|_n = \left| C_6H_5{<}{NH \atop CH_2 \atop CH_2OH} \right|_n + nH_2O.$$

Diese Reaktion vollzieht sich in gleicher Weise mit verdünnter HNO_3 und verdünnter H_2SO_4. Rührt man während der Reaktion mit einem Glasstab, so bildet sich keine Gelatine, sondern ein orangegelbes Pulver, welches in Wasser, Alkohol und Äther unlöslich, in Äther-Chloroform kaum löslich, in konzentrierten und verdünnten Säuren beim Kochen etwas löslich ist. Das Molekulargewicht ist entsprechend der Formel

$$\left| C_6H_3{<}{NH \atop CH_2 \atop CH_2OH} \right|_n$$

jedenfalls sehr groß. Die sauren Lösungen sind gelb gefärbt. Aus ihnen fällt $NaNO_2$ die Isonitrosoverbindung, offenbar von der Zusammensetzung

$$\left| C_6H_3{<}{NNO \atop CH_2 \atop CH_2OH} \right|_n$$

Diese Isonitrosoverbindung ist in verdünnten Säuren bei Zimmertemperatur ein wenig löslich. Beim Erhitzen mit einer alkalischen Lösung von β-Naphtol gibt sie einen roten Azofarbstoff, nach folgender Gleichung:

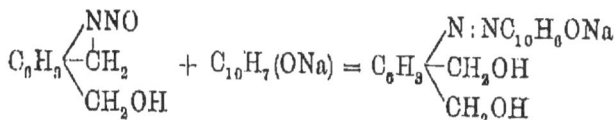

$$C_6H_3\!\!\begin{array}{l} \diagup NNO \\ -CH_2 \\ \diagdown CH_2OH \end{array} + C_{10}H_7(ONa) = C_6H_3\!\!\begin{array}{l} \diagup N:NC_{10}H_6ONa \\ -CH_2OH \\ \diagdown CH_2OH \end{array}$$

Zur Analyse wurde die Imidverbindung aus der sauren Lösung mit einem Überschuß von Soda ausgefällt. Es bildet sich sofort eine amorphe weiße Masse, welche beim Erwärmen in ein gelbes Pulver übergeht. Die Analyse ergab N 10,3—10,4 %,

in Übereinstimmung mit der Formel $C_6H_3\!\!\begin{array}{l}\diagup NH\\ -CH_2\\ \diagdown CH_2OH\end{array}$; als Molekulargewicht wurde 135 gefunden.

Die saure Lösung dieser Substanz bräunt sich beim Erwärmen mit $FeCl_3$ und scheidet ein braunes Pulver aus, dessen Zusammensetzung ich jedoch nicht untersucht habe.

Erhitzt man die Lösung der Base in Schwefelsäure mit Kaliumbichromat, so scheidet sich ein amorphes braunes Pulver aus. $HgCl_2$, $HgJ_2 . 2 KJ$, sowie eine Lösung von Rhodanquecksilber in Rhodanammonium oder Rhodankalium fällen aus der sauren Lösung ein gelbes Pulver, welches bei der Analyse 5,37 % Stickstoff gab in Übereinstimmung mit der Formel:

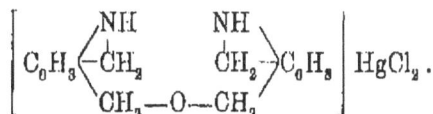

$$\left[C_6H_3\!\!\begin{array}{l}\diagup NH\\ -CH_2\\ \diagdown CH_2\end{array}\!\!-O-\!\!\begin{array}{l}NH\\ CH_2\\ CH_2\end{array}\!\!\diagdown C_6H_3 \right] HgCl_2 .$$

Das Molekulargewicht ist 528.

Platinchlorid fällt aus der sauren Lösung des Imids zuerst einen amorphen gelben Niederschlag, der beim Stehen, besser noch beim Erwärmen schmutziggrüne Farbe annimmt. Die Analyse gab Pt 26,99 %, N 7,77 % entsprechend der Formel:

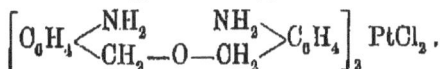

$$\left[C_6H_4\!\!\begin{array}{l}\diagup NH_2\\ \diagdown CH_2\end{array}\!\!-O-\!\!\begin{array}{l}NH_2\\ CH_2\end{array}\!\!\diagdown C_6H_4 \right]_2 PtCl_2 .$$

Das Molekulargewicht ist 721,9.

Die Oxydation kann man sich in folgender Weise vorstellen:

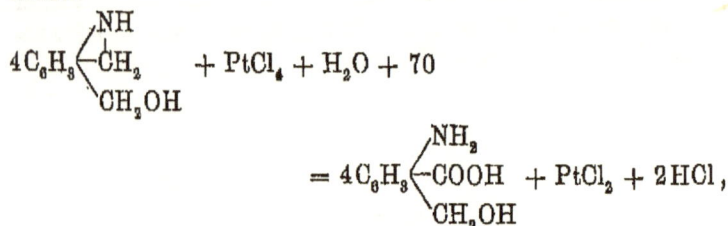

$$4\,C_6H_3\!\!\left\langle\begin{array}{l}NH\\CH_2\\CH_2OH\end{array}\right. \quad + PtCl_4 + H_2O + 70$$

$$= 4\,C_6H_3\!\!\left\langle\begin{array}{l}NH_2\\COOH\\CH_2OH\end{array}\right. \quad + PtCl_2 + 2\,HCl,$$

woraus sich beim Trocknen unter Kohlensäureabspaltung bildet:

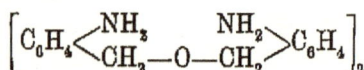

$$\left[C_6H_4\!\!<\!\!\begin{array}{l}NH_2\\CH_2\end{array}\!\!-O-\begin{array}{r}NH_2\\CH_2\end{array}\!\!>\!\!C_6H_4\right]_2$$

Goldchlorid gibt in saurer Lösung zunächst einen amorphen
gelben Niederschlag, welcher weiter grünlich gelb wird und
endlich beim Stehen braun. Wenig Goldchlorid wird zum
Metall reduziert, leicht kenntlich an den auf der Oberfläche
der Flüssigkeit schwimmenden goldgelben Flimmern. Die
Goldverbindung, aus salzsaurer Lösung mit wenig Goldchlorid
gefällt, gab bei der Analyse An $65,79^{0}/_{0}$, entsprechend der

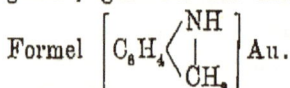

Formel $\left[C_6H_4\!\!<\!\!\begin{array}{l}NH\\CH_2\end{array}\right]Au.$

Aus schwefelsaurer Lösung gefällt, enthält die Verbindung
An $51,8-50,18^{0}/_{0}$, was die Veränderlichkeit der Verbindung
je nach der Menge des ausgeschiedenen molekularen Goldes
anzeigt.

Die saure Lösung der Imidbase fällt aus einer Lösung
von Jod in Jodkali einen amorphen braunen Niederschlag.
Beim Erhitzen mit Alkalibromiden erhält man einen braunen
amorphen bromhältigen Körper.

b) Einführung der (-CH$_2$OH) und (-CH$_2$-) Gruppen in
Naphtylamin.

Ausgangsmaterialien sind: α- oder β-Formnaphtalid,
$C_{10}H_7NHCOH$, Ätznatron und Formaldehyd. 50 g β-Form-
naphtalid wurden mit wenig Alkohol angerührt und hierauf
24 ccm alkoholische Natronlauge (1 : 2) zugegeben, wobei sich
sofort ein weißer Niederschlag von $C_{10}H_7NNaCHO$ ausschied.

Zur alkoholischen Lösung dieses Natronsalzes wurden 100 g Formaldehyd (37 %ig) und etwas Äther zugesetzt. Die ätheralkoholische Lösung wurde von der wässerigen im Scheidetrichter getrennt. Nach dem Abtreiben des Alkohols und des Äthers im Wasserbad blieb eine Flüssigkeit zurück, welche sich in eine untere wässerige Schicht von alkalischer Reaktion und ein darauf schwimmendes dickes Öl schied. Das Öl wurde in Äther aufgenommen und nach dem Verdampfen des Äthers als zähes gelbes Öl erhalten, welches trotz stundenlangen Erhitzens im Salzbad noch formaldehydhaltig blieb.

Es wurden 56 g Öl erhalten, während nach der Theorie etwas mehr entstehen müßte. Die Reaktion verläuft in folgender Weise:

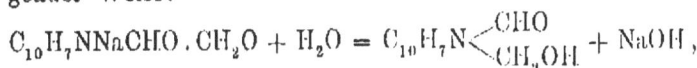

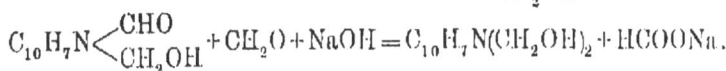

$$C_{10}H_7NNaCHO \cdot CH_2O + H_2O = C_{10}H_7N{<}{CHO \atop CH_2OH} + NaOH,$$

$$C_{10}H_7N{<}{CHO \atop CH_2OH} + CH_2O + NaOH = C_{10}H_7N(CH_2OH)_2 + HCOONa.$$

Bei gewöhnlicher Temperatur mit verdünnter Salzsäure behandelt, kondensiert sich das Öl, wird dick, klebrig und nimmt orangegelbe Farbe an. In verdünnter Salzsäure ist es ziemlich löslich. Aus der Lösung in starken Säuren wird durch Verdünnen mit Wasser die Imidbase als gelbes Pulver gefällt. Die Analyse gab C 81,9, H 5,8, N 7,9%, entsprechend der Formel:

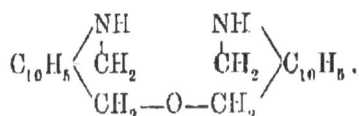

$$C_{10}H_5{<}{NH \atop CH_2}{\quad}{NH \atop CH_2}{>}C_{10}H_5.$$
$$CH_2-O-CH_2$$

$NaNO_2$ fällt aus saurer Lösung die schwer lösliche Isonitrosoverbindung von der Zusammensetzung:

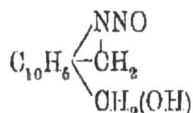

$$C_{10}H_5{<}{NNO \atop CH_2}$$
$$CH_2(OH)$$

Dieselbe gibt mit alkalischer Lösung von β-Naphtol einen roten Farbstoff. Im übrigen sind die Reaktionen der Naphtylaminverbindung dieselben wie bei dem früher besprochenen Anilinderivat.

c) Einführung der (-CH₂-) Gruppe in Sulfanilsäure.

Als Ausgangsmaterial dienen: Sulfanilsäure, Ameisensäure (spez. Gew. 1,2), Ätznatron und Formaldehyd.

Aus Sulfanilsäure und Ameisensäure wird das entsprechende Formanilid hergestellt, mit Natronlauge neutralisiert und weiter durch nochmaliges Zufügen einer gleich großen Menge NaOH in die Natronverbindung des Anilids übergeführt; als Indikator dient dabei Methylorange.

Die Natriumverbindung des Anilids wäscht man mit Formaldehyd. Das Reaktionsprodukt wurde auf dem Wasserbade vom Überschuß des Formaldehyds befreit und dann mit verdünnter Salzsäure behandelt. Dabei erhält man eine rot gefärbte Lösung, welche mit NaNO₂ eine in verdünnten Säuren schwer lösliche Isonitrosoverbindung gibt. Diese kondensiert sich mit alkalischem β-Naphtol zu einem orangeroten in Alkalien löslichen Farbstoff.

Ammoniak gibt beim Neutralisieren der sauren Lösung der Imidbase einen gelben wasserlöslichen Farbstoff.

Um die reine Imidbase zu erhalten, verdampft man die ammoniakalische Lösung zur Trockene. Der Rückstand wird mit 95%igem Alkohol übergossen und mit wenig Salzsäure (21° Bé) behandelt. Dabei geht das salzsaure Salz der Imidbase in Lösung; beim Abdampfen des Alkohols bleibt die Imidbase als amorpher gelber Rückstand:

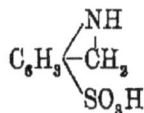

$$C_6H_3 \underset{\diagdown SO_3H}{\overset{\diagup NH}{-}} CH_2$$

d) Einführung der (-CH₂-) und (-CH₂OH) Gruppen
in Paraanisidin.

Das Paraanisidin wurde zuerst durch Erwärmen mit 95%iger Ameisensäure Form-p-anisidid dargestellt. Dasselbe wurde mit Natronlauge (1:2) und Formaldehyd behandelt, so daß auf 1 Mol. Anisidid 1 Mol. NaOH und 4 Mol. CH₂O kamen. Nach dem Erhitzen im Wasserbade wurde die Reaktionsmasse mit Äther ausgeschüttelt. Nach dem Verdampfen des Äthers blieb im Kolben ein dickes Öl zurück. Dasselbe löst sich in starker Salzsäure. Zur Ausscheidung der freien Base wurde die salzsaure Lösung mit Sodalösung versetzt, wobei sich ein gelber Niederschlag bildete, der beim Erhitzen in ein braunes Öl überging. Die Base wird wiederholt mit Wasser ausgekocht und bildet nach dem Erkalten ein dickes, klebriges Öl, welches sich beim Trocknen bräunt und endlich in ein braunes Harz übergeht. Elementaranalyse: C 69%, H 6,5%, N 8,8%, entsprechend $C_{18}H_{20}N_2O_3$ oder

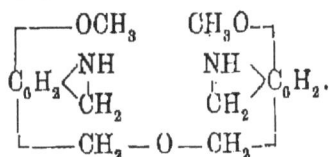

$$\begin{array}{cc} \overset{\displaystyle \lceil\!-\!-\!OCH_3}{} & \overset{\displaystyle CH_3O\!-\!\rceil}{} \\ C_6H_2\!\!\bigg\langle\begin{matrix}NH\\CH_2\end{matrix} & \begin{matrix}NH\\CH_2\end{matrix}\!\!\bigg\rangle C_6H_2. \\ \lfloor\!-\!-\!CH_2\!-\!O\!-\!CH_2\!-\!\rfloor & \end{array}$$

Diese Base kann wegen ihrer Löslichkeit in Salzsäure in der Färberei zur Herstellung von Farbstoffen direkt auf der Faser Anwendung finden.

e) Einführung der ($-CH_2OH-$) und ($-CH_2-$) in Paranitranilin.

Eine Mischung von 42,5 g Paranitranilin $C_6H_4\!\!\big\langle\begin{matrix}NO_2^{(1)}\\NH_2^{(4)}\end{matrix}$ und 50 g Ameisensäureglyzerinester (mit 18% COH) wurde auf 200—210° erhitzt. Nach dem Erkalten schieden sich aus der Glyzerinlösung Kristalle von $C_6H_4\!\!\big\langle\begin{matrix}NO_2^{(1)}\\NHCOH^{(4)}\end{matrix}$ aus.

Zum Reaktionsgemisch fügte ich 56 g Natronlauge (1:2), wobei Erwärmung eintritt, und sich eine breiartige braune Masse bildet. Dieselbe wurde nach dem Erkalten mit Formaldehyd (37%) behandelt. Unter schwacher Selbsterwärmung scheidet sich am Boden des Kolbens ein butterartiger Niederschlag aus, und in der darüberstehenden Flüssigkeit schwimmen nach dem Abkühlen auf Zimmertemperatur feine Kristallnadeln von gelber Farbe. Der gesamte Niederschlag wurde abfiltriert. Das Filtrat war gelb gefärbt (offenbar war ein Teil des entstandenen Produkts im alkalischen Glyzerin gelöst geblieben). Der Niederschlag wurde in Äther gelöst (38 g in 300 g Äther). Nach dem Verdampfen des Äthers blieb eine schmutziggelbe Masse zurück, welche sich in Salzsäure (21° Bé) beim Er-

wärmen vollkommen löst. Aus dieser Lösung fällt Wasser
einen gelben Niederschlag, welcher rasch verharzt und an den
Wänden des Gefäßes haftet.

Denselben gelben Niederschlag erhält man auch bei Einwirkung von Natronlauge oder Sodalösung. Derselbe ist im
Überschuß dieser Reagentien mit gelber Farbe löslich.

Die Lösung der freien Base in starker Salzsäure scheidet
bei der Verdünnung mit dem doppelten Volum Wasser einen
braunen Niederschlag aus. Derselbe wurde abfiltriert und das
Filtrat mit Sodalösung behandelt, welche die freie Base als
rasch verharzendes gelbes Pulver fällte. Das Pulver ist in
NaOH in der Wärme löslich und wird aus der alkalischen
Lösung beim Eindampfen wieder ausgeschieden. Die gut aus-
gewaschene, bei 100° getrocknete Base gab bei der Analyse
C 53,5 %, H 4,88 %, N 15,25 %; bei der Verbrennung blieb
0,1 % Asche zurück.

Danach ist die Zusammensetzung der Verbindung

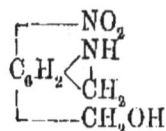

$$C_6H_2\left\{\begin{array}{l} ---NO_2 \\ ---NH \\ ---CH_2 \\ ---CH_2OH \end{array}\right.$$

Infolge der Löslichkeit in Salzsäure kann die Base in
der Färberei zur direkten Herstellung von Farbstoffen auf der
Faser verwendet werden.

f) Einführung der (—CH$_2$—) Gruppe in naphthion-
saures Natron.

50 g Ameisensäureglycerinester wurden mit 98 g naphthion-
saurem Natron erwärmt. Bei 120—130° begann die Masse
zu sieden; die Temperatur wurde auf 160° gesteigert, wobei
sich eine gelbe feste Masse bildete. Nach dem Erkalten wurden
28 g NaOH (1:2) zugefügt und im Wasserbad bis zum Er-
weichen erwärmt. Hierauf wurden 166 g Formaldehyd (37 %)
zugegeben und neuerdings im siedenden Wasserbad erhitzt.
Die gelbe feste Masse löste sich, und es bildete sich eine
braune Flüssigkeit von blau-violetter Fluoreszenz. Äther nimmt
aus dieser Lösung sehr wenig auf. Nach eintägigem Stehen
scheidet sich aus der Lösung ein gelbes Pulver ab; durch

Zusatz von Salzsäure und Erhitzen wird die Ausscheidung beschleunigt. Nach dem Filtrieren und Auswaschen mit Alkohol zeigt das Pulver hellgelbe Farbe. Bei 130—140° getrocknet, gab es bei der Analyse C 51,6%, H 3,5%, N 5,3%, S 12,5%. Bei der Verbrennung nach dem Dennstedtschen Verfahren blieb im Platinschiffchen 14,2% Asche zurück, darunter 0,2% NaCl; die Substanz war also nicht vollkommen ausgewaschen.

Diese Analysenzahlen stimmen am besten mit der Formel

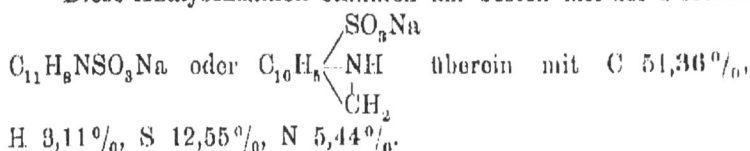

$$C_{11}H_8NSO_3Na \quad \text{oder} \quad C_{10}H_5\underset{\underset{CH_2}{\big|}}{\overset{SO_3Na}{\big<}}NH \quad \text{überein mit} \quad C\ 51,36\%,$$

H 3,11%, S 12,55%, N 5,44%.

Die Verbindung ist in kaltem Wasser schwer löslich; beim Erwärmen löst sie sich, scheidet sich aber aus der gesättigten Lösung beim Erkalten wieder aus.

Durch NaNO₂ wird die Verbindung in Gegenwart von Salzsäure nitrosiert und gibt mit β-Naphtol einen orangegelben alkalilöslichen Farbstoff.

In der Färberei ist die so erhaltene Verbindung wegen ihrer geringen Löslichkeit kaum verwendbar.

g) Einführung der (—CH₂—) und (—CH₂OH) Gruppen in Diamidodiphenylmethan.

35 g Diamidodiphenylmethan $CH_2(C_6H_4NH_2)_2$ wurden mit 35 g Ameisensäureglyzerinester (18,8% COH) erwärmt und hierauf 40 g Natronlauge (1:2) und 100 ccm 95% iger Alkohol zugegeben. Nach nochmaligem Erwärmen auf dem Wasserbad wurde Formaldehyd im Überschuß zugesetzt (4 Mol. CH₂O auf 1 Mol. CH₂(C₆H₄NH₂)₂). Es schied sich eine rötliche Masse ab, welche filtriert, mit Alkohol ausgewaschen und bei 100° getrocknet wurde, wobei sie stark nach Formaldehyd roch. Hierauf wurde die Masse gepulvert und mit starker Salzsäure behandelt, die sehr wenig von der Substanz löste. Aus der salzsauren Lösung wurde mit Soda die freie Base gefällt, ausgewaschen und getrocknet, wobei sie bereits unterhalb 100° zu einer braunen Masse schmolz. Die Analyse gab: C 77,8%,

H 6%, N 10,6%, entsprechend der Formel $C_{17}H_{16}N_2O$ vom Mol.-Gew. 264

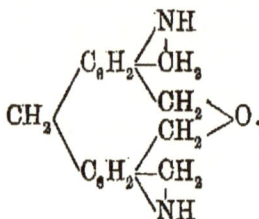

$$CH_2 \Big\langle \begin{array}{c} C_6H_2 {\Big\langle} \begin{array}{c} NH \\ CH_2 \\ CH_2 \end{array} {\Big\rangle} O. \\ CH_2 \\ C_6H_2 {\Big\langle} \begin{array}{c} CH_2 \\ NH \end{array} \end{array}$$

Wegen ihrer Unlöslichkeit in Mineralsäure ist die Verbindung in der Färberei direkt nicht verwendbar.

h) Einführung der Gruppen $-CH_2-$ und $-CH_2(OH)$ in Paratoluidin.

66 g p-Toluidin, 100 g Ameisensäureglyzerinester, Natronlauge und Formaldehyd kondensieren sich zu einem Öl. Dasselbe gibt mit starker Salzsäure (21 ° Bé) eine homogene Flüssigkeit, aus welcher Soda beim Erwärmen die freie Base in Form eines gelbbraunen klebrigen Öles ausscheidet, das an der Luft rasch verharzt. Nach gründlichem Waschen und Trocknen bei 130—140 ° C. erstarrt die Base bei Zimmertemperatur zu einer bernsteinfarbigen Masse. Die Analysenzahlen C 81%, H 7,4%, N 10% entsprechen 20 Mol. $C_{16}H_{20}N_2O$ und 51 Mol. $C_{17}H_{18}N_2$ von der Zusammensetzung

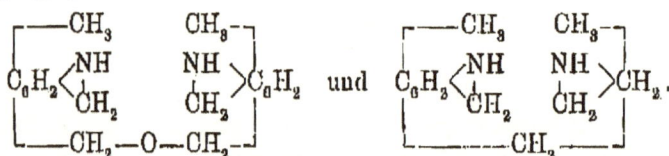

$$\begin{array}{cc} \boxed{\begin{array}{c} -CH_3 \quad\quad CH_3- \\ C_6H_2{\Big\langle} \begin{array}{c} NH \quad\quad NH \\ CH_2 \quad\quad CH_2 \end{array} {\Big\rangle} C_6H_2 \\ -CH_2-O-CH_2- \end{array}} & \text{und} \quad \boxed{\begin{array}{c} -CH_3 \quad\quad CH_3- \\ C_6H_3{\Big\langle} \begin{array}{c} NH \quad\quad NH \\ CH_2 \quad\quad CH_2 \end{array} {\Big\rangle} CH_2. \\ -----CH_2- \end{array}} \end{array}$$

Die Erklärung für die Entstehung dieser zwei Verbindungen ergibt sich aus den unter i) 1, 2, 4 angeführten Versuchen.

Die salzsauren Lösungen sowohl des ursprünglichen öligen Kondensationsproduktes als auch der freien Base geben leicht Isonitrosokörper, die mit β-Naphtol u. dergl. gepaart in der Färberei Verwendung finden können. Die Isonitrosoverbindungen lagern sich bei längerem Stehen in die Nitrosoverbindungen um, wie die Liebermannsche Reaktion anzeigt: Die ursprünglich dunkelgrüne Färbung geht mit einem Überschuß

von Natronlauge in blaugrün über, beim Erwärmen färbt sich
die Lösung endlich gelb.

i) Kondensation von Formaldehyd mit Natriumformanilid und Formtoluid.

1. 33 g Natriumformanilid und 81 g 37 % iges Formaldehyd werden mit 100 ccm Alkohol im Wasserbad erhitzt:
Nach dem Abtreiben des Aldehyds wird mit Äther extrahiert.
Nach dem Verdampfen desselben bleiben 45 g Öl zurück von der
Zusammensetzung $C_0H_5N(CH_2OH)_2 . CH_2(OH)_2$. Da das Produkt
erwärmt stark nach Formaldehyd riecht, hat das Formaldehyd
teilweise die Funktion des Kristallwassers. Um die Menge des
loser gebundenen Formaldehyds festzustellen, erhitzte ich die
Substanz dauernd auf 100°. Dabei verflüchtigte sich jedoch
langsam ein Teil der Base selbst, während der Rückstand
noch immer nach Formaldehyd roch.

Das gewonnene Öl ist in Alkohol, Essigsäure und verdünnter Salzsäure löslich. Da die Base in essigsaurer und
salzsaurer Lösung mit $NaNO_2$ eine Isonitrosoverbindung gibt,
welche sich mit β-Naphtol zu einem substantiven Farbstoff
paart, kann sie in der Kattundruckerei Verwendung finden.

Fügt man zu der alkoholischen Lösung der Base Eisessig und gießt man diese Mischung in Wasser, so entsteht
darin eine milchige Trübung, welche nach dem Verdampfen
der Flüssigkeit ein bernsteinfarbiges Öl hinterläßt. Dasselbe
löst sich in verdünnter und konz. Salzsäure. Beim Verdünnen
scheiden diese Lösungen einen weißen Niederschlag aus, welcher
bei Erwärmen gelb wird und dem unter a) besprochenen Körper

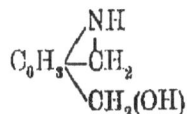

$$C_0H_3 \diagdown \begin{matrix} NH \\ CH_2 \\ CH_2(OH) \end{matrix}$$

sehr ähnlich ist.

2. Beim Verreiben von 32 g $C_0H_5NNaCHO$ mit 18 g Formaldehyd (37 %) erhält man eine gelbe Masse. Dieselbe wird
mit Ätheralkohol in der Wärme extrahiert. Nach dem Abtreiben des Alkohols und des Äthers und dem Trocknen bei
100° hinterbleiben 28 g einer öligen Flüssigkeit, welcher ich

die Zusammensetzung $C_6H_5NHCH_2(OH)$ zuschreibe. Aus der
Lösung des Öls in konz. HCl scheidet sich beim Verdünnen
ein brauner Niederschlag aus. Aus der salzsauren Lösung
erhält man mit $NaNO_2$ die Nitrosoverbindung, welche sich
mit β-Naphtol zu einem Farbstoff paart. Aus der salzsauren
Lösung fällt die freie Base mit Alkalien zunächst als weißer
amorpher Niederschlag aus, welcher sich beim Erhitzen
schmutziggrün färbt und endlich (unter 100 °) zu einem braunen
Öl schmilzt. Die Analyse gab N 12,2 %, das Molekulargewicht ist 114,5, entsprechend der Formel

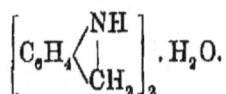

$$\left[C_6H_4 \left\langle \begin{array}{c} NH \\ | \\ CH_2 \end{array} \right]_2 \cdot H_2O. \right.$$

In salzsaurer Lösung ist die Base in der Kattundruckerei
verwendbar.

3. o-Toluidin und Ameisensäureglyzerinester werden auf
200 ° erhitzt. Nach dem Erkalten wird Ätznatron im Verhältnis 1 : 1 zugesetzt, wobei sich die Masse ein wenig erwärmt. Nur das flüssige Form-o-toluid reagiert, während das
kristallinische Oxaltoluid unverändert bleibt. Hierauf werden
auf je 1 Mol. Natriumform-o-toluid 4 Mol. CH_2O (als 37 % ige
Lösung) zugegeben und mit Äther unter dem Rückflußkühler
gekocht. Nach 3—4 Stunden wird die Ätherschicht abgegossen.
Nach dem Verdampfen des Äthers bleibt ein Öl zurück, das
zur Entfernung des Formaldehyds noch einige Zeit erhitzt
wird. Das Öl löst sich in konz. Salzsäure und Essigsäure.
Aus dieser Lösung fällt NaOH die freie Base als amorphen
Niederschlag. Dieselbe schmilzt unter 80 ° C. Die Stickstoffbestimmung ergab N: 10,9 %. Das Molekulargewicht wurde
zu 256 gefunden, entsprechend der Formel

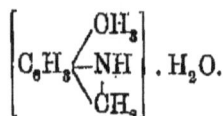

$$\left[C_6H_3 \left\langle \begin{array}{c} OH_3 \\ NH \\ CH_2 \end{array} \right] \cdot H_2O. \right.$$

Nach dem Trocknen bei 120 ° enthielt die Substanz da-
gegen N: 11,7—11,65, entspr. der Formel $C_6H_3 \left\langle \begin{array}{c} OH_3 \\ NH \\ CH_2 \end{array} \right.$.

Wurde das ölige Form-p-toluid so lange erwärmt, bis die
Gewichtsabnahme dem Verluste von 1 Mol. H_2O entsprach,
so wurde ein Öl erhalten, welches beim Erkalten stark ein-
dickte. Wurde dieses, wie oben beschrieben, in konz. HCl.
gelöst und die Lösung eingedampft, so kam es nicht mehr
zur Kristallisation. Aus der Lösung fällt Ammoniak die freie
Base als gelbes Harz. Die Analyse der gereinigten und getrockneten Substanz gab N 10,4—10,3, entspr. einer Mischung von

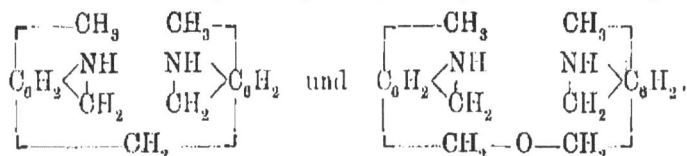

$$C_6H_2 \left\langle \begin{array}{c} -CH_3 \quad CH_3- \\ NH \quad NH \\ CH_2 \quad CH_2 \\ -CH_2- \end{array} \right\rangle C_6H_2 \quad \text{und} \quad C_6H_2 \left\langle \begin{array}{c} -CH_3 \quad CH_3- \\ NH \quad NH \\ CH_2 \quad CH_2 \\ CH_2-O-CH_2 \end{array} \right\rangle C_6H_2.$$

Die in diesem Kapitel besprochenen Imidbasen geben mit
$NaNO_2$ Isonitrosoverbindungen. Diese zeigen die Eigentümlichkeit, beim Stehen in Nitrosoverbindungen überzugehen und
durch Paarung mit alkalischem β-Naphtol u. dergl. Farbstoffe
zu bilden, welche in Wasser und verdünnten Säuren wenig
löslich sind. Die Nitrosoverbindungen hingegen sind zu dieser
Reaktion nicht mehr befähigt. Während die Isonitrosoverbindungen mit β-Naphtol nach Art der Diazoverbindungen
reagieren, bilden sie beim Erhitzen nicht unter Stickstoffabspaltung Phenole, sondern gehen unter teilweiser Ver-
harzung in Nitrosoverbindungen über. Ich nehme daher die
Zusammensetzung der Isonitrosoverbindungen zu

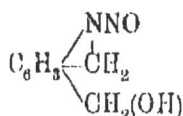

$$C_6H_3 \left\langle \begin{array}{c} NNO \\ CH_2 \\ CH_2(OH) \end{array} \right.$$

an, die der Nitrosoverbindungen hingegen zu

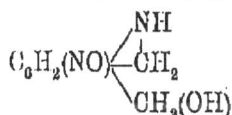

$$C_6H_2(NO) \left\langle \begin{array}{c} NH \\ CH_2 \\ CH_2(OH) \end{array} \right.$$

Tatsächlich geben die Nitrosoverbindungen bei der Reduktion
mit Zinn und Salzsäure die entsprechenden Amidoverbindungen.

Während die o-substituierten Basen nur dreifach substituierte Verbindungen gaben, entstehen aus den p-Verbindungen
Tetrasubstitutionsprodukte, wobei im ersten Falle 4, im zweiten

5 Isomere möglich sind. Da also die Amidogruppe in der
o-Stellung den Eintritt der $CH_2(OH)$-Gruppe in den Benzolkern verhindert, in der p-Stellung hingegen nicht, so haben
für die beiden Reihen von Substitutionsprodukten die folgenden
Formeln die größte Wahrscheinlichkeit für sich:

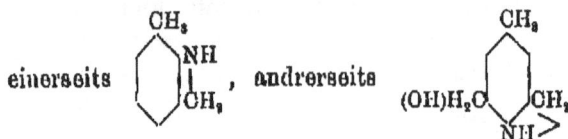

einerseits   , andrerseits

Analog müssen wir für die Verbindung aus Formanilid
die Struktur

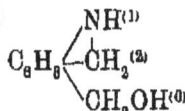

$$C_6H_6 \begin{cases} NH^{(1)} \\ CH_2{}^{(2)} \\ CH_2OH^{(3)} \end{cases}$$

annehmen. Auf diese Weise wird auch die Bildung chinon-
artiger Produkte bei der Oxydation (mit CrO_3, $FeCl_3$) erklärlich.

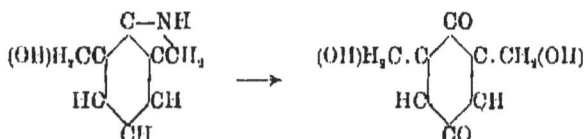

Neue Synthese der Benzylenimide.[1]

Im verschlossenen Gefäße wird 1 Mol. Weinsäure mit
2 Mol. CH_2O (in 70% iger Lösung) bis zur Lösung der Weinsäure erhitzt und hierauf nach dem Erkalten 2 Mol. Anilin
zugegeben. Die dabei auftretende heftige Erwärmung wird
durch Einsetzen des Gefäßes in kaltes Wasser gemäßigt. Das
Reaktionsprodukt wird in 70 oder 80% iger Essigsäure gelöst
und in einer Porzellanschale gekocht, wobei die Masse dicker
wird und endlich nach dem Verkühlen zu einer Gelatine erstarrt. Aus der wässerigen Lösung der Gelatine wird die
freie Base mit Ammoniak, Ätzalkalien, Soda oder durch viel
Wasser als weißer Niederschlag gefällt, beim Stehen färbt sie

[1] Journ. russ. phys.-chem. Ges. 1905.

sich gelb. Nach dem Auswaschen und Trocknen (unter 100°) wurde die Substanz analysiert. Der Stickstoff beträgt 11,7 bis 11,85 % entsprechend einer molekularen Mischung aus

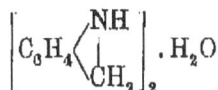

und

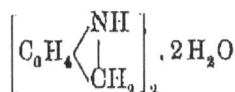

oder

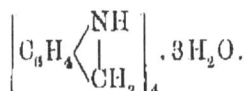

Die Base ist in Essigsäure in der Siedehitze löslich, in Alkohol und Äther absolut unlöslich. In Chloroform ist sie ein wenig löslich; aus dieser Lösung scheidet sich beim Verdunsten des Chloroforms eine kolloidale Masse ab, vom Stickstoffgehalt 11,4 % entspr. der Zusammensetzung

Eisenchlorid oxydiert die Base auch beim Kochen nicht, sie ist daher ein p-substituiertes Produkt.

In essigsaurer Lösung läßt sich die Base mit $NaNO_2$ nitrosieren und gibt ein Isonitrosoprodukt, welches sich mit alkalischem β-Naphtol, β-naphtoldisulfosaurem Natron usw. zu Farbstoffen paart. Tränkt man Baumwolle mit der Isonitrosoverbindung und behandelt dann mit β-Naphtol, so erhält man eine ponceaurote Färbung, mit β-naphtoldisulfosaurem Natron entsteht geraniumblaue, mit naphtionsaurem Natron rosenrote, mit Resorcin gelbe und mit Guajakol hellgelbe Färbung. Zur Herstellung der Farbstoffe ist es nicht erst nötig, die freie Base abzuscheiden und wieder in Essigsäure zu lösen. Da die Ausbeute an

die theoretische ist, kann man die Menge des erforderlichen $NaNO_2$ aus der angewandten Menge des Anilins berechnen

und dem ursprünglichen gelatinösen Produkt direkt zusetzen.
Um eine völlig klare, beständige Lösung des Isonitrosokörpers
zu erhalten, muß ein Überschuß von Essigsäure angewandt
werden. Bei längerem Stehen geht die Isonitrosoverbindung
in die Nitrosoverbindung über, welche als amorpher orangefarbiger Niederschlag ausfällt. Die Reaktion mit $NaNO_2$ verläuft nach der Gleichung

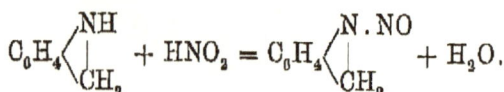

$$C_6H_4\Big\langle \begin{array}{c} NH \\ | \\ CH_2 \end{array} + HNO_2 = C_6H_4\Big\langle \begin{array}{c} N.NO \\ | \\ CH_2 \end{array} + H_2O.$$

Die Nitrosoverbindung hat die Zusammensetzung:

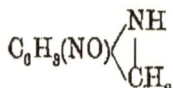

$$C_6H_3(NO)\Big\langle \begin{array}{c} NH \\ | \\ CH_2 \end{array}$$

Die Paarung mit β-Naphtol wird ausgedrückt durch:

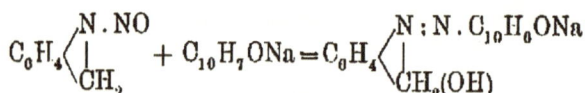

$$C_6H_4\Big\langle \begin{array}{c} N.NO \\ | \\ CH_2 \end{array} + C_{10}H_7ONa = C_6H_4\Big\langle \begin{array}{c} N:N.C_{10}H_6ONa \\ | \\ CH_2(OH) \end{array}$$

Die Nitrosoverbindung gibt die Liebermannsche Reaktion,
mit alkalischem β-Naphtol usw. paart sie sich nicht.

Die essigsaure Lösung der Base gibt mit $HgCl_2$ einen
gelben Niederschlag. Die Analyse desselben gab N 5,6%,
entsprechend der Formel:

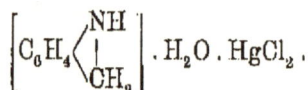

$$\left[C_6H_4\Big\langle \begin{array}{c} NH \\ | \\ CH_2 \end{array}\right] . H_2O . HgCl_2 .$$

Die Synthese der Benzylenimidbase kann auch in der
Weise durchgeführt werden, daß zuerst durch Mischen von
Formaldehyd und Anilin das Anhydroformaldehydanilin dar-
gestellt wird, $C_6H_5—N:CH_2$, das beim Kochen mit Weinsäure
und Eisessig in $C_6H_4\Big\langle \begin{array}{c} NH \\ | \\ CH_2 \end{array}$ übergeht.

In gleicher Weise wie Anilin behandelte ich o-Anisidin,
o-Toluidin und p-Toluidin. In allen Fällen erhält man zunächst eine gelbe gelatinöse Masse. Die freien Basen, welche
von o-Anisidin und o-Toluidin derivieren, bilden amorphe

Niederschläge, welche unter 100° C. schmelzen. Die aus p-Toluidin gewonnene Base ist ein weiches Harz.

Das Produkt aus o-Anisidin enthält 8,87 % N, entsprechend der Formel:

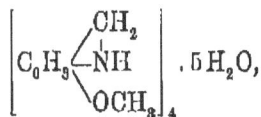

$$\left[C_6H_3 {\LARGE\Big\langle} {\overset{\displaystyle CH_2}{\underset{\displaystyle OCH_3}{NH}}} \right]_4 . 5\,H_2O,$$

jene aus o-Toluidin enthält 9,64 % N, entsprechend der Formel:

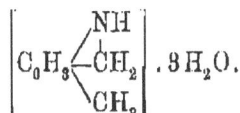

$$\left[C_6H_3 {\LARGE\Big\langle} {\overset{\displaystyle NH}{\underset{\displaystyle CH_3}{CH_2}}} \right] . 3\,H_2O.$$

Die Eigenschaften dieser Basen stimmen mit jener des oben beschriebenen Benzyloximids überein. Die Derivate des Anilins und des o-Anisidins können in der Färberei direkt verwendet werden.

Die besprochenen Verbindungen sind besonders durch folgende Eigenschaften charakterisiert: 1. in essigsaurer Lösung geben sie Isonitrosokörper; 2. diese Isonitrosoverbindungen paaren sich mit alkalischen Phenolen und Naphtolen, ähnlich den Diazoverbindungen; 3. dagegen geben diese Isonitrosoverbindungen beim Erhitzen nicht unter Stickstoffabspaltung Phenole, sondern gehen dabei sowie beim längeren Stehen der Lösung in Nitrosoverbindungen über; 4. ferner spaltet aus ihnen eine saure Jodkalilösung nicht Stickstoff, sondern unter teilweiser Jodierung NO ab; das jodsubstituierte Produkt gibt mit NaNO$_2$ in essigsaurer Lösung wieder eine Isonitrosoverbindung, die sich mit β-Naphtol zu orangefarbigen Farbstoffen paart; 5. aus der sauren Lösung der Nitrosoverbindung scheidet frisch gefälltes Kupfer NO und nicht Stickstoff aus; 6. die essigsaure Lösung wird durch Zinkstaub zu Hydrazin

$$C_6H_4 {\LARGE\Big\langle} {\overset{\displaystyle N.NH_2}{\underset{\displaystyle CH_2}{}}}$$

reduziert, welches in Essigsäure löslich ist; die freie Hydrazinbase wird durch Alkalien als weißer Niederschlag gefällt, der sich beim Trocknen hellgelb färbt; sie reduziert ammoniakalische Silberlösung langsam beim Kochen.

Der Imidcharakter der freien Basen kommt auch in ihrer

amorphen Form, ihrer Unlöslichkeit in den gewöhnlichen Lösungsmitteln, der geringen Wasserlöslichkeit ihrer Chlorhydrate und Sulfate zum Ausdruck. In Essigsäure sind sie löslich, beim Eindampfen der Lösungen bleiben gelatinöse Massen zurück, wobei die Essigsäure auch als Hydratessigsäure (ähnlich dem Hydratwasser der freien Basen) fungiert.

Die Kondensation von Acetessigester mit Formaldehyd.[1]

Eine Lösung von 12 g NaOH in 24 g Wasser wird unter Kühlung mit 38 g Acetessigester versetzt. Dabei bildet sich eine quarkartige weiße Masse, welche beim Abkühlen fest wird. Dieselbe wird mit 23 g Formaldehyd (38,9 %) verrieben, wobei Wärmeentwicklung beobachtet wird. Die homogene Masse spült man mit 24 g Wasser in ein Becherglas und erwärmt dieses im Wasserbad. Dabei scheidet sich am Boden ein Kristallbrei (Soda) aus, Äthylalkohol verdampft. Nach dem Abkühlen wird die Masse wieder mit Methylalkohol aufgenommen und nach dem Filtrieren die Lösung eingedampft. Die zurückbleibende Masse wird wiederholt mit Äther ausgezogen. Nach dem Abtreiben des Äthers verbleibt im Kolben ein angenehm riechendes gelbes Öl. Da sich dasselbe bei der Destillation (unter gewöhnlichem Druck) zersetzte, konnte es nicht näher untersucht werden.

Die mit Äther extrahierte Flüssigkeit wurde im Wasserbad etwas eingedampft, wobei kohlensaures und essigsaures Natron auskristallisierten. Nach Zusatz von Methylalkohol wird filtriert und mit Alkohol nachgewaschen. Aus dem Filtrat wird der Alkohol abgedampft und hierauf mit verdünnter Salzsäure bis zur sauren Reaktion versetzt, wobei sich ein orangefarbiger amorpher Körper ausscheidet. Ohne erst zu filtrieren, wurde im Wasserbade erhitzt. Am Boden des Gefäßes sammelte sich ein Öl, das beim Erkalten zu einem orangegelben Harz erstarrte. Da sich dasselbe in Äther kaum löste, behandelte ich mit Natronlauge. In dieser löste sich das Harz, was auf seinen sauren oder phenolartigen Charakter hinweist. Aus der alkalischen Lösung wurde die Substanz mit verdünnter Salz-

[1] Journ. russ. phys.-chem. Ges. 1906, 1200.

säure gefällt. Nach dem Auskochen mit Wasser wird bei 110—118° getrocknet. Bei dieser Temperatur bläht sich das Harz auf, ohne jedoch zu schmelzen. Die Substanz ist in Wasser wenig löslich, die wässerige Lösung reagiert gegen Lackmus schwach sauer. In Ätznatron, Ammoniak, Alkohol, Essigäther, Paratoluidin und Phenol ist die Substanz gut, in Äther wenig, in Benzol nicht löslich.

Für die Analyse wurde ein Teil der Substanz in Essig-äther gelöst; nach dem Abdunsten des Essigäthers blieb eine form-lose, schellackartige Masse zurück. Die Analyse gab C 70,5 %, H 8 %, O 21,5 %, die Molekulargewichtsbestimmung nach der kryoskopischen Methode (Lösungsmittel p-Toluidin) gab 156,5, beides in Übereinstimmung mit der Formel $C_9H_{12}O_2$.

Der Methyläther der Substanz, durch Kochen der alka-lischen Lösung mit CH_3J erhalten, ist in Benzol leicht, in Äther wenig löslich. Aus der Benzollösung scheidet er sich schellackartig ab.

Nach der Elementaranalyse, dem phenolartigen Charakter, welcher an den Dioxyhydroterophtalsäureäther erinnert, und endlich nach der Entstehung schreibe ich der Substanz die folgende Formel zu:

$$CH_3—C—CH—C(OH)$$
$$| \quad | \quad |$$
$$\quad \quad CH_2$$
$$| \quad | \quad |$$
$$OH—C—CH—C—CH_3$$

Die Bildung der Substanz kann durch die folgenden Gleichungen ausgedrückt werden:

1. $2 CH_3.CO.CHNa.COOC_2H_5 + CH_2O + H_2O$
   $= 2 CH_3.CO.CH_2.CH_2(OH) + Na_2CO_3 + CO_2 + 2 C_2H_5OH,$

2. $2 CH_3.CO.CH_2.CH_2(OH) + CH_2O$

$$CH_3.CO.CH.CH_2(OH)$$
$$= \quad CH_2 \quad + H_2O,$$
$$CH_3.CO.CH.CH_2(OH)$$

3. $CH_3.CO.CH.CH_2(OH) \quad CH_3.C—CH—C(OH)$
$$CH_2 \quad = \quad CH_2 \quad + 2 H_2O.$$
$$CH_3.CO.CH.CH_2(OH) \quad (OH)C—CH—CCH_3$$

Da sich aber nur ein Teil des Acetessigesters nach diesem
Schema mit Formaldehyd kondensiert, könnte daneben auch
Methylenacetessigester $CH_2[CH(COCH_3)COOC_2H_5]_2$ nach der
von K n ö v e n a g e l beobachteten Reaktion entstehen oder
Methylenacetessigester $CH_3COC(:CH_2)COOR$ nach D.R.P. 80216,
74884.

Da ich in der Reaktionsmischung auch essigsaures Natron
fand, findet bei der Kondensation durch Alkali offenbar auch
Säureabspaltung statt.

Interessant ist die Bildung des doppelten Fünferringes
und die Ähnlichkeit meines Produkts mit Schellack. Vielleicht
gelingt auf diesem Wege die Aufklärung der Struktur jener
Harze, deren Repräsentant der Schellack ist.

Kondensation einiger Oxysäuren mit Formaldehyd bei Einwirkung von Pikrinsäure.[1]

I. 15 g Pikrinsäure (1 Mol.), 5,1 g Formaldehyd (38,9 % ig)
(1 Mol.) und 13,7 g Zitronensäure (1 Mol.) werden in 95 % igem
Methylalkohol gelöst. Nach einigem Erhitzen im Wasserbade
wird der Alkohol abgetrieben. Dabei krystallisieren gelbliche
Plättchen aus, welche in Äther zum großen Teil löslich sind,
während ein weißes Pulver ungelöst zurückbleibt. Dasselbe
wird in siedendem Wasser gelöst und scheidet sich daraus
beim Erkalten wieder ab. Nach dem Auswaschen und Trocknen
zeigte die aus Methylalkohol erhaltene Kristallmasse den
Schmelzp. 98—118°. Dieselben wurden nochmals bei 110°
getrocknet, wobei endlich eine hygroskopisch dicke Flüssigkeit
von saurem Charakter zurückblieb, deren Oberfläche sich rasch
mit einer Kristallhaut bedeckte.

Die Analyse gab C 37,49 %, H 4,59 %, entsprechen $C_7H_{10}O_8$.
Bei der Titration von 0,8083 g mit $^1/_{10}$ N-NaOH. (Indikator:
Phenolphtalein) entspricht der Verbrauch an Lauge 0,0014 g
Säurewasserstoff. Hieraus ergibt sich das Molekulargewicht zu
220, während der obigen Formel 222 entspricht. Die Säure ist

---

[1] Journ. russ. phys.-chem. Ges. 1906, 1211.

daher einbasisch, und es kommt ihr eine der nachstehenden
Formeln zu:

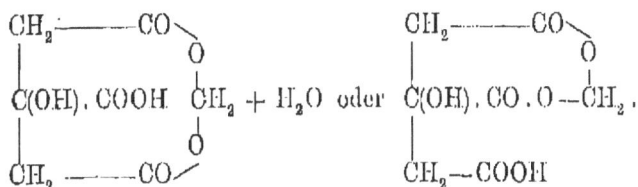

$$CH_2\text{---}CO \diagdown \atop O \qquad CH_2\text{---}CO \diagdown \atop O$$

$$C(OH).COOH \quad CH_2 + H_2O \quad \text{oder} \quad C(OH).CO.O\text{--}CH_2 ,$$

$$CH_2\text{---}CO \diagup \qquad CH_2\text{--}COOH$$

Bei längerem Kochen mit ammoniakalischer Silberlösung
wirkt die Säure schwach reduzierend. Auch scheidet sie aus
einer alkalischen Lösung des Doppelsalzes $2KJ.HgJ_2$, metallisches Quecksilber, aus. Durch die Einwirkung von Ammoniak
oder Ätzalkali wird also die —CH_2-Gruppe als CH_2O abgespalten.

Für die aus wässeriger Lösung erhaltene Fraktion ergab
die Titration mit $^1/_{10}$ N-NaOH (verbr. 12,45 ccm auf 0,306 g) das
Molekulargewicht 240 entsprechend $C_7H_{10}O_8 + 2H_2O$. Der
unscharfe Schmelzp. 98—118^0 erklärt sich daher durch allmählichen Wasserverlust und Übergang der Säure aus ($C_7H_{10}O_8$
+ $2H_2O$) in ($C_7H_{10}O_8 + H_2O$) und endlich in $C_7H_{10}O_8$.

Es gelang mir nicht, Salze der Säure darzustellen, da
beim Erwärmen der Substanz mit NH_3 und $CaCl_2$ Zersetzung,
vielleicht unter Bildung von Oxalsäure eintrat.

II. 30 g Pikrinsäure werden in 200 ccm Methylalkohol
(95$^0/_0$ig) gelöst und 20,15 g Formaldehyd (30$^0/_0$ig) und 9,89 g
Weinsäure zugegeben. Nach längerem Sieden wird der Alkohol
abdestilliert, worauf das Reaktionsprodukt in hellgelben Blättchen auskristallisiert. Dasselbe ist in Alkohol, Äther, Wasser,
Chloroform, Benzol und Nitrobenzol löslich. Nach wiederholtem Umkristallisieren aus Äther zeigt die Substanz den
Schmelzp. 115—117^0.

Die wässerige Lösung gibt mit KCN die Pikrinsäure-
reaktion und scheidet auf Zusatz von KJ, NH_4Cl die nadel-
förmigen Pikrate des Kaliums und des Ammoniums aus. Die
Doppelverbindung zerfällt also in wässeriger Lösung, und die
Pikrinsäure reagiert als solche.

Die Molekulargewichtsbestimmung nach der kryoskopischen
Methode gab die Werte 205 und 214; als Lösungsmittel diente
Nitrobenzol. Die Verbindung ist also in ihre Komponenten
zerfallen.

Die Acidität ließ sich wegen der gelben Farbe der Lösung nicht durch Titration bestimmen. Ich arbeitete daher auf Grund der Reaktion

$$KJO_3 + 5KJ + 6ROH \text{ (organ. Säurerest)} = 6J + 3H_2O + 6ROK,$$

wonach organische Säuren und Phenole von stark sauren Eigenschaften aus einer Lösung von KJO_3 und KJ freies Jod abspalten. So erhielt ich für das Molekulargewicht die Werte 206, 203. Das Molekül ist also auch hier in seine Komponenten zerfallen und die Acidität entspricht allein der Pikrinsäure.

Die Stickstoffbestimmung nach Dumas ergab 13,4 % entsprechend $2C_6H_2(NO_2)_3OH + C_6H_6O_6$ mit dem Molekulargewicht 682.

Unter der Einwirkung der Pikrinsäure kondensiert sich also 1 Mol. Weinsäure mit 2 Mol. Formaldehyd zu Dimethylentartrat, welches mit 2 Mol. Pikrinsäure ein Pikrat bildet. Da das Dimethylentartrat in denselben Agentien löslich ist wie die Pikrinsäure, gelingt die Trennung der beiden Substanzen nicht.

Herstellung eines Harzes aus Terpentin und Verwendung desselben in der Lackfabrikation (D.R.P. 191011).

Zu 100 Gew.-Tl. Terpentin (am besten und billigsten russisches oder polnisches) fügt man trofenweise unter Umrühren 100 Gew.-Tl. Schwefelsäure 66° Bé und hält dabei die Temperatur auf ca. 40° C. Hierauf setzt man tropfenweise 55—56 Gew.-Tl. Formaldehyd (40 %ig) zu, wobei wieder die Temperatur nicht über 40° steigen darf. Die saure Mischung läßt man 12 Stunden bei Zimmertemperatur stehen und neutralisiert dann mit Ammoniak (24 %ig), bis die schwarze Farbe der Masse in einen grünlichen Ton übergeht. Nach dem Erkalten saugt man die unter dem Harz befindliche Lösung von schwefelsaurem Ammon ab, mischt dann das Harz nochmals mit Ammoniak und erhitzt zum Kochen, wobei sich die Masse allmählich gelb oder gelbrot färbt. Dieselbe wird von der wässerigen Lösung getrennt, mit siedendem Wasser ausgewaschen und bei 70—80° getrocknet.

Man erhält so ein gelbbraunes Harz, welches sich in Alkohol, Benzol, Toluol, Äther, Essigäther teilweise mit gelber

Farbe löst. Das Produkt wird vollkommen löslich, wenn man es in einem hohen Destillierapparat über freiem Feuer erhitzt. Dabei beginnt bei ca. 80° Wasser mit etwas Öl (dem nicht in Reaktion getretenen Anteil des Terpentinöls) überzugehen; von 110—150° schäumt die Masse stark. Man erhitzt bis 290° und gießt die Schmelze aus. Sie erstarrt beim Abkühlen zu einem schwarzbraunen harten Harz, welches sich in Benzol, Toluol, Essigäther leicht und vollkommen, in Alkohol und Benzin nur teilweise löst. Die Lösungen in leichtem Steinkohlenteeröl und Essigäther geben rasch trocknende Lacke. Terpentinöl ist als Lösungsmittel nicht zu empfehlen, es verzögert das Trocknen des Lackes und macht ihn klebend. Durch Beimischen von organische Farbstoffe enthaltender Magnesia oder Zinkseifen kann man die Lacke färben. Sie sind durch besondere Elastizität ausgezeichnet. Die Ausbeute ist 80—83 aus 100 Terpentinöl. Das Harz wird auch in der Hitze von Alkalien nicht angegriffen. Seine Zusammensetzung habe ich nicht bestimmt, aller Wahrscheinlichkeit nach stellt es ein Gemenge von Kohlenwasserstoffen dar. Eine von Nastjukoff mitgeteilte Kondensation von Methylenkohlenwasserstoffen mit Formaldehyd bildet mit einigen Abänderungen die Grundlage für mein Verfahren. Den Verlauf der Reaktion stelle ich mir in folgender Weise vor: Die Pinene, welche den Hauptbestandteil des Terpentins bilden, geben mit der Schwefelsäure Additions- und Kondensationsprodukte und gehen z. T. in Isomere (z. B. Terpinolen) über. Mit Formaldehyd entstehen Methylolterpenschwefelsäureäther, welche bei der Behandlung mit Ammoniak oder Alkalien in 3- oder 4-atomige Methylolterpenalkohole übergehen; diese spalten beim Erhitzen 2 Mol. Wasser ab und bilden komplizierte Methylenverbindungen der Terpene oder Polyterpene. Bei der Wasserabspaltung beobachtet man eine Trübung der Masse, verursacht durch Oxydation an den Stellen der doppelten Bindung, d. h. eine Sauerstoffanlagerung, wie sie ähnlich beim Kautschuk beobachtet wurde (Harries).

Es ist sehr wichtig, daß das Terpentinöl nicht durch Kerosin gefälscht sei (wie es in Rußland der Fall ist), da sonst eine nicht schmelzende Masse entsteht, welche sich beim Erhitzen dunkel färbt und zersetzt, und sich in den Lösungs-

mitteln nicht vollkommen löst. Am besten bestimmt man
hierzu im Terpentinöl den Gehalt an Kohlenwasserstoffen,
welche durch konz. H_2SO_4 nicht gebunden werden. Ich führe
diese Untersuchung folgendermaßen aus: In einen graduierten
Zylinder gieße ich 10 ccm H_2SO_4 (60° Bé) und 5 ccm rauchende
Schwefelsäure; nach dem Durchmischen setze ich 10 ccm
Terpentinöl zu, schüttle um und lasse absitzen. Die von der
Schwefelsäure nicht gebundenen Kohlenwasserstoffe schwimmen
oben als schwarze Masse. Im Terpentinöl ist ein Gehalt von
12—15 % zulässig.

Das synthetische Harz kann in vielen Fällen billige Sorten
von Kopal ersetzen. Dem Terpentinöl kann man 30—50 %
Kolophonium zusetzen, ohne daß sich die Qualität des Harzes
und der daraus gewonnenen Lacke ändert. Wird das Erhitzen
im Vakuum durchgeführt, so dürfte die Farbe des Harzes weit
heller ausfallen.

Die Kondensation von Terpenen mit Säuren und Formaldehyd ist ein noch völlig unbetretenes Gebiet; seine Erforschung dürfte für die Technik von größtem Interesse sein.

III. Neue analytische Methoden zur Bestimmung des Formaldehyds.

Die Analyse des Formaldehyds.

I. Jodometrische Methode.[1]

Meine Untersuchungsmethode beruht auf der Reaktion

$$HgJ_2 . 2 KJ + 3 KOH + CH_2O = Hg + 4 KJ + HCO_2K + 2 H_2O.$$

Mischt man eine verdünnte Formaldehydlösung mit einer
alkalischen Lösung des Doppelsalzes ($HgJ_2 . 2 KJ$), so wird HgJ_2
zu metallischem Quecksilber reduziert, welches als amorphes
Pulver ausfällt. Dasselbe wird auf einem Asbestfilter gesammelt
und samt diesem in Natronlauge gebracht. Man setzt dann
einen Überschuß von $^1/_{10}$ N-Jodlösung zu, säuert an und titriert

---

[1] Journ. russ. chem.-phys. Ges. 1904.

mit $^1/_{10}$ N-Thiosulfatlösung zurück. Die durch das Quecksilber gebundene Menge Jodlösung gestattet die Berechnung des Formaldehydgehalts: 1 ccm $^1/_{10}$ N-Jodlösung = 0,01 g Hg = 0,0015 g CH_2O.

Zuerst wird das spezifische Gewicht des Formaldehyds bestimmt, z. B. 1,077 bei 15° C. 5 ccm desselben = 5,385 g werden auf 500 ccm verdünnt. Für jede Untersuchung verwendet man 5 ccm dieser Lösung und versetzt mit 10 ccm der Lösung des Doppelsalzes (I) und 10 ccm Kalilauge (II). Beim Mischen scheidet sich Quecksilber als graues Pulver ab. Man filtriert durch ein Asbestfilter und übergießt das Filter samt dem Quecksilber in einem Becherglas mit 10 ccm Natronlauge (III). Aus einer Bürette läßt man 30 ccm $^1/_{10}$ N-Jodlösung zufließen, neutralisiert die Lauge (am besten mit Essigsäure) und titriert das ausgeschiedene freie Jod mit $^1/_{10}$ N-Thiosulfatlösung. Wurden z. B. 24,9 ccm Thiosulfatlösung verbraucht und zum Zurücktitrieren wieder 5,5 ccm Jodlösung, so wurden für die Bindung durch Hg verbraucht 35,5 — 21,9 = 13,6 ccm. Dieselben entsprechen $^1/_{100}$ der angewandten Menge des Formaldehyds, daher der gesamten Menge 1360 ccm. 5,38 ccm enthalten daher 1360 × 0,0015 g CH_2O entsprechend 37,88 %.

Mein Verfahren garantiert größere Genauigkeit als die Romijnsche Jodmethode. Auch erlaubt es die Anwesenheit von Formaldehyd im Holzgeist festzustellen, indem aldehydhaltiger Holzgeist aus der alkalischen Lösung des Doppelsalzes ($HgJ_2 . 2KJ$) graues Quecksilber fällt, während sich bei einem Gehalt an Aceton oder dessen Homologen ein gelber Niederschlag bildet. Zur quantitativen Bestimmung des Formaldehyds im Holzgeist eignet sich jedoch die Reaktion nicht.

Zur Ausführung der Analyse sind die folgenden Lösungen erforderlich:

I. 30 g $HgCl_2$ und 130 g KJ werden auf 500 ccm gelöst.

II. 100 g KOH auf 200 ccm Wasser.

III. 10 g NaOH auf 100 ccm Wasser.

II. Gasvolumetrische Methode.

Wenn man zu einer alkalischen Lösung von $HgJ_2 . 2KJ$ einen Überschuß von schwefelsaurem Hydrazin $N_2H_4 . H_2SO_4$

(entweder in Form eines feinen Pulvers oder als Lösung) zusetzt und umschüttelt, so zersetzt sich Hydrazin unter Stickstoffentwicklung, während das Quecksilbersalz zu freiem Hg reduziert wird:

$$2\,HgJ_2 + N_2H_4 + 4\,NaOH = 2\,Hg + N_2 + 4\,NaJ + 4\,H_2O \,.$$

Führt man diese Reaktion im Reaktionsgefäß des Knoopschen Azotometers aus, so kann der entbundene Stickstoff in der Gasbürette über Wasser gemessen werden.

Fügt man aber zu dem gleichen Volum der Quecksilberlösung vorher 1—5 ccm Formaldehydlösung und schüttelt um, setzt hierauf schwefelsaures Hydrazin zu und schüttelt nochmals um, so setzt sich das Hydrazin nur mit dem Überschuß des Quecksilbersalzes um und die des entwickelten Stickstoffs ist entsprechend kleiner. Die Differenz der Stickstoffvolumina ermöglicht die Berechnung der zur Untersuchung verwendeten Menge CH_2O.

Die Formaldehydlösung, sowie die Lösungen von $(HgJ_2 \cdot 2\,KJ)$ und von KOH werden in gleicher Weise bereitet wie bei der Methode I.

Beispiel: a) 10 ccm der Quecksilberlösung und 10 ccm Kalilauge werden in das Reaktionsrohr des Azotometers gefüllt; in ein Kautschukhütchen oder Gläschen schüttet man ca. 0,5 g pulverförmiges schwefelsaures Hydrazin. Das Reaktionsrohr wird mit der Gasbürette verbunden und das Niveau des Wassers in der letzteren auf 0 eingestellt. Durch Schütteln entleert man das Hydrazin in die alkalische Quecksilberlösung. Sofort beginnt die Entwicklung des Stickstoffs, dessen Volum nach ca. $^1/_4$ Stunde in der Gasbürette abgelesen wird.

Volum des Stickstoffs 15,7 und 15,4 ccm,
i. M. 15,55 ccm bei 16° C., 740 mm,
= 14,02 ccm bei 0°, 760 mm.

b) In das Reaktionsrohr des Azotometers füllt man 10 ccm Quecksilberlösung, 10 ccm Kalilauge und 5 ccm Formaldehydlösung. Man schüttelt, führt Hydrazinsalz ein und schüttelt wieder.

Stickstoffausscheidung: 7,6 ccm bei 14,5°, 749 mm,
7,5 ccm bei 15°, 749,5 mm.
Bei 0° und 760 mm: 7,05 und 6,98 ccm, i. M. 6,97 ccm.

Die Differenz 14,02—6,97 = 7,05 ccm entspricht dem reduzierten Quecksilbersalz, also dem oxydierten Formaldehyd. Da 22 300 ccm N 60 g CH_2O entsprechen, also

1 ccm N 0,0026906 g CH_2O

ist die Formaldehydmenge in unserem Falle 0,0026906 × 7,05 = 0,019 g. 0,019 muß mit 100 und weiter mit 20 multipliziert werden, um den Prozentgehalt der ursprünglichen Lösung zu geben.

Die Anwesenheit von Aceton und anderen Ketonen stört den Gang der Analyse nicht; dagegen wirken höhere Aldehyde in gleicher Weise wie Formaldehyd und werden mitbestimmt.

IV. Die hydroschweflige Säure und das formaldehydsulfoxylsaure Natron.[)]

Konstitution der hydroschwefligen Säure und des formaldehydsulfoxylsauren Natrons.

Schützenberger, der das Natronsalz der hydroschwefligen Säure in Lösungen entdeckte, schrieb ihm zuerst die Formel $NaHSO_2$ zu und erklärte seine Entstehung nach der folgenden Gleichung:

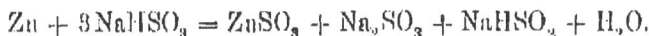

$$Zn + 3NaHSO_3 = ZnSO_3 + Na_2SO_3 + NaHSO_2 + H_2O.$$

Nach der Veröffentlichung von Bernthsens Untersuchungen war er jedoch genötigt, den Anschauungen dieses Forschers Rechnung zu tragen, und er drückte die Bildung des Salzes durch die folgende Gleichung aus:

$$Zn + 4NaHSO_3 = ZnSO_3 + Na_2SO_3 + NaHSO_2 + NaHSO_3 + H_2O.$$

Bernthsen gewann das Natronsalz durch Aussalzen der konz. Lösung mit Kochsalz in fester Form und stellte für die Säure die Formel $H_2S_2O_4$, für die Salze $Na_2S_2O_4$, ZnS_2O_2 usw. auf. Der Streit entschied sich zugunsten Bernthsens, zumal

[)] Journ. russ. chem.-phys. Ges. 30, 1588.

die Darstellung des reinen Natronsalzes durch Batzlen und durch Moissan dessen Ansichten bestätigte.

Als aber 1904 die Chemiker der Moskauer Firma Zindel, Baumann, Tesmar und Frossard[1]) durch Einwirkung von Formaldehyd aus hydroschwefligsaurem Natron ein Gemisch zweier Salze ($CH_2O . NaHSO_3$ und $CH_2O . NaHSO_2$) erhielten, sahen sie sich zur Annahme berechtigt, daß das hydroschwefligsaure Natron keine einheitliche Verbindung sei, sondern eine Mischung aus $NaHSO_2$ und $NaHSO_3$. Dieser Ansicht schloß sich auch Prud'homme an, und so war man wieder zur ursprünglichen Formel Schützenbergers zurückgekehrt. Dagegen wies Bernthsen darauf hin, daß das in der Mischung enthaltene $NaHSO_3$ durch Zinkstaub reduziert und durch Alkalien neutralisiert werden müßte, was nicht zutrifft, und schlug vor, die Namen „Hydrosulfite", „Hydroschweflige Säure" für Verbindungen vom Typus $Na_2S_2O_4$ bestehen zu lassen.[2]) Aber selbst wenn man sich auf diese Formel einigt, gehen die Meinungen über die Struktur der Verbindung auseinander. Bernthsen und Batzlen betrachten die Salze der hydroschwefligen Säure als Salze des gemischten Anhydrids der schwefligen Säure und der hypothetischen Sulfoxylsäure $NaOS—O—SO_2Na$, Bucherer und Schwalbe dagegen halten die Bildung von anhydridartigen Verbindungen unter den Bedingungen, unter welchen sich die Hydrosulfite bilden, für sehr unwahrscheinlich, auch stehe es im Widerspruch zu aller bisherigen Erfahrung, daß solche Verbindungen in stark alkalischen Lösungen ihren Anhydridcharakter bewahren. (Es sei hier an die Annahme Bernthsens erinnert, daß das kristallinische hydroschwefligsaure Natron aus seinen Lösungen durch Ätznatron ausgesalzen werde, und an die Angaben der deutschen Patente 171382, 171863.) Bucherer und Schwalbe nehmen daher eine symmetrische Konfiguration an mit direkter Bindung zwischen den Schwefelatomen der hydroschwefligen Säure

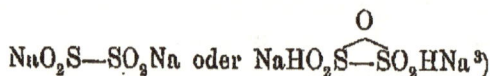

$$NaO_2S—SO_2Na \text{ oder } NaHO_2\overset{O}{\overbrace{S—S}}O_2HNa\ [3])$$

---

[1]) Revue gén. des matières color. 8, 858.

[2]) Ber. 38 (1905), 1050.

[3]) Ztschr. f. ang. Chem. 17 (1904), 1447; Ber. 39 (1906), 2814.

und erklären die Bildung dieser Verbindung durch folgende Analogien:

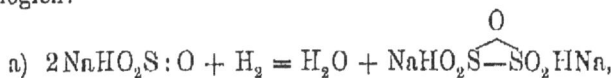

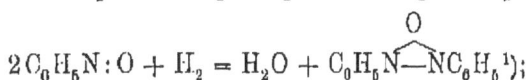

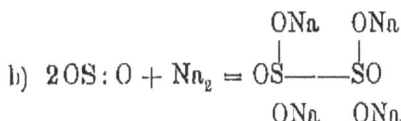

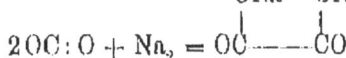

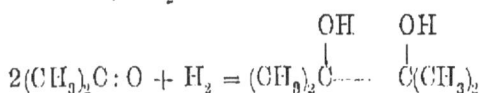

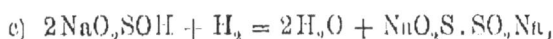

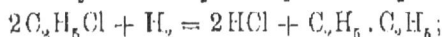

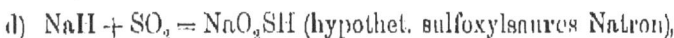

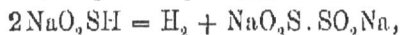

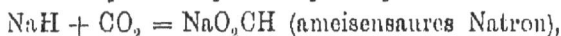

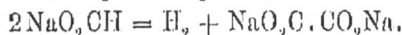

a) $2\,NaHO_2S:O + H_2 = H_2O + NaHO_2S\overset{O}{\frown}SO_2HNa,$

$2\,C_6H_5N:O + H_2 = H_2O + C_6H_5N\overset{O}{\frown}NC_6H_5{}^1);$

b) $2\,OS:O + Na_2 = O\overset{ONa}{\underset{|}{S}}\text{———}\overset{ONa}{\underset{|}{S}}O$

$2\,OC:O + Na_2 = O\overset{ONa}{\underset{|}{C}}\text{————}\overset{ONa}{\underset{|}{C}}O$

$2\,(CH_3)_2C:O + H_2 = (CH_3)_2\overset{OH}{\underset{|}{C}}\text{———}\overset{OH}{\underset{|}{C}}(CH_3)_2$

c) $2\,NaO_2SOH + H_2 = 2\,H_2O + NaO_2S.SO_2Na,$

$2\,C_2H_5Cl + H_2 = 2\,HCl + C_2H_5.C_2H_5;$

d) $NaH + SO_2 = NaO_2SH$ (hypothet. sulfoxylsaures Natron),

$2\,NaO_2SH = H_2 + NaO_2S.SO_2Na,$

$NaH + CO_2 = NaO_2CH$ (ameisensaures Natron),

$2\,NaO_2CH = H_2 + NaO_2C.CO_2Na.$

Der Parallelismus zwischen dem Formiate und dem hypothetischen sulfoxylsauren Natron veranlaßt die beiden Autoren zur Annahme, daß die Sulfoxylsäure eine unbeständige Verbindung sei, welche schon bei niedrigen Temperaturen dieselbe Veränderung erleidet, wie die Formiate bei Temperaturen über 400°.

In Anwesenheit von Formaldehyd wird die symmetrische Verbindung hydrolysiert und zerfällt in zwei ungleiche Teile:

$$NaHO_2S\overset{O}{\frown}SO_2HNa + 2\,CH_2O = NaHO_2SO.CH_2O + SO_2NaH.CH_2O.$$

Auch die Bildung des hydroschwefligsauren Natrons aus formaldehydsulfoxylsaurem Natron und Bisulfit verläuft nach der Gleichung

---

¹) Nabl, Monatsh. f. Chem. 1800, 679.

$$NaHSO_2 . CH_2O + 2NaHSO_3 = [H_2O + CH_2ONaHSO_3] + Na_2S_2O_4$$
analog

$$C_6H_5NO + (OH)HN : C_6H_5 = H_2O + C_6H_5NONC_6H_5 .$$

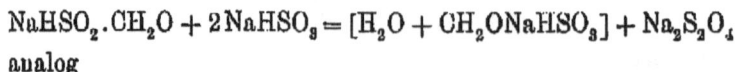

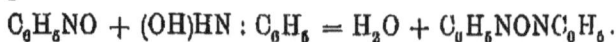

Bucherer und Schwalbe beweisen ihre Theorie nur
durch Analogien aus der organischen Chemie, ohne sie durch
analytische oder thermochemische Daten zu begründen, und
vergessen, daß Analogieschlüsse nur mit größter Vorsicht anzuwenden sind.

In der einen von ihnen vorgeschlagenen Formel NaO_2S .
SO_2Na wird zwischen den Schwefelatomen die Bindung analog
der Dithionsäure angenommen, in der zweiten außerdem noch
ein maskierter Anhydridsauerstoff, den sie in der Bernthsenschen Formel so heftig bekämpft hatten. Der leichte Zerfall
der Verbindung in zwei ungleiche Teile ist eine Tatsache,
welche entschieden gegen die Annahme einer symmetrischen
Konfiguration und der Dithionbindung sprechen. Gegen die

$$\overset{O}{NaHO_2S—SO_2Na}$$

Formel $NaHO_2S—SO_2Na$ mit dem sechswertigen Schwefel
spricht außer allem anderen die reduzierende Wirkung der
Substanz, und gegen die anhydridartige Formulierung läßt sich
dasselbe einwenden, was Bucherer und Schwalbe gegen die
Bernthsensche Formel vorgebracht haben. Ferner wird beim
unsymmetrischen Zerfall der anhydrischen Verbindung nicht
vorherige Wasseranlagerung und dann erst die Kondensation
der einzelnen Teile mit CH_2O angenommen, sondern eine ein-
seitige Bewegung des Sauerstoffs, welche als ein versteckter
Zerfall von Wasser in H und OH aufzufassen ist; ein solcher
Zerfall ist nur bei Wärmezufuhr von außen möglich, während
sich die Hydrolyse des hydroschwefligsauren Natrons bei Einwirkung von Formaldehyd unter Wärmeentbindung vollzieht.
Außerdem ist die Annahme, daß die Konfiguration mit dem
6-wertigen Schwefel, also die Verbindung mit der geringsten
potentiellen Energie, unter Wärmeentwicklung in eine Konfiguration mit 4-wertigem und eine mit 2-wertigem Schwefel
zerfällt, also in Verbindungen von größerem Energievorrat
vom thermochemischen Standpunkt unhaltbar. Auch bei
der Sprengung der Dithionbindung kann nicht Wärme frei-
werden.

Um zur Lösung der Konstitutionsfrage das nötige Material zu schaffen, habe ich frisch bereitete Lösungen von hydroschwefligsaurem Natron auf ihr Verhalten gegen $1/_{10}$ N-Jodlösung, $1/_{10}$ N-Natronlauge, neutrale und alkalische Lösung von $HgJ_2 . 2 KJ$ untersucht und außerdem ihren Titer gegen $1/_{10}$ N-Lauge nach der Behandlung mit Jod und mit $HgJ_2 . 2 KJ$ festgestellt. Die Ergebnisse dieser Untersuchungen führten mich zu meiner Theorie vom Wechsel in der Atomgruppierung und von der Veränderung der Wertigkeit.

Die Bildung des hydroschwefligsauren Natrons.

In den mehr oder weniger konzentrierten Lösungen der Bisulfite herrscht immer ein Gleichgewichtszustand zwischen zwei verschiedenen Konfigurationen

$$\text{I. } O:\overset{IV}{S}\diagdown_{ONa}^{OH} \quad \text{und} \quad \text{II. } O:\overset{}{S}:O\diagup^{OH}_{}\diagdown_{Na}$$

Beim Konzentrieren der Lösung vereinigen sich die beiden Konfigurationen zu pyroschwefligen Salzen

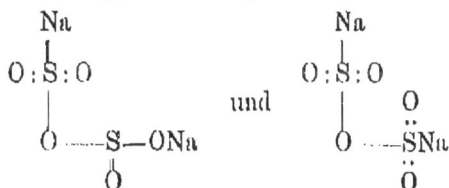

$$\begin{matrix} Na & & Na \\ | & & | \\ O:S:O & & O:S:O \\ | & \text{und} & | \quad\quad O \\ O\text{---}S\text{---}ONa & & O\text{---}SNa \\ | & & \\ O & & O \end{matrix}$$

Das Salz strebt also danach, ein System mit 4- und mit 6-wertigem Schwefel zu bilden, welches in ein System mit nur 6-wertigem Schwefel übergeht.

Auch in den Lösungen der neutralen Salze Na_2SO_3 und K_2SO_3 existieren beide Formen, und jene mit dem 4-wertigen Schwefel sucht in jene mit 6-wertigem überzugehen. Nur die Anwesenheit der letzteren Form vermag die Bildung von dithionsaurem Salz aus Na_2SO_3 und Jod und die Bildung von nitrilsulfosaurem Kali aus KNO_2 und K_2SO_3 zu erklären:

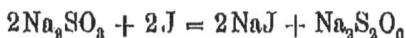

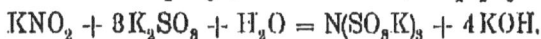

$$2 Na_2SO_3 + 2 J = 2 NaJ + Na_2S_2O_6$$

$$KNO_2 + 3 K_2SO_3 + H_2O = N(SO_3K)_3 + 4 KOH.$$

Von diesen zwei Formen unterliegt die eine der Oxydation durch den Sauerstoff der Luft bei gleichzeitiger Neutralisierung der Lösung mit $^1/_{10}$ N-Natronlauge rascher. (So erkläre ich mir die Beobachtung Ruschigs, Ztschr. f. ang. Chem. **16**, 680 u. 1407; **18**, 1756.) Bei der Einwirkung von Formaldehyd auf eine Lösung von Na_2SO_3 bildet sich $NaHSO_3 . CH_2O$ und NaOH nach dem Schema:

$$\underset{\underset{ONa}{|}}{\overset{\overset{Na}{|}}{O:S:O}} + CH_2(OH)_2 = \underset{\underset{OCH_2OH}{|}}{\overset{\overset{Na}{|}}{O:S:O}} \quad + NaOH .$$

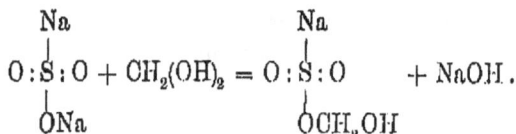

Dem Formaldehydbisulfit kommt die hier angenommene Formel zu, da es von Jod in neutraler Lösung nicht oxydiert wird, was nur durch das Vorhandensein des 6 wertigen Schwefels zu erklären ist. Dagegen zeigt das Natron in dieser Verbindung andere (gewissermaßen saure) Eigenschaften als in $Na_2S_2O_3$, so daß es nicht mit Jod unter Bildung einer Dithionverbindung reagiert;

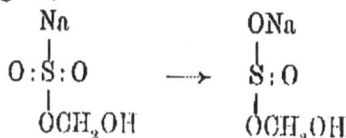

$$\underset{\underset{OCH_2OH}{|}}{\overset{\overset{Na}{|}}{O:S:O}} \quad \longrightarrow \quad \underset{\underset{OCH_2OH}{|}}{\overset{\overset{ONa}{|}}{S:O}}$$

Naszierender Wasserstoff reduziert Bisulfit zum hypothetischen sulfoxylsauren Natron, wobei eine Struktur nach Formel I anzunehmen ist. Im Reduktionsprodukt ist der Schwefel 2-wertig.

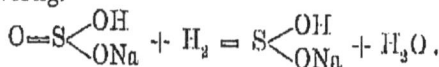

$$O=S{\overset{OH}{\underset{ONa}{<}}} + H_2 = S{\overset{OH}{\underset{ONa}{<}}} + H_2O .$$

Diese Verbindung existiert in freiem Zustande nicht, sondern geht sofort in eine Form mit 4 wertigem Schwefel über:

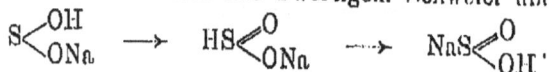

$$S{\overset{OH}{\underset{ONa}{<}}} \quad \longrightarrow \quad HS{\overset{O}{\underset{ONa}{<}}} \quad \longrightarrow \quad NaS{\overset{O}{\underset{OH}{<}}} .$$

Nach Formel II entsteht bei der Reduktion ein Derivat des 4-atomigen Schwefels

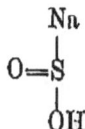

$$\underset{\underset{OH}{|}}{\overset{\overset{Na}{|}}{O=S}}$$

Diese Verbindung reagiert analog den Aldehyden und Ketonen

(a) 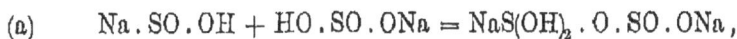 $Na.SO.OH + HO.SO.ONa = NaS(OH)_2.O.SO.ONa,$

(b) 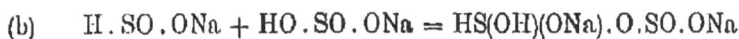 $H.SO.ONa + HO.SO.ONa = HS(OH)(ONa).O.SO.ONa$

und unter Wasserabspaltung bildet sich

(a')  $Na.SO.O.SO.ONa.$

Daher finden sich in jeder Lösung von hydroschwefligsaurem Natron saure und neutrale Produkte, und zwar betragen die ersteren (b) ungefähr $^2/_3$, die letzteren (a') ungefähr $^1/_3$ der Gesamtmenge, wie sich durch Titration der $1\,^0/_0$igen Lösung mit $^1/_{10}$ N-NaOH (Indikator: Phenolphtalein) feststellen läßt. Außerdem findet sich in den meisten Fällen noch Hydrosulfit in der freien Form $H.SO.ONa$ oder $Na.SO.OH.$

Die den Aldehyd- oder Ketonbisulfiten analogen Verbindungen kann man als Bisulfithydrosulfite bezeichnen. Das Natronsalz kristallisiert mit $2\,H_2O$ und hat die Zusammensetzung:

 $$[NaS(OH)_2O.SO.ONa + H_2O]$$

oder

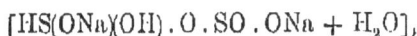 $$[HS(ONa)(OH).O.SO.ONa + H_2O],$$

also $Na_2S_2O_4 . 2H_2O$ entsprechend der Bernthsenschen Formel.

In konzentrierter Lösung geht das Produkt b in a' über:

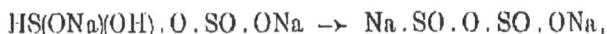 $$HS(ONa)(OH).O.SO.ONa \rightarrow Na.SO.O.SO.ONa,$$

während sich in verdünnter Lösung ein bewegliches Gleichgewicht zwischen den beiden Produkten einstellt.

Der unmittelbar an S gebundene Wasserstoff (oder das Metall) hat reduzierende Eigenschaften und erinnert dadurch an 1 Atom H in der phosphorigen oder 2 Atome H in der unterphosphorigen Säure, zeigt jedoch im Gegensatze zu diesen Verbindungen in wässeriger Lösung eine gewisse Beweglichkeit indem er mit Na den Platz wechselt (Übergang von b in a' und umgekehrt). Auf der Eigentümlichkeit dieses Wasserstoffs (oder Metalls) beruht auch die reduzierende Wirkung der Hydrosulfite auf $AgNO_3$, $(HgJ_2 . 2KJ)$, Indigo usw. Die Reduktion von $CuSO_4$ zu Oxydul gelingt nur in ammoniakalischer oder alkalischer Lösung. Durch den Sauerstoff der

Luft wird der Wasserstoff oxydiert. Interessant ist die Einwirkung von $(HgJ_2 . 2KJ)$ in neutraler wässeriger Lösung:

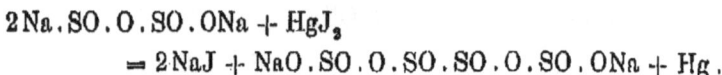

$$2Na . SO . O . SO . ONa + HgJ_2$$
$$= 2NaJ + NaO . SO . O . SO . SO . O . SO . ONa + Hg .$$

Die neue Verbindung dissoziiert in wässeriger Lösung. Wird die filtrierte Lösung mit $^1/_{10}$ N-NaOH titriert, so entspricht der Verbrauch an letzterem nur der Neutralisierung des Bisulfits:

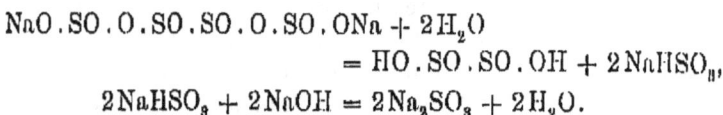

$$NaO . SO . O . SO . SO . O . SO . ONa + 2H_2O$$
$$= HO . SO . SO . OH + 2NaHSO_3,$$
$$2NaHSO_3 + 2NaOH = 2Na_2SO_3 + 2H_2O.$$

Jod wirkt im Sinne der folgenden Gleichung auf die Bisulfithydrosulfite ein:

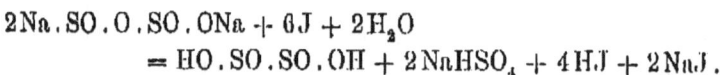

$$2Na . SO . O . SO . ONa + 6J + 2H_2O$$
$$= HO . SO . SO . OH + 2NaHSO_4 + 4HJ + 2NaJ .$$

Dagegen entspricht die von Bernthson[1] angenommene Gleichung:

$$Na_2S_2O_4 + 6J + 4H_2O = 2NaHSO_4 + 6HJ$$

nicht der Wirklichkeit, und damit fällt eines der Argumente weg, welche Bernthson gegen Schützenberger geltend machte.

Titriert man die mit Jod behandelte Lösung mit $^1/_{10}$ N-Lauge, so braucht man dreimal mehr, als nach der Behandlung mit dem Quecksilberdoppelsalz. Die Verbindung HO . SO . SO . OH besitzt keine sauren Eigenschaften; ich nehme daher an, daß sie in das Anhydrid $O : \overset{O}{\overset{\frown}{S—}}S : O$ übergeht. Deswegen findet bei der Einwirkung von Jod öfters weitergehende Zersetzung und Schwefelausscheidung statt. Die jodierte Lösung hat immer einen eigentümlichen Geruch.

Die freien Hydrosulfite $Na . SO . OH$ oder $H . SO . ONa$ verhalten sich gegen Jod und gegen HgJ_2 ebenso wie die Kondensationsprodukte.

---

[1] Ber. 38 (1905), 1049.

$$2 Na . SO . OH . + 2 J = 2 NaJ + OH . SO . SO . OH (\overset{O}{\overbrace{SO.SO}}),$$

$$2 Na . SO . OH + HgJ_2 = 2 NaJ + Hg + OH . SO . SO . OH (\overset{O}{\overbrace{SO.SO}})$$

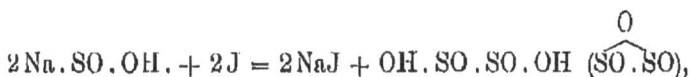

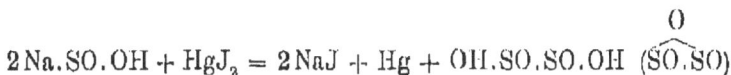

Dagegen verläuft die Reaktion mit alkalischer Lösung von $(HgJ_2 . 2 HJ)$ ganz anders:

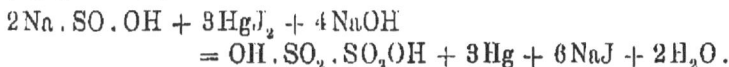

$$2 Na . SO . OH + 3 HgJ_2 + 4 NaOH$$
$$= OH . SO_2 . SO_2 OH + 3 Hg + 6 NaJ + 2 H_2O .$$

Es entsteht dithionsaures Natron, und es scheidet sich weit mehr Quecksilber aus als im eben erwähnten Falle. Ebenso verläuft die Reaktion mit ammoniakalischer Kupferlösung, womit auch das zweite Argument Beruthsens gegen Schützenberger entfällt:

$$2 Na . SO.OH + 6 CuO + H_2O = OHSO_2 . SO_2 OH + 3 Cu_2 O + 2 NaOH.$$

Analyse des festen hydroschwefligsauren Natrons.

a) 10 g
b) 10,1312 g
c) 10,0762 g
d) 9,8076 g

festes hydroschwefligsaures Natron der Badischen Anilin- und Sodafabrik wurden in 1 Liter Wasser gelöst, zu jeder Titration werden hiervon 25 ccm genommen.

Bei der Probenahme ist darauf Rücksicht zu nehmen, daß sich das feste Hydrosulfit in den groben Stücken besser hält als im Pulver. Die Lösungen verändern sich rasch; zur Titration wurden sie nur in der ersten Stunde nach ihrer Bereitung verwendet. Die Lösungen reagieren gegen Lackmuspapier sauer: obwohl sie das Papier bleichen, ist doch am Rande des zerflossenen Tropfens die rote Färbung erkennbar.

Zur Titration sind die folgenden Lösungen erforderlich: $^1/_{10}$ N-Jodlösung, $^1/_{10}$ N-Thiosulfatlösung, $^1/_{10}$ N-Natronlauge und eine Lösung von $(HgJ_2 . 2 KJ)$ (30 g HgJ_2 und 180 g KJ werden auf 500 ccm gelöst).

1. 25 ccm der Hydrosulfitlösung werden unter Zusatz von 1 — 2 Tropfen Phenolphtalein mit $^1/_{10}$ N-Natronlauge bis zu bleibender Rotfärbung titriert. Verbrauch an $^1/_{10}$-NaOH:

für b) 10 ccm
„ d) 10 „ } vgl. 3) und 5).

2. Man bestimmt vorher, wieviel $\frac{1}{10}$ N-Jodlösung von 25 ccm gebläuter Stärkelösung verbraucht werden. Hierauf läßt man aus der Bürette einen Überschuß von Jodlösung, z. B. 50—55 ccm ausfließen und gibt 25 ccm Hydrosulfitlösung zu; der Überschuß der Jodlösung wird mit $\frac{1}{10}$ N-Thiosulfat-lösung zurücktitriert. Verbraucht

für a) 52,6 ccm $\frac{1}{10}$ N-Jodlösung,
  b) 52,8
  c) 50,54 „ „ „
„ d) 55,75 „ „ „

3. Die mit Jodlösung titrierte Probe verbraucht
bei c) 44,35—44,4 ccm $\frac{1}{10}$ N-Natronlauge,
davon $\frac{1}{3}$ = 14,8 (vgl. 5).

4. 25 ccm der Hydrosulfitlösung werden mit 10 ccm $(HgJ_2 . 2KJ)$-Lösung versetzt. Nach dem Filtrieren vom ausgeschiedenen Hg wird mit $\frac{1}{10}$ N-Jodlösung titriert. Verbraucht

für b) 32,95 ccm; davon die Hälfte 16,48 ccm,
  c) 30,0   „   15,0
„ d) 34,5   ;   „   „   17,25 „

5. Nach der Behandlung mit dem Quecksilberdoppelsalz und der Filtration vom Hg wird mit $\frac{1}{10}$ N-NaOH unter Zusatz von 1—2 Tropfen Phenolphtalein titriert. Verbraucht

für a) 15,3 ccm,
  b) 15,4 „
„ c) 14,7

6. 5 ccm der Hydrosulfitlösung werden mit 15 ccm alkalischer $(HgJ_2 . 2KJ)$-Lösung versetzt (10 ccm der oben erwähnten $HgJ_2 . 2KJ$-Lösung werden mit 5 ccm KOH (1:1) vermischt). Das Quecksilber wird auf einem Asbestfilter gesammelt und ausgewaschen und hierauf samt dem Asbestfilter mit Natronlauge behandelt. Zu der alkalischen Flüssigkeit setzt man 50 ccm $\frac{1}{10}$ N-Jodlösung, säuert mit Essigsäure an und titriert das freie Jod mit $\frac{1}{10}$ N-Thiosulfatlösung (da der aufgequollene Asbest das Erkennen der blauen Färbung erschwert, empfehle ich, die Operation in einem großen breiten Glase vorzunehmen und nach dem Zusatz der Jodlösung stark zu verdünnen). Verbraucht

für d) 6,8 ccm $\frac{1}{10}$ N-Jodlösung, daher auf 25 ccm 34,0 ccm.

7) 25 ccm Hydrosulfitlösung werden nach 1—2 tägiger Oxydation mit Luftsauerstoff mit 10 ccm HgJ$_2$. 2 KJ versetzt und nach dem Filtrieren von einem event. Niederschlag mit $^1/_{10}$ N-NaOH titriert. Verbraucht

für b) 9,3—9,0 ccm.

8. 25 ccm Hydrosulfitlösung werden nach 1—2 tägiger Oxydation mit Luftsauerstoff mit $^1/_{10}$ N-Jodlösung titriert. Verbraucht:

für a) 31,0 ccm,
b) 29,64 „ ,
c) 32,8 ccm.

9. 25 ccm Hydrosulfitlösung werden nach 1—2 tägiger Oxydation mit Luftsauerstoff und darauffolgender Behandlung mit Jodlösung mit $^1/_{10}$ N-Natronlauge titriert. Verbraucht:

für b) 26,5 ccm,
c) 24,85
„ d) 24,6 „ .

Diese Zahlen sind die Summen der entspr. unter 1 und 5 gewonnenen.

10. Bei Gegenüberstellung der unter 2 und 4 gewonnenen Zahlen findet man, daß dem reduzierten Quecksilber entsprochen:

bei a) 52,60—30,60 = 22,00 ccm $^1/_{10}$ N-Jodlösung,
b) 52,80—32,95 = 19,85
„ c) 50,54—30,00 = 20,54
„ d) 55,75—34,50 = 21,25 „

Zwischen den Zahlen unter 4 und jenen unter 8 bestehen Differenzen, verursacht durch die teilweise Oxydation des Sulfits durch den Luftsauerstoff.

11. Der Unterschied zwischen den Zahlen unter 4 und 10 ist durch das Vorhandensein von freien Hydrosulfitmolekülen verursacht.

12. Die Abweichungen zwischen den halben Zahlen unter 4 und den Zahlen unter 8 und 5 sind durch den Gehalt der untersuchten Präparate an neutralem Sulfit bedingt.

13. Die Zahlen unter 5 sind gleich $^1/_3$ der Zahlen unter 8.

14. Durch Vergleich der Zahlen unter 8 mit 8 und 5 ergibt sich, daß das Natriumhydrosulfit ungefähr zu $^2/_3$ aus

saurem und zu $^1/_8$ aus neutralem Kondensationsprodukt besteht (in Übereinstimmung mit meiner Theorie).

15. Stellt man die Zahlen unter 6 den Differenzen unter 10 gegenüber, so findet man z. B. für d) einen Unterschied von 12,75 ccm, dadurch verursacht, daß die freie hydroschweflige Säure aus einer alkalischen Quecksilberjodidlösung dreimal soviel Jod ausscheidet, wie aus einer neutralen.

Die Analyse des festen Hydrosulfits kann daher in folgender Weise ausgeführt werden.

Die Durchschnittsprobe wird mit Sorgfalt genommen, für jede Untersuchung werden 0,2—0,25 g abgewogen.

1. In eine Stöpselflasche läßt man aus der Bürette 50—60 ccm $^1/_{10}$ N-Jodlösung einfließen, verdünnt mit 50 ccm Wasser und fügt das eingewogene Hydrosulfit hinzu. Man wartet, bis sich dasselbe gelöst hat und titriert dann den Jodüberschuß mit Thiosulfatlösung zurück. Jodverbrauch = a ccm.

2. Eine zweite Einwage versetzt man mit 10 ccm (HgJ$_2$. 2KJ) und wartet bis zur Lösung. Das ausgeschiedene Quecksilber wird filtriert und die Lösung mit $^1/_{10}$ N-Jod titriert. Jodverbrauch = b ccm.

3. Eine dritte Einwage 0,04—0,05 g bringt man in eine Mischung von 10 ccm (HgJ$_2$. 2KJ)-Lösung mit 5 ccm KOH (1:1). Nachdem sich die Substanz gelöst hat, filtriert man vom abgeschiedenen Quecksilber durch ein Asbestfilter und bringt dann Quecksilber samt Filter in 60 ccm $^1/_{10}$ N-NaOH. Nach Zusatz von 50 ccm $^1/_{10}$ N-Jodlösung säuert man mit Essigsäure an und titriert mit Thiosulfatlösung zurück. Verbrauchte Jodlösung = c ccm.

Auf 1 g Hydrosulfit bezogen, erhalten wir aus a, b und c — A B und C. Es sei $A - B = D$ und $C - D = E$. Dann ist $D - \frac{E}{2} =$ die reduzierende Wirkung der Verbindung Na.SO.OSO$_2$Na und $\frac{E}{2}$ die reduzierende Wirkung der Verbindung Na.SO.OH.

Drückt man die reduzierende Kraft in H$_2$ als Einheit aus, so erhält man, da 1 J = 1 H, einerseits $(D - \frac{E}{2}).100.0,0001\%$ H, andrerseits $\frac{E}{2}.100.0,0001\%$ H.

Die Struktur der hydroschwefligen Säure.

Im Natriumhydrosulfit sind freie Moleküle $NaSO.OH$ enthalten, falls dasselbe nur aus Bisulfit und Zinkstaub hergestellt wurde. Dagegen finden sich diese freien Moleküle nicht oder nur in ganz geringem Maße, wenn dem Bisulfit vor der Behandlung mit Zinkstaub eine wässerige Lösung von SO_2 (4°B.) zugesetzt wurde. Die Anwesenheit von $NaSO.OH$-Molekülen in freier Form verursachte die irrige Behauptung Bornthsons, daß die Oxydation von Hydrosulfit zu Schwefelsäure 3 Atome Jod und 1 Atom ammoniakalisches Kupfervitriol erfordert.

Bei der Einwirkung von SO_2 auf metallisches Natrium entsteht gleichfalls ein hydroschwefligsaures Natron von der Zusammensetzung $Na_2S_2O_4$. Die Struktur dieser Verbindung ergibt sich aus folgender Überlegung.

Bekanntlich besitzt SO_2 außer reduzierenden auch oxydierende Eigenschaften; z. B. brennt angezündeter Magnesiumdraht in SO_2 weiter, wobei neben MgO Schwefel entsteht; H_2S wird durch SO_2 oxydiert. Die Oxydation des metallischen Natriums verläuft nach meiner Ansicht folgendermaßen:

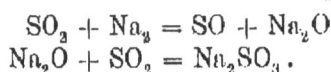

$$SO_2 + Na_2 = SO + Na_2O$$
$$Na_2O + SO_2 = Na_2SO_3 .$$

Das Schwefeloxyd SO wurde bisher im freien Zustand nicht erhalten: es vereinigt sich sofort mit Na_2SO_3 zu $Na_2S_2O_4$:

$$SO + Na_2SO_3 = Na.SO.O.SO_2Na .$$

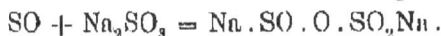

Dasselbe gilt von der Zusammensetzung des ZnS_2O_4.

Wenn wir zum Schlusse fragen, welche Formel der hydroschwefligen Säure die richtigere ist, diejenige von Schützenberger oder diejenige von Bornthson, so muß man antworten, daß für jede eine gewisse Berechtigung besteht. Die Bornthsonsche Formel entspricht dem bisulfithydroschwefligsauren Natron (in der Technik Hydrosulfit oder hydroschwefligsaures Natron genannt): $Na.SO.OSO_2Na$ oder $HS(ONa)(OH)OSO_2Na$, also dem Additionsprodukt, nicht der hydroschwefligen Säure selbst oder ihrem Salze. Die Formel von Schützenberger H_2SO_2 (oder $NaHSO_2$ für das Salz) entspricht der (in freiem Zustande freilich noch nicht bekannten) Verbindung selbst; gibt man dem Schwefeloxyd die Formel SO und ihrem Hydrat die

Formel $S(OH)_2$, so ist die hydroschweflige Säure nichts anderes als eben dieses Hydrat des Schwefeloxyds. Die Bezeichnung „Sulfoxylsäure" halte ich nicht für glücklich gewählt, da sie die Oxydationsstufe des Schwefels mangelhaft zum Ausdruck bringt, der Name hydroschweflige Säure dagegen trägt, abgesehen von der historischen Gerechtigkeit, der Entstehung der Säure Rechnung. Da bereits die Wasserstoffverbindung des Schwefels sauren Charakter hat, muß man von dem Hydrat des Schwefeloxyds (der hydroschwefligen Säure) denselben in gesteigertem Maße erwarten. Doch ist diese Säure nicht zweibasisch, sondern nur einbasisch, ähnlich der unterphosphorigen Säure, d. h. in wässeriger Lösung erfahren ihre Salze sofort die Umlagerung $NaO.S.OH$ in $NaO.SO.H$ oder $Na.SO.OH$. In diesen Formen sind dann die Hydrosulfite zur Bildung von Additionsprodukten befähigt: $NaO.SH(OH).OSO_2Na$ oder $Na.SO.OSO_2Na$ und $NaO.SH(OH).OCH_2OH$ und $Na.SO.O.CH_2.OH$. Meine Theorie von den Strukturänderungen der Sauerstoff-Wasserstoffverbindungen des Schwefels liegen daher die folgenden Annahmen zugrunde:

1. Der Schwefel kann in seinen Verbindungen 2-, 4- oder 6 wertig sein.

2. Geht bei der Umlagerung einer Verbindung die Wertigkeit des Schwefels auf eine höhere Stufe über, so ist die neue Verbindungsform die beständigere.

3. Existiert eine Verbindung in zwei Formen, von denen die eine 4-, die andere 6 wertigen Schwefel enthält, so strebt die niedrigere Form in die höhere, als die beständigere

$$\text{überzugehen: } O{:}S\underset{ONa}{\overset{ONa}{<}} \longrightarrow O{:}\overset{\overset{Na}{|}}{S}{:}O. \quad \underset{ONa}{} \quad \text{Dasselbe gilt für die}$$

Formen mit 2- und 4 atomigem Schwefel

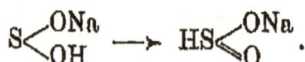

$$S\underset{OH}{\overset{ONa}{<}} \longrightarrow HS\underset{O}{\overset{ONa}{<}}.$$

4. Mit Wasserstoff gibt S nur eine Verbindung vom Typus des 2 wertigen Schwefels. Der Wasserstoff derselben hat einerseits reduzierende, andrerseits schwach saure Eigenschaften.

5. Beim Versuch, eine Sauerstoff-Wasserstoffverbindung desselben Typus darzustellen, erhält man bereits die Verbindung $HS{<}^{OH}_{O}$, in welcher der Schwefel 4 atomig ist.

6. In der Verbindung $HS{<}^{OH}_{O}$ hat nur der eine Wasserstoff sauren Charakter, der andere ist durch reduzierende Eigenschaften ausgezeichnet.

7. In dieser Verbindung ist der Sauerstoff an den Schwefel durch zwei bewegliche Bindungen gebunden, ähnlich dem Sauerstoff der Aldehyde, Ketone und Säuren.

8. Der an Schwefel gebundene Wasserstoff ist, abgesehen von seinen reduzierenden Eigenschaften, durch eine gewisse Beweglichkeit ausgezeichnet, so daß er mit den Metallen, welche in den Salzen den sauren Wasserstoff substituieren, den Platz wechseln kann.

$$H.SO.ONa \longrightarrow Na.SO.OH.$$

9. Außer den Verbindungen vom Typus H_2SO_2 müssen noch solche von der Form H_2SO (Aldehydtypus) existieren:

$$H.SO.H \text{ übergehend in } HS\text{—}OH.$$

Diese Verbindung muß mit Formaldehyd große Ähnlichkeit haben, sich jedoch von ihm durch stark saure Eigenschaften unterscheiden.

Formaldehydsulfoxylsaures Natron. Analyse technischer Präparate (Rongalit C, Hirolyt, Hydrosulfit NF).

Beim Vermischen von Natriumhydrosulfit mit einer Formaldehydlösung wird Wärme frei. Es findet eine Wechselwirkung zwischen den beiden Stoffen statt, und es entsteht eine Mischung der beiden Verbindungen $HSO_2Na.CH_2O$ und $HSO_3Na.CH_2O$. Man fällt das Formaldehydbisulfit $HSO_3Na.CH_2O$ und läßt aus der Lösung die Verbindung $HSO_2Na.CH_2O$ auskristallisieren. Die unreinen Kristalle werden durch Extraktion mit Alkohol gereinigt und haben dann die Zusammensetzung $[HSO_2Na.CH_2O + 2H_2O]$. Batzlen[1] erhielt dieselbe

---

[1] Ber. **38** (1905), 1057.

Verbindung bei etwas geänderter Arbeitsweise. Reinking, Dehnel und Labhardt[1]) erhielten sie durch Reduktion von Formaldehydbisulfit mit Zinkstaub in essigsaurer Lösung. Die chemische Bezeichnung der Verbindung ist: formaldehydsulfoxylsaures Natron.

Unter Zugrundelegung der von mir angenommenen Strukturformel für das hydroschwefligsaure Natron kann man sich die Bildung des Formaldehydbisulfits und des sulfoxylsauren Natrons aus hydroschwefligsaurem Natron und Formaldehyd folgendermaßen vorstellen:

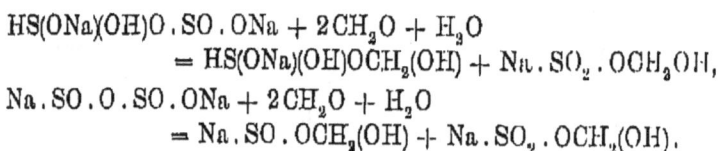

$$HS(ONa)(OH)O \cdot SO \cdot ONa + 2CH_2O + H_2O$$
$$= HS(ONa)(OH)OCH_2(OH) + Na \cdot SO_2 \cdot OCH_2OH,$$
$$Na \cdot SO \cdot O \cdot SO \cdot ONa + 2CH_2O + H_2O$$
$$= Na \cdot SO \cdot OCH_2(OH) + Na \cdot SO_2 \cdot OCH_2(OH).$$

Das formaldehydhydroschwefligsaure Natron (diese Bezeichnung schlage ich vor) $HS(ONa)(OH)OCH_2(OH)$ reagiert in wässeriger Lösung mit den verschiedenen Reagenzien nach der Formel:

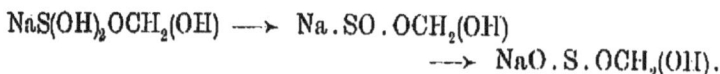

$$NaS(OH)_2OCH_2(OH) \longrightarrow Na \cdot SO \cdot OCH_2(OH)$$
$$\longrightarrow NaO \cdot S \cdot OCH_2(OH).$$

Es ist beständiger als Formaldehydbisulfit. Es bildet sich selbst in Gegenwart von NaOH, während das Bisulfit nach der Beobachtung Batzlens in diesem Falle nicht entsteht, und die Kondensationsprodukte des formaldehydschwefligsauren Natrons mit den Aminen der aromatischen Reihe sind beständiger als die Kondensationsprodukte des Formaldehydbisulfits mit eben diesen Aminen.

Die wässerige Lösung des formaldehydhydroschwefligsauren Natrons und auch der technischen Präparate reagieren gegen Phenolphtalein neutral, was sich durch die Formel $Na \cdot SO \cdot OCH_2(OH)$ erklären läßt. Doch in manchen Fällen wird auch die frühere Form beibehalten; so erhielt Batzlen ein Baryumsalz $BaSCO_4H$, welches also nach meiner Theorie die folgende Struktur hätte:

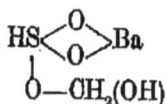

$$HS\underset{\displaystyle\underset{O-CH_2(OH)}{|}}{\overset{\displaystyle O}{\underset{\displaystyle O}{<}}}Ba$$

---

[1]) Ber. **38** (1905), 1009.

Dies Natronsalz dagegen existiert in Lösung in den ineinander übergehenden Formen $Na . SO . OCH_2(OH)$ und $NaO . S . OCH_2(OH)$. Dies ergibt sich aus der neutralen Reaktion und der Beständigkeit der Lösungen, aus ihrem Verhalten gegen einige Reagenzien, welches von demjenigen der Verbindung $Na . SO . O . SO_2 . Na$ abweicht; besonders aber aus dem verschiedenen Verhalten gegen $HgJ_2 . 2 KJ$, je nachdem das Medium neutral oder alkalisch ist.

In wässeriger Lösung verhält sich $Na . SO . OCH_2OH$ gegen Jodlösung anders als $Na . SO . OH$ oder $Na . SO . OSO_2Na$, was nach meiner Meinung durch die Bindung von 1 Atom O an $-CH_2(OH)$ bedingt ist.

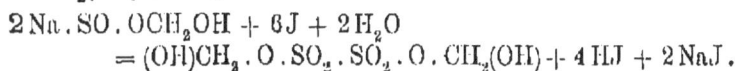

$$2 Na . SO . OCH_2OH + 6J + 2H_2O$$
$$= (OH)CH_2 . O . SO_2 . SO_2 . O . CH_2(OH) + 4 HJ + 2 NaJ.$$

Ginge die Einwirkung von Jod nach der von Baumann, Tesmar und Frossard vorgeschlagenen und von anderen (Reinking, Dehnel, Labhardt) ohne vorherige Prüfung übernommene Gleichung vor sich:

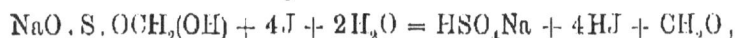

$$NaO . S . OCH_2(OH) + 4J + 2H_2O = HSO_4Na + 4HJ + CH_2O,$$

so müßte die Zahl der zur Titration verbrauchten Kubikzentimeter $1/_{10}$ N-Jodlösung um $1/_4$ geringer sein als der Verbrauch an $1/_{10}$ N-Natronlauge zur Neutralisierung von $NaHSO_4$ und HJ nach der Behandlung mit Jod. Tatsächlich ist aber die letztere Zahl niedriger als die erste. Bucherer und Schwalbe entwickeln in einer kritischen Besprechung der allgemein angenommenen Analyse des formaldehydsulfoxylsauren Natrons die folgende wohl begründete Überlegung: Erklärt man die Oxydation des sulfoxylsauren Natrons durch Jod nach dem allgemein anerkannten Schema, so muß man einen stufenweisen Übergang des ursprünglichen Produkts über Formaldehydbisulfit in $NaHSO_4$ annehmen; da sich aber Formaldehydbisulfit in alkalischer Lösung mit Jod nicht umsetzt, erscheint das ganze Oxydationsschema äußerst zweifelhaft.

Das Verhalten gegen $HgJ_2 . 2 KJ$ ist in neutraler und in alkalischer Lösung verschieden. In neutraler Lösung erzeugt der Zusatz von $HgJ_2 . 2 KJ$ anfangs weder Trübung noch einen Niederschlag; erst nach einiger Zeit bildet sich eine leichte weißliche Trübung, bisweilen sogar ein Niederschlag, bedingt durch einen Gehalt des untersuchten Präparats an Bisulfit, welches das formaldehydsulfoxylsaure Natron teilweise in hydroschwefligsaures Natron umwandelt. Bisweilen vermehrt sich auf Zusatz von Formaldehyd die Menge des grauen Niederschlags von Hg, was die Anwesenheit von Na_2SO_3 anzeigt. Dieses bildet nämlich mit Formaldehyd Formaldehydbisulfit und Ätznatron. Das formaldehydsulfoxylsaure Natron gibt aber bei Anwesenheit von Ätznatron mit $HgJ_2 . 2KJ$ einen Niederschlag von reduziertem Quecksilber. Zur Erklärung kann man annehmen, daß die Verbindung in neutralem oder schwach saurem Medium die Form $NaO . S . OCH_2(OH)$ annimmt, welche gegen äußere Einflüsse sehr beständig ist, so daß sich der Schwefel gegen Sauerstoff im Sättigungszustand zu befinden scheint.

Ganz anders verhält sich formaldehydsulfoxylsaures Natron gegen $HgJ_2 . 2KJ$ in alkalischer Lösung. Unter der Einwirkung des Alkalis nimmt es die Form $Na . SO . OCH_2(OH)$ an und reagiert nach der Gleichung:

$$2Na . SO . OCH_2(OH) + 5HgJ_2 + 12NaOH$$
$$= NaOSO_2 . SO_2ONa + 2CHO_2Na + 5Hg + 10NaJ + 8H_2O.$$

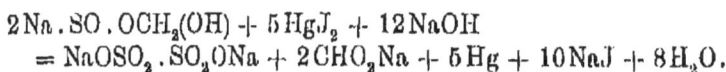

Offenbar veranlaßt also das alkalische Medium den Übergang der einen Form in die andere. Die Ursache der Umlagerung möchte ich durch die Bildung des unbeständigen Additionsprodukts $NaS(OH)(ONa) . OCH_2OH$ erklären, welches dann mit HgJ_2 weiter in Reaktion tritt.

Die Handelsmarken Rongalit C, Hydralit, Hydrosulfit NF enthalten außer formaldehydsulfoxylsaurem Natron etwas $[NaHSO_3 . CH_2O]$, $NaHSO_3$ und Na_2SO_3; der Gehalt an diesen Stoffen hängt von der Herstellungsweise ab. Dagegen beobachtete ich niemals das Vorhandensein der freien Gruppe $Na . SO . OH$ oder $Na_2S_2O_4$ (dieselben ließen sich mit einer Lösung von $HgJ_2 . 2KJ$ leicht nachweisen).

Die Analyse der Handelsprodukte bot bisher einige Schwierigkeit, da man sich mit wenig genauen technischen Methoden begnügte. Die großen Stücke der Präparate sind ziemlich einheitlich, dagegen zeigen Pulver und Staub eine andere Zusammensetzung, so daß sorgfältige Probenahme erforderlich ist.

Einwage: a) 6,3928 g ⎱ Rongalit C werden auf
b) 6,5909 g ⎰ 1 Liter Wasser gelöst.

1. Zu 50 ccm $^1/_{10}$ N-Jodlösung fügt man 25 ccm der Lösung und titriert den Überschuß des Jods mit Thiosulfatlösung zurück. Verbraucht

für a) 38,2 ccm $^1/_{10}$ N-Jodlösung,
für b) 39,55 „ „ „

Jod wird im Sinne der folgenden Gleichungen für die Oxydation einerseits von formaldehydsulfoxylsaurem Natron (α), andrerseits von Natriumbisulfit und -sulfit (β) verbraucht. Formaldehydbisulfit reagiert nicht mit Jod.[1]

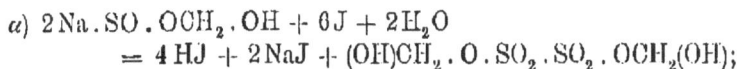

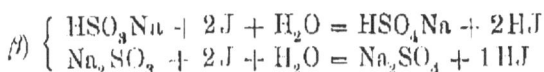

$$\alpha)\ 2\,Na\,.\,SO\,.\,OCH_2\,.\,OH + 6J + 2H_2O$$
$$= 4\,HJ + 2\,NaJ + (OH)CH_2\,.\,O\,.\,SO_2\,.\,SO_2\,.\,OCH_2(OH);$$

$$\beta)\ \left\{ \begin{array}{l} HSO_3Na + 2J + H_2O = HSO_4Na + 2HJ \\ Na_2SO_3 + 2J + H_2O = Na_2SO_4 + 1\,HJ \end{array} \right.$$

Daher für a) $\alpha + \beta = 38,2$
b) $\alpha + \beta = 39,55$.

2. Zu 25 ccm der Lösung fügt man genau die nach 1 erforderliche Menge $^1/_{10}$ N-Jodlösung und titriert hierauf unter Zugabe von Phenolphtalein mit $^1/_{10}$ N-Natronlauge; verbraucht

für a) 26,45 ccm.

3. 5 ccm der Lösung läßt man in 50 ccm $^1/_{10}$ N-Jodlösung einfließen und fügt 70 ccm N-Natronlauge hinzu; nach dem Ansäuern mit $^1/_{10}$ N-Salzsäure wird der Überschuß an Jodlösung mit Thiosulfatlösung zurücktitriert. Verbraucht

für a) 13,5 ccm Jodlösung; daher auf 25 ccm 67,5 ccm Jodlösung,
„ b) 12,55 „ „ 62,75 „

Der Jodverbrauch entspricht der Oxydation von Formaldehydsulfoxylsaurem Natron zu dithionsaurem Natron (α), von Natriumsulfit und -bisulfit (β), der Oxydation des an das sulfoxylsaure Natron gebundenen Formaldehyds ($\frac{2}{3}\,\alpha$) und des Formaldehydbisulfits (γ). Hierfür kommen außer den unter 1 angeführten Gleichungen α und β noch die folgenden in Betracht:

---

[1] Korp, Arbeiten aus dem Kaiserl. Gesundheitsamt 21, 180, 372.

$$CH_2O + J_2 + 3NaOH = HCOONa + 2NaJ + 2H_2O,$$
$$NaSO_2 . O . CH_2(OH) + 4J + 6NaOH$$
$$= HCO_2Na + 4NaJ + Na_2SO_4 + 4H_2O.$$

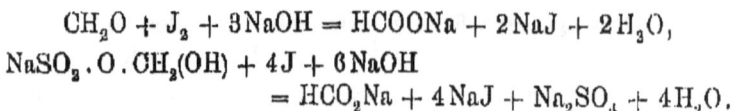

Daher für a) $1\frac{2}{8}\,\alpha + \beta + \gamma = 67,5$
„   „   b) $1\frac{2}{8}\,\alpha + \beta + \gamma = 62,75.$

4. 5 ccm der Lösung setzt man zu einer Mischung von
10 ccm (HgJ$_2$. 2KJ)-Lösung und 5 ccm Kalilauge (1 : 1). Die
Quecksilberausscheidung wird auf einem Asbestfilter gesammelt
und ausgewaschen. Den Niederschlag gibt man samt dem
Filter in ein Becherglas mit Lauge, fügt 50 ccm $^1/_{10}$ N-Jodlösung hinzu und titriert nach dem Ansäuren mit Essigsäure
mit Thiosulfatlösung zurück. Verbraucht

für a) und b) 9,4 ccm Jodlösung;
daher auf 25 ccm 47 ccm Jodlösung.

Das Jod entspricht dem durch das formaldehydsulfoxylsaure
Natron $(1\frac{2}{8}\,\alpha)$ und das Formaldehydbisulfit $\frac{\gamma}{2}$ reduzierten
Quecksilber im Sinne der folgenden Gleichungen:

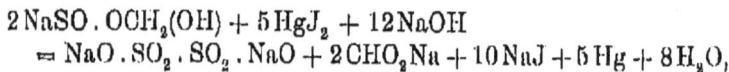

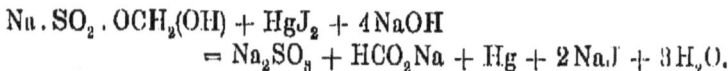

$$2NaSO . OCH_2(OH) + 5HgJ_2 + 12NaOH$$
$$= NaO . SO_2 . SO_2 . NaO + 2CHO_2Na + 10NaJ + 5Hg + 8H_2O,$$
$$Na . SO_2 . OCH_2(OH) + HgJ_2 + 4NaOH$$
$$= Na_2SO_3 + HCO_2Na + Hg + 2NaJ + 3H_2O.$$

Daher für a) $1\frac{2}{8}\,\alpha + \frac{\gamma}{2} = 47$

b) $1\frac{2}{8}\,\alpha + \frac{\gamma}{2} = 47.$

Durch Auflösung der drei Gleichungen erhält man

für a) $\alpha = 24,45$ ccm $^1/_{10}$N-Jodlösung, entsprechend formaldehydsulfoxylsaures Natron,

$\beta = 18,75$ „ „ „ , entsprechend Natriumsulfit
und -bisulfit,

$\gamma = 12,5$ „ „ „ , entsprechend Formaldehydbisulfit;

für b) $\alpha = 26,5$ „ „ „ ,

$\beta = 18,05$ „ „ „ ,

$\gamma = 5,5$ „ „ „

Dabei entspricht 10 ccm $^1/_{10}$ N-Jodlösung

0,003933 g formaldehydsulfoxylsaurem Natron,

0,063 g Natriumsulfit,

0,00335 g Formaldehydbisulfit.

Die untersuchten Proben enthielten daher

a) 60,17 % NaSOOCH$_2$(OH)

b) 63,27 „   „

Bei der Untersuchung technischer Präparate (Rongalit C), beobachtete ich, daß dieselben nicht aus reinem formaldehydsulfoxylsauren Natron bestanden, sondern Beimischungen von NaHSO$_3$, Na$_2$SO$_3$ und NaHSO$_3$. CH$_2$O enthielten. Da ich noch unter dem Einflusse der von anderen früher vorgeschlagenen Reaktionsgleichung:

$$NaO . SO . CH_2(OH) + 4J + 2H_2O = NaHSO_4 + CH_2O + 4HJ$$

stand, mußte ich die von mir gewonnenen Analysenresultate durch die folgenden Gleichungen verbinden:

$$\alpha + \beta = 39,55$$
$$1,5\,\alpha + \beta + \gamma = 62,75$$
$$1,25\,\alpha + 0,5\,\gamma = 47,$$

woraus $\alpha = 35,4$
$$\beta = 4,15$$
$$\gamma = 5,5.$$

Als ich aber die Acidität nach der Behandlung mit Jodlösung bestimmte, fand ich, daß die eben angegebene Gleichung die Reaktion nicht richtig ausdrückt. Ich stellte daher für die Einwirkung des Jods eine neue Gleichung auf, welche den Resultaten der Titration mit Jod und der Titration mit Lauge nach vorheriger Behandlung mit Jod vollkommen entspricht, wenn ich auch die Bildung von dithionsaurem Natron direkt nicht nachweisen konnte.

Reiking, Dehnel und Labhardt haben für das formaldehydsulfoxylsaure Natron aus den analytischen Daten die Formel [NaO . S . O . CH$_2$(OH) + 2H$_2$O] abgeleitet. Bei einer Einwage von 0,1028 g wurden zur Oxydation 26,2 ccm $^1/_{10}$ N-Jodlösung verbraucht; unter der Annahme, daß 1 Grammolekül der Substanz 4J erfordert, berechneten sie das Molekulargewicht 156 statt theoretisch 154, wobei das Molekül 2 Mol. Kristallwasser enthält. Die mit Jod oxydierte Lösung gab 0,1598 t $BaSO_4$, daher $S = 20,5\%$ gegen $20,8\%$ theoretisch.

Faßt man aber die Einwirkung von Jod nach dem von mir vorgeschlagenen Schema auf, d. h. auf 2 Grammolekül 6 Mol. J, so gelangt man zum Molekulargewicht 117,7 (theoretisch 118) für die kristallwasserfreie Substanz. Bei der Bestimmung des Schwefels als $BaSO_4$ verfällt man sehr leicht in einen Irrtum, da das dithionsaure Baryum beim Kochen in $BaSO_4$ und $BaSO_3$ zerfällt, von denen das letztere sich leicht oxydiert, besonders bei einem Überschuß an Jod. Aus meiner Analyse ergibt sich in Übereinstimmung mit der von mir vorgeschlagenen Gleichung für das formaldehydsulfoxylsaure Natron die Formel $NaSO . OCH_2(OH)$ (ohne Kristallwasser).

Es bleibt noch die Frage zu beantworten, ob das bisulfithydroschwefligsaure Natron oder das formaldehydhydroschwefligsaure Natron die stärkere Reduktionswirkung ausübt. Tatsächlich zeigt die Sulfoxylsäureform erst nach dem Übergang in $Na . SO . OCH_2OH$ (in Gegenwart von Alkalien, beim Dämpfen der gebeizten Gewebe) reduzierende Eigenschaften, besitzt also in dieser Richtung keinen Vorzug vor der bisulfithydroschwefligen Säure. In wässeriger Lösung dagegen ist die formaldehydhydroschweflige Säure gegen die Einwirkung des Luftsauerstoffs weitaus beständiger. Nach der Wirkung auf $HgJ_2 . 2 KJ$ zu schließen, ist es besser zur Reduktion in saurem Medium zu arbeiten.

In Bezug auf die reduzierenden Eigenschaften eines Wasserstoffatoms in den niedrigeren Oxydationsstufen der Elemente mit wechselnder Wertigkeit kann man eine gewisse Analogie zwischen dem Schwefel und den übrigen Elementen z. B. C, N, P beobachten. Beim Kohlenstoff $H . CO . H$, $H . CO . (OH)$, beim Stickstoff $H . NO : O$, beim Phosphor $H . PO . (OH)_2$. Dabei besitzt der direkt an Kohlenstoff gebundene Wasserstoff nur reduzierende, aber keine sauren Eigenschaften, d. h. seine Funktion ist fixiert. Bei der salpetrigen Säure kann der reduzierende Wasserstoff auch Säureeigenschaft annehmen, wobei dann der Stickstoff aus der fünfwertigen in die dreiwertige Modifikation übergeht. Beim Schwefel endlich haben im Schwefelwasserstoff beide H-Atome sowohl saure als auch

reduzierende Eigenschaften; in der hydroschwefligen Säure
wirkt ein H-Atom reduzierend, das andere hat Säurefunktion,
ihre Rollen sind also wieder fixiert; in den Salzen vermag
der freie Wasserstoff mit dem Metall die Stelle zu wechseln:
$H.SO.ONa \rightleftharpoons Na.SO.OH$. Die reduzierende Wirkung der
Kohlenstoffverbindungen H_2CO und HCO_2H äußert sich in
alkalischem, bei HNO_2, $HPO.(OH)_2$ und $H_2PO.OH$ und H_2S
in saurem Medium. HSOONa wirkt in saurer und in alkalischer
Lösung als Reduktionsmittel.

Unter allen Elementen mit wechselnder Wertigkeit nehmen
N und S eine besondere Stellung ein. Die niedrigeren Oxydationsstufen dieser Elemente sind durch besondere Beweglichkeit von H und O ausgezeichnet, wodurch sie in verschiedenen
leicht ineinander übergehenden Formen existieren. Während
bei N die sauren und oxydierenden Eigenschaften vorherrschen,
zeigen die niedrigen Schwefelverbindungen sauren und reduzierenden Charakter. Von größtem Interesse ist die Wechselwirkung zwischen den Oxyden des Stickstoffs und jenen des
Schwefels; es sind dies die Reaktionen, welche im Kammer-
prozeß eine so wichtige Rolle spielen.

V. Pyrogenetische Kontaktreaktionen.

Die Darstellung des Äthylens aus Kohlenoxyd und Wasserstoff.[1])

Koksstücke von Haselnußgröße wurden mit einer Lösung
von Nickelnitrat getränkt, getrocknet und in einer Nickelschale
über freiem Feuer geglüht. Hierauf wurden sie mit einer
Lösung von Ammoniumpalladiumchlorid getränkt, wieder getrocknet und geglüht. Die so präparierten Koksstücke wurden
zur Reduktion des Nickels und eines Teils des Palladiums
in einem Kupferrohr in einem Strom von Methylalkoholdämpfen
geglüht und hierauf zur Entfernung der letzten Spuren Methylalkohol im Trockenschrank getrocknet. Zwei U-förmige Glasrohre wurden, mit diesem Koks gefüllt, in ein Wasserbad von

1) Journ. russ. phys.-chem. Ges. 1908.

95—100° eingesetzt und durch dieselben eine Mischung von
getrocknetem Wasserstoff und Kohlenoxyd (in ungefähr gleichen
Volumen) geleitet.

Nach dem Austritt aus den beiden Rohren wurden die
Gase gewaschen und in einem Gasometer gesammelt. Sie
zeigten den charakteristischen, süßlichen Geruch, der mir von
der Herstellung des Formaldehyds mittels Platin- oder Eisen-
kontakt bekannt war. Formaldehyd war weder im Waschwasser noch in den Gasen nachzuweisen. Das Gasgemisch
bestand aus CO, H_2, C_2H_4 und etwas Luft, Methan war nicht
vorhanden. O und CO wurden in gewöhnlicher Weise absorbiert; H_2 und C_2H_4 wurden mit Luft gemischt über Palladium-
asbest verbrannt, und die gebildete Kohlensäure durch Kalilauge absorbiert. So fand ich in einem Falle

$$1,5\,\%\ O,\ 42,9\,\%\ CO,\ 43\,\%\ H,\ 6,6\,\%\ C_2H_4,\ 6\,\%\ N,$$

in einem zweiten Falle

$$2,7\,\%\ O,\ 50,0\,\%\ CO,\ 27,4\,\%\ H,\ 8,3\,\%\ C_2H_4,\ 10,7\,\%\ N.$$

Wurden diese Gase durch eine starke Lösung von HgJ_2 .
$2KJ + NaOH$ geleitet, so entstand zunächst eine gelbe Trübung,
später ein gelber Niederschlag: ein Zeichen, daß wir es mit
Äthylen, oder überhaupt mit Kohlenwasserstoffen der Äthylenreihe zu tun haben. Behandelt man den Niederschlag in
Gegenwart von Alkali mit Jodlösung, so verschwindet er, und
es tritt Jodoformgeruch auf; ein Beweis, daß Äthylen vorgelegen hatte.

Die Bildung des Äthylens erkläre ich in der Weise, daß
Kohlenoxyd zunächst zur Methylengruppe reduziert wird, aus
welcher dann durch Kondensation C_2H_4 entsteht.

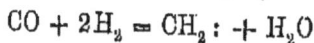

$$CO + 2H_2 = CH_2 : + H_2O$$
$$2CH_2 : = C_2H_4 .$$

Es gelang mir nicht, aus dem Gasgemisch Äthylen durch
Absorption in Bromwasser und Brom zu entfernen, vielleicht
nfolge der großen Verdünnung durch andere Gase. Besser
wirkt eine konzentrierte Lösung von $[HgJ_2 . 2HJ + NaOH]$.

In der Literatur finden sich Angaben über die katalytische
Wirkung von reduziertem Nickel auf Mischungen von CO oder

C_2H_4 und Wasserstoff. Danach wird CO zu C_2H_4 reduziert, Äthylen zu Äthan; bei hohem Druck und hoher Temperatur wurde sogar eine Zersetzung von C_2H_4 in H_2 und CH_4 und eine Polymerisierung von C_2H_4 zu flüssigen Kohlenwasserstoffen beobachtet (Sabatier, Senderens, Ipatjeff).

Die Bildung von Äthylen bei meinen Versuchen war daher für mich eine Überraschung, welche nicht nur mit den Beobachtungen anderer Forscher, sondern sogar mit der Thermochemie im Widerspruch stand.

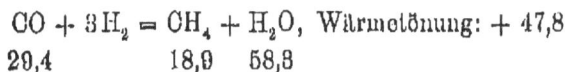

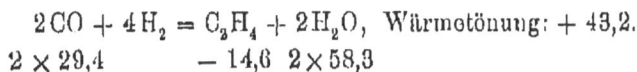

$$CO + 3H_2 = CH_4 + H_2O, \text{ Wärmetönung: } + 47,8$$
$$29,4 \qquad 18,9 \quad 58,3$$

$$2CO + 4H_2 = C_2H_4 + 2H_2O, \text{ Wärmetönung: } + 43,2.$$
$$2 \times 29,4 \qquad -14,6 \; 2 \times 58,3$$

Als ich statt Kohlenoxyd Kohlensäure unter gleichen Verhältnissen durch das Kontaktrohr leitete, erhielt ich weder Formaldehyd noch Äthylen, noch Methan; als ich jedoch das Kontaktrohr im Verbrennungsofen erhitzte, erhielt ich als Reduktionsprodukte Methan und Äthylen, während nach den Angaben anderer Forscher nur Methan entstehen sollte. Die Bildung des Äthylens erkläre ich mir in der Weise, daß CO_2 durch den glühenden Koks zu CO reduziert wird, aus welchem weiter C_2H_4 und CH_4 gebildet werden.

Die Oxydation von Äthyläther durch Kontaktwirkung.

Einen mit Dephlegmator und Thermometer versehenen Kolben beschickt man mit Äther. Ohne zu erwärmen leitet man auf (nicht durch) die Flüssigkeit einen Luftstrom. Man erhält so eine Mischung aus Luft und Ätherdämpfen von solcher Zusammensetzung, daß der Kontakt während des Versuches glühend bleibt. Der Kontakt ist eine Kupfernetzschicht von 10 cm Länge, hart an demselben befindet sich die Zündpille (3—4 Stückchen Platin- oder Palladium-Bimsstein). Das Gasgemisch muß vor Beginn des Versuches auf 100° erwärmt werden, wobei nach einiger Zeit die Oxydation beginnt und die Zündpille erglüht. Bei einer Geschwindigkeit der zugeführten Luft von 4,2 Liter pro Minute erglüht auch der vordere Teil des Kupfernetzes. Unter den Oxydationsprodukten findet sich Acetaldehyd und Formaldehyd, von letzterem weniger als vom ersten.

Bei einem Versuch betrug die Geschwindigkeit des Luftstroms 4,4 Liter pro Minute, die Temperatur im Dephlegmator 18—16°, 1 Liter Luft enthielt 0,704 g Äther; in 33 Minuten wurden 110 g Äther verbraucht; die Gasanalyse gab CO_2 7,55 %, O 2,11 %, CO 5,33 %, H 1,86 %, N 78,25 %, Kohlenwasserstoffe (C_2H_4) 2,9 %.

Die Bildung von Acetaldehyd und Formaldehyd kann man durch die folgenden Gleichungen darstellen:

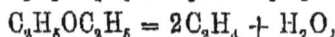

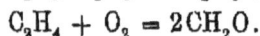

$$C_2H_5OC_2H_5 + O_2 = 2C_2H_4O + H_2O,$$
$$C_2H_5OC_2H_5 = 2C_2H_4 + H_2O,$$
$$C_2H_4 + O_2 = 2CH_2O.$$

Ein großer Teil des nicht in Reaktion getretenen Äthers wird infolge seiner Flüchtigkeit von den austretenden Gasen weggeführt, deshalb kann die Oxydation des Äthers durch Kontaktwirkung in der Technik kaum je Anwendung finden. Aber die Reaktion hat in anderer Hinsicht Bedeutung. Die Zündpille ist nicht imstande die Entflammung einer Mischung von Luft mit den Dämpfen von Äthyl-, Propyl-, Isobutyl- oder Amylalkohol zu bewirken. Leitet man jedoch das Gasgemisch über Äthyläther, erhitzt es auf 100° und richtet es dann auf die Zündpille, so beginnt dieselbe zu glühen und vermittelt das Erglühen des Kupferkontakts. Ist dies erreicht, so kann man bereits eine bloße Mischung von Luft und Alkohol verwenden. Die Beimischung von Äther erweitert also das Verwendungsgebiet der Zündpille und macht die äußere Heizung bei den Apparaten meines Systems ganz entbehrlich.

Die pyrogenetische Oxydation von Wasserstoff und Kohlenoxyd durch Kontaktwirkung.[1])

Bei der Verwandlung von Methylalkohol in Formaldehyd durch Kontaktwirkung fand ich unter den Zersetzungsprodukten auch Wasserstoff und Kohlenoxyd. Ich beschloß daher die

---

[1]) Journ. russ. phys.-chem. Ges. 1908.

pyrogenetische Oxydation dieser Substanzen durch Kontaktwirkung zu studieren unter solchen Bedingungen, daß der
Prozeß unter selbsttätigem Erglühen des Kontakts verläuft,
und dabei die Konzentration von H_2 bzw. CO eine möglichst
hohe ist. In dieser Hinsicht finden sich in der Literatur
bisher keine Angaben.

I. Die Oxydation des Wasserstoffs.

Von zwei Gasometern von 13—14 Liter Inhalt wurden
der eine mit Wasserstoff, der andere mit Luft gefüllt. Die
Gase befanden sich unter einem Drucke von $\dfrac{930 + 160}{2} = 545$ mm
Wassersäule. Sie wurden mittels konz. H_2SO_4 vollkommen
getrocknet. Der Kontakt, aus einem Kupfernetz von 10 cm
oder einem Platinnetz von 8 cm Länge bestehend, befand sich
in einem Glasrohr, das durch zwei Bunsenbrenner erhitzt
wurde. Sobald der Kontakt beim Durchleiten des Gasgemisches erglüht, werden die Brenner entfernt und der Versuch so durchgeführt, daß der Kontakt von selbst weiterglüht.
Die austretenden Gase passierten zunächst eine Woulffsche
Flasche mit Wasser und hierauf eine Gasuhr; nur ein kleiner
Teil wurde für die Gasanalyse in einem Gasometer gesammelt
und sein Volum der Angabe der Gasuhr zugezählt. Da die
Oxydation des Wasserstoffs manchmal von Explosionen begleitet ist, setzte ich in den vorderen Teil des Kontaktrohres
einen Pfropfen aus Kupferdrahtnetz und brachte auch im
metallenen Dreiweghahn, welcher zur Mischung der Gase
diente, Kupfersiebe an. Die Explosionen treten nur bei bestimmten Konzentrationen von H und O ein, und zwar um so
häufiger, je größer die Gasgeschwindigkeiten sind. Ich führe
dies auf die raschere Diffusion des Wasserstoffs durch die
Maschen des glühenden Kupferkontakts zurück, wobei natürlich
die Gasgeschwindigkeiten von Einfluß sind.

Ich gebe im folgenden die Zahlen von 6 Versuchen,
von welchen 5 mit Kupfer, der sechste mit Platinkontakt
ausgeführt wurden. Die Kontaktschicht war dabei in
ihrem vorderen Teile auf eine Länge von 2,5—3 cm rotglühend.

Versuche mit Wasserstoff

	1	2	3	4	5	6
Barometerstand	749,5 mm	751,5 mm	751,5 mm	744 mm	743,8 mm	751 mm
Temperatur	16° C.	15° C.	15° C.	15° C.	13,5° C.	16° C.
Versuchsdauer	7' 52''	14^I	26^I	14^I	12,5^I	15,5^I
Menge der austretenden Gase	3,065 Liter	18,276 Liter	19,34 Liter	16,6 Liter	14 Liter	13,115 Liter
Gasanalyse . . . . O	1%	0,54%	1 %	0,6%	1%	0,7 %
H	40 „	42,46 „	42,05 „	42,0 „	41 „	41,75 „
N	59 „	57 „	56,95 „	57,4 „	58 „	57,55 „
N in den austretenden Gasen	4,76 Liter	10,420 Liter	11,014 Liter	9,58 Liter	8,12 Liter	—
Luft angewandt	6,02 „	13,189 „	13,94 „	12,06 „	10,278 „	—
Darin O	1,26 „	2,769 „	2,926 „	2,53 „	2,158 „	—
O in den austretenden Gasen	0,08 „	0,099 „	0,1934 „	0,099 „	0,14 „	—
O bei der Reaktion verbraucht	1,13 „	2,67 „	2,7266 „	2,431 „	2,018 „	—
H „ „ „	2,36 „	5,34 „	5,4532 „	4,862 „	4,036 „	—
H in den austretenden Gasen	3,225 „	7,456 „	8,133 „	6,972 „	5,74 „	—
H angewandt	5,585 „	12,796 „	13,588 „	11,834 „	9,776 „	—
H und Luft angewandt	11,605 „	25,985 „	27,526 „	23,894 „	20,054 „	—

	I	II	III	IV	V	VI
Menge der austretenden Gase samt dem entstandenen Wasserdampf	8,065 Liter; 2,36 "; 10,426 Liter	18,276 Liter; 5,34 "; 23,616 Liter	19,34 Liter; 5,433 "; 24,793 Liter	16,6 Liter; 2,431 "; 19,031 Liter	14,0 Liter; 4,036 "; 18,036 Liter	
Mittlere Menge der durch den Kontakt ziehenden Gase $\frac{11,605 + 10,426}{2}=$	11,015 "	24,499 "	26,159 "	22,678 "	19,045 "	
Mittlere Geschwindigkeit pro Minute	1,401 "	1,75 "	1,006 "	1,619 "	1,52 "	
Anfangsgeschwindigkeit pro Minute	1,476 "	1,856 "	1,0584 "	1,7087 "	1,604 "	
Verhältnis der Anfangsgeschwindigkeit zur mittl. Geschwindigkeit	$r=1,053$	$\frac{1,856}{1,75}=1,06$	1,052	1,055	1,055	
Anfangskonzentration von H	$C=0,4812$	$C=0,492$	$C=0,4935$	$C=0,495$	$C=0,4874$	$C=0,487$
" " O	$C_1=0,10857$	$C_1=0,1065$	$C_1=0,1063$	$C_1=0,105$	$C_1=0,1076$	$C_1=1,077$
Konzentration des Wasserdampfes	$C_2=0,2142$	$C_2=0,2179$	$C_2=0,2084$	$C_2=0,214$	$C_2=0,2119$	$C_2=0,2175$
$\frac{C^2 C_1}{C_2^2}=$	0,546	0,543	0,549	0,55	0,56	$\frac{C^2 C_1}{C_2^2}=0,54$
$\frac{K^2 K_1}{C_2^2}=$	0,0135	0,00785	0,0164	0,00897	0,01487	

K und K_1 = Konzentration von H und O in den austretenden Gasen.

II. Die Oxydation des Kohlenoxyds.

Für das Studium dieses Prozesses wählte ich die gleichen Bedingungen wie bei der Oxydation des Wasserstoffs. Doch erhielt ich günstige Resultate unter selbsttätigem Glühen des Kontakts nur bei Anwendung von Platin; die Versuche mit Kupfer gelangen nicht, wahrscheinlich waren die Geschwindigkeiten des eintretenden Kohlenoxyds und der Luft nicht richtig gewählt. Die Geschwindigkeiten, bei welchen die Platinspirale sich glühend erhält, reichen nach meiner Meinung für Kupfer nicht aus. Es kann aber auch sein, daß die Fadenstärke des Kupfernetzes nicht richtig gewählt war. Der Platinkontakt wurde während des Prozesses am vorderen Ende auf eine Länge von 2,5—3 cm hellgelbglühend.

Von den zahlreichen Versuchen seien drei angeführt.

	1	2	3
Versuchsdauer	18′ 41″	12′ 5″	17′ 48″
Menge der austretenden		10,875 Liter	18,675 Liter
Gase .	19,75 Liter		
Gasanalyse CO_2	21,20%	26,03%	26,27%
O	0,46 „	0,34 „	0,68 „
CO	36,55 „	21,53 „	32,18 „
N	41,7 „	52,1 „	40,87 „
Luft verwendet (aus dem			
Gasometer)	10,425 Liter	7,172 Liter	9,660 Liter
Darin O	2,180	1,500	2,083
O in den austret. Gasen	0,09	0,037	0,13
O verbraucht für die			
Reaktion	2,099	1,469	1,9
Menge d. oxydierten CO	4,198	2,938	3,8
Unverändertes CO . .	7,219	2,341	6,01
CO angewandt (aus dem			
Gasometer)	11,417	5,279	9,81
Luft + CO angewandt	21,842	12,451	20,26
Mittl. Menge d. durch den			
Kontakt gehend. Gase	20,796	11,663	19,4625
Verhältnis d. Gasmengen			
vor u. nach d. Reaktion	$r = 1,051$	$r = 1,067$	$r = 1,04$
Anfangskonzent. von CO	$C = 0,522$	$C = 0,424$	$C = 0,4845$
„ „ O	$C_1 = 0,1002$	$C_1 = 0,1209$	$C_1 = 0,108$
Mittl. Geschwindigkeit	$V = 1,11$	$V = 0,965$	$V = 1,009$
	$\dfrac{C^2 \cdot C_1}{V^2} = 0,022$	$\dfrac{C^2 \cdot C_1}{V^2} = 0,0211$	$\dfrac{C^2 \, C_1}{V^2} = 0,021$
	$V^3 = 1,367631$	$V^3 = 0,89863$	$V^3 = 1,9287$
	$\dfrac{C\,O^2}{C\,O} = 0,8675$	$\dfrac{C\,O^2}{C\,O} = 0,550$	$\dfrac{C\,O^2}{C\,O} = 0,3878$
	(zu Anfang)		

Über die Oxydation durch Kontaktwirkung.

Die Oxydationsprozesse durch Kontaktwirkung zerfallen in 2 Klassen, nämlich 1. in umkehrbare und 2. nicht umkehrbare.

Zur Klasse 1 gehören:

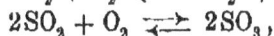

$$2H_2 + O_2 \rightleftharpoons 2H_2O,$$
$$2SO_2 + O_2 \rightleftharpoons 2SO_3,$$
$$4HCl + 2O_2 \rightleftharpoons 2H_2O + 2Cl_2,$$

zur Klasse 2 dagegen:

$$2CO + O_2 = 2CO_2,$$
$$4NH_3 + 3O_2 = 2N_2 + 6H_2O,$$

sowie die Oxydation der Alkohole CH_3OH, C_2H_5OH usw.

1. Von den Reaktionen der ersten Klasse habe ich nur die Oxydation des Wasserstoffs eingehend studiert. Betreffs der beiden anderen Reaktionen läßt sich aus den thermochemischen Daten allein nicht beurteilen, ob die durch den Prozeß entbundene Wärme hinreicht, um den Prozeß ohne Wärmezufuhr von außen aufrecht zu erhalten. In jedem einzelnen Falle ist die Wärmekapazität der Kontaktmasse, ihrer Dimensionen usw. von Einfluß. Soviel mir bekannt ist, verläuft die Oxydation von SO_2 durch den Sauerstoff der Luft unter selbsttätiger Erwärmung des platinierten Asbests.

Die Geschwindigkeit, mit welcher die Mischung von H_2 und O_2 auf die erhitzte Kontaktschicht trifft, ist ohne wesentlichen Einfluß. Da der Prozeß umkehrbar ist, findet die Oxydation eine Grenze. Die Konstante des Prozesses ist bei Rotglut für verschiedene Geschwindigkeiten im Mittel 0,55. Der Prozeß verläuft also unabhängig von der Geschwindigkeit der zutretenden Gase immer ungefähr bei derselben Temperatur, was auch aus dem gleichmäßigen Glühen des Kontakts hervorgeht (Rotglut auf 2—3 cm Länge). Daher müssen zwischen der Konstante 0,55 und den Konstanten der austretenden Gase gewisse Beziehungen bestehen. Da aber die Nenner bei der Ableitung der Konstanten durch dieselbe Zahl (das Quadrat der Konzentration des Wasserdampfs) ausgedrückt wurden, reduziert sich dieses Verhältnis auf das Verhältnis zwischen den Konzentrationen von H_2 und O_2 zu Anfang und zu Ende der Reaktion.

Ich wunderte mich immer darüber, daß während des Prozesses der Kupfer- bzw. Platinkontakt nur auf eine Länge von 2—3 cm erglüht, während die übrige Masse dunkel bleibt und die Temperatur der austretenden Gase bereits wesentlich niedriger ist als diejenige der glühenden Schicht. Man gewinnt den Eindruck, daß die Gase einen großen Teil ihrer Wärme in jener Schicht des Kontakts zurücklassen, in welcher sich der Hauptprozeß abspielt. Das käme aber darauf hinaus, daß die Gase bei ihrem Durchgang durch die glühende Schicht größere Geschwindigkeit besitzen als hinter derselben. Da sich der Druck auf eine Distanz von 2—3 cm nur unmerklich ändert und man denselben, ohne sehr zu fehlen, als konstant ansehen kann, kommt man zu dem Schlusse, daß die Gase im glühenden Teil ein größeres Volum V_m einnehmen, als hinter dieser Stelle, daß also beim Austritt aus der Glühzone V_m in V übergeht. Ich drücke daher den Zusammenhang zwischen den Konzentrationen von H_2 und O_2 zu Anfang und zu Ende der Reaktion durch die folgende Bezeichnung aus:

$$\left[\frac{C^2 . C_1}{r^2} \right]^{V_m} = \left[K^2 . K_1 \right]^{V}$$

(Die Bedeutung von C C_1 r K und K_1 ergibt sich aus der Tabelle S. 296.) Daher ist

$$V_m \log \frac{C^2 . C_1}{r^2} = V \log K^2 K_1 .$$

Durch Einsetzung der Zahlenwerte für $\frac{C^2 . C_1}{r^2}$ und $K^2 K_1$ erhielt ich für die ersten vier Versuche die folgenden Werte für $\frac{V_m}{V} = 6$; $6,87$; $5,87$; $6,8$. Dieses sind also die Verhältniszahlen, nach welchen sich die Gasgeschwindigkeit beim Übergang vom glühenden Teil des Kontakts nach dem nichtglühenden ändert. Der Verlust an Geschwindigkeit ist aber mit Entwicklung von Wärme verbunden, welche sich dem glühenden Teil des Kontakts mitteilt. Mit Hilfe der Gleichung

$$V = V_m \left[1 - \frac{t}{273} \right] \text{ oder } \frac{V_m}{V} = \frac{273}{273 - t}$$

können wir den Temperaturunterschied in thermometrischen Graden ausdrücken und erhalten so für die vier Versuche $t = 227, 233, 226, 230°$.

Das Temperaturgefälle beträgt also im Mittel $230°$, und tatsächlich beträgt bei einer Schichtlänge des Kontakts von 8—12 cm der Temperaturunterschied zwischen dem glühenden und dem dunklen Teil ca. $230°$. Diese überraschende Übereinstimmung beweist die Richtigkeit unserer Annahme, daß zwischen den Konzentrationen von H und O zu Anfang und zu Ende der Reaktion das Verhältnis besteht

$$\left[\frac{O^2.C_1}{q^2}\right]^{\frac{v^m}{V}} = K^2.K_1.$$

Die Größe m habe ich für die vier Versuche berechnet unter der Voraussetzung, daß V gleich ist dem gesamten Volum der den Kontakt durchziehenden Gase und Dämpfe. Für m fand ich die Werte: 1,746; 1,6025; 1,542; 1,6.

Wenn die Geschwindigkeitsänderung der Gasteilchen von V^m in V von einem Temperaturfall von T_1 auf T_2 (ca. $230°$) begleitet ist, so muß umgekehrt für den Übergang der Geschwindigkeit von V auf V^m ein gleich großer Wärmeverbrauch stattfinden, so daß die Summe der Arbeiten $= 0$ ist, und der ganze Prozeß im glühenden Teil des Kontakts eine Volumvergrößerung mit darauffolgender Volumverringerung darstellt. Die entbundene Reaktionswärme wird also zur Erwärmung des Gas- und Dampfgemenges auf die Temperatur T_2 verbraucht und zur Erhaltung einer konstanten Temperatur T_1 (im Kontakt). Der Oxydationsprozeß im glühenden Teil des Kontakts kann daher im thermodynamischen Sinne durch die Gleichung ausgedrückt werden:

$$A = Q_0 - \sigma'_V T_2 \ln T_2 - \sigma''.T_2^2 - \text{const.}\ T_1,$$

worin für Wasserstoff $T_1 = T_2 + 230°$ ist.

(Über die Bedeutung der Zeichen vgl. Haber, Thermodynamik technischer Gasreaktionen.)

Wenn wir aber das Kontaktrohr, angefangen von jener Stelle, wo die Glühzone des Kupferdrahtnetzes endigt, mit einem Mantel von der Temperatur T_2 umgeben, so sind für den glühenden Teil des Rohres die Bedingungen eines isothermischen Prozesses gegeben und die Gesamtheit der Reaktionen läßt sich durch folgende thermodynamische Gleichung ausdrücken:

$$A = Q_0 + \sigma'_V T_2 \ln T_2 - \sigma'' T_2^2 - \text{const. } T_1 - R\, T_2\, \Sigma' v \ln p' + \text{const. } T_2.$$

Diese Gleichung muß für alle Oxydationsprozesse gelten, welche isothermisch verlaufen, z. B. die Oxydation von SO_2, HCl usw. Der Konstante T_1, welche vom Selbsterglühen der Kontaktmasse abhängig ist, wurde bisher zuwenig Aufmerksamkeit zugewendet, und die Temperatur der Kontaktmasse über die ganze Länge als gleichbleibend angenommen. Meine Untersuchungen eröffnen einen ganz neuen Gesichtspunkt für die Behandlung des Problems: Die Temperatur in jenem Teile der Kontaktmasse, in welchem die Reaktion verläuft, ist eine ganz andere, als im übrigen Teil der Masse.

2. Von den Reaktionen der zweiten Klasse bildeten nur die einfachsten den Gegenstand meiner Untersuchung. Ich teile dieselben in zwei Unterabteilungen. Zur ersten gehören jene Reaktionen, bei welchen sich der zu oxydierende Körper im Überschuß befindet:

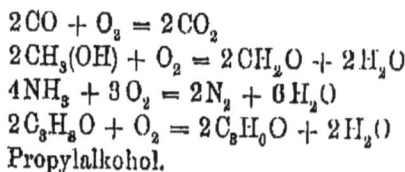

$$2\,CO + O_2 = 2\,CO_2$$
$$2\,CH_3(OH) + O_2 = 2\,CH_2O + 2\,H_2O$$
$$4\,NH_3 + 3\,O_2 = 2\,N_2 + 6\,H_2O$$
$$2\,C_3H_8O + O_2 = 2\,C_3H_6O + 2\,H_2O$$
Propylalkohol.

Zur zweiten Unterabteilung gehören jene Reaktionen, bei welchen zum selbsttätigen Erglühen des Kontakts ein Luftüberschuß erforderlich ist; z. B. die Oxydation von Äthyl-, Isobutyl-, Isoamylalkohol.

Bei allen Reaktionen der zweiten Klasse kommt außer der Konzentration noch die Durchgangsgeschwindigkeit des Reaktionsgemisches in Betracht. Nur bei einer bestimmten Geschwindigkeit erglüht der Kontakt. Für CO beträgt bei einem Platinkontakt die Anfangsgeschwindigkeit ca. 1 Liter pro Minute, für $CH_3(OH)$ ca. 2,5 Liter, für NH_3 ca. 1,0—1,7 Liter.

Für die erste Unterabteilung gilt für das Verhältnis zwischen den Konzentrationen des zu oxydierenden Körpers, des Luftsauerstoffs und der mittleren Geschwindigkeit der in den Kontakt eintretenden Gase die Beziehung:

$$\frac{O^m \cdot C_1{}^n}{V^2} = \text{const.}$$

Z. B. für CO, $CH_3(OH)$, $C_3H_7(OH)$: $\frac{C^2 \cdot C_1}{V^2} = \text{const}$; für NH_3:

$\frac{C^4 \cdot C_1{}^2}{V^2} = \text{const.}$ Für CO ist const. $= 0{,}022 - 0{,}021$, für $CH_3(OH)$

const. $= 0{,}00103$, für $C_3H_7(OH)$ const. $= 0{,}000103$.

Die Mengen des Oxydationsprodukts, ausgedrückt in Teilen des Ausgangsprodukts, verhalten sich annähernd wie die dritten Potenzen der Geschwindigkeiten; z. B. für die 3 Versuche mit CO:

$$\frac{CO_2}{CO}\,(I) : \frac{CO_2}{CO}\,(II) : \frac{CO_2}{CO}\,(III) = \frac{1}{V_1{}^3} : \frac{1}{V_2{}^3} : \frac{1}{V_3{}^3}.$$

Daraus folgt, daß bei gleichbleibender Konzentration eine Erhöhung der Durchgangsgeschwindigkeit die Reaktion ungünstig beeinflußt. Durch gleichzeitige Erhöhung der Konzentration des Sauerstoffs und der Geschwindigkeit gelingt es, der Reaktion die gewünschte Richtung zu geben, falls nicht Nebenreaktionen die Hauptreaktion begleiten (z. B. beim Methylalkohol).

Zwischen den Konzentrationen des zu oxydierenden Körpers zu Anfang und zu Ende der Reaktion besteht die folgende Beziehung:

$$\left[\frac{O^2 \cdot C_1}{r^2}\right]^x = (K^2 K_1)^y,$$

wobei $r =$ das Verhältnis der Geschwindigkeiten zu Anfang und zu Ende.

Bei Substituierung der Zahlenwerte erhält man für die 3 Versuche mit CO:

I. $x \cdot \log \dfrac{0{,}027303}{1{,}052^2} = y \log (0{,}3471^2 \cdot 0{,}004327)$; $\dfrac{x}{y} = 2{,}04$,

II. $x \cdot \log \dfrac{0{,}01974}{1{,}067^2} = y \log 0{,}000127$; $\dfrac{x}{y} = 2{,}21$,

III. $x \cdot \log \dfrac{0{,}02312}{1{,}042^2} = y \log (0{,}3088^2 \cdot 0{,}00667)$; $\dfrac{x}{y} = 2{,}1$.

Vergleicht man die Temperatur des glühenden Teils des Kontakts mit derjenigen des dunklen Teils (bei einer Schichtlänge von 8 cm), so ist das Verhältnis der absoluten Temperaturen

$$\frac{T_1}{T_2} \sim 2.$$

Daraus ergibt sich

$$\frac{T_1}{T_2} = \frac{x}{y} \text{ und } \left[\frac{C^2 \cdot C_1}{r^2}\right]^{T_1} = (K^2 K_1)^{T_2},$$

Da für CO $\frac{C^2 \cdot C_1}{V^2} = 0{,}022$, erhalten wir

$$\left[\frac{0{,}022\, V^2}{r^2}\right]^{T_1} = (K^2 K_1)^{T_2} \text{ oder } K^2 \cdot K_1 = \left[0{,}022 \left(\frac{V}{r}\right)^2\right]^{\frac{T_1}{T_2}},$$

und da $\frac{V}{r}$ die Geschwindigkeit zu Ende der Reaktion V_k ist,

und

$$K^2 \cdot K_1 = [0{,}022\, V_k^2]^{\frac{T_1}{T_2}}$$

$$\frac{C^2 \cdot C_1}{K^2 K_1} = \frac{0{,}022\, V^2}{(0{,}022\, V_k^2)^{\frac{T_1}{T_2}}}$$

oder in anderer Form:

$$\frac{C^2 \cdot C_1 - K^2 \cdot K_1}{C^2 \cdot C_1} = 1 - \frac{(0{,}022\, V^2)^{\frac{T_1}{T_2} - 1}}{r^2 \frac{T_1}{T_2}}.$$

Hieraus folgt: Die Reaktion umfaßt einen um so größeren Teil der ursprünglichen Substanzen (CO und O) je größer r, je kleiner V und je größer $\frac{T_1}{T_2}$ ist.

Gehen wir vom Kohlenoxyd zum Methyl- und Propylalkohol über, so haben wir es da mit komplizierten Prozessen zu tun, welche aus der ursprünglichen Oxydation, dem Zerfall und der Oxydation der Zerfallsprodukte bestehen.

Für die ursprüngliche Oxydation gilt die gleiche Gesetzmäßigkeit wie für die Oxydation von CO, also $\frac{C^2 C_1}{V^2}$ = const.

Die Mengen des oxydierten Alkohols verhalten sich wie $\frac{1}{V_1^2} : \frac{1}{V_2^2} : \frac{1}{V_3^2}$ usf.

Unter günstigen Bedingungen unterliegen der Oxydation 71—72% des Methylalkohols und mehr als 50% des Propylalkohols.

Die pyrogenetische Oxydation von NH_3 durch Kontaktwirkung (mit Kupfernetz) ist zwar auch von Nebenreaktionen begleitet, der Oxydation des Stickstoffs zu seinem Oxyde, aber der Betrag derselben ist so gering, daß man die Reaktion einfach durch die Gleichung $4NH_3 + 3O_2 = 2N_2 + 6H_2O$ ausdrücken kann. Da aber bei der Temperatur der glühenden

Kupferschicht die Wasserdämpfe dissoziieren können, wobei sich ein Gleichgewicht nach $2\,H_2O \rightleftarrows 2\,H_2 + O_2$ einstellt, kann in den austretenden Gasen Wasserstoff enthalten sein.[1]

Die Reaktionen der zweiten Unterabteilung verlaufen bei Luftüberschuß unter selbsttätigem Erglühen des Kontakts. Dies erklärt sich durch einen teilweisen Zerfall des Alkohols in Wasser und einen nicht näher bestimmten Kohlenwasserstoff, der neben der Oxydation des Alkohols zu Formaldehyd verläuft. So tritt zu dem exothermischen Oxydationsprozeß der gleichfalls exothermische Spaltungsprozeß und zur Oxydation der so entstandenen Kohlenwasserstoffe ist ein Luftüberschuß erforderlich z. B. $C_2H_4 + O_2 = 2\,CH_2O$.

Diese Erklärung wird durch die Beobachtungen anderer Forscher (z. B. Ipatjeff) und durch die thermochemischen Messungen bestätigt.

Die Konstanten für Äthyl-, Isobutyl- und Isoamylalkohol schwanken je nach dem Luftüberschuß.

Von großem Interesse ist auch die pyrogenetische Oxydation der Kohlenwasserstoffe durch Kontaktwirkung; ich begann in der letzten Zeit über diesen Gegenstand zu arbeiten.[2] Die Oxydationsprodukte des Petroläthers (amerikanischer Provenienz) dürften von technischer Bedeutung sein für die Synthese der Kapronsäure, Heptylsäure und ihrer Glyzeride.

Die Oxydation des Äthyl-, Propyl-, Isobutyl- und Amylalkohols durch Kontaktwirkung.[3]

Meine Methode zur Umwandlung von Methylalkohol in Formaldehyd wendete ich auch auf einige andere Alkohole an. Durch den im Wasser- (Salz-) oder Ölbad erhitzten Alkohol wurde ein Luftstrom von bestimmter, mit der Gasuhr gemessener Geschwindigkeit geleitet, der vorher über Schwefelsäure, Chlorcalcium und Ätzkali getrocknet war. Die mit Alkoholdampf gesättigte Luft passierte den Dephlegmator und trat dann in das Glasrohr ein, welches den erhitzten Kupferkontakt enthielt (15—16 cm frischreduziertes Kupfernetz in

[1] Journ. russ. phys.-chem. Ges. 1908, Heft 4.
[2] Ebenda, 1908, 652.   [3] Ebenda, 1908, Heft 2.

Form von 3 Röllchen). Das Glasrohr war in einen Verbrennungsofen eingesetzt, so daß die Kontaktschicht leicht
beobachtet werden konnte. Bis zum Beginn der Reaktion
wurde die Kontaktmasse durch 2—3 Bunsenbrenner erhitzt.
Ich suchte vor allem jene Bedingungen festzustellen, bei welchen
der Oxydationsprozeß unter selbsttätigem Glühen der Kontaktmasse verläuft und bestimmte hierfür die Konzentration des
Alkohols und der Luft und die Geschwindigkeit. Ferner berechnete ich aus den analytischen Daten die Konstante $\dfrac{C^2 C_1}{V^2}$

= const., in welcher ich einen Ausdruck für den Reaktionsverlauf gefunden hatte, für die Abhängigkeit desselben von
den Konzentrationen des Alkohols und des Luftsauerstoffs und
von der Durchgangsgeschwindigkeit des Reaktionsgemisches.

Während sich die Konstante für Propylalkohol fast identisch mit jener für Methylalkohol ergab = 0,00107, fand ich

für Äthylalkohol   0,0003—0,00024,
Isobutylalkohol 0,0004—0,00045,
„ Amylalkohol   0,0005—0,00048.

Die Oxydationsprodukte bestanden außer CO_2 und CO
aus den entsprechenden Aldehyden. Dieselben wurden in
Absorptionsflaschen aufgefangen. Aus dem Propyl-, Isobutyl-
und Amylalkohol wurde auch etwas flüchtiges Öl von stechendem, zum Husten reizendem Geruch erhalten, das auf dem
Wasser der zweiten und dritten Vorlage eine Schicht bildet.
Dasselbe besteht, wie die fraktionierte Destillation zeigte, aus
unverändertem Alkohol, Aldehyden und außerdem noch anderen
Oxydationsprodukten (geringe Mengen von Ketonen: beim Propyl-
und Isobutylalkohol Aceton, beim Amylalkohol Methyläthyl-
keton). Säuren waren in den Reaktionsprodukten nur in ganz
geringen Mengen enthalten. In den gasförmigen Reaktionsprodukten fand ich außer CO_2 und CO noch gesättigte und
ungesättigte Kohlenwasserstoffe; die letzteren werden von konzentrierter Schwefelsäure leicht aufgenommen; aus dieser Lösung
scheiden sich bei der Verdünnung mit Wasser schwarze Substanzen aus. Die Ausbeute an Formaldehyd betrugen bei
Äthylaldehyd bis 66%, aus Propylalkohol erhält man bis
17,5 % Öl und bis 50 % Aldehyd in der wässerigen Lösung,
aus Isobutylalkohol in gleicher Weise 42,5 und 52%, aus

Amylalkohol 52 und 25 %. Natürlich sind diese Ausbeuten auch abhängig von der zur Absorption und Waschung verwendeten Menge Wasser; bei meinen Versuchen verwendete ich hierzu immer 1 Liter. Bei Amylalkohol enthielt die Ölschicht 20—23 % Aldehyd.

Vergleicht man die Luftmenge, bei welcher die Oxydation dieser Alkohole unter selbsttätigem Glühen des Kontakts verläuft, mit der zur Oxydation theoretisch erforderlichen Menge, so beobachtet man, daß für Propylalkohol diese Mengen fast identisch sind, und daß man sogar etwas mehr Alkohol verwenden kann als der Theorie entspricht, während bei Äthyl-, Butyl- und Amylalkohol ein großer Luftüberschuß erforderlich ist. Nähert sich in diesen Fällen die Konzentration des Alkohols der Theorie, so hört das Glühen des Kontakts auf. Die Erklärung für diese Erscheinung liegt in der mit der Oxydation parallel laufenden Zerfallsreaktion, die offenbar beim Propylalkohol in geringerem Maße auftritt.

Die obenerwähnte Konstante $\frac{C^2 \cdot C_1}{V^2}$ ist für Äthylalkohol kleiner als für Isobutyl- und Amylalkohol, für Propylalkohol nähert sie sich dem Werte für Methylalkohol. Diese Werte wurden für den Fall bestimmt, wo bei maximaler Konzentration der Alkoholdämpfe die Oxydation noch unter selbsttätigem Glühen des Kontakts verläuft. Dabei war bei den Versuchen mit Methylalkohol, welche $\frac{C^2 C_1}{V^2} = 0{,}00103$ ergaben, der Alkohol im Überschuß gegenüber dem Sauerstoff der Luft. Als ich dagegen die Konzentration des Alkohols auf die Hälfte reduzierte, erhielt ich $\frac{C^2 C_1}{V^2} = 0{,}00043$.

Vom praktischen Standpunkt aus ist die Gewinnung von Acetaldehyd nach dem Kontaktverfahren vollkommen durchführbar; bei der Oxydation des Isobutyl- und Amylalkohols erreicht man Ausbeuten bis zu 50 %. Infolge ihres stechenden Geruchs und ihrer Flüchtigkeit können diese Produkte vielleicht zur Desinfektion und zur Denaturierung von Alkohol Anwendung finden.

Für den Oxydationsprozeß kann der Röhrenapparat, welchen ich zur Herstellung von Formaldehyd empfohlen habe, in der Technik verwendet werden.

Versuch 10. Äthylalkohol

Die Luft wurde nach dem Durchgang durch die Gasuhr über Schwefelsäure, Chlorcalcium und Ätzkali getrocknet.
Kontakt: 4 Kupfernetzröllchen = 15 cm = 40 g.
Barometerstand: 763,5 mm. Manometer: 27 mm. Lufttemperatur: 15° C.

Zeit	Temperatur des Wasserbades	Temperatur des Gasgemischs	Geschwindigkeit der Luft pro 3 Liter	Manometerangabe	Zustand des Kontakts	Temperatur des Kastens	Gasanalyse
1'	71°	51°	53"	28 mm	Vor Beginn des Versuchs wurde die Temperatur im Kasten auf 350° gehalten.		CO_2 5,0%
4'	70	53	42	27	Heizung unterbrochen.		O_2 0,2 „
8	—	52	37	„	Kontakt in heller Glut.		CO 1,8 „
15	—	52	40	„	Kontakt kirschrotglühend.		7,0%
21	73	50	46	„	Kontakt hellrotglühend.		Kohlenwasserstoffe 8,1%. Daher N_2 84,9%. H_2 wurde nicht nachgewiesen.
23	—	50	46	„			Die Kohlenwasserstoffe bestehen aus 3,5% Methan, 4,6% Äthylen.
25	—	51	48	„			Sie entstanden, wie ich annehme, durch Zerfall des Alkohols und des Aldehyds
30	—	52	48	„	Kontakt kirschrot.	132—135°	$CH_3 . CH_2(OH) =$
40	73	„	48	„			$CH_4 : CH_2 + H_2O,$
45	—	„	47	„			$CH_3 . CHO = CH_4$
50	—	„	47	„			$+ CO.$
55	—	„	46,5	„			
60	—	„	—	„			
65	—	„	—	„			
75	—	51,5	—	„			

Luftverbrauch: in 75 Minuten 292 Liter = 286,9 Liter bei 0° und 760 mm; davon 60,25 Liter O_2 in 1 Minute 3,893 Liter.

Alkoholverbrauch: 209 g % = 101,77 Liter Alkoholdampf bei 0° und 700 mm; pro 1 Liter Luft 0,7157 g Alkohol.

Produkte: in der ersten Vorlage 135 g Rohprodukt mit 55,88 g CH_3CHO und 2,208 g CH_3COOH; in den Waschflaschen: 97,68 g CH_3CHO und 0,486 g CH_3COOH; im ganzen 153,56 g Acetaldehyd entspr. 60 % des verbrauchten Alkohols.

$N_2 = 84,9 \%$ der austretenden Gase = 0,79 × 292 Liter = 230,68 Liter. Daher austretende Gase: 271,7 Liter (15° C., 790,5 mm) = 266,1 Liter (0°, 760 mm).

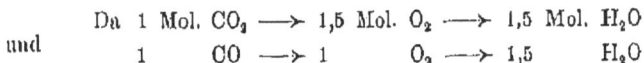

Da 1 Mol. $CO_2 \longrightarrow 1,5$ Mol. $O_2 \longrightarrow 1,5$ Mol. H_2O
und 1 $CO \longrightarrow 1$ $O_2 \longrightarrow 1,5$ H_2O

entspr. den Gleichungen:

$$CH_3 . CH_2(OH) + 3O_2 = 2CO_2 + 3H_2O,$$
$$CH_3 . CH_2(OH) + 2O_2 = 2CO + 3H_2O,$$

so entsprechen die Zahlen der Gasanalyse:

% $CO_2 \longrightarrow 7,5\% \ O_2 \longrightarrow 7,5\% \ H_2O$,
0,2 ,, $O_2 \longrightarrow 0,2$,,
1,8 ,, $CO \longrightarrow 1,8$,, ,, $\longrightarrow 2,7$,, ,,
7 % 　 0,5 % O_2 　 10,2 % H_2O.

9,5 % $O_2 = 266,1 × 0,095 = 25,27$ Liter O_2 entsprechen daher der Menge des überschüssigen und des auf die Oxydation des Alkohols zu CO und CO_2 verbrauchten Sauerstoff.

10,2 % H_2O entsprechen 27,14 Liter.

Bei der Oxydation des Alkohols zu Aldehyd mußten sich entsprechend 60,25 − 25,27 = 34,98 Liter Sauerstoff 2 × 34,98 = 69,96 Liter H_2O bilden; 4,6 % Äthylen entsprechend 12,24 Liter Äthylen und der gleichen Menge H_2O.

Die Menge des dem Kontakt zugeführten Gasgemisches (bei 0° und 760 mm) ist 286,9 + 101,77 = 388,67 Liter.

Die Summe der austretenden Gase und Dämpfe ist:

266,1 + 101,77 + 69,96 + 27,14 + 12,24 = 477,21 Liter.

Die mittlere Durchgangsgeschwindigkeit ist:

$$\frac{388,67 + 477,2}{2 × 75} = 5,77 \text{ Liter.}$$

Konzentration des Sauerstoffs: 60,25 : 388,67 = 0,1570.
Alkohols: 101,77 : 388,67 = 0,2618.

$$\frac{C^2.C_1}{V^2} = 0,000324 .$$

Versuch 8. Äthylalkohol.

Zeit	Temperatur des Wasserbades	Temperatur des Gasgemisches	Geschwindigkeit der Luft pro 3 Liter	Manometer	Zustand d. Kontakts	Gasanalyse
					Temperatur d. Kontakts vor Beginn 800°. Als das Glühen begann, waren zwei Röllchen oxydiert u. arbeiteten nicht.	
1'	78°	40°	40''	32 mm	Hellglühend.	CO_2 6,0 %
5	73	45	35	„	„	O_2 0,6 „
8	73	47	40,5	„	„	CO 2,6 „
9	73	48	38	„	„	9,2 %
17	82	52	39	„	„	CH_4 3,5 „
30	—	58	41	„	„	12,7 %
35	—	51	„	„	„	N_2 87,8
40	82	51	„	„	„	
52	—	„	„	„	„	
60	85	„	„	„	„	
65	85	„	„	„	„	
70	80	„	„	„	„	

Kontakt: 4 Röllchen aus Kupfernetz.

Barometerstand: 772,8 mm; Manometer: 32,0 mm; Temperatur: 18,5° C. Versuchsdauer: 78 Minuten.

Luftverbrauch: 310 Liter = 308,8 Liter bei 0° und 760 mm; davon 65,743 Liter O_2 und 243,57 Liter N_2; pro Minute 4,24 Liter.

Alkoholverbrauch: 177 g % = 0,0008 g pro 1 Liter Luft.

Produkte: in der ersten Vorlage 112 g mit 45 g CH_3CHO und 1,32 g $CH_3 . COOH$; in den Waschflaschen 72 g CH_3CHO und 0,72 g CH_3COOH; im ganzen: 117,6 g CH_3CHO und 2,04 g CH_3COOH.

Zur Oxydation von Alkohol zu Aldehyd wurden verwendet 29,95 Liter O_2; zur Oxydation zu Essigsäure 0,75 Liter O_2 (bei 0° und 760 mm).

N_2: 0,79 : 308,8 = 243,557 Liter = 87,8 % der austretenden Gase. Daher austretende Gase: 279 Liter (0° und 700 mm).

Die Gasanalyse gab:

6 % CO_2 entspr. 9 % O_2 entspr. 9 % H_2O
0,6 „ O_2 =   0,6 „ O_2
2,6 „ CO entspr. 2,6 „ O_2 „   3,0 „ H_2O
$\overline{ 12,2\ \% \ O_2} \overline{12,0\ \% \ H_2O}$

12,2 % der austretenden Gase = 84,038 Liter
12,0 „ „ „ „ = 85,991 „

Bei der Oxydation des Alkohols mußten sich entsprechend
64,743 — 84,038 = 80,705 Liter Sauerstoff 61,41 Liter H_2O bilden.

Die Menge des dem Kontakt zugeführten Gasgemisches beträgt
808,3 + 91,5 = 890,8 Liter (bei 0° und 760 mm).

Die Menge der austretenden Gase beträgt: 270 + 91,5 + 61,41 + 85,99
= 467,9 Liter.

Mittlere Durchgangsgeschwindigkeit: $\dfrac{800,8 + 467,9}{2 \times 78} = 5,94$ Liter.

Konzentration der Alkoholdämpfe: $C = 0,2288$.
des Sauerstoffs: $C_1 = 0,1619$.

$\dfrac{C^2 . C_1}{V^2} = 0,00024$.

Beim Versuch 8, dessen weitere Daten ich hier nicht
anführe, war $\dfrac{C^2 . C_1}{V^2} = \dfrac{0,2505^2 . 0,1554}{5,8^2} = \dfrac{0,0105}{33,6} = 0,0003$.

Zum Schluß führe ich noch die Aufzeichnungen über den
Versuch 11 (mit Äthylalkohol) an, der besonderes Interesse
verdient, da er bei der höchsten Alkoholkonzentration und der
geringsten Luftgeschwindigkeit ausgeführt wurde, wobei noch
die Kontaktmasse ununterbrochen selbsttätig glüht.

Zeit	Temperatur des Wasserbades	Temperatur des Gasgemisches	Geschwindigkeit der Luft pro 3 Liter	Manometer	Zustand des Kontakts	Gasanalyse
—	76°	40°	—	—	Der Kontakt erglüht. Die Heizung wird unterbrochen.	
2′	76,5	49,5	55″	57	Dunkle Rotglut auf 5 cm	CO_2 2,5 %
4	76	51	54		„	O_1 0,2 „
8	76	51	53		„	CO 1,7 „
15	—	51	53		Kaum merkliche dunkle Rotglut; es wird geheizt.	4,4 %
17	—	51	56		„	Äthylen
27	77	51	41	„	Dunkle Rotglut.	1,25 %
40		51	55	„	Dunkle Rotglut; geheizt.	Methan
45		52	55	„	„	1,00 „
48		53	48	„	„	N_2 93,35 „
50		54	48	„	Auch beim Heizen ist die Glut kaum wahrnehmbar.	
59,5		53	48	„		

Versuchsdauer: 59,5 Minuten.
Luftverbrauch: 226 Liter; pro 1 Minute 3,77 Liter.
Alkoholverbrauch: 150 g = 73,04 Liter (0°, 760 mm); pro 1 Liter
Luft: 0,6637 g.

Versuch 12.   Propylalkohol.

Kontakt: wie bei den früheren Versuchen.
Barometerstand: 757 mm; Manometer: 21 mm; Temperatur: 15,5° C.

Zeit	Temperatur des Salzbades	Temperatur des Gasgemisches	Geschwindigkeit der Luft pro 3 Liter	Manometer	Zustand d. Kontakts	Gasanalyse
2′	89°	44°	62″		Die Heizung wurde unterbrochen, als d. Kontakt dunkelrotglühend war.	
8	88	54	64		Dunkelrotglühend.	
12	86	53	60			
15	90	55	56			CO_2 3,0 %
20	—		1′ 16″	21 mm	Dunkelrotglut auf 5 cm Länge.	O_2 0,76 „
						CO 1,4 „
25	—	54	1′ 15″		Kaum merklich dunkelrot.	5,4 %
31	95	57	1′ 15″			Kohlenwasserstoffe
32	99	60	1′ 16″		Etwas nachgeheizt.	11,75 %
35		61	—			N_2 82,85 „
37		62	—			
41		64	1′ 24″			
50		64	1′ 30″			
55		60	—			
60		62	—			

In 60 Minuten Luftverbrauch: 180 Liter = 134,5 Liter (bei 0°,
760 mm); davon 28,25 Liter O_2 und 106,25 Liter N_2.
In 1 Minute 2,3166 Liter Luft.
Alkoholverbrauch: 162 g = 60,48 Liter Dampf (bei 0°, 760 mm);
pro 1 Liter Luft: 1,165 g.

$$\frac{C^2 . C_1}{V^2} = \frac{0,3101^2 . 0,1449}{8,52^2} = 0,00107.$$

Versuch 18.   Isobutylalkohol.

Kontakt: ebenso wie bei den früheren Versuchen; wurde vor Beginn über 400° C. erhitzt.

Barometerstand: 750 mm; Manometer 32 mm; Temperatur: 19,25°.

Zeit	Temperatur des Ölbades	Temperatur des Gasgemisches	Geschwindigkeit der Luft pro 3 Liter	Manometer	Zustand d. Kontakts	Gasanalyse
3′	—	50°	40″	36 mm	Die Heizung des Kontakts wird unterbrochen.	
5	94°	57	44	—	Hellglühend.	
8	94	59	47	—	ʺ	
10	—	ʺ	49	36	ʺ	
15	—	ʺ	ʺ	—	ʺ	
25	100	62	—	—	Dunkle Rotglut.	CO₂ 3,6 %
35	ʺ	65	48	29	Dunkle Rotglut (auf 7 cm).	O₂ 1,4 ,,
						CO 1,0 ,,
38	103	67	50	ʺ	Dunkle Rotglut.	Kohlenwasserstoffe
41	—	70	41	ʺ	Kaum merkl. Glut.	2,49 %
45	104	72	36	ʺ	ʺ	N₂ 91,57 ,,
50		71	36	ʺ	ʺ	
52		74	46	ʺ	ʺ	
54		72	—	ʺ	ʺ	
56		72	47	ʺ	ʺ	
57		70	ʺ	ʺ	ʺ	
58		60	ʺ	ʺ	ʺ	

Luftverbrauch: in 60 Minuten 230 Liter; pro 1 Minute 3,833 Liter.

Alkoholverbrauch: 270 g; pro 1 Liter Luft: 1,174 g.

$$\frac{C^2 . C_1}{V^2} = \frac{0,0729 . 0,1533}{29,10} = 0,000404.$$

Versuch 19. Gärungsamylalkohol.

Kontakt: ebenso wie bei den früheren Versuchen; wurde mit 2 bis 3 Bunsenbrennern über 400° erhitzt.

Barometerstand: 762,4 mm; Manometer: 34 mm; Temperatur: 16—18°

Zeit	Temperatur des Ölbades	Temperatur des Gasgemisches	Geschwindigkeit der Luft pro 3 Liter	Manometer	Zustand d. Kontakts	Gasanalyse
10′	186°	72°	44″		Die Heizung wird unterbrochen.	
15	—	68	1′		Dunkelrotglühend.	CO_2 7 %
20	—	70	1′ 7″		,,	O_2 2 ,,
25	—	78	54″		,,	CO 1,4 ,,
32	100	84	42,5	im Mittel 34 mm	,,	Kohlen-
35	—	82	48		,,	wasserstoffe
40	—	87	80		,,	4,2%
45	—	78	46		,,	N_2 85,4 ,,
50	—	74	47		,,	
55	—		55		,,	
62	—		1′		Hellrotglühend.	

Versuchsdauer: 62 Minuten. Luftverbrauch: 205 Liter; pro 1 Minute 3,306 Liter. Alkoholverbrauch: 252 g.

$$\frac{O^2 . C_1}{V^2} = \frac{0,2409^2 . 0,1595}{4,55^2} = 0,00447.$$

Beim Versuch 20 mit demselben Amylalkohol war

$$\frac{O^2 . C_1}{V^2} = \frac{0,1858^2 . 0,170}{3,461^2} = 0,000529.$$

Nachtrag.

Im Februar d. J., nachdem mein dritter Aufsatz „Über die Umwandlung von Methylalkohol in Formaldehyd und die Gewinnung von Formalin" im Journ. d. Russ. phys.-chem. Gesellsch. erschienen war, wandte sich die Firma F. H. Meyer, Hannover-Hainholz, an mich mit der Bitte, ihr mitzuteilen, in welcher Nummer der Zeitschrift ich meinen Aufsatz über die Herstellung von Formalin veröffentlicht hätte, über welchen in der Chem.-Ztg. 1908, Nr. 18 mitgeteilt worden war. In meiner Antwort, in welcher ich die betr. Hefte des Journ. d. Russ. phys.-chem. Gesellsch. bezeichnete, erwähnte ich, daß ich den Druck eines Buches begonnen hätte, welches meine die Firma

Formaldehyd-Anlage. System F. H. Meyer.

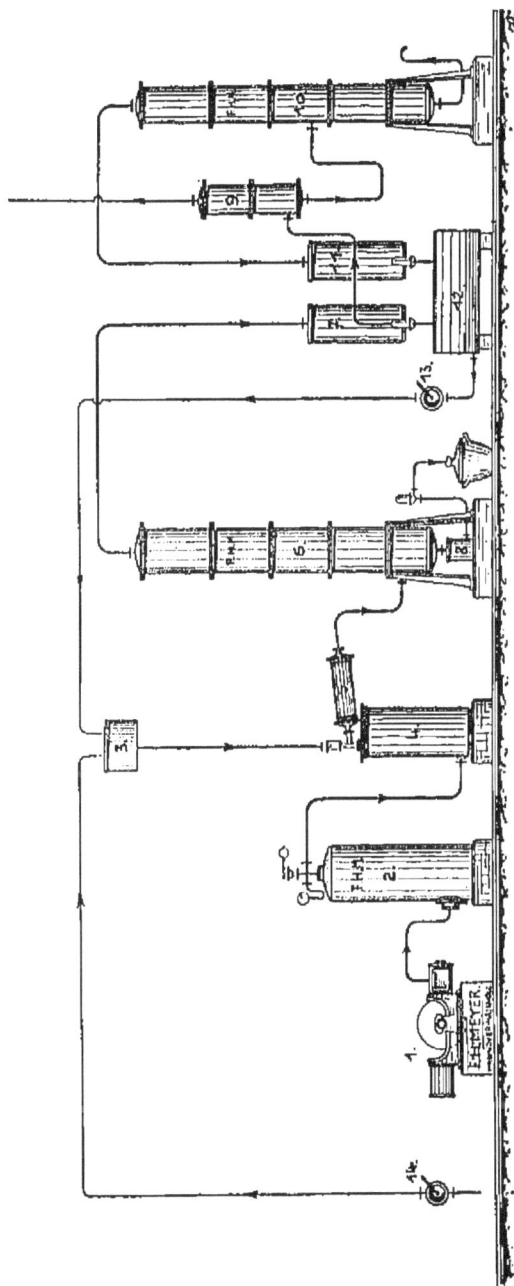

Fig. 9.

interessierenden Arbeiten enthalten werde, und versprach ein Exemplar einzusenden. Nun richtete die Firma (in ihrem Briefe vom 20. Februar) an mich die Bitte, in meinem Werke zu erwähnen, daß sie bereits seit 10 Jahren den Bau von Apparaten zur Herstellung von Formaldehyd im großen betreibe, und daß die Hauptmenge des heutzutage verkauften Formaldehyds in Apparaten des Meyerschen Systems gewonnen sei. Ich kam dem Wunsche der Firma gerne nach und bat nur, daß sie mir eine kurze Beschreibung, die Skizze und das Klischee ihres Apparates zugehen ließe. Die Firma sandte mir nun am 8. April eine schematische Skizze ihres Apparats und eine Beschreibung der Arbeitsweise; das Klischee bestellte ich selbst. In den folgenden Zeilen gebe ich die Beschreibung des Meyerschen Apparats (Fig. 9).

Nr. 1 bezeichnet den Kompressor, welcher atmosphärische Luft ansaugt und in den Windkessel Nr. 2 drückt, so daß dort fortwährend konstanter Druck herrscht. Aus dem Reservoir Nr. 3 fließt Methylalkohol in den Karburierapparat Nr. 4. In diesem Apparat befindet sich eine Heizvorrichtung, welche die von unten einströmende Luft vorwärmt. Die Luft strömt einem von oben eintretenden dünnen Strahl Methylalkohol entgegen, welcher sich ebenfalls gleichzeitig erwärmt, so daß man ununterbrochen eine Mischung von Luft und Alkoholdampf von konstanter Zusammensetzung erhält. Diese tritt in den Oxydationsapparat Nr. 5 ein, der mit Kontaktmasse gefüllt ist. Hier wird der Methylalkohol zu Formaldehyd oxydiert. Das aus Nr. 5 austretende Gemisch von Formaldehyddämpfen, Stickstoff, Wasserdampf und überschüssigen Methylalkoholdämpfen geht in einen Scheideapparat, in welchem es durch Waschung in Formaldehyd (40%ige Handelsware), Methylalkoholdämpfe und Stickstoff zerlegt wird. Das Formaldehyd fließt nach Nr. 8, während die Methylalkoholdämpfe nach dem Kühler Nr. 7 ziehen, in welchem sich der größte Teil des überschüssigen Methylalkohols kondensiert, um in das Reservoir Nr. 12 zu fließen, von wo er mit Hilfe einer Pumpe Nr. 13 wieder nach Reservoir Nr. 3 gefördert wird. Der aus Nr. 7 austretende Stickstoff enthält noch Methylalkohol. Man führt ihn daher in den Gaswäscher Nr. 9, wo die letzten Spuren Methylalkohol zurückgehalten werden. Dieser verdünnte Methylalkohol wandert in einen kon-

tinuierlich arbeitenden Rektifikationsapparat Nr. 10 und wird
dort konzentriert. Die konzentrierten Alkoholdämpfe werden im
Kühler Nr. 11 kondensiert und in das Reservoir Nr. 3 geleitet."
Ich kann mich in keine Kritik des Oxydationsapparates
Nr. 5 einlassen, da ich seine Konstruktion nicht im Detail
kenne und auch nicht weiß, woraus die Kontaktmasse besteht.
Aber aus der angeführten Beschreibung geht hervor, daß die
allgemeine Anordnung bei dem so glücklich ersonnenen Verfahren der Firma F. H. Meyer meinem System sehr ähnlich
ist. Es erfüllt mich mit Befriedigung, daß meine dreijährige
Arbeit über den Formaldehydprozeß in praktischer Richtung
einen solchen Erfolg erzielt hat, für welchen mir die enge
Übereinstimmung meines Apparats mit dem Meyerschen System
bürgt. In einem seiner Briefe (3. April) erklärte F. H. Meyer
bei Besprechung meines ursprünglichen Entwurfs (s. Fig. 6, Taf. I),
er glaube, daß ich mit meinem Apparat die Ausbeuten seines
Systems, 160 $^0/_0$ Formaldehyd (40 $^0/_0$ ige Handelsware), nicht
erreichen könne. F. H. Meyer wußte damals noch nicht, daß
ich fortgesetzt mit der Vervollkommnung meines Systems beschäftigt war. Als Resultat dieser Arbeiten erschien mein
vierter Aufsatz im Journ. d. Russ. phys.-chem. Gesellsch., in
welchem ich über die Zündpille und andere neue Einrichtungen
bei meinem System berichtete und als Abschluß das endgültige
Projekt meines Apparats vorlegte.

Den Fabrikanten, welche die Formaldehydfabrikation auf-
nehmen wollen, gebe ich folgenden Rat: Die Herstellung von
Formaldehyd erfordert trotz ihrer Einfachheit und Einförmig-
keit, sobald man sich für ein System (meines oder das Meyer-
sche) entschieden hat, einen intelligenten Betriebsführer und
einen Analytiker. Das Ausgangsmaterial — der Methylalkohol —, das gewonnene Formaldehyd und der Betrieb selbst
erfordern ständige analytische Kontrolle. Nur mit vernünftiger
Überlegung kann Erfolg erzielt werden.

Namenregister.

Sachregister.

Deutsche Patente.

Nr.	Seite	Nr.	Seite	Nr.	Seite
51407	130	74380	99	93503	74
52824	116	74642	94, 96	93600	116
52724	116	74885	64	95164	88
53937	88, 115	75138	97, 121	95186	181
55176	2, 17	75373	96, 121	95188	74
55565	115	75878	97	95270	180
56397	60	75854	92	95546	72
58565	88	78649	97	96104	94
58855	121	80216	64	96702	88
58955	97	80466	78	96851	88
59003	97, 121	80520	79	96852	88
59179	116	81023	2	97710	80
61146	88, 115	83058	70	97712	27
62367	97	84379	93, 116	99312	107
62703	97	84988	97	99509	105
63081	97	85588	69	99570	70
66737	94	87395	71	99610	70
67001	116	87812	77	99613	97, 121
67013	115	87984	89	99617	74
67126	116	87953	77	100610	107
67478	122	88082	74, 181	101191	72
67609	116	88114	105	102038	182
68004	122	88394	9	102466	105
68011	122	88811	181	103578	90
68707	95	88841	74	103046	116
70035	116	89243	77	104230	80
72431	94	89068	109	104267	74, 106
72490	106, 116	89079	72	104862	110, 177
73092	115	90207	109	104866	105
73123	94, 95	91505	120	104567	119
73946	106	92250	175	104624	101
73951	106	92809	72	104677	116

Nr.	Seite	Nr.	Seite	Nr.	Seite
104708	. . 116, 119	130846	 64	157865	 108
104008	 110	130721	. . 116, 119	157558	 70
105108	 90	130907	 106	157554	 70
105797	 80	130948	. . 116, 120	159724	 128
105798	 90	131289	 110	159942	 128
106495	 18	131965	. . 116, 117	160278	. . 74, 180
106958	 135	132116	. . 116, 117	161939	. . 124, 179
107299	 124	132421	 71	163518	 180
107517	 116	132475	 106	164510	 76
107687	 105	132621	 90	164610	. . 101, 177
108064	 89	133709	 120	164611	 101
109014	 4	135932	 90	164612	 180
109178	 70	135771	. . 116, 118	165980	 180
111771	 71	136565	 104	167805	 123
113450	 132	136617	. . 116, 118	171363	 270
115728	 65	137585	 65	171382	 270
115681	 105	138393	 90	171459	 123
118075	 116	139894	 76	172118	 123
118076	 116	141270	 116	172877	 72
120585	 180	141800	 105	175034	 123
125805	 181	141744	 170	178688	 123
125697	 116	145062	 90	179020	 94
127746	 175	145876	 90	191011	 204
127942	 105	147894	 105	199503	 133
129479	 116	148869	 178		
129255	 176	150959	 178		

www.ingramcontent.com/pod-product-compliance
Lightning Source LLC
Chambersburg PA
CBHW020912210326
41598CB00018B/1839